J. Becker/H.-J. Jodl · Physikalisches Praktikum für Naturwissenschaftler und Ingenieure

# Physikalisches Praktikum für Naturwissenschaftler und Ingenieure

Jürgen Becker
Prof. H.-J. Jodl

Herausgegeben von
Leybold Didactic GmbH

# VDI-Verlag GmbH

Verlag des Vereins Deutscher Ingenieure · Düsseldorf

CIP-Titelaufnahme der Deutschen Bibliothek

**Becker, Jürgen:**
Physikalisches Praktikum für Naturwissenschaftler und Ingenieure
/ Jürgen Becker ; H.-J. Jodl. Hrsg. von Leybold Didactic GmbH. –
Düsseldorf : VDI-Verl., 1991
  ISBN-13: 978-3-540-62327-4      e-ISBN-13: 978-3-642-95807-6
  DOI: 10.1007/978-3-642-95807-6
NE: Jodl, Hans-J.:



ISBN-13: 978-3-540-62327-4

# Vorwort

Das vorliegende Buch „Physikpraktikum" wendet sich an Studenten der Natur- und Ingenieurwissenschaften vor dem Vordiplom. Es wurde aufgrund langjähriger Erfahrung bei dem Aufbau und der Betreuung unterschiedlicher Physikpraktika verfaßt. Die Ebene, auf der die Studierenden angesprochen werden, trägt sowohl der heterogenen schulischen Vorbildung als auch den verschiedenen Einführungsvorlesungen z. B. „Physik für Physiker, Chemiker, Biologen", Rechnung.

Unser Ziel ist es, den Lernenden die grundlegenden Gegenstände der Physik greifbar nahe zu bringen. Neben der impliziten, indirekten Wiederholung der Vorlesungsinhalte stehen das Erlernen übergreifender Praktikumsziele, wie z. B. Arbeit in Gruppen, Wechselwirkung Theorie/Experiment und Erlernen von Meßtechniken, im Vordergrund. Für eine Anzahl von verbreiteten Versuchen müssen hierbei die Grundlagen in möglichst einfacher Darstellung bereitgestellt werden; darüber hinaus wird Hintergrundwissen vermittelt, so daß der jeweilige Versuch in seiner Notwendigkeit erkannt werden kann. Bei vielen Versuchen beschränken wir uns nicht auf die einzelne Meßaufgabe, sondern wir beleuchten den Versuchsgegenstand von mehreren Blickrichtungen aus.

Die Auswahl der Versuche soll dem Studenten einen Querschnitt durch experimentelle physikalische Methoden vermitteln. Dabei kommt es uns mehr auf das Erkennen des meßtechnischen Prinzips an als auf das Einüben von Fertigkeiten an zur Zeit vorhandenen Laborgeräten, die die derzeitige Meßkunst widerspiegeln. Es wurden 36 Versuche zur Mechanik, Wärme, Elektrizität und Magnetismus, Optik, Atom- und Kernphysik ausgewählt; Auswahlkriterien waren sowohl organisatorische als auch fachimmanente Gesichtspunkte. Für uns überraschend war, daß in den Anfängerpraktika an deutschen Hochschulen nahezu identische Versuchsthemen vorzufinden sind mit ähnlichen Versuchsapparaturen, jedoch stark unterschiedlichen methodischen Ansätzen.

Methodisch gesehen besteht ganz offensichtlich der Wunsch nach selbständig gestaltbaren Versuchen. Jedoch zwingt der „studentische Massenbetrieb" zu ökonomischem Vorgehen z. B. hinsichtlich Zeit, Betreuung und Kosten. Einige Hochschulen bieten das Praktikum in den Ferien als Block an, andere wiederum verzahnen es eng mit der Vorlesung. In der Regel führen die im Team zu zweit oder dritt arbeitenden Studenten in einem drei- bis vierstündigen Praktikum zwei bis drei Versuche pro Woche durch; zuvor soll eine gründliche Einarbeitung auf den Versuch erfolgen, anschließend soll die Versuchsniederschrift ausgeführt werden. Die 36 beschriebenen Versuche folgen in ihrer Gliederung diesem Vorgehen: Ziel des Versuches, Grundlagen (die entweder bereitgestellt werden oder die in Standardtextbüchern nachzulesen sind), Meßprinzip, verwendete Geräte, Aufgabenstellung, Hinweise zur Versuchsdurchführung, Meßbeispiele, vertiefende Fragen, ergänzende Bemerkungen. Durchgängig einheitliche Bezeichnungen in Formeln und Abbildung, die Verwendung der Si-Einheiten und Querverweise sollen das Arbeiten mit dem Buch erleichtern. In einem der einführenden Abschnitte werden bei Messungen auftretende Fehler sowie die Fehlerrechnung beschrieben, des weiteren wird diese exemplarisch und dann im Detail bei bestimmten Versuchen ausgeführt. Der Erfolg eines solchen Praktikums wird ganz wesentlich von den Betreuern bestimmt; sie entsprechend einzuweisen und anzuleiten, ist unabdingbar. An diese Personengruppe wendet sich das Buch ebenfalls. Aus praktischen Erwägungen heraus und zur Vermeidung apparatetechnischer Abstimmungsprobleme orientieren wir uns größtenteils an Produkten einer Lehrmittelfirma.

Auch wenn daher mit den beschriebenen 36 Versuchen ein vollständiges Anfängerpraktikum bestritten werden könnte, ist dies sicher nicht der Idealzustand. Es sollte eigentlich immer weiterentwickelt werden: Aktuelle Meßmethoden sollten eingepaßt, veraltete Meßtechniken durch neue ersetzt werden, neuere physikalische Inhalte sollten einbezogen werden sowie der Einsatz des

Rechners maßvoll erfolgen. Hinzu kommen fachfremde Aspekte: bildungspolitische Reformwünsche wie z. B. Studienzeitverkürzung oder effizientere Auslastung von Hochschuleinrichtungen. Aber wie wir alle wissen, verlangt die Reform eines Praktikums viel Zeit, viel persönlichen Einsatz, viele Sachmittel, viele Betreuerstunden. Hinzu kommt, daß die Vorlesungsinhalte sich kaum gewandelt haben, was eine inhaltliche Neuorientierung des Praktikums verlangt hätte. Alles dies mag der Grund dafür sein, daß dieses Praktikums überall relativ einheitlich durchgeführt wird und sich in den letzten 30 Jahren kaum änderte. Wir begnügten uns deshalb damit, ein Praktikumsbuch zum bestehenden Praktikum zu verfassen, das in wesentlichen Punkten den Istzustand beschreibt.

Viel Spaß bei der Arbeit.


Kaiserslautern, November 1990    *J. Becker*
*H.-J. Jodl*

# Inhalt

# 0. Durchführung und Auswertung von Experimenten

## 0.1. Das Versuchsprotokoll

Sowohl im Praktikum als auch im Forschungslabor muß der Ablauf eines physikalischen Experimentes stets in Form eines Versuchsprotokolls niedergeschrieben werden. Dieses soll einem selbst oder einem anderen fachkundigen Leser auch nach Beendigung des Experimentes ermöglichen, den Versuchsverlauf zu rekonstruieren und zu überprüfen, sowie eventuelle Fehler zu finden.

Das Protokoll wird in ein gebundenes Heft eingetragen. Damit soll sichergestellt werden, daß die Aufzeichnung von Meßergebnissen in der richtigen zeitlichen Reihenfolge geschieht. Weiterhin entfällt die Gefahr, daß einzelne Blätter mit wichtigen Daten verloren gehen.

Ein vollständiges Protokoll soll folgende Angaben enthalten:

### 1. Kopf

- Datum der Durchführung
- Versuchsthema
- Fragestellung des Versuchs, Versuchsziel

### 2. Grundlagen

- knappe Zusammenfassung der theoretischen Grundlagen des Experimentes, insbesondere Angabe der relevanten Formeln
- kurze Beschreibung der Meßmethode

### 3. Versuchsaufbau

- kommentierte Skizze zum Aufbau (z.B. Schaltskizze, Strahlengang)
- möglichst detaillierte Angaben über die verwendeten Geräte, besonders Genauigkeitsangaben bei Meßgeräten

### 4. Versuchsdurchführung

- Angaben zur Justierung
- eventuell Beobachtungen bei qualitativen Vorversuchen
- wesentliche Arbeitsschritte beim Versuch
- z.B. bei Verwendung von Vielfachmeßgeräten, Meßverstärkern oder Schreibern die verwendete Einstellung der Geräte
- Alle Meßwerte (einschließlich Einheit) und ggf. die Ableseungenauigkeit. Meßreihen werden in Tabellenform notiert. Auch bei einfachen Rechnungen wie Nullpunktskorrekturen oder Skalenumrechnungen werden immer die unmittelbar abgelesenen Zahlenwerte aufgeschrieben.

### 5. Auswertung

- Darstellung der Meßergebnisse im Diagramm. Die Achsen müssen beschriftet sein. Je nach mathematischer Abhängigkeit der aufzutragenden Größen kann die Verwendung von Papier z.B. mit logarithmischer Einteilung sinnvoll sein.
- Berechnung der gesuchten Größe(n) aus den Meßergebnissen. Wichtige Zwischenergebnisse sollen angegeben werden.
- Fehlerabschätzung oder Fehlerrechnung
- Angabe des Endergebnisses mit Fehlergrenzen; ggf. Vergleich mit Literaturwert oder Ergebnissen anderer Experimentatoren.

Insbesondere bei den Eintragungen zur Versuchsdurchführung werden (vermeintliche) Falscheinträge nie ausradiert oder überschrieben, sondern immer so durchgestrichen und mit einem Kommentar versehen, daß sie lesbar bleiben. Sie könnten sich im nachhinein doch als richtig erweisen. Nachträgliche Ergänzungen im Protokoll müssen als solche kenntlich gemacht werden.

### Hinweise zur grafischen Darstellung von Meßergebnissen

Bei jeder grafischen Darstellung von Meßergebnissen in Koordinatensystemen bilden die Maßzahlen physikalischer Größen die Koordinaten der Meßpunkte. Diese erhält man, wenn man den Meßwert durch die verwendete Einheit dividiert. Die Koordinatenachse ist also zu beschriften mit dem Quotienten aus der aufgetragenen physikalischen Größe (z.B. der Masse $m$) und der verwendeten Einheit (kg).

Die Einheit ist möglichst so zu wählen, daß die Zeichengenauigkeit der Meßgenauigkeit entspricht.

Lineare Zusammenhänge der Form

$$(1) \quad y = ax + b$$

werden auf Papier mit Millimetereinteilung dargestellt. Aufgrund von Meßungenauigkeiten werden $n > 2$ Meßpunkte $(x_i, y_i)$ nicht genau auf einer Geraden liegen. Der vertikale Abstand zwischen $i$-tem Meßpunkt und einer willkürlich durch die Meßpunkte gelegten Geraden sei $d_i$. Die Ausgleichsgerade (oder Regressionsgerade), die die Meßwerte am besten beschreibt, erfüllt die Bedingung, daß die Summe der „Abstandsquadrate" $\Sigma_i d_i^2$ minimal wird.

In vielen Fällen reicht es aus, eine „Ausgleichsgerade" nach Augenmaß im Diagramm einzutragen, so daß die Abweichungen der Meßpunkte nach oben und nach unten sich etwa aufheben. Aus der Steigung und dem Ordinatenabschnitt lassen sich dann die Konstanten $a$ und $b$ entnehmen.

Bei höherer Anforderung an die Genauigkeit errechnet man die Konstanten $a$ und $b$:

$$(2) \quad a = \frac{\sum_{i=1}^{n} x_i y_i - n \cdot \bar{x} \cdot \bar{y}}{\sum_{i=1}^{n} x_i^2 - n\bar{x}^2} \; ; \quad b = \bar{y} - a\bar{x}.$$

Dabei sind

$$(3) \quad \bar{x} = \frac{1}{n} \sum_{i=1}^{n} x_i \quad \text{und} \quad \bar{y} = \frac{1}{n} \sum_{i=1}^{n} y_i$$

die arithmetischen Mittelwerte der $x_i$ bzw. der $y_i$.

Bei nichtlinearen Zusammenhängen der Form

$$(4) \quad y = ax^n + b$$

ist es zweckmäßig, auf der Abszisse statt $x$ den Wert $x^n$ aufzutragen, damit man als Schaubild wieder eine Gerade erhält. So ist beispielsweise das $s, t$-Diagramm einer gleichmäßig beschleunigten Bewegung eine Gerade, wenn $s$ über $t^2$ abgetragen wird.

Will man eine Meßgröße grafisch darstellen, die von einem Winkel abhängt, bietet sich die Verwendung von Polarkoordinaten-Papier an.

Bei manchen Messungen variieren die betrachteten Meßgrößen über mehrere Größenordnungen (Beispiel: Verstärkungsfaktor eines Niederfrequenz-Verstärkers im hörbaren Frequenzbereich). In diesem Fall ist die Verwendung von logarithmischem Papier sinnvoll. Auf Koordinatenpapier, bei dem beide Achsen logarithmisch eingeteilt sind, erscheinen alle funktionalen Zusammenhänge der Form

$$(5) \quad y = a \cdot x^n$$

als Gerade, da

$$(6) \quad \log y = \log(a \cdot x^n) = n \cdot \log x + \log a.$$

Koordinatenpapier mit nur einer logarithmisch unterteilten Achse ist besonders geeignet, um exponentielle Abhängigkeiten

$$(7) \quad y = a \cdot e^{kx}$$

darzustellen. Trägt man nämlich $y$ auf der logarithmischen Achse auf, so erhält man wegen

$$(8) \quad \log y = \log e \cdot k \cdot x + \log a$$

eine Gerade, deren Steigung durch den Faktor $k$ bestimmt ist.


## 0.2. Meßfehler

Eine physikalische Messung ist auch bei noch so großem experimentellem Aufwand zur Steigerung der Genauigkeit immer mit einer Meßunsicherheit behaftet. Diese kann z. B. verursacht werden durch Unvollkommenheiten des verwendeten Meßgerätes, Ableseungenauigkeiten, unkontrollierbare äußere Einflüsse und prinzipielle Mängel im Meßverfahren. Mit einer Messung läßt sich demzufolge nie der wahre Wert der gemessenen Größe ermitteln, sondern immer nur eine mehr oder weniger gute Schätzung dieses Wertes. Aufgabe der Fehlerrechnung ist es, eine Aussage zu treffen, wie weit die Schätzung vom wahren Wert höchstens abweicht.

Die möglichen Fehlerursachen einer Messung untergliedert man in systematische und statistische Fehler.

### Systematische Fehler

Ein systematischer Fehler ist dadurch gekennzeichnet, daß die Differenz zwischen Meßwert und wahrem Wert immer gleiches Vorzeichen hat. Ein solcher Fehler wird beispielsweise verursacht durch falsch kalibrierte Meßinstrumente. Weiterhin ist es möglich, daß Umwelteinflüsse (z. B. schwankende Umgebungstemperatur) die Meßwerte beeinflussen. Auch das

Meßverfahren selbst kann den Wert der zu messenden Größe ändern. So ändert sich beispielsweise bei einer Widerstandsbestimmung eines Leiters durch Spannungs- und Strommmessung dessen Temperatur und damit sein spezifischer Widerstand.

In manchen Fällen ist es möglich, die durch das Meßverfahren erzeugten systematischen Fehler quantitativ zu bestimmen und somit das Meßergebnis zu korrigieren. Allgemein gibt es jedoch für die Erkennung systematischer Fehler kein Rezept, es hilft nur experimentelle Erfahrung.

**Statistische Fehler**

Wird die gleiche physikalische Größe $n$ mal hintereinander gemessen, so ergeben aufgrund unkontrollierbarer kleiner Störungen die Einzelmessungen in der Regel unterschiedliche Werte $y_i$. Man kann die $n$ Einzelmessungen als Stichprobe aus den unendlich vielen möglichen Messungen auffassen. Der arithmetische Mittelwert der durchgeführten Stichprobe ist

$$(1) \quad \bar{y} = \frac{1}{n} \sum_{i=1}^{n} y_i.$$

Als Maß für die Streuung der Meßwerte innerhalb der Stichprobe betrachtet man die Abweichungen $(\bar{y} - y_i)$ der Einzelmessungen vom Mittelwert. Die Summe dieser Abweichungen ist jedoch als Streuungsmaß ungeeignet, da sich Abweichungen mit unterschiedlichem Vorzeichen gegenseitig aufheben und die Summe immer den Wert 0 ergibt. Man betrachtet deshalb die Quadrate der Abweichungen. Die Wurzel aus dem Mittelwert der Abweichungsquadrate heißt Standardabweichung der Stichprobe:

$$(2) \quad s = \sqrt{\frac{1}{n} \sum_{i=1}^{n} (\bar{y} - y_i)^2}.$$

In der Regel können die $y_i$ als normalverteilt um den wahren Wert $\mu$ angenommen werden. Wenn man also die Meßwerte der Stichprobe in gleich breite Intervalle einordnet und die Häufigkeiten der Meßwerte in den verschiedenen Intervallen in einem Histogramm aufträgt, dann kann bei hinreichend großer Anzahl von Meßwerten die Einhüllende des Histogramms annähernd durch eine Gaußsche Glockenkurve

$$(3) \quad F_{\mu,\sigma}(y) = \frac{1}{\sqrt{2\pi} \cdot \sigma} \cdot \exp\left(-\frac{1}{2} \frac{(y - \mu)^2}{\sigma^2}\right)$$

beschrieben werden. Der Parameter $\sigma$ ist der halbe Abstand der beiden Wendepunkte der Kurve und charakterisiert damit die Stärke der Streuung der einzelnen Meßwerte $y_i$ um den wahren Wert $\mu$. $\sigma$ wird als Standardabweichung der Einzelmessung bezeichnet.

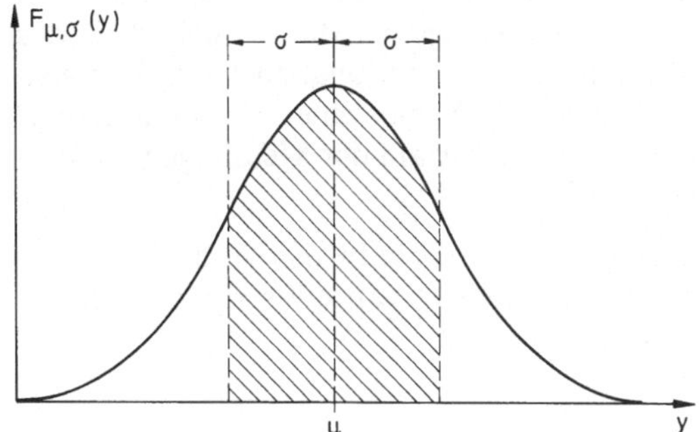


*Abb. 0.2–1. Normalverteilung der Einzelmessungen einer Meßreihe*

Die Parameter $\mu$ und $\sigma$ der Normalverteilung sind natürlich nicht von vornherein bekannt, sondern müssen aus der endlichen Anzahl $n$ der Meßwerte $y_i$ erschlossen werden. Die mathematische Statistik zeigt, daß die beste Schätzung des wahren Wertes $\mu$ der arithmetische Mittelwert der Einzelmessungen

$$(4) \quad \mu \approx \bar{y} = (1/n) \cdot \sum_{i=1}^{n} y_i$$

ist. Die beste Schätzung für die Standardabweichung der Einzelmessung ist

$$(5) \quad \sigma \approx \sqrt{\frac{\sum_{i=1}^{n} (\bar{y} - y_i)^2}{n - 1}}.$$

Für große Werte von $n$ ist also die Standardabweichung der Stichprobe (2) eine gute Näherung für die Standardabweichung der Einzelmessung.

Es ist zu beachten, daß der Parameter $\sigma$ nur die Streuung der Einzelmessungen um den Mittelwert beschreibt. Die Unsicherheit des Mittelwertes ist im allgemeinen jedoch wesentlich geringer als diese Streuung der Einzelmessungen. Würde man nämlich die gleiche Meßreihe vielfach wiederholen, so wäre die Streuung der Mittelwerte erheblich kleiner als die jeweilige Streuung der Einzelmessungen. Wieder ohne Beweis wird angegeben, daß für die Standardabweichung des Mittelwertes (mittlerer Fehler des Mittelwertes) gilt

$$(6) \quad \sigma_{\mathrm{m}} = \sigma/\sqrt{n} = \sqrt{\frac{\sum\limits_{i=1}^{n} (\bar{y} - y_i)^2}{n(n-1)}} \ .$$

Da $\sigma$ nicht von der Anzahl der durchgeführten Messungen abhängt, ist die Unsicherheit des Mittelwertes $\sigma_{\mathrm{m}}$ proprtional zu $1/\sqrt{n}$. Um also den statistischen Fehler einer Messung zu halbieren, muß die Anzahl der Messungen vervierfacht werden.

Die folgende Tabelle gibt die Wahrscheinlichkeit $p$ an, mit der der wahre Wert $\mu$ im Intervall $[\bar{y} - a, \bar{y} + a]$ liegt:

| $a$ | $p$ |
|---|---|
| $\sigma_{\mathrm{m}}$ | 68,3% |
| $2\sigma_{\mathrm{m}}$ | 95,4% |
| $3\sigma_{\mathrm{m}}$ | 99,7% |

Aus Abbildung 1 läßt sich $p$ als Quotient aus der schraffierten Fläche und der Gesamtfläche unter der Kurve ablesen.
Bei der Angabe des Meßergebnisses der Größe $y$ wird normalerweise als Fehler die dreifache Standardabweichung zugrunde gelegt. Dazu addiert sich gegebenenfalls ein (geschätzter) Fehler $u$ für systematische Fehler. Das Meßergebnis für $y$ ist dann $y = \bar{y} \pm (3\sigma_{\mathrm{m}} + u)$.

## Fehlerfortpflanzung

Oft kann eine gesuchte physikalische Größe $y$ nicht direkt gemessen werden, sondern muß indirekt durch die Messung verschiedener anderer Größen $x_i$ ermittelt werden:

$$(7) \quad y = f(x_1, x_2, \ldots, x_n).$$

Die Meßunsicherheit für $y$ hängt von den Meßunsicherheiten der Größen $x_i$ ab. Nach dem Gaußschen Fehlerfortpflanzungsgesetz ist der für $y$ anzusetzende Fehler

$$(8) \quad \Delta y = \sqrt{\left(\frac{\partial f}{\partial x_1}\right)^2 \cdot \Delta x_1^2 + \cdots + \left(\frac{\partial f}{\partial x_n}\right)^2 \cdot \Delta x_n^2},$$

wobei $\Delta x_i$ die Fehler in den gemessenen Größen $x_i$ sind.
In vielen Fällen kann die funktionale Abhängigkeit (7) in Produktform dargestellt werden:

$$(9) \quad y = x_1^{k_1} \cdot \ldots \cdot x_n^{k_n}.$$

Dann vereinfacht sich (8) zu

$$(10) \quad \frac{\Delta y}{y} = \sqrt{k_1 \cdot \left(\frac{\Delta x_1}{x_1}\right)^2 + \cdots + k_n \cdot \left(\frac{\Delta x_n}{x_n}\right)^2}\ .$$

Es genügt also, die relativen Fehler der Meßgrößen $x_i$ zu betrachten.

## Das gewichtete Mittel

Wird eine Meßgröße durch mehrere Messungen $y_i$ mit unterschiedlicher Genauigkeit bestimmt, so läßt man die Einzelmessungen mit größerer Unsicherheit mit einem geringeren Gewichtungsfaktor in das Gesamtergebnis eingehen. Als gewichteten Mittelwert verwendet man

$$(11) \quad \bar{y} = \frac{\sum\limits_{i=1}^{n} g_i\, y_i}{\sum\limits_{i=1}^{n} g_i}$$

mit den Gewichtsfaktoren

$$(12) \quad g_i = \frac{1}{(\Delta y_i)^2}\ ,$$

wobei $\Delta y_i$ die Meßunsicherheiten der Einzelmessungen sind.
Der Fehler im gewichteten Mittelwert ist

$$(13) \quad \Delta \bar{y} = \sqrt{\frac{\sum\limits_{i=1}^{n} g_i (y_i - \bar{y})^2}{(n-1) \sum\limits_{i=1}^{n} g_i}}$$

## Angabe von Meßergebnissen

Die aus der Fehlerrechnung erhaltene Meßunsicherheit wird üblicherweise auf eine oder höchstens zwei geltende Ziffern gerundet. Die Anzahl der Ziffern, die für den wahrscheinlichsten Wert des Meßergebnisses angegeben werden, wird durch die Größe der Meßunsicherheit bestimmt. Haben beispielsweise mehrere Messungen einer Streckenlänge den Mittelwert $l = 1{,}89522$ m ergeben und wurde die Meßunsicherheit $3 \cdot \sigma_{\mathrm{m}}$ nach (6) zu $\Delta l = 0{,}0031$ m bestimmt, so wird das Meßergebnis auf folgende Weise angegeben:

$$l = (1{,}895 \pm 0{,}003)\ \text{m}.$$

In vielen Fällen ist der relative Fehler $\Delta l/l$ aussagekräftiger als der Absolutfehler $\Delta l$. Im Beispiel würde man als relativen Fehler angeben $\Delta l/l = 0{,}16\,\%$.

## 0.3. Vorexperiment zu Meßfehlern

### 1. Ziel des Versuches

Experimente an einem Galton-Brett sollen zur Veranschaulichung der Eigenschaften statistischer Meßfehler dienen. Die Abhängigkeit der Standardabweichung einer Meßreihe von der Anzahl der Einzelmessungen wird nachgewiesen und die statistische Verteilung der Meßergebnisse einer Serie von Meßreihen wird untersucht.

### 2. Grundlagen

In einem Galton-Brett nach Abbildung 1 kann in jeder Ebene eine oben eingeworfene Kugel entweder nach rechts oder nach links fallen. Der Fall nach links oder rechts ist an jedem Hindernis gleich wahrscheinlich.

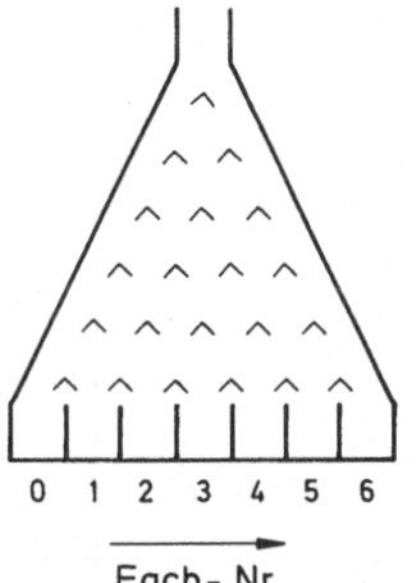



*Abb. 0.3 – 1. Galton-Brett*

Der Weg einer einzelnen Kugel vom Einwurf bis zu einem der Fächer am unteren Ende des Brettes kann angesehen werden als stark vereinfachtes Modell einer physikalischen Messung, die mit mehreren, voneinander unabhängigen Fehlerquellen behaftet ist. Die Fehlereinflüsse haben zufällig wechselndes Vorzeichen, sie können sich addieren oder auch teilweise gegenseitig aufheben.

Als Beispiel betrachten wir eine Streckenmessung. Sie soll durchgeführt werden mit einem Maßstab, der kurz ist gegen die Länge der zu messenden Strecke. Demnach müssen mit dem Maßstab sukzessive Teilstrecken gemessen werden, an deren Endpunkte der Maßstab jeweils erneut angelegt wird. Die Fehler, die durch die unvermeidlichen Ungenauigkeiten beim Anlegen des Maßstabes verursacht werden, besitzen zufällige Vorzeichen und sind voneinander unabhängig. Sie addieren sich zu einem Gesamtfehler, um den das Meßergebnis vom wahren Wert der Länge abweicht.

Nimmt man vereinfachend an, der Betrag der Anlegefehler wäre immer gleich groß, so entspricht jeder einzelnen Teilstreckenmessung eine Ebene am Galton-Brett: das Anlegen des Maßstabes bei einem zu kleinen Wert bedeutet z.B. den Fall der Kugel an einem Hindernis nach links, das Anlegen bei einem zu großen Wert nach rechts. Einer vollständigen Längenmessung entspricht im Modell dann der Weg einer Kugel durch das Galton-Brett. Das fehlerbehaftete Meßergebnis wird dargestellt durch die Nummer des Faches, in dem die Kugel ankommt, die wahre Streckenlänge durch den Erwartungswert der Fachnummer. Bei einer geraden Anzahl von Ebenen ist dies die Nummer des Faches, das genau unter dem Einwurf liegt.

Um für das Meßergebnis der Streckenlänge einen statistischen Fehler angeben zu können, wird die beschriebene Längenmessung n mal wiederholt und der Mittelwert und die Standardabweichung der Meßreihe bestimmt. Bei dem durch das Galton-Brett realisierten Modell muß man stattdessen *n* Kugeln werfen und den Mittelwert und die Standardabweichung der erhaltenen Fach-Nummern betrachten.

Wir interessieren uns darüber hinaus noch für die Statistik der Meßfehler, also z.B. für die Frage, wie häufig im Experiment das Meßergebnis um weniger als die Standardabweichung vom wahren Wert abweicht. Dazu werden $k$ voneinander unabhängige Meßreihen mit jeweils der gleichen Anzahl $n$ von Einzelmessungen (d.h. mit jeweils gleicher Kugelzahl $n$) durchgeführt.

### 3. Versuch

#### 3.1. Verwendete Geräte

– Galton-Brett
und / oder
– Computer mit Simulationsprogramm

## 3.2. Aufgabenstellung

### 1. Aufgabe

Man bestätige an einem Galton-Brett, daß die Standardabweichung des Mittelwertes einer Meßreihe umgekehrt proportional zur Wurzel aus der Anzahl der Einzelmessungen ist.

### 2. Aufgabe

Es sollen $k$ Meßreihen mit je $n$ Einzelmessungen durchgeführt werden. Man bestimme, mit welcher relativen Häufigkeit das Ergebnis einer Meßreihe innerhalb der einfachen, doppelten und dreifachen Standardabweichung liegt.

## 3.3. Hinweise zur Versuchsdurchführung

Um brauchbare Aussagen zur Statistik der Meßfehler zu erhalten, ist eine möglichst große Anzahl von Einzelexperimenten nötig. Das Auszählen der Kugeln in den einzelnen Fächern eines Galton-Brettes und die Berechnung der Mittelwerte und Standardabweichungen sind recht mühsam.

Es erscheint deshalb zweckmäßig, das Galton-Brett mit einem Computer zu simulieren. Dabei wird jedesmal, wenn eine Kugel auf ein Hindernis treffen soll, eine Zufallszahl $x \in [0, 1]$ erzeugt. Ist $x < 0{,}5$, so sei die Kugel nach links gefallen, für $x \geq 0{,}5$ nach rechts.

Den in 3.4. beschriebenen Meßergebnissen liegt die Computersimulation eines Galton-Brettes mit 20 Ebenen und den Fach-Nummern 0 bis 20 zugrunde. Der Erwartungswert der Fach-Nummern ist dann 10.

## 3.4. Meßbeispiele

Bei Aufgabe 1 ist insbesondere bei geringen Anzahlen $n$ eine erhebliche Schwankung der ermittelten Standardabweichung zu erwarten, wenn man die Meßreihe mehrfach wiederholt. Aus diesem Grund wurde das Experiment mit $n$ Einzelmessungen $k$ mal durchgeführt, zu jeder Meßreihe die Standardabweichung $\sigma_m$ berechnet und schließlich der Mittelwert $\bar{\sigma}_m$ gebildet. Tabelle 1 gibt eine Übersicht über die erhaltenen Ergebnisse:

Tabelle 1: Meßergebnisse

| $n$ | $k$ | $\bar{\sigma}_m$ | $n \cdot \bar{\sigma}_m^2$ |
|---|---|---|---|
| 5 | 1 000 | 0,955 | 5,0 |
| 10 | 500 | 0,683 | 4,7 |
| 20 | 250 | 0,486 | 4,7 |
| 50 | 100 | 0,315 | 5,0 |
| 100 | 50 | 0,226 | 5,1 |
| 200 | 25 | 0,159 | 5,1 |
| 500 | 10 | 0,103 | 5,3 |
| 1 000 | 5 | 0,071 | 5,1 |

Die letzte Spalte der Tabelle ist annähernd konstant. Das zeigt, daß erwartungsgemäß der statistische Fehler $\bar{\sigma}_m$ proportional zu $1/\sqrt{n}$ ist.

Bei Aufgabe 2 wurden mit dem gleichen (simulierten) Galton-Brett 500 Meßreihen zu je 50 Einzelmessungen durchgeführt. In Abbildung 2 wurde auf der Ordinate die Häufigkeit $h$ der erhaltenen Mittelwerte aufgetragen.

Bei Aufgabe 1 wurde für 50 Einzelmessungen die Standardabweichung 0,315 ermittelt. Damit kann angegeben werden, mit welcher relativen

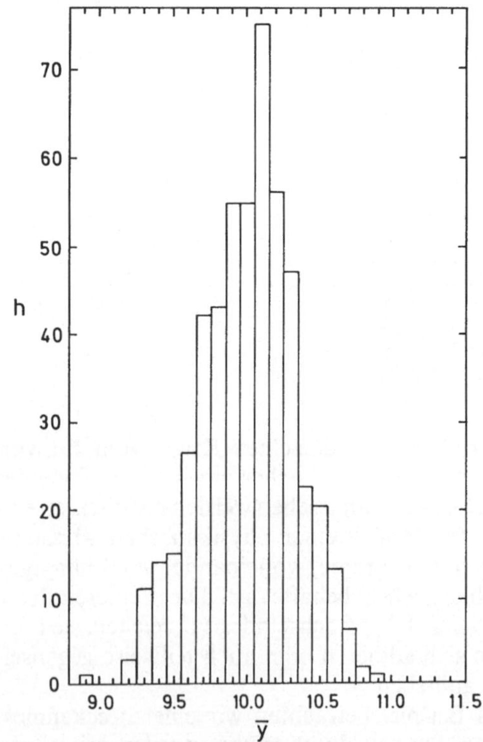

*Abb. 0.3−2. relative Häufigkeit der Meßergebnisse bei 500 Meßreihen*

Häufigkeit die Ergebnisse der Meßreihen um mehr als die ein-, zwei- bzw. dreifache Standardabweichung vom Erwartungswert 10,0 abweichen. Von 500 Meßwerten liegen im Intervall $[10 - i \cdot \sigma_m, 10 + i \cdot \sigma_m]$ die in Tabelle 2 angeführten Werte.

Tabelle 2: Häufigkeitsverteilung der Mittelwerte von 500 Meßreihen

| $i$ | abs. Häufigkeit | rel. Häufigkeit |
|---|---|---|
| 1 | 331 | 66,2 % |
| 2 | 468 | 93,6 % |
| 3 | 499 | 99,8 % |
| 4 | 500 | 100,0 % |

## 4. Ergänzungen

### 4.1. Vertiefende Fragen

Wenn bei der beschriebenen Streckenmessung zwischen den beiden Endpunkten keine Hilfslinie gezogen wird, ergibt sich für das Meßergebnis ein zusätzlicher Fehler. Ist er systematischer oder statistischer Art?

### 4.2. Ergänzende Bemerkungen

Durch eine große Anzahl von Messungen lassen sich zwar statistische, nicht aber eventuelle systematische Fehler verkleinern. Eine Vergrößerung der Anzahl $n$ ist also nur solange sinnvoll, wie systematische Fehler kleiner als die statistischen Fehler sind.

# I. Mechanik

## Versuch 1
## Eindimensionale Bewegungen

### 1. Ziel des Versuches

Die Zusammenhänge zwischen Geschwindigkeit, Beschleunigung, Masse und Kraft werden am Beispiel eindimensionaler Bewegungen experimentell mit Hilfe eines Bewegungsmeßwandlers untersucht. Im Rahmen der Auswertung wird eine Abschätzung systematischer Fehler vorgenommen (z. B. Restreibung, Fahrbahnunebenheiten, Grenzen der Einsatzmöglichkeiten des Bewegungsmeßwandlers).

### 2. Grundlagen

#### 2.1. Weg, Geschwindigkeit und Beschleunigung

Die Momentangeschwindigkeit eines Massepunktes ist

$$(1) \quad \vec{v} = \dot{\vec{x}} = d\vec{x}/dt,$$

wobei man mit $\vec{x}(t)$ die Ortskoordinate zur Zeit $t$ bezeichnet. Die Beschleunigung ist die zeitliche Änderung der Momentangeschwindigkeit

$$(2) \quad \vec{a} = \dot{\vec{v}} = \ddot{\vec{x}}.$$

Eine Bewegung mit $\vec{v} = $ const heißt gleichförmig. Ist $\vec{a} = $ const und ungleich 0, so wird die Bewegung als gleichmäßig beschleunigt bezeichnet.

Das Experiment zeigt, daß die Beschleunigung $\vec{a}$ proportional zur beschleunigenden Kraft $\vec{F}$ und umgekehrt proportional zur Masse $m$ des beschleunigten Körpers ist:

$$(3) \quad \vec{a} = k \cdot \vec{F}/m$$

und damit

$$(4) \quad \vec{F} = m \cdot \vec{a} \cdot (1/k).$$

Sind die Einheiten der Zeit und des Weges bereits durch Meßvorschriften bestimmt, kann man die Krafteinheit durch Definition der Konstanten $k$ festlegen. Mit $k := 1$ erhält man

$$(5) \quad [F] = 1 \, \text{kg m/s}^2 = 1 \, \text{N}$$

und damit die „Grundgleichung der Mechanik":

$$(6) \quad \vec{F} = m \cdot \vec{a}.$$

Bei einer gleichmäßig beschleunigten Bewegung ist

$$(7) \quad d^2\vec{x}/dt^2 = \vec{a} = \text{const}.$$

Durch Integration ergibt sich für die Zeitabhängigkeit von Geschwindigkeit und Ort

$$(8) \quad \vec{v}(t) = \vec{a} \cdot t + \vec{v}_0$$

und

$$(9) \quad \vec{s}(t) = \tfrac{1}{2} \cdot \vec{a} \cdot t^2 + \vec{v}_0 \cdot t + \vec{s}_0.$$

Die Integrationskonstanten $\vec{s}_0$ und $\vec{v}_0$ sind der Ort bzw. die Geschwindigkeit zur Zeit $t = 0$.

#### 2.2. Meßprinzip

Bei den Versuchen wird ein Gleiter verwendet, der sich nahezu reibungsfrei auf einer Luftkissenfahrbahn bewegt. Die Registrierung des Weges in Abhängigkeit von der Zeit erfolgt mit einem „Bewegungsmeßwandler", der eine dem Weg proportionale Spannung erzeugt. Diese läßt sich dann z. B. auf einem $yt$-Schreiber darstellen. Dazu wird der Weg des Gleiters über einen dünnen Faden auf ein leichtes, spitzengelagertes Rad übertragen, auf dessen Umfang in regelmäßigem Abstand Löcher sitzen. Es wird deshalb als Speichenrad bezeichnet. Zwei gegeneinander etwas versetzte Lichtschranken registrieren die Anzahl der durchgelaufenen Löcher. Die Phasenverschiebung zwischen den beiden Lichtschranken-Signalen liefert die Information über die Bewegungsrichtung. Eine geeignete Elektronik wertet die beiden Signale aus und erzeugt eine Spannung, die zum zurückgelegten Weg des Gleiters proportional ist. Aus der Unterbrechungsfrequenz der Lichtschranke erhält man ein Geschwindigkeitssignal, durch dessen elektronische Differentiation nach der Zeit ergibt sich das Beschleunigungssignal.

# 3. Versuch

## 3.1. Verwendete Hauptgeräte

- Luftkissen-Fahrbahn mit Gleiter und Zusatzmassen
- Haltemagnet mit Netzgerät
- Bewegungsmeßwandler
- Drehspulmeßgerät
- $y_1 y_2 t$-Schreiber

## 3.2. Aufgabenstellung

1. Aufgabe: Justierung
Man justiere zunächst die Fahrbahn und mache sich mit dem Bewegungsmeßwandler vertraut. Insbesondere überprüfe man die Funktion des Bewegungsmeßwandlers bei kleinen Geschwindigkeiten.

2. Aufgabe: Gleichmäßig beschleunigte Bewegung und Definition der Einheit 1 Newton
a) Ein Gleiter wird durch die konstante Gewichtskraft einer Antriebsmasse beschleunigt. Durch getrenntes Auswerten der Signale $s(t)$ und $v(t)$ soll bestätigt werden, daß die Beschleunigung konstant ist. Die Größe der Beschleunigung ist zu bestimmen und mit dem Wert zu vergleichen, der am $a$-Ausgang des Meßwandlers gemessen wurde.
b) Man bringe am Gleiter verschiedene Zusatzmassen an und untersuche die Abhängigkeit der Beschleunigung des Gleiters von der Gesamtmasse $M = M_{\text{Gleiter}} + M_{\text{Zusatz}}$ und von der beschleunigenden Kraft. Das Experiment soll unter dem Aspekt der Definition der Krafteinheit quantitativ ausgewertet werden.

3. Aufgabe: Schiefe Ebene
Durch Verdrehen der Höhen-Justierschraube soll die ursprünglich horizontale Fahrbahn als schiefe Ebene verwendet werden.
a) Man untersuche experimentell, ob die Beschleunigung eines Gleiters von seiner Masse abhängt.
b) Aus der Beschleunigung des Gleiters ist die Erdbeschleunigung $g$ zu bestimmen.

4. Aufgabe: Bremsvorgänge und nicht gleichmäßig beschleunigte Bewegungen
a) Man nehme die drei Diagramme $s(t)$, $v(t)$ und $a(t)$ auf unter Benutzung eines Auffangtellers für die Antriebsmasse. Die Ergebnisse bei waagrechter und bei geneigter Fahrbahn sind zu diskutieren.
b) Bei der geneigten Fahrbahn werde am unteren Ende eine Prallfeder angebracht und der Gleiter am oberen Ende losgelassen. Man verfahre wie in a).

## 3.3. Hinweise zur Versuchsdurchführung

Die optimale Luftfördermenge hängt von der Masse des verwendeten Gleiters ab. Sie kann am Gebläse variiert werden und muß umso größer gewählt werden, je größer die Gleitermasse ist.

Zu Aufgabe 1:
Die Einstellung der Horizontalen der Fahrbahn erfolgt mit der Justierschraube am Fahrbahngestell.
Zur Registrierung der Gleiterbewegung muß vor jeder Messung das Zeit- und Wegsignal des Bewegungsmeßwandlers auf Null gesetzt werden. Man stelle die $y$-Empfindlichkeit des Schreibers zunächst so ein, daß bei 1 cm Gleiterbewegung sich auch der Schreibstift um 1 cm bewegt. Beim Vor- und Zurückschieben des Gleiters und geeigneter Aufstellung des Schreibers erkennt man, daß sich Schreibstift und Gleiter auf den Millimeter genau synchron bewegen. Der Maßstab für die weiteren Messungen ist geeignet abzuändern.

Zu Aufgabe 2:
Die Registrierung des $s, t$- und $v, t$-Diagramms erfolgt mit einem $y t$-Schreiber, das Beschleunigungssignal wird mit einem Drehspulmeßgerät gemessen.
Um den Gleiter beim Start nicht mit der Hand zu beeinflussen, wird ein Elektromagnet verwendet, der zum Start des Gleiters ausgeschaltet wird. Zur Verringerung des Remanenzeinflusses nach dem Ausschalten ist es zweckmäßig, ein Stück Papier so zwischen den Haltemagnet und den Gleiter zu klemmen, daß der Gleiter bei eingeschaltetem Magneten gerade noch gehalten wird.
Es ist zu berücksichtigen, daß sich die beschleunigte Masse aus der Masse $M = M_{\text{Gleiter}} + M_{\text{Zusatz}}$ und der Masse des Antriebsgewichtes m zusammensetzt. Bei allen Experimenten mit dem Bewegungsmeßwandler muß auch das Speichenrad mitbeschleunigt werden.

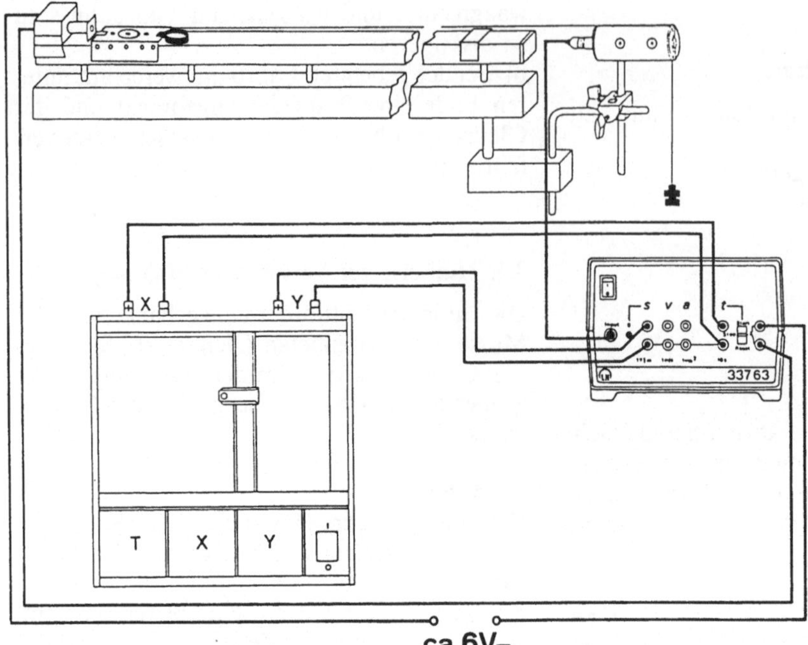

*Abb. V1–1. Versuchsaufbau*



Der Einfluß des Trägheitsmomentes entspricht dem einer zusätzlich zu beschleunigenden Masse von $\mu = 1$ g (Rollenersatzmasse).

**Zu Aufgabe 4:**
Bei Verwendung eines Zweikanal-Schreibers können jeweils zwei verschiedene Meßgrößen in einem Diagramm miteinander verglichen werden. Es empfiehlt sich, vor jeder Messung mit dem Schreiber die Nullage der jeweiligen Meßgröße zu markieren.

### 3.4. Meßbeispiele

**Zu Aufgabe 1:**
Bei kleinen Geschwindigkeiten ($v < 2$ cm/s) macht sich die diskrete Struktur des „Löcherzählens" am Speichenrad bemerkbar, das Ausgangssignal wird unruhig. Außerdem machen sich bei $v < 10$ cm/s Unebenheiten in der Fahrbahn stärker bemerkbar. Da das Beschleunigungssignal durch zeitliche Ableitung des Geschwindigkeitssignals gewonnen wird, treten auch geringe Unregelmäßigkeiten in $v(t)$ bei $a(t)$ deutlich hervor.
Ein eventuell zu beobachtendes zeitlich oszillierendes Signal $a(t)$ wird durch eine „Unwucht" des Speichenrades verursacht: fallen nämlich Lochkreismittelpunkt und Drehachse nicht ge-

nau zusammen, so ändert sich periodisch die von der Lichtschranke registrierte Frequenz, was sich im differenzierten Geschwindigkeitssignal als Oszillation bemerkbar macht.

**Zu Aufgabe 2:**
a) Bei einer Antriebsmasse $m = 2$ g und $M + m = 100$ g erhält man das folgende Schreiberdiagramm:

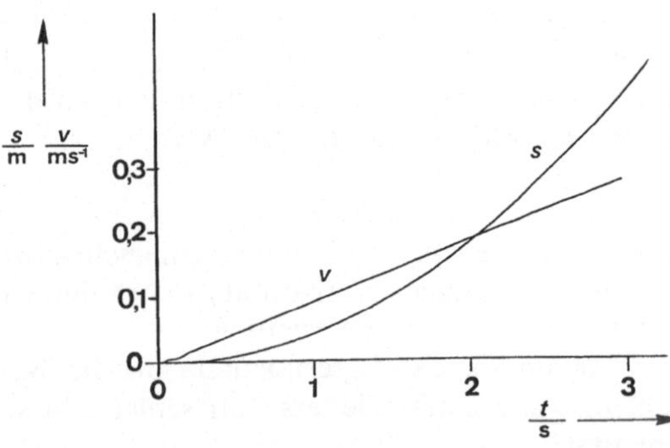



*Abb. V1–2. s,t- und v,t-Diagramm der gleichmäßig beschleunigten Bewegung ($v_0 = 0$; $s_0 = 0$; $m = 2g$)*

Als $v,t$-Diagramm ergibt sich eine Gerade. Daraus folgt, daß die Beschleunigung konstant ist.
Die Parabelform des $s,t$-Diagrammes kann man nachweisen, indem man die erhaltenen

Kurve in ein $s, t^2$-Diagramm umzeichnet. Eine zweite Möglichkeit besteht darin, zu zeigen, daß sich der Weg jeweils nach der doppelten Zeit vervierfacht:

$$s(2t) = 4 s(t).$$

Aus der Steigung des Geschwindigkeit-Zeit-Diagramms erhält man

$$a = 0{,}192 \text{ m/s}^2.$$

Der Maximalfehler der Meßelektronik liegt bei 2%, der Fehler in der Zeitbestimmung (Vorschub des $yt$-Schreibers) wird mit 1% angenommen. Damit erhält man aus (Gl. 0.2.10) für die Beschleunigung den relativen Fehler

$$(10) \quad \Delta a/a = \sqrt{\left(\frac{\Delta v}{v}\right)^2 + \left(\frac{\Delta t}{t}\right)^2} \approx 2{,}2\%.$$

Das Meßergebnis für die Beschleunigung ist also

$$a = (0{,}192 \pm 0{,}004) \text{ m/s}^2.$$

Am $a$-Ausgang des Bewegungsmeßwandlers wurde mit einem Drehspulmeßgerät $(0{,}19 \pm 0{,}01)$ V gemessen. Das entspricht

$$a = (0{,}19 \pm 0{,}01) \text{ m/s}^2.$$

b) Die Abhängigkeit der Beschleunigung von der beschleunigenden Kraft $F$ und der beschleunigten Masse $M_{\text{ges}}$ ist für $m_1 = 100$ g, $m_2 = 200$ g und $m_3 = 300$ g in Abbildung 3 dargestellt.

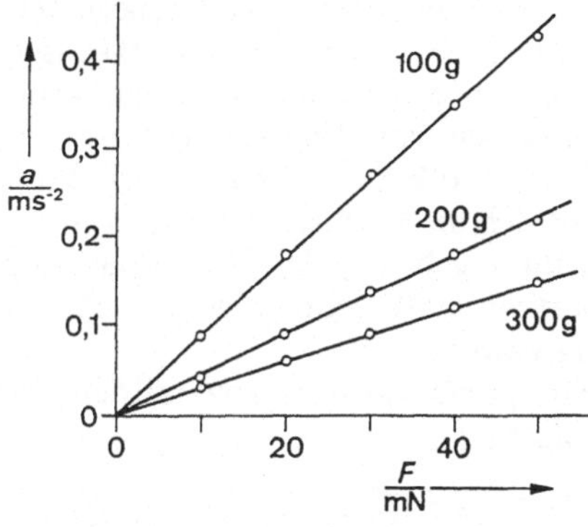


Abb. V1–3. *Meßbeispiel zu $F = m \cdot a$*

Die Auswertung des Diagramms zeigt, daß sich im Rahmen der Messgenauigkeit als Steigung der Geraden jeweils die Masse $M_{\text{ges}}$ ergibt. Dabei ist der durch die Rollenersatzmasse verur-

sachte Fehler kleiner als 1%. Somit ist bestätigt, daß die zugrunde gelegte Krafteinheit 1 Newton identisch ist mit $1 \text{ kg m/s}^2$.

Zu Aufgabe 3:
a) Die Beschleunigung des Gleiters wird für verschiedene Gesamtmassen am $a$-Ausgang des Bewegungsmeßwandlers gemessen. Man stellt fest, daß $a$ unabhängig von $m$ ist.
Dies ist zu erwarten, da

$$(11) \quad a = F/m \quad \text{mit} \quad F = m \cdot g \cdot \sin \Phi.$$

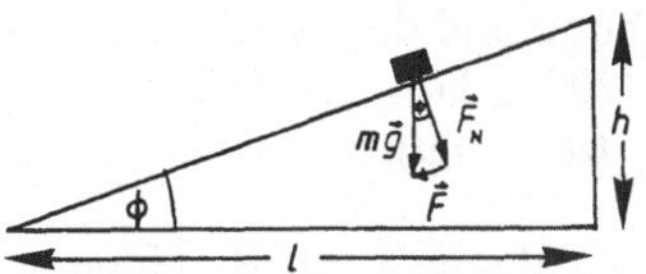


Abb. V1–4. *Die Fahrbahn als schiefe Ebene*

b) Die Erdbeschleunigung $g$ läßt sich bestimmen aus dem Neigungswinkel $\Phi$ der Fahrbahn und der daraus resultierenden Beschleunigung $a$. Wegen (11) ist

$$(12) \quad g = a/\sin \Phi.$$

Bei kleinem Neigungswinkel kann (12) ersetzt werden durch

$$(13) \quad g = a \cdot l/h,$$

wobei $l$ der Abstand der Auflagepunkte des Fahrbahngestells und $h$ die Anhebung gegenüber der Horizontalen ist. Es wurde eine Justierschraube mit einer Ganghöhe von 1,25 mm verwendet. Die Abbildung 5 zeigt das Meßergebnis für bis zu 15 Umdrehungen der Schraube aus der Horizontallage.

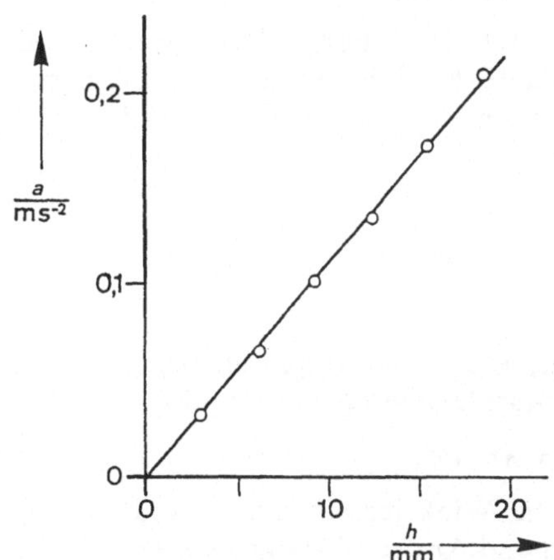


Abb. V1–5. *Beschleunigung an der schiefen Ebene*

Aus dem Diagramm ergibt sich bei $h = 1{,}875$ cm

$$a = (0{,}21 \pm 0{,}005) \text{ m s}^{-2}$$

und mit $l = 85$ cm $g = 9{,}52$ m s$^{-2}$.
Der relative Fehler in $g$ ist gleich dem in $a$ (2,4%), da die Fehler in $h$ und $l$ vernachlässigbar sind. Damit erhält man als Meßergebnis für die Erdbeschleunigung $g = (9{,}5 \pm 0{,}2)$ m s$^{-2}$.
Die Differenz zum Literaturwert 9,81 m s$^{-2}$ ist zurückzuführen auf den systematischen Fehler, der durch die restliche Reibung des Gleiters auf dem Luftpolster verursacht wird.
Aus dieser Abweichung und der Masse des verwendeten Gleiters (200 g) läßt sich mit (11) abschätzen, daß die Reibungskraft weniger als 1 mN beträgt.
Ein Meßbeispiel zu Aufgabe 4 mit Beschleunigungs- und Verzögerungsphasen ist in Abb. 6 dargestellt.

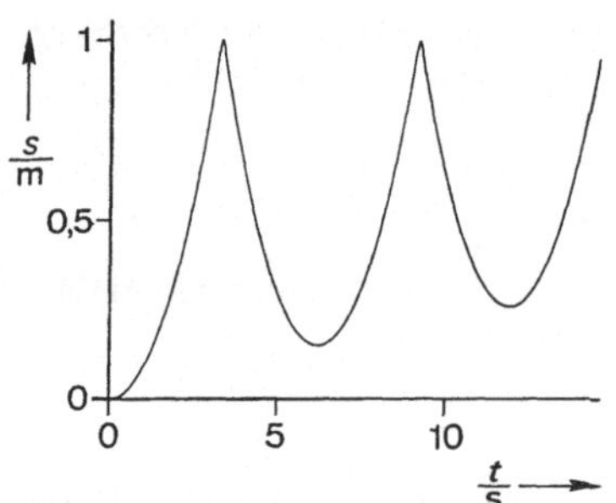

*Abb. V1–6. Beschleunigung und Verzögerung*

## 4. Ergänzungen

### 4.1. Vertiefende Fragen

Man zeige mit dem Energieerhaltungssatz, daß eine um die Höhendifferenz $\Delta h$ „durchhängende" Fahrbahn die relative Geschwindigkeitsänderung

$$(14) \quad \Delta v/v = -\frac{g}{v^2} \cdot \Delta h$$

ergibt.

Man zeige, daß für die Amplitude der Modulation des Beschleunigungssignals gilt:

$$(15) \quad a_0 = \Delta r \cdot \omega^2,$$

wenn $\omega$ die Winkelgeschwindigkeit des Speichenrades und $\Delta r$ der Abstand zwischen Lochkreismittelpunkt und Drehachse ist.

### 4.2. Ergänzende Bemerkungen

Zeitlich schwankende Ausgangssignale des Bewegungswandlers können durch ein RC-Glied geglättet werden. Dies hat jedoch eine verlängerte Einstelldauer sowie eine Phasenverschiebung zwischen der Bewegung des Gleiters und des Schreibers zur Folge. Eine solche Signalberuhigung ist deswegen nur bei langsam veränderlichen Signalen sinnvoll. Außerdem ist zu berücksichtigen, daß das RC-Glied eine Abschwächung und damit Verfälschung des Signals verursacht, deren Größe von der Eingangsimpedanz des Registriergerätes (Schreiber) abhängt.

# Versuch 2
# Stoß-Prozesse

## 1. Ziel des Versuches

Bei elastischen und inelastischen mechanischen Stößen am Luftkissentisch soll die Energie- und die Impulserhaltung experimentell untersucht werden. Hierzu werden die mit Hilfe stroboskopischer Registrierung gewonnenen Bewegungsaufnahmen in verschiedenen Bezugssystemen und nach unterschiedlichen Kriterien ausgewertet.

## 2. Grundlagen

### 2.1. Klassifizierung von Stößen

Unter einem Stoß zwischen zwei Körpern versteht man allgemein den durch eine Wechselwirkung zwischen den beiden Körpern verursachten Austausch von Energie und Impuls. Für die meisten Stöße kann man idealisiert annehmen, daß sich die Wechselwirkung in einem begrenzten Raumgebiet vollzieht und daß sich die Stoßpartner außerhalb dieses Gebietes gleichförmig bewegen.
Bei allen Stoßprozessen muß sowohl der Impulserhaltungssatz

$$(1) \quad \vec{p}_1 + \vec{p}_2 = \vec{p}_1' + \vec{p}_2'$$

als auch der Energieerhaltungssatz

$$(2) \quad W_{\text{ges}} = W_{\text{ges}}'$$

erfüllt sein.
(Die Größen nach dem Stoß werden mit Apostroph gekennzeichnet.)

Für die kinetischen Energien vor und nach dem Stoß gilt

(3) $W_{kin,1} + W_{kin,2} = W'_{kin,1} + W'_{kin,2} - Q$

oder mit $\vec{p} = m \cdot \vec{v}$

(4) $\dfrac{p_1^2}{2m_1} + \dfrac{p_2^2}{2m_2} = \dfrac{p_1'^2}{2m_1} + \dfrac{p_2'^2}{2m_2} - Q.$

Stöße, bei denen die Summe der kinetischen Energien (der Translation und der Rotation) erhalten bleibt ($Q = 0$), heißen elastisch.
Ist $Q < 0$, so wird der Stoß als unelastisch bezeichnet. Reale Stöße makroskopischer Körper sind in der Regel unelastisch, da fast immer ein Teil der Bewegungsenergie in Wärme oder Deformationsarbeit umgesetzt wird. In der Praxis werden Stöße, bei denen der Verlust an Bewegungsenergie relativ klein ist, quasi-elastisch genannt. Von einem total unelastischen Stoß spricht man, wenn nach dem Stoß die Relativgeschwindigkeit der beiden Stoßpartner gleich 0 ist. Besitzt vor dem Stoß einer der beiden Stoßpartner innere Energie, die nachher in Form von Bewegungsenergie frei wird, so bezeichnet man den Stoß als superelastisch ($Q > 0$). Solche Stöße spielen nur bei mikroskopischen Systemen (Atome, Moleküle) eine Rolle.

## 2.2. Beschreibung im Labor- und Schwerpunktsystem

Durch geeignete Wahl des Koordinatensystems kann die Beschreibung eines Stoßprozesses wesentlich vereinfacht werden.
Ist beispielsweise der Stoßpartner 2 zunächst in einem Punkt in Ruhe, so ist es zweckmäßig, seinen Ort als Ursprung des Koordinatensystems zu wählen. Demnach ist $\vec{p}_2 = 0$, so daß sich die Gleichungen (1) und (4) vereinfachen zu

(5) $\vec{p}_1 = \vec{p}_1' + \vec{p}_2'$

und

(6) $\dfrac{p_1^2}{2m_1} = \dfrac{p_1'^2}{2m_1} + \dfrac{p_2'^2}{2m_2} - Q.$

Ein solches Koordinatensystem, das relativ zum Labor ruht, heißt Laborsystem.
Steht die Relativbewegung der beiden Körper im Vordergrund der Untersuchung, so ist das Schwerpunktsystem geeigneter. Hierbei wird der Ursprung des Koordinatensystems in den gemeinsamen Schwerpunkt der Stoßpartner gelegt. Im Schwerpunktsystem ist der Gesamtimpuls vor und nach dem Stoß gleich $\vec{0}$:

(7) $\vec{p}_1 + \vec{p}_2 = \vec{p}_1' + \vec{p}_2' = \vec{0}.$

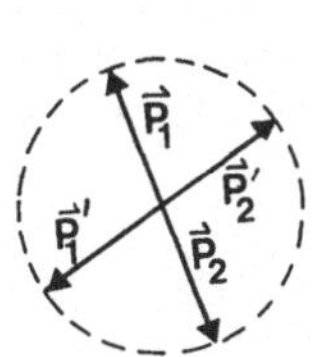
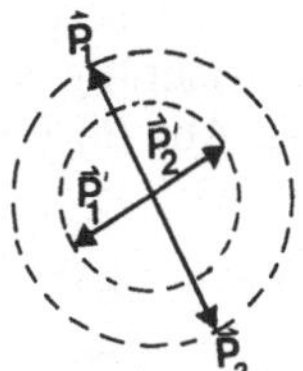

*Abb. V2–1. Impulsvektoren im Schwerpunktsystem: a) elastischer Stoß, b) unelastischer Stoß*

Die Richtungsänderung der Impulsvektoren hängt von der Art der Wechselwirkung und dem Stoßparameter $b$ ab. Bei $b = 0$ spricht man von einem zentralen Stoß.

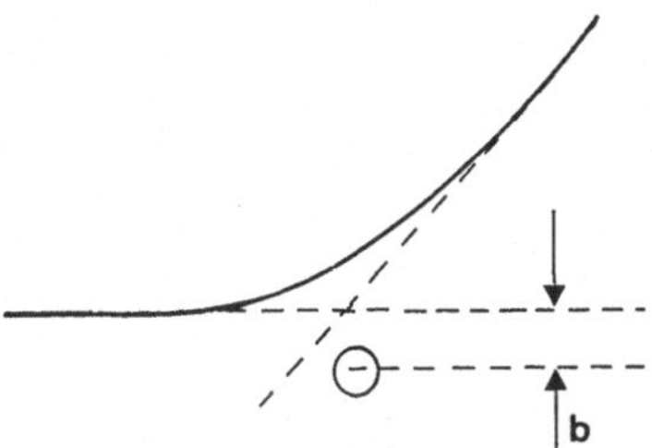

*Abb. V2–2. Zur Definition des Stoßparameters*

## 2.3. Der elastische Stoß

Bei der Beschreibung im Schwerpunktsystem folgt aus (4) und (7)

(8) $\dfrac{1}{2}\left(\dfrac{1}{m_1} + \dfrac{1}{m_2}\right) p_1^2 = \dfrac{1}{2}\left(\dfrac{1}{m_1} + \dfrac{1}{m_2}\right) p_1'^2 - Q.$

Man definiert die reduzierte Masse $\mu$ durch

(9) $\dfrac{1}{\mu} = \dfrac{1}{m_1} + \dfrac{1}{m_2}$

und erhält aus (8) den Energieerhaltungssatz im Schwerpunktsystem

(10) $\dfrac{p_1^2}{2\mu} = \dfrac{p_1'^2}{2\mu} - Q.$

Bei der Beschreibung elastischer Stöße ($Q = 0$) im Schwerpunktsystem behält also jeder Stoßpartner seine kinetische Energie bei.
Die möglichen Impulsvektoren nach einem Stoß können sehr einfach geometrisch aus ei-

nem sogenannten Newton-Diagramm abgelesen werden. Der Sonderfall des elastischen Stoßes im Laborsystem mit $\vec{p}_2 = 0$ soll hier dargestellt werden.

Der Vektor $\vec{p}_2'$ wird ausgedrückt durch zwei zueinander orthogonale Vektoren $\vec{p}_x$ und $\vec{p}_y$, wobei $\vec{p}_x$ in Richtung von $\vec{p}_1$ gewählt wird (Abbildung 3). Aus (6) folgt mit dem Satz des Pythagoras

$$(11)\quad \frac{p_1^2}{2m_1} = \frac{(\vec{p}_1 - \vec{p}_x)^2 + p_y^2}{2m_1} + \frac{p_x^2 + p_y^2}{2m_2}.$$

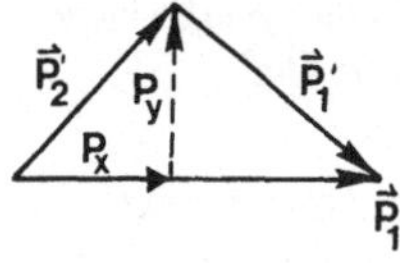

*Abb. V2–3. Impulsvektoren im Laborsystem* ($p_2 = 0$)

Ordnet man nach $\vec{p}_x$ und $\vec{p}_y$ und setzt die reduzierte Masse $\mu$ ein, so erhält man mit $\vec{p}_1/m_1 = \vec{v}_1$

$$(12)\quad \frac{p_x^2 + p_y^2}{\mu} - 2\vec{v}_1\,\vec{p}_x = 0,$$

was sich nach Multiplikation mit μ und quadratischer Ergänzung umschreiben läßt in

$$(13)\quad (\vec{p}_x - \mu\vec{v}_1)^2 + p_y^2 = (\mu v_1)^2.$$

Das ist die Gleichung einer Kreislinie mit Radius $\mu v_1$ und Mittelpunkt $(\mu v_1/0)$, auf der die Spitze des Impulsvektors $\vec{p}_2' = \vec{p}_x + \vec{p}_y$ liegt. Der Vektor $\vec{p}_1'$ ist durch (5) festgelegt.

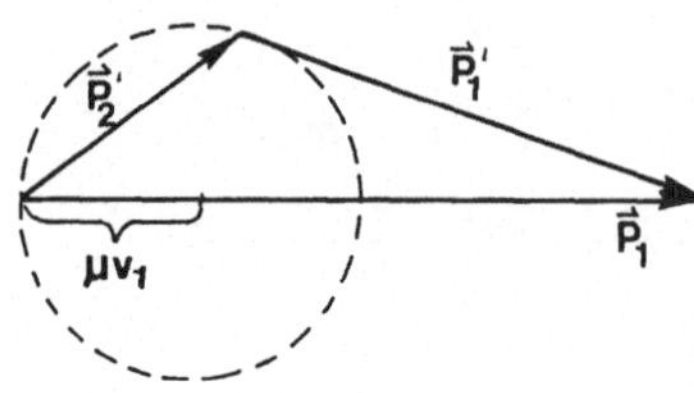

*Abb. V2–4. Impulsvektoren beim elastischen Stoß* ($p_2 = 0$)

Aus diesem Diagramm lassen sich nun sehr einfach einige wesentliche Aussagen ablesen:
a) Die maximale Energie wird übertragen, wenn $\vec{p}_2'$ die Richtung von $\vec{p}_1$ hat (zentraler Stoß). Diese Energie ist

$$(14)\quad E_{\max} = \frac{(2\mu v_1)^2}{2m_2}.$$

Für $m_1 \ll m_2$ ergibt sich daraus

$$(15)\quad E_{\max} = 4\,\frac{m_1}{m_2}\,E_{\mathrm{kin},1},$$

d. h. beim Stoß eines leichten auf ein schweres Teilchen kann das leichte höchstens den Bruchteil $4m_1/m_2$ seiner Bewegungsenergie $E_{\mathrm{kin},1}$ abgeben. Stößt beispielsweise ein Elektron elastisch auf ein schweres Atom, so überträgt es zwar Impuls, verliert aber praktisch keine Energie, was z. B. beim Franck-Hertz-Versuch (Versuch 32) eine wesentliche Rolle spielt.

b) Beim Stoß gleicher Massen ist $m_1 = m_2 = m$ und damit $\mu = m/2$, d. h. $\vec{p}_1 = 2\mu v_1$. Nach dem Satz von Thales stehen in diesem Fall die beiden Impulsvektoren nach dem Stoß senkrecht aufeinander.

c) Für den maximalen Ablenkwinkel erhält man aus Abbildung 5

$$(16)\quad \sin\varphi = \frac{\mu v_1}{m_1 v_1 - \mu v_1} = \frac{m_2}{m_1}.$$

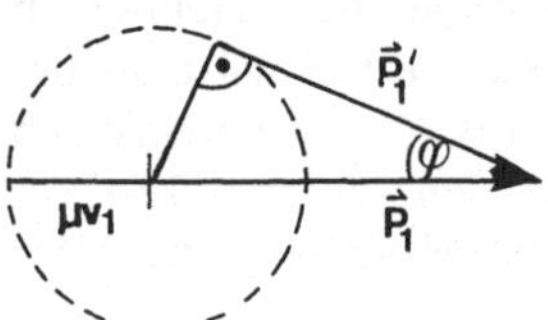

*Abb. V2–5. Maximaler Ablenkwinkel beim elastischen Stoß*

Schießt man beispielsweise He-Kerne durch eine dünne Goldfolie (Rutherford-Experiment), so beträgt der maximale Ablenkwinkel eines He-Kernes ($\alpha$-Teilchen) bei einem Stoß mit einem Hüllenelektron

$$(17)\quad \varphi = \arcsin\frac{m_e}{m_{\mathrm{He}}} = 28''.$$

Im Experiment beobachtete größere Ablenkungen der $\alpha$-Teilchen können also nur durch Stöße mit Atomkernen verursacht werden.

## 2.4. Experimenteller Aufbau

Um eine möglichst reibungsarme Bewegung zu erreichen, wird ein Luftkissentisch benutzt. Zur Registrierung der Gleiterbahn sind zwei Verfahren geläufig: entweder wird die Bewegung des Gleiters stroboskopisch von oben fotografiert, oder aber man arbeitet mit einem Funkenschreiber. Dazu wird eine ebene Unterlage mit metallisiertem Papier bespannt. Unter dem Schwerpunkt des Gleiters ist eine Elektrode angebracht, an die in gleichen Zeitabständen ein Hochspannungspuls angelegt wird. Der resultierende Funkenüberschlag führt zu einer punktuellen Schwärzung des Papiers. Die nachfolgend beschriebenen Versuche wurden nach dem zweiten Verfahren durchgeführt.

## 3. Versuch

### 3.1. Verwendete Geräte

Luftkissentisch mit 2 Gleitern, Zusatzmassen, Feder- und Haftringen
Metallpapier
Faden

### 3.2. Aufgabenstellung

Auf dem Luftkissentisch sollen (nahezu) elastische und total inelastische Stöße untersucht werden. Dabei sind jeweils die Massen der verwendeten Gleiter und die Stoßparameter zu variieren. Es werden folgende Versuche durchgeführt:
1) Gegenseitige Abstoßung zweier zusammengebundener Gleiter unterschiedlicher Masse nach Durchbrennen des Fadens.
2) Elastische Stöße mit Gleitern gleicher Masse; ein Gleiter ruht vor dem Stoß.
3) Elastische Stöße mit Gleitern gleicher und verschiedener Masse; beide Gleiter vor dem Stoß in Bewegung.
4) Total unelastische Stöße.
Die quantitative Auswertung erfolgt exemplarisch unter folgenden Gesichtspunkten:
– Impulserhaltung
– Energieerhaltung
– Drehimpulserhaltung
– Impuls- und Energieübertragung
– Bewegung des Systemschwerpunktes
– Ablenkwinkel
– unterschiedliche Beschreibung im Schwerpunkt- und Laborsystem.

### 3.3. Hinweise zur Versuchsdurchführung

Vor der Versuchsdurchführung muß der Tisch sorgfältig horizontal justiert werden. Dazu werden die Schraubfüße der Dreipunktauflage solange verdreht, bis ein in der Mitte des Tisches ruhender Gleiter in Ruhe bleibt. Anschließend werden die zusätzlichen Stabilisierungsfüße so weit herausgeschraubt, bis sie leicht auf der Arbeitsfläche aufsetzen.

Die Variation der Gleitermasse erfolgt durch aufsteckbare Zusatzmassen. Für die Untersuchung elastischer Stöße werden die Gleiter mit Federringen ausgerüstet, für total inelastische Stöße mit Haftringen.

Die für die Registrierung der Bewegung verwendete Frequenz soll je nach Geschwindigkeit der Gleiter 10 Hz bis 50 Hz betragen. Um bei Verwendung von 2 Gleitern synchrone Punkte einander zuordnen zu können, unterbricht man kurzfristig am Anfang der Bewegung die Registrierung.

### 3.4. Meßbeispiele

Zu Aufgabe 1:
Versuchsdaten:

$$m_1 = 1{,}520 \text{ kg}$$
$$m_2 = 1{,}014 \text{ kg}$$
$$5t = 0{,}1 \text{ s}$$

Aus dem Original der (verkleinerten) Abbildung 6 ergeben sich durch Messung von $x_1 = 59$ mm und $x_2 = 88{,}5$ mm die Geschwindigkeiten $v_1 = 118$ mm s$^{-1}$ und $v_2 = 177$ mm s$^{-1}$. Die Impulse der beiden Gleiter sind dann

$$|\vec{P_1}| = 1{,}520 \text{ kg} \cdot 0{,}118 \text{ m s}^{-1} = 0{,}179 \text{ kg m s}^{-1}$$

$$|\vec{P_2}| = 1{,}014 \text{ kg} \cdot 0{,}177 \text{ m s}^{-1} = 0{,}179 \text{ kg m s}^{-1}.$$

Der Fehler bei diesen Größen wird wesentlich bestimmt durch die Sorgfalt bei der Justierung des Tisches. Weiterhin gehen Fehler bei der Bestimmung der Streckenlängen und geringfügige Abweichungen in der Konstanz der Zeitintervalle ein. Der relative Fehler liegt bei etwa 2 bis 3 %. Die Impulsvektoren haben innerhalb dieser Fehlergrenze gleichen Betrag und sind, wie die Abbildung zeigt, entgegengesetzt orientiert. Der Gesamtimpuls ist also vor und nach der Abstoßung null.

Für die Lage des Schwerpunktes $G_i$ zur Zeit $t_i$ gilt

$$(18) \quad \overline{G_i A_i} \cdot m_1 = \overline{G_i B_i} \cdot m_2$$

und nach Umformung

$$(19) \quad \overline{G_i A_i} = \frac{\overline{A_i B_i}}{1 + \dfrac{m_1}{m_2}} \cdot$$

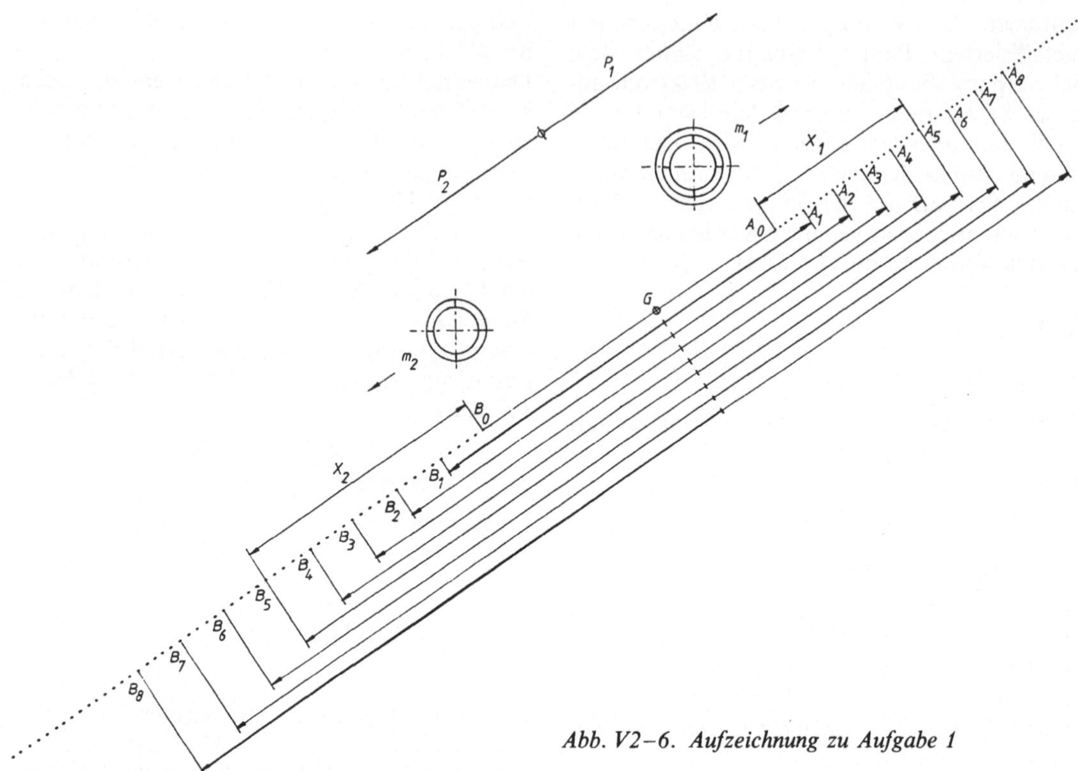



*Abb. V2–6. Aufzeichnung zu Aufgabe 1*

Die Auswertung in Abbildung 6 zeigt, daß der Schwerpunkt auch nach dem Abstoßen in Ruhe bleibt.

Zu Aufgabe 2 und 3:
Aufgabe 2 kann als Sonderfall zu Aufgabe 3 angesehen werden. Wir geben deshalb hier nur eine Auswertung zu Aufgabe 3.
Versuchsdaten:

$$m_1 = 1,476 \text{ kg}$$
$$m_2 = 1,022 \text{ kg}$$
$$5t = 0,1 \text{ s}$$

Die Auswertung der unverkleinerten Originalaufzeichnung (Abbildung 7) ergibt die Daten gemäß Tabelle 1.

Zum Nachweis des Impulserhaltungssatzes werden die Richtungen der Vektoren am besten auf durchsichtiges Millimeterpapier übertragen und dort nach Einzeichnen der Beträge grafisch addiert.

Die Richtungsabweichung zwischen den Impulsvektoren $\vec{p}$ und $\vec{p}'$ beträgt weniger als 1 Grad, die Abweichung ihrer Beträge liegt bei 2,5 % und ist damit im Rahmen der Meßgenauigkeit des Verfahrens.

Wie Tabelle 1 zeigt, ist die Summe der kinetischen Energien nach dem Stoß um etwa 30 % geringer als vor dem Stoß. Die Hauptursache für diese Abweichung sind Verluste in den Federringen während des Stoßvorganges sowie

Tabelle 1

| | Gleiter | $\dfrac{x}{\text{mm}}$ | $\dfrac{|\vec{v}|}{\text{ms}^{-1}}$ | $\dfrac{|\vec{P}|}{\text{kg m s}^{-1}}$ | $\dfrac{W_{\text{kin}}}{\text{kg m}^2\text{s}^{-2}}$ | $\dfrac{W_{\text{kin}}}{\text{kg m}^2\text{s}^{-2}}$ |
|---|---|---|---|---|---|---|
| vor dem Stoß | 1 | 94 | 0,313 | 0,462 | 0,0723 | 0,14 |
| | 2 | 112 | 0,373 | 0,381 | 0,0711 | |
| nach dem Stoß | 1 | 38 | 0,127 | 0,187 | 0,0119 | 0,10 |
| | 2 | 125 | 0,417 | 0,426 | 0,0889 | |

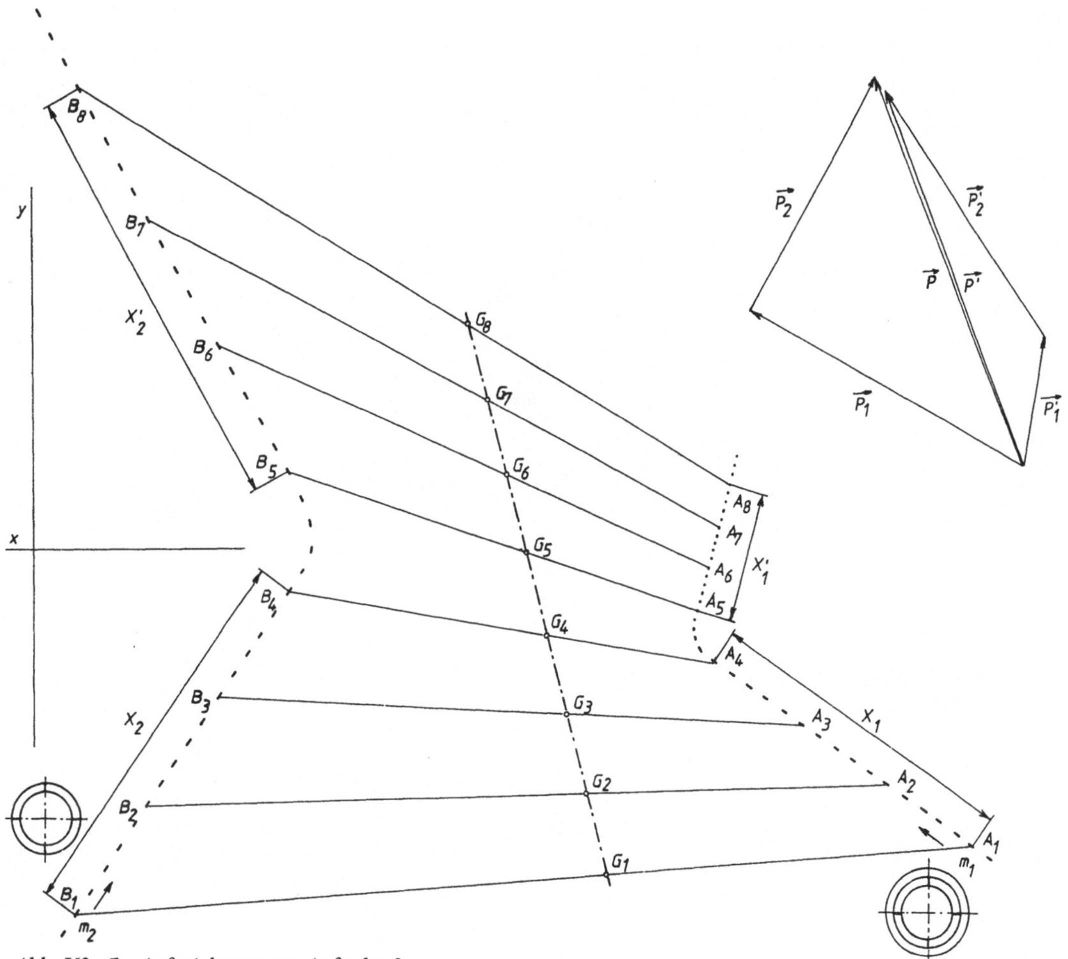


*Abb. V2–7. Aufzeichnung zu Aufgabe 3*

die nach dem Stoß auftretende Eigenrotation der Gleiter.

Konstruiert man mit (19) die Lage des System-Schwerpunktes zu den verschiedenen Zeiten, so bestätigt sich, daß der Geschwindigkeitsvektor des Schwerpunktes durch den Stoß nicht beeinflußt wird.

**Zu Aufgabe 4:**
Abbildung 8 zeigt einen total inelastischen Stoß, bei dem $m_1$ zunächst in Ruhe war.
Versuchsdaten:

$$m_1 = 1{,}516 \text{ kg}$$
$$m_2 = 1{,}506 \text{ kg}$$
$$5t = 0{,}1 \text{ s}$$

**Auswertung:**
Die wichtigsten Ergebnisse bei einer Auswertung im Laborsystem sind in Tabelle 2 zusammengefaßt.

Durch grafische Addition der Impulsvektoren läßt sich nachweisen, daß auch beim total inelastischen Stoß der Gesamtimpuls im Rahmen der Meßgenauigkeit erhalten bleibt.

Es ist zu erwarten, daß sich die kinetischen Energien vor und nach dem inelastischen Stoß unterscheiden. Die Differenz sollte genau die Summe der kinetische Energien im Schwerpunktsystem vor dem Stoß sein.

Zur Überprüfung bestimmt man die Abstände der Gleiter zum Schwerpunkt vor dem Stoß und berechnet daraus die Geschwindigkeiten im Schwerpunktsystem. Man erhält $v_1 = v_2 = 0{,}103 \text{ m s}^{-1}$.

Die Summe der beiden kinetischen Energien im Schwerpunktsystem ist dann vor dem Stoß $W_{\text{kin}} = 0{,}016 \text{ kg m}^2 \text{ s}^{-2}$, während nach dem Stoß die kinetische Gesamtenergie (wieder im Schwerpunktsystem betrachtet) null ist. Die in Wärme umgewandelte kinetische Energie ist

Tabelle 2

| | Gleiter | $\dfrac{x}{\text{mm}}$ | $\dfrac{|\vec{v}|}{\text{ms}^{-1}}$ | $\dfrac{|\vec{P}|}{\text{kg ms}^{-1}}$ | $\dfrac{W_{\text{kin}}}{\text{kg m}^2\text{s}^{-2}}$ | $\dfrac{W_{\text{kin}}}{\text{kg m}^2\text{s}^{-2}}$ |
|---|---|---|---|---|---|---|
| vor dem Stoß | 1 | 0 | 0 | 0 | 0 | 0,042 |
| | 2 | 94 | 0,235 | 0,354 | 0,042 | |
| nach dem Stoß | 1 | 36 | 0,090 | 0,136 | 0,0061 | 0,022 |
| | 2 | 57 | 0,143 | 0,215 | 0,0154 | |

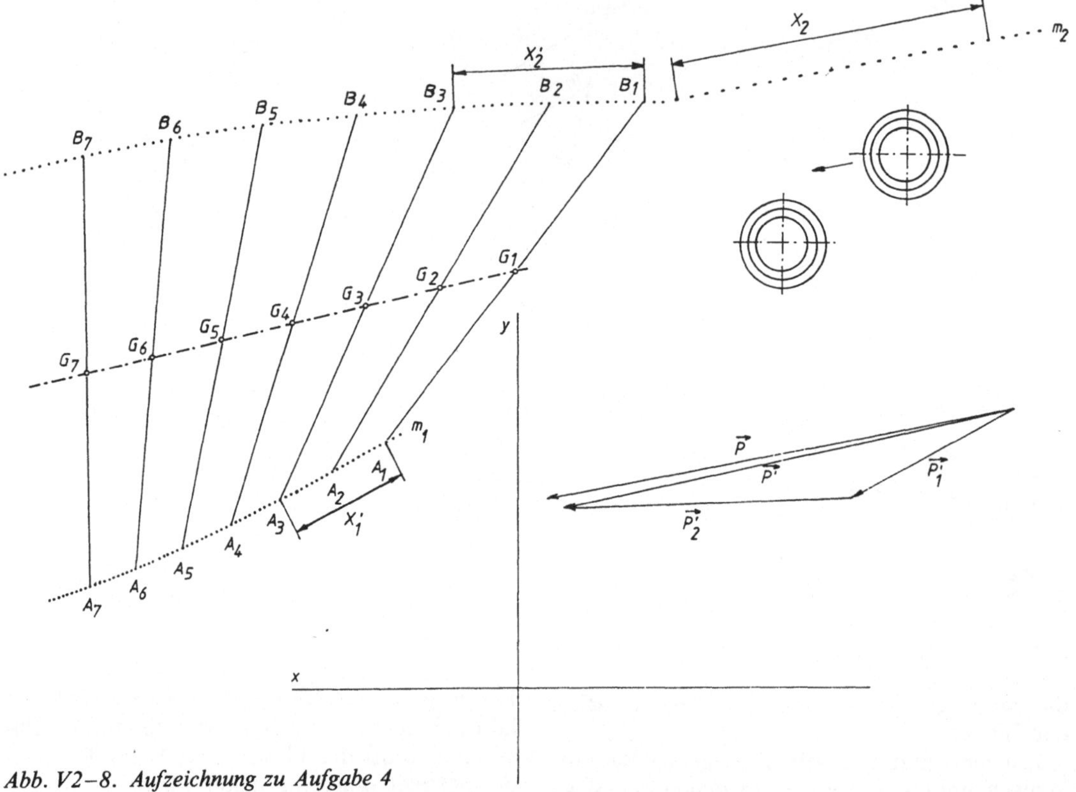


*Abb. V2–8. Aufzeichnung zu Aufgabe 4*

also 0,016 J. Die größere Differenz von 0,02 J bei der Auswertung im Laborsystem deutet darauf hin, daß durch vergrößerten Reibungseinfluß zusätzlich auch die Schwerpunktsgeschwindigkeit verringert wird.

## 4. Ergänzungen

### 4.1. Vertiefende Fragen

Man diskutiere den Impuls- und Energieübertrag beim Stoß eines Balles auf eine feststehende Wand.

Neben dem Impuls und der Energie bleibt bei Stößen auch der Gesamtdrehimpuls erhalten. Man werte einen Stoßprozeß unter diesem Gesichtspunkt aus!

### 4.2. Ergänzende Bemerkungen

In der Atom- und Kernphysik werden Stoßvorgänge als Streuung bezeichnet. Ein großer Teil der Erkenntnisse über den Aufbau mikroskopischer Strukturen (Atomkern und -Hülle, Moleküle, Festkörper) stammt aus Streuversuchen. So lassen sich aus der Winkel- und Energieverteilung der gestreuten Teilchen quantitative Aussagen über die Wechselwirkung ableiten.

# Versuch 3
# Trägheitsmomente

## 1. Ziel des Versuches

Das Trägheitsmoment verschiedener starrer Körper soll nach der Schwingungsmethode gemessen werden. Der Versuch soll insbesondere zu einer Veranschaulichung der mathematischen Theorie (z. B. Trägheitsmoment als Tensor) beitragen.

## 2. Grundlagen

### 2.1. Rotation eines Massepunktes

Ein Massepunkt, der sich mit der Geschwindigkeit $\vec{v}$ bewegt, besitzt bezüglich eines festen Punktes 0 den Drehimpuls

$$(1) \quad \vec{L} = m(\vec{r} \times \vec{v}) = \vec{r} \times \vec{p}.$$

Rotiert der Massepunkt mit der Winkelgeschwindigkeit $\vec{\omega}$ auf einer Kreisbahn um 0 mit Radius $\vec{r}$, so ist

$$(2) \quad \vec{v} = \vec{\omega} \times \vec{r}.$$

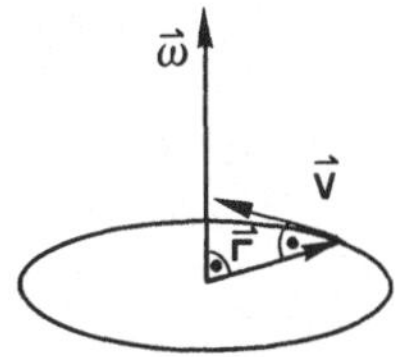

*Abb. V3–1. Zur Definition des Drehimpulses*

Da $\vec{\omega}$ senkrecht auf $\vec{r}$ steht, gilt für den Betrag des Drehimpulses

$$(3) \quad L = mr^2 \omega.$$

Die kinetische Energie des Massepunktes ist

$$(4) \quad W_{\text{kin}} = \tfrac{1}{2} m v^2 = \tfrac{1}{2} m r^2 \omega^2.$$

Die Gleichungen (3) und (4) sind Beispiele für die enge Analogie zwischen der mathematischen Beschreibung von Translations- und Rotationsbewegungen. Dabei entspricht der Drehimpuls $\vec{L}$ dem linearen Impuls $\vec{p}$ und die Winkelgeschwindigkeit $\vec{\omega}$ der Translationsgeschwindigkeit $\vec{v}$. Der Masse bei der Translation entspricht nach (3) und (4) bei der Rotation die Größe

$$(5) \quad J = mr^2,$$

die als Trägheitsmoment bezeichnet wird.

## 2.2. Rotation starrer Körper

Zur Beschreibung der Rotation eines starren Körpers um eine beliebige Achse wählen wir den Koordinatenursprung 0 auf der Rotationsachse. Der Drehimpuls eines Massenelementes $m_i$ des Körpers ist nach Abbildung 2

$$(6) \quad \vec{L}_i = m_i(\vec{r}_i \times \vec{v}_i).$$

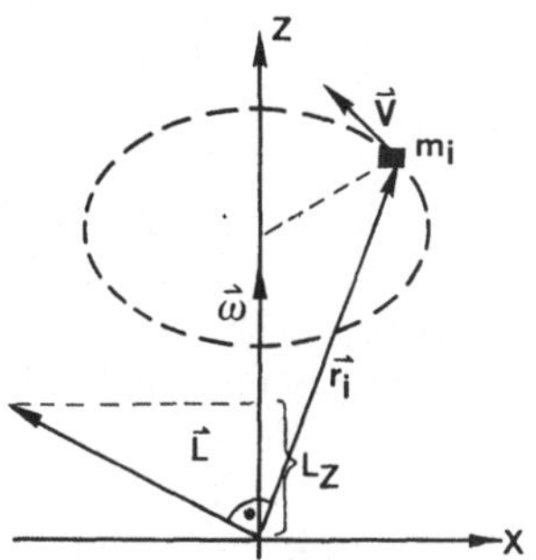

*Abb. V3–2. Drehimpuls und Winkelgeschwindigkeit eines Massenelementes $m_i$*

Der Gesamtdrehimpuls ist also

$$(7) \quad \vec{L} = \Sigma_i \, \vec{L}_i.$$

Die Abbildung 2 zeigt, daß die Richtungen des Drehimpulses und der Winkelgeschwindigkeit nicht übereinstimmen müssen. Der Drehimpulsvektor kann ausgedrückt werden durch

$$(8) \quad \vec{L} = J\vec{\omega}$$

wobei man $J$ als linearen Operator aufzufassen hat, der dem Vektor $\vec{\omega}$ einen Vektor $\vec{L}$ zuordnet. Er wird als Trägheits-Tensor bezeichnet.
Dieser Trägheits-Tensor kann in Matrixform dargestellt werden. Setzt man nämlich (6) und (2) in (7) ein, so erhält man

$$(9) \quad \vec{L} = \Sigma_i m_i(\vec{r}_i \times (\vec{\omega} \times \vec{r}_i)).$$

Die Ausführung dieses dreifachen Kreuzproduktes liefert

$$(10) \quad \begin{aligned}
L_x &= J_{xx}\omega_x + J_{xy}\omega_y + J_{xz}\omega_z \\
L_y &= J_{yx}\omega_x + J_{yy}\omega_y + J_{yz}\omega_z \\
L_z &= J_{zx}\omega_x + J_{zy}\omega_y + J_{zz}\omega_z.
\end{aligned}$$

Dabei sind die Diagonalelemente

$$(11) \quad \begin{aligned}
J_{xx} &= \Sigma_i m_i(r_i^2 - x_i^2) \\
J_{yy} &= \Sigma_i m_i(r_i^2 - y_i^2) \\
J_{zz} &= \Sigma_i m_i(r_i^2 - z_i^2)
\end{aligned}$$

und die Nichtdiagonalelemente

$$(12) \quad J_{xy} = J_{yx} = -\Sigma_i m_i x_i y_i$$
$$J_{xz} = J_{zx} = -\Sigma_i m_i x_i z_i$$
$$J_{yz} = J_{zy} = -\Sigma_i m_i y_i z_i .$$

$x_i$, $y_i$ und $z_i$ sind die Koordinaten von $r_i$.
Bei homogenen Körpern der Dichte $\varrho$ können
die Summationen in (11) und (12) durch eine
Integration ersetzt werden. Für ein Diagonal-
element gilt dann

$$(13) \quad J_{xx} = \int_V \varrho\,(r^2 - x^2)\,\mathrm{d}V.$$

Jeder Körper besitzt eine Achse durch den
Schwerpunkt mit maximalem und eine andere,
dazu senkrechte Schwerpunkt-Achse mit mini-
malem Trägheitsmoment. Diese beiden und die
dritte, zu beiden senkrecht stehende Achse werden als Hauptträgheitsachsen bezeichnet. Sie
fallen mit den eventuell vorhandenen Symme-
trieachsen des betrachteten Körpers zusammen.
Die zugehörigen Trägheitsmomente heißen
Hauptträgheitsmomente $J_x$, $J_y$ und $J_z$.
Legt man das Koordinatensystem so, daß seine
Achsen mit den Hauptträgheitsachsen zusammenfallen, verschwinden alle Nichtdiagonalelemente von $J$ und (10) vereinfacht sich zu

$$(14) \quad \vec{L} = \begin{pmatrix} J_x & 0 & 0 \\ 0 & J_y & 0 \\ 0 & 0 & J_z \end{pmatrix} \vec{\omega}.$$

Läßt man einen Körper um eine beliebige starre
Achse rotieren, so sind im allgemeinen alle drei
Komponenten der Winkelgeschwindigkeit $\vec{\omega}$
von 0 verschieden. Da $\vec{\omega}$ durch die starre Achse
raumfest gehalten wird, rotiert das körperfeste
Koordinatensystem und damit $\vec{L}$ um die starre
Achse. Die zeitliche Änderung des Drehimpul-
ses $\vec{L}$ verursacht an der Rotationsachse das
Drehmoment

$$(15) \quad \vec{N} = \mathrm{d}\vec{L}/\mathrm{d}t,$$

das sich als „Unwucht" rotierender Körper
äußert. Fällt jedoch die starre Achse mit einer
Hauptträgheitsachse zusammen, so besitzt $\vec{\omega}$
nur eine von 0 verschiedene Komponente und
nach (14) zeigt $\vec{L}$ dann immer in Richtung der
Achse. In diesem Fall verschwindet das Drehmoment auf die Achse, der Körper ist „ausge-
wuchtet".
Durch Ausführen der Volumenintegration (13)
lassen sich die Hauptträgheitsmomente einfacher Körper berechnen, wie Tabelle 1 zeigt.

Tabelle 1: Hauptträgheitsmomente
einfacher Körper

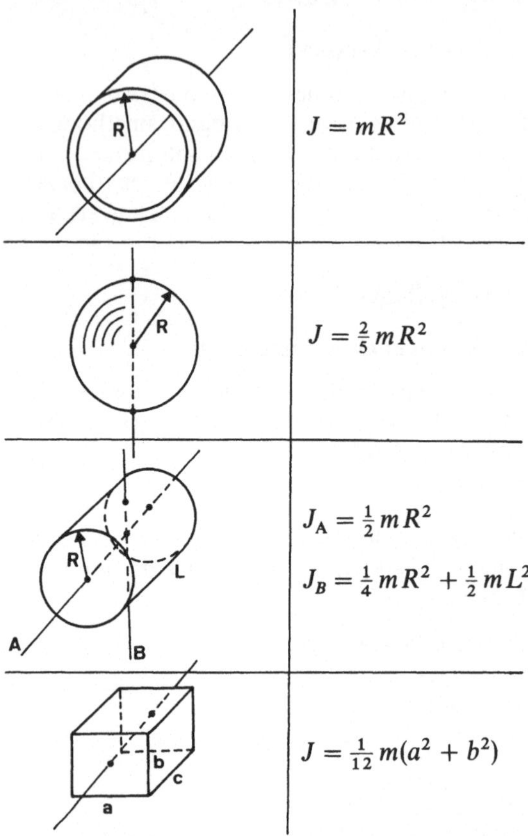

Wie erhält man nun aus den Hauptträgheits-
momenten das Trägheitsmoment um eine beliebige Achse?
Wir beschränken uns zunächst auf den Fall,
daß die Rotationsachse durch den Schwerpunkt
verläuft und drücken die Richtung dieser Achse
durch den Einheitsvektor $\vec{n}$ aus. Multipliziert
man nun (8) von links mit $\vec{n}$, so erhält man
wegen $\vec{\omega} = \omega \cdot \vec{n}$

$$(16) \quad \vec{n}\,\vec{L} = \vec{n} \cdot (J\vec{n}) \cdot \omega .$$

Links steht die Komponente des Drehimpulsvektors $\vec{L}$ in Richtung der Rotationsachse. Die
skalare Größe

$$(17) \quad J_n := \vec{n} \cdot (J\vec{n})$$

ist also das Trägheitsmoment des Körpers bei
der Rotation um die Schwerpunktachse mit der
Richtung von $\vec{n}$.
Das Trägheitsmoment um eine beliebige, nicht
unbedingt durch den Schwerpunkt verlaufende
Achse wird in Abschnitt 2.4 hergeleitet.

## 2.3. Das Trägheitsellipsoid

Definiert man einen Vektor $\vec{R}$ mit der Richtung von $\vec{n}$ und der Länge

$$(18) \quad |\vec{R}| = 1/\sqrt{J_n},$$

so ist $\vec{n} = (R_x, R_y, R_z)/R$. Einsetzen in (17) ergibt

$$(19) \quad J_n = J_x R_x^2 J_n + J_y \cdot R_y^2 \cdot J_n + J_z \cdot R_z^2 \cdot J_n.$$

Nach der Division durch $J_n$ erhält man

$$(20) \quad R_x^2 J_x + R_y^2 J_y + R_z^2 J_z = 1.$$

Dies ist die Gleichung eines Ellipsoids mit den Halbachsen

$$a = \sqrt{J_x}, \quad b = \sqrt{J_y}, \quad c = \sqrt{J_z}.$$

Die Endpunkte von $\vec{R}$ liegen also auf der Oberfläche dieses Ellipsoids. Es wird als Trägheitsellipsoid bezeichnet.

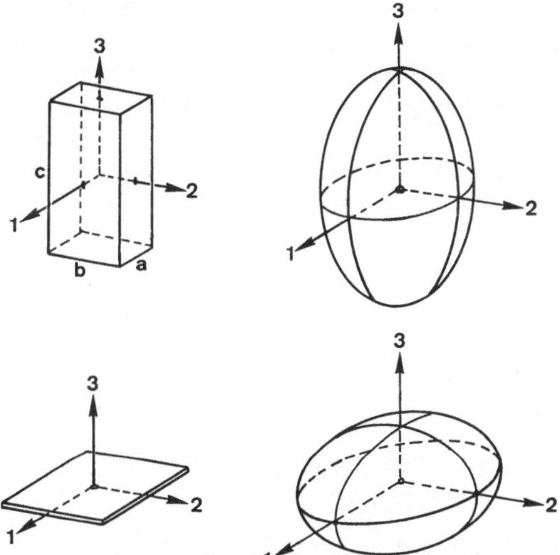

Abb. V3–3. *Quader und ihre Trägheitsellipsoide*

Die Symmetrie eines Körpers zeigt sich auch bei seinem Trägheitsellipsoid. So ist beispielsweise das Trägheitsellipsoid eines Zylinders ebenfalls rotationssymmetrisch, das einer Kugel ebenfalls kugelförmig.

## 2.4. Der Satz von Steiner

Die bisherigen Betrachtungen gingen von Rotationsachsen durch den Schwerpunkt des Körpers aus. Wir legen nun den Koordinatenursprung in den Schwerpunkt S des Körpers mit der Masse $m$ und betrachten dessen Rotation um eine Achse A, die nicht durch S geht. Die $x$-Achse des Koordinatensystems verlaufe durch die Achse A (Abbildung 4).

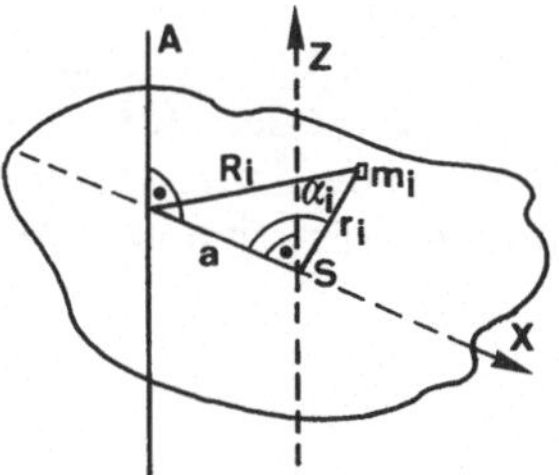

Abb. V3–4. *Trägheitsmomente für beliebige Achsen*

Das Trägheitsmoment bezüglich A ist

$$(21) \quad J_A = \Sigma_i m_i R_i^2.$$

Wegen

$$(22) \quad R_i^2 = a^2 + r_i^2 - 2a \cdot r_i \cdot \cos \alpha_i$$

erhält man aus (21)

$$(23) \quad J_A = ma^2 + \Sigma_i m_i r_i^2 - 2a \, \Sigma_i m_i r_i \cos \alpha_i,$$

Der mittlere Term ist gerade das Trägheitsmoment $J_S$ bezüglich der zu A parallelen Schwerpunkt-Achse. Im letzten Term in (23) sind die Produkte $r_i \cdot \cos \alpha_i$ die Projektionen der Ortsvektoren auf die $x$-Achse. Der Term verschwindet, denn

$$(24) \quad \Sigma_i m_i r_i \cdot \cos \alpha_i = \Sigma_i m_i x_i = m \cdot x_S.$$

$x_S$ ist aber gerade die $x$-Koordinate des Schwerpunktes, der im Koordinatenursprung liegt.

Für das Trägheitsmoment um eine beliebige Achse A ergibt sich somit aus (23) der Satz von Steiner:

$$(25) \quad J_A = J_S + ma^2,$$

wobei $J_S$ das Trägheitsmoment um die zu A parallele Schwerpunktachse ist.

## 2.5. Experimentelle Bestimmung von Trägheitsmomenten

Zur Messung von Trägheitsmomenten kann man eine Torsionsfeder verwenden, die beim Auslenken des Körpers aus der Ruhelage ein zum Auslenkwinkel proportionales Drehmoment

$$(26) \quad N = -D\varphi$$

erzeugt. Die entstehende Schwingung hat die Schwingungsdauer

(27)  $T = 2\pi \sqrt{(J/D)}$.

(zur Herleitung siehe Versuch 7)
Die Richtgröße $D$ kann bestimmt werden nach dem Hookeschen Gesetz (26) oder aus (27) durch Messung der Schwingungsdauer mit einem Körper mit bekanntem Trägheitsmoment.

## 3. Versuch

### 3.1. Verwendete Geräte

- Drillachse
- Kraftmesser
- Laborwaage
- Stoppuhr
- verschiedene starre Körper

### 3.2. Aufgabenstellung

1. Aufgabe
Man bestimme das Rückstellmoment der verwendeten Torsionsfeder nach dem Hookeschen Gesetz und nach der Schwingungsmethode.

2. Aufgabe
Man bestimme experimentell die Haupttägheitsmomente eines homogenen Quaders und errechne daraus das Trägheitsmoment bezüglich einer Achse durch die Raumdiagonale.

3. Aufgabe
Ein homogener Zylinder kann um seine Haupt-Symmetrieachse und andere Schwerpunktachsen gedreht werden. Die Abhängigkeit des Trägheitsmomentes des Zylinders von dem Winkel $\alpha$ zwischen Drehachse und Haupt-Symmetrieachse soll experimentell ermittelt werden. Das Ergebnis ist als Schnitt durch das Trägheitsellipsoid darzustellen.

4. Aufgabe
Man überprüfe experimentell den Satz von Steiner.

### 3.3. Hinweise zur Versuchsdurchführung

Zur Bestimmung der Richtgröße $D$ der Torsionsfeder wird ein horizontaler Stab auf der Drillachse montiert und die Ruhelage markiert. Mit Hilfe eines Kraftmessers wird das für eine

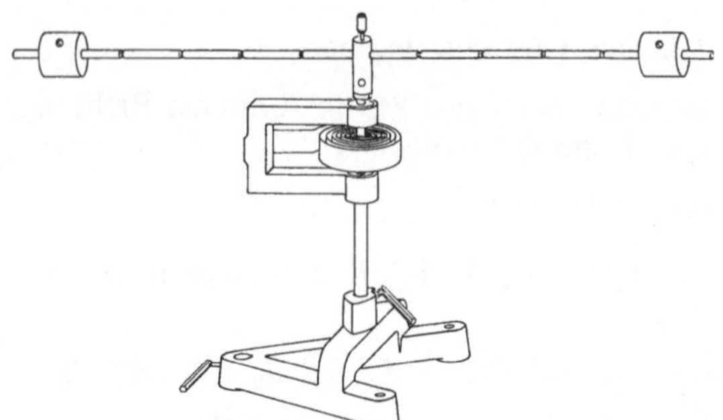

Abb. V3–5. Versuchsaufbau

Auslenkung um 180° notwendige Drehmoment ermittelt.
Bei der Schwingungsmethode wird die Schwingungsdauer für mehrere Abstände der symmetrisch zum Drehpunkt angeordneten Massestücke bestimmt. Man messe jeweils 10 Perioden! Dies gilt auch für die Bestimmung der Trägheitsmomente in den folgenden Aufgaben.
Zur Überprüfung des Satzes von Steiner wird eine flache Kreisscheibe mit verschiedenen exzentrisch angeordneten Drehpunkten verwendet. Das Trägheitsmoment wird in Abhängigkeit des Abstandes zwischen Drehpunkt und Schwerpunkt gemessen.

### 3.4. Meßbeispiele

Zu Aufgabe 1:
Bei der in unserem Experiment verwendeten Feder ergab sich bei der Messung des Richtmomentes $D$

$$F = (0{,}80 \pm 0{,}02)\,\text{N} \quad r = (10{,}0 \pm 0{,}1)\,\text{cm}$$
$$\varphi = 3{,}14\,\text{rad.}$$

Die Kraft wirkte senkrecht zum Radius $r$. Dann ist $N = F \cdot r$, und aus (26) bestimmt man

$$D = (2{,}55 \pm 0{,}07) \cdot 10^{-2}\,\text{Nm/rad.}$$

Tabelle 2

| $r/\text{m}$ | $T/\text{s}$ |
|---|---|
| 0 | 2,46 |
| 0,05 | 2,84 |
| 0,10 | 3,68 |
| 0,15 | 4,77 |
| 0,20 | 5,98 |
| 0,25 | 7,23 |
| 0,30 | 8,50 |

Gesamtmasse $m = 477{,}3$ g

Bei der Schwingungsmethode erhielt man die Werte gemäß Tabelle 2.

Im folgenden Diagramm (Abbildung 6) ist $T^2$ über $r^2$ aufgetragen. Es ergibt sich eine Gerade, die nicht, wie man es zunächst nach (27) erwarten könnte, durch den Ursprung geht. Der Grund ist, daß sich das Trägheitsmoment des schwingenden Körpers zusammensetzt aus dem Trägheitsmoment $J_0$ des Stabes und dem von den beiden verschiebbaren Massen verursachten Trägheitsmoment $mr^2$.

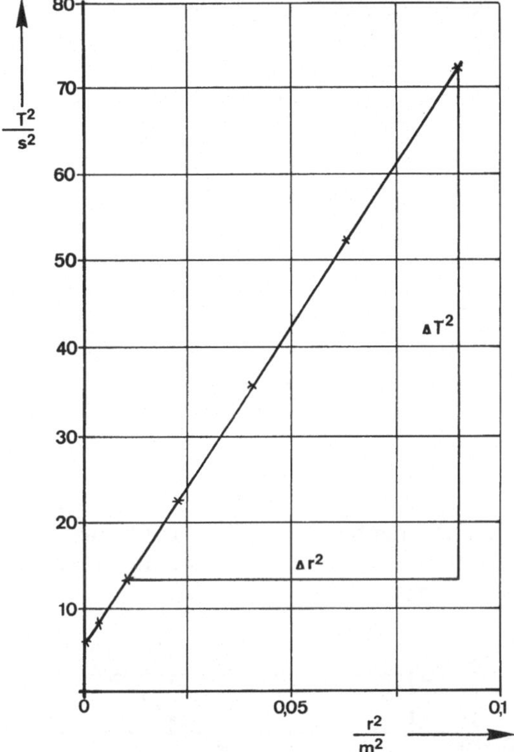

Abb. V3–6. *Zur Auswertung der Schwingungsdauern*

Setzt man in (27) die Summe $J = mr^2 + J_0$ ein, so berechnet man für die Geradensteigung

$$(28) \quad \frac{\Delta(T^2)}{\Delta(r^2)} = \frac{4\pi^2 m}{D}.$$

Mit

$$m = 477{,}3 \text{ g}, \quad \Delta(T^2) = 58{,}71 \text{ s}^2$$

und

$$\Delta(r^2) = 0{,}080 \text{ m}^2$$

erhält man aus (28) für die Richtgröße der Feder $D = 2{,}57 \cdot 10^{-2}$ Nm/rad.

Der Fehler bei dieser Methode wird bestimmt durch die Genauigkeit bei der Zeitmessung (0,02 s) und der Bestimmung von $r$ (1 mm). Mit (Gl. 0.2.8) und

$$\Delta(T^2) = T_1^2 - T_2^2$$
$$\Delta(r^2) = r_1^2 - r_2^2$$

erhält man

$$\Delta(\Delta T^2) = 0{,}37 \text{ s}^2$$
$$\Delta(\Delta r^2) = 0{,}0006 \text{ m}^2.$$

Die relativen Fehler in $\Delta(T^2)$ und in $\Delta(r^2)$ sind somit etwa 0,6 % bzw. 0,8 %. Mit (Gl. 0.2.10) bestimmt man dann den relativen Fehler in $D$ zu 1 % . Das Meßergebnis der Schwingungsmethode ist also $D = (2{,}57 \pm 0{,}03) \cdot 10^{-2}$ Nm/rad.

Bei sorgfältiger Zeitmessung erhält man mit der Schwingungsmethode i. a. genauere Ergebnisse als bei direkter Messung nach dem Hookeschen Gesetz.

Zu Aufgabe 2:

Bei der Ermittlung der Hauptträgheitsmomente eines Quaders mit den Seitenlängen 10 cm, 7 cm und 1,5 cm wurden je 5 mal 10 Schwingungsdauern gemessen. Die Mittelwerte für eine Periodendauer und die aus (27) resultierenden Hauptträgheitsmomente sind:

|  | $T/\text{s}$ | $J/10^{-4}\ \text{kg m}^2$ |
|---|---|---|
| $x$-Richtung: | 1,034 | 6,90 |
| $y$-Richtung: | 1,238 | 9,90 |
| $z$-Richtung: | 0,738 | 3,52 |

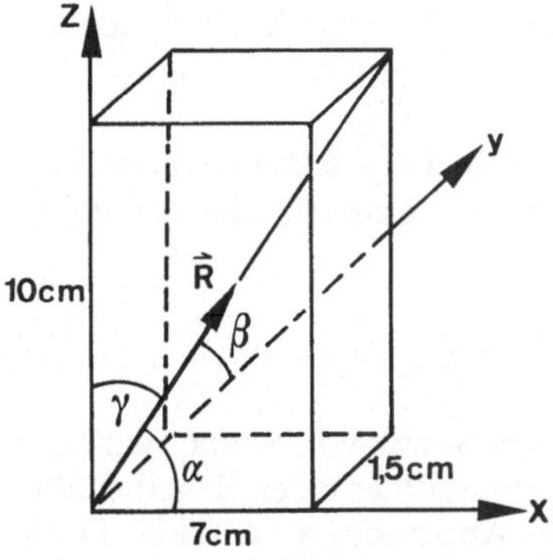


Abb. V3–7. *Zur Festlegung der Richtungen beim Quader*

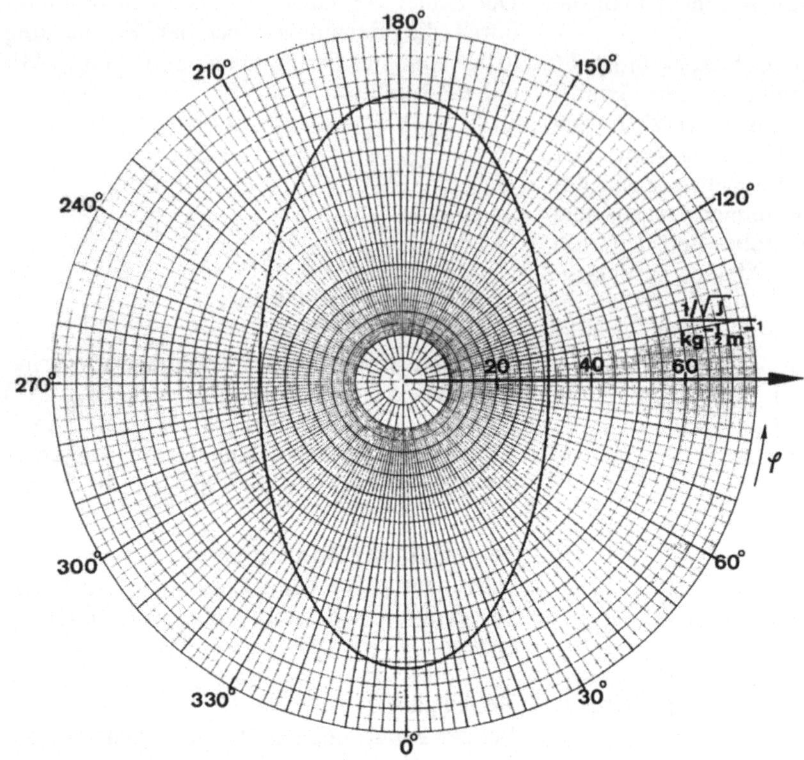



*Abb. V3–8. Schnitt durch das Trägheitsellipsoid eines Zylinders*

Zur Bestimmung des Trägheitsmomentes um eine Achse durch die Raumdiagonale wird der Vektor $\vec{n}$ in (17) eingesetzt. Das ergibt

$$J_n = J_x \cos^2 \alpha + J_y \cos^2 \beta + J_z \cos^2 \gamma$$
$$= 8{,}83 \cdot 10^{-4} \text{ kg m}^2 .$$

**Zu Aufgabe 3:**
In Abb. 8 ist das Meßergebnis zu Aufgabe 3 dargestellt.

Das dreidimensionale Trägheitsellipsoid ist aufgrund der Rotationssymmetrie des Zylinders ein Rotationsellipsoid.

**Zu Aufgabe 4:**
Zur Bestätigung des Satzes von Steiner wird das gemessene Trägheitsmoment der Scheibe über dem Quadrat des Abstandes a zwischen Dreh- und Schwerpunkt aufgetragen. Gemäß (25) erhält man eine Gerade, aus deren Steigung sich

die Masse der Scheibe ergibt. Der Ordinatenabschnitt ist das Trägheitsmoment für die Schwerpunktachse.

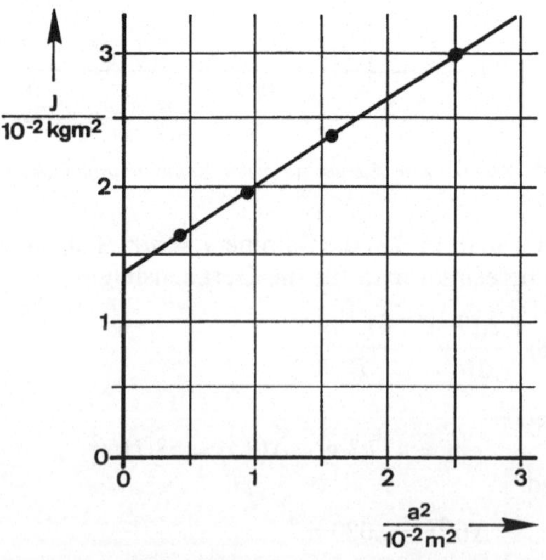



*Abb. V3–9. Experimentelle Bestätigung des Satzes von Steiner*

# 4. Ergänzungen

## 4.1. Vertiefende Fragen

Man gebe weitere Beispiele für die in 2.1 angesprochene Analogie zwischen den Gleichungen für Rotations- und Translationsbewegungen.

Warum ist das Trägheitsmoment bezüglich einer Schwerpunktachse immer kleiner als das für eine parallele Achse, die nicht durch den Schwerpunkt geht?

## 4.2. Ergänzende Bemerkungen

Ein zweiatomiges Molekül kann man sich als Hantel mit zwei Massepunkten vorstellen. Die Rotationsenergie einer solchen Hantel ist

$$W_{\text{rot}} = L^2/(2J).$$

Da der Drehimpuls im Bereich der Mikrophysik quantisiert ist, gilt dies auch für die Rotationsenergie. Um die Längsachse des Moleküls ist das Trägheitsmoment sehr viel kleiner als um eine Querachse. Der zur Anregung einer Rotation um die Längsachse mindestens notwendige Energiebetrag ist somit sehr viel größer als bei einer Rotation um die Querachse. Deshalb wird dieser dritte Rotationsfreiheitsgrad bei zweiatomigen Molekülen erst bei sehr hohen Temperaturen angeregt. (Eine auführlichere Betrachtung dieses Sachverhaltes erfolgt bei Versuch 12.)

# Versuch 4
# Gravitationskonstante

## 1. Ziel des Versuches

Unter Verwendung der Gravitationsdrehwaage als hochempfindliches Kraftmeßgerät soll die Gravitationskonstante $f$ experimentell ermittelt werden. Ein auftretender systematischer Fehler soll quantitativ erfaßt und das Ergebnis entsprechend korrigiert werden.

## 2. Grundlagen

### 2.1. Das Gravitationsgesetz

Zwischen zwei Körpern der Massen $m$ und $M$ wirkt eine anziehende Kraft $F$, deren Betrag proportional zu $m$ und $M$ und umgekehrt proportional zum Quadrat des Abstandes $r$ zwischen den beiden Masseschwerpunkten ist. Das Gravitationsgesetz besitzt also die Form

$$(1) \quad \vec{F}(\vec{r}) = -f\,\frac{mM}{r^2}\,\vec{e}_{\text{r}}$$

mit der Gravitationskonstanten $f$ als Proportionalitätskonstante und dem zur Verbindungsstrecke der beiden Massen parallelen Einheitsvektor $\vec{e}_{\text{r}}$.

Zur Bestimmung von $f$ ist es notwendig, die Kraft zwischen zwei Körpern bekannter Masse und mit bekanntem Abstand zu messen.

### 2.2. Die Gravitationsdrehwaage

Zum Nachweis der Gravitationskraft zwischen zwei im Labor verfügbaren Massen ist ein äußerst empfindliches Kraftmeßgerät erforderlich. Man benutzt dazu eine Drehwaage, deren Aufbau in Abbildung 1 dargestellt ist. Eine Drehwaage dieser Art wurde erstmals von Cavendish 1798 verwendet. Mit ihr können noch Kräfte in der Größenordnung $10^{-9}$ N gemessen werden.

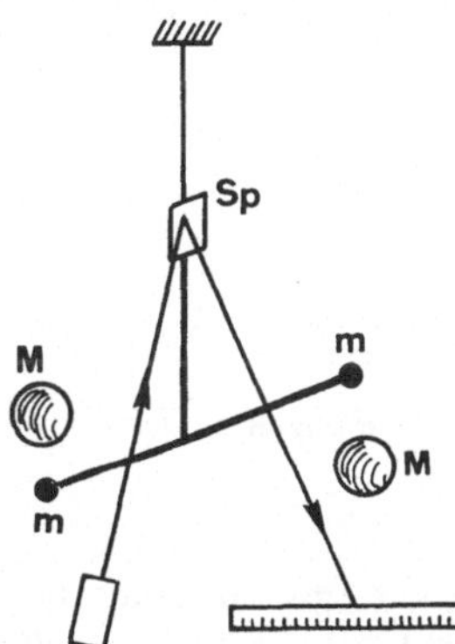


*Abb. V4–1. Gravitationsdrehwaage (Prinzipaufbau)*

An dem Torsionsfaden mit sehr kleiner Winkelrichtgröße $D$ ist ein Spiegel befestigt. Damit kann über einen Lichtzeiger die Verdrillung des Fadens gemessen werden.

Die beiden Körper mit großer Masse $M$ ruhen auf einem Drehteller, dessen Lage so verändert werden kann, daß die eine große Kugel einmal der einen kleinen Kugel und dann der anderen kleinen Kugel gegenüber liegt. Zur Bestimmung der Gravitationskraft zwischen $m$ und $M$ muß die Winkelrichtgröße $D$ des Torsionsfadens und der Winkel zwischen den beiden Gleichgewichtslagen des Meßsystems ermittelt werden.

## 2.3. Experimentelle Bestimmung der Gravitationskonstanten

Das System sei zunächst in der Gleichgewichtslage A. Durch Umlegen der großen Kugeln wird das Kräftegleichgewicht zwischen Gravitationskraft und Rückstellkraft des Torsionsfadens aufgehoben und das System beginnt eine durch Reibung schwach gedämpfte Schwingung, die nach einigen Perioden in der neuen Gleichgewichtslage B endet. Diese unterscheidet sich von A um den Winkel $\alpha/2$ (vgl. Abb. 2).

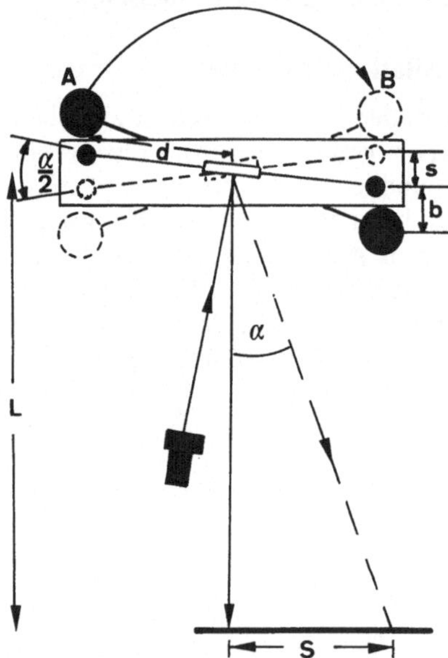


*Abb. V4–2. Geometrische Beziehungen an der Gravitationsdrehwaage*

Bei Auslenkung des Meßsystems um einen beliebigen Winkel $\varphi$ wirkt das rückstellende Drehmoment

$$(2) \quad N = -D\varphi.$$

Unter Vernachlässigung des Einflusses der Dämpfung erhält man als Differentialgleichung der Schwingung

$$(3) \quad J\ddot{\varphi} + D\varphi = 0,$$

wobei $J$ das Trägheitsmoment des Meßsystems bezüglich der durch den Aufhängungsfaden gegebenen Achse ist.

Es folgt für die Schwingungsdauer (siehe Versuch 7)

$$(4) \quad T^2 = 4\pi^2 J/D$$

und damit

$$(5) \quad D = 4\pi^2 J/T^2.$$

Das Trägheitsmoment $J$ der beiden kleinen Kugeln läßt sich ausdrücken durch

$$(6) \quad J = 2md^2$$

und man erhält

$$(7) \quad D = 8\pi^2 md^2/T^2.$$

In Abbildung 2 ist

$$(8) \quad s/d \approx \alpha/2.$$

Wegen der Winkelverdopplung bei der Reflexion gilt

$$(9) \quad S/L \approx \alpha.$$

Die Anziehungskraft $F$ zwischen den beiden Kugelpaaren erzeugt in der Gleichgewichtslage A ein Drehmoment

$$(10) \quad N_1 = 2F \cdot d = 2fmMd/b^2,$$

das vor dem Umlegen der schweren Kugeln durch das Rückstellmoment des Torsionsfadens kompensiert wird. Ist nach dem Umlegen die neue Gleichgewichtslage B erreicht, erzeugt die Gravitationskraft ein Drehmoment $N_2$, das entgegengesetzt zu $N_1$ gerichtet ist. $N_1$ und $N_2$ haben gleichen Betrag, wenn die beiden betrachteten Gleichgewichtslagen symmetrisch zur Ruhelage des Meßsystems liegen:

$$(11) \quad N_2 = -N_1.$$

Die Differenz der beiden Drehmomente erzeugt die Änderung der Gleichgewichtslage um den Winkel $\alpha/2$:

$$(12) \quad \Delta N = N_1 - N_2 = 2N_1 = D\alpha/2.$$

Durch Einsetzen von (7), (9) und (10) in (12) erhält man die Gravitationskonstante

$$(13) \quad f = \frac{\pi^2 b^2 dS}{M T^2 L}.$$

## 2.4. Systematischer Fehler

Jede der beiden kleinen Kugeln erfährt auch eine Anziehungskraft $\vec{F}_1$ von der entfernteren großen Kugel. Diese hat eine Komponente $\vec{F}_1'$, in entgegengesetzter Richtung der zu messenden Kraft $\vec{F}$.

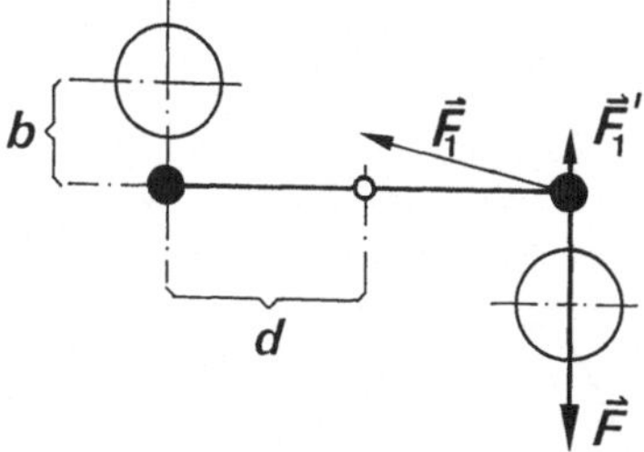

*Abb. V4–3. Anziehungskraft der entfernteren Kugel*

Nach Abbildung 3 gilt

$$(14)\quad F_1 = f\,\frac{mM}{b^2 + 4d^2}$$

und

$$(15)\quad F_1'/F_1 = b/\sqrt{(b^2 + 4d^2)}.$$

Der durch $F_1'$ erzeugte relative Fehler ist mit (1)

$$(16)\quad \frac{F_1'}{F} = \left(\frac{b}{\sqrt{(b^2 + 4d^2)}}\right)^3.$$

Die im beschriebenen Experiment gemessene Kraft $F_K$, die die Kugel beschleunigt, ist also

$$(17)\quad F_K = F - F_1' = F \cdot (1 - \beta)$$

mit

$$(18)\quad \beta = \left(\frac{b}{\sqrt{(b^2 + 4d^2)}}\right)^3.$$

Die Gravitationskraft $F$ und damit auch die Gravitationskonstante $f$ wird mit (13) folglich um den Faktor $(1 - \beta)$ zu klein bestimmt. Der korrigierte Wert von $f$ ist deshalb

$$(19)\quad f_{korr} = \frac{\pi^2 b^2 dS}{M T^2 L (1 - \beta)}.$$

## 3. Versuch

### 3.1. Verwendete Geräte

– Gravitationsdrehwaage
– He-Ne-Laser
– Maßstab
– Bandmaß

### 3.2. Aufgabenstellung

Man nehme die Position $x(t)$ des Lichtzeigers auf und ermittle daraus die Gravitationskonstante $f$.

## 3.3. Hinweise zur Versuchsdurchführung

Für das Experiment sollte die Gravitationsdrehwaage an einer erschütterungsfreien Wand montiert sein.

Zunächst wird der $T$-förmige Träger mit den beiden kleinen Kugel so justiert, daß er ohne äußere Kraft etwa parallel zu der Wand des Drehwaagen-Gehäuses verläuft. Dann werden die beiden schweren Kugeln auf den Drehteller gelegt und vorsichtig unmittelbar vor die Gehäusewand gebracht. Um Erschütterungen zu vermeiden, darf die Gehäusewand nicht berührt werden.

Nach etwa einer Stunde hat das Meßsystem die Gleichgewichtslage A erreicht. Diese Ruhelage muß über mehrere Minuten hinweg beobachtet werden, um einen eventuellen Gang der Waage später berücksichtigen zu können.

Dann wird der Drehteller mit den beiden schweren Kugeln vorsichtig und möglichst erschütterungsfrei in die neue Position gebracht. Der Einschwingvorgang des Meßsystems auf die neue Gleichgewichtslage B läßt sich mit Hilfe des Lichtzeigers beobachten. Seine Stellung $x$ auf der Skala wird anfangs alle 15 Sekunden abgelesen, nach der zweiten Minute nur noch nach jeder vollen Minute.

### 3.4. Meßbeispiel

Mit den Daten

$$M = 1{,}498\ \text{kg}$$
$$d = 0{,}050\ \text{m}$$
$$b = 0{,}0465\ \text{m}$$
$$L = 4{,}37\ \text{m}$$

wurde das in Abbildung 4 dargestellte $x, t$-Diagramm gemessen.

Aus dem Diagramm ergibt sich eine Schwingungsdauer von $T = 245$ s.

Der Abstand $b$ zwischen den Massenmittelpunkten der Kugeln kann nicht unnmittelbar gemessen werden. Unter der Voraussetzung, daß sich die kleinen Kugeln in der Gehäusemitte und die großen Kugeln unmittelbar an der Gehäusewand befinden, erhält man jedoch einen hinreichend guten Näherungswert aus der Messung des großen Kugeldurchmessers und der Gehäusedicke.

Die Auslenkung $x_A = 60{,}4$ cm läßt sich aus dem Diagramm entnehmen, die Position des Lichtzeigers in der Gleichgewichtslage B erhält man

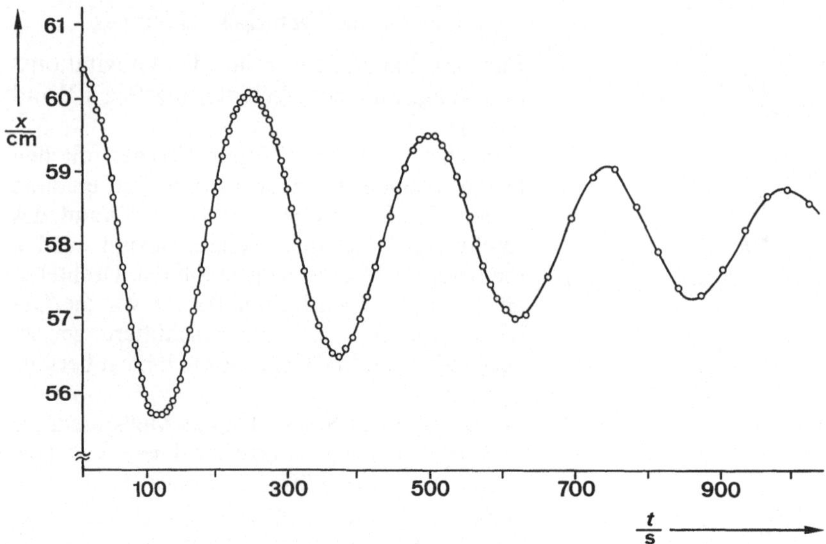

*Abb. V4–4. x,t-Diagramm des Lichtzeigers*

aus drei aufeinander folgenden Amplituden $x_1$, $x_2$ und $x_3$. Das arithmetische Mittel der ersten beiden Amplituden ist etwas größer als $x_B$, der Mittelwert von $x_2$ und $x_3$ hingegen etwas kleiner als $x_B$. Als guter Näherungswert kann das Mittel der beiden betrachteten Mittelwerte angesehen werden:

$$(20) \quad x_B = \frac{x_1}{4} + \frac{x_2}{2} + \frac{x_3}{4} = 58,1 \text{ cm.}$$

Damit ist $S = x_A - x_B = 2,3$ cm.
Setzt man die Werte in (13) ein, so erhält man für die Gravitationskonstante $f = 6,24 \cdot 10^{-11} \, \text{m}^3 \, \text{kg}^{-1} \, \text{s}^{-2}$.
Nach 2.3 ist noch der systematische Fehler durch die kreuzweise auftretenden Anziehungskräfte zu berücksichtigen. Mit (18) erhält man $\beta = 0,075$.

Der korrigierte Wert (19) für die Gravitationskonstante ist dann

$$f = 6,75 \cdot 10^{-11} \, \text{m}^3 \, \text{kg}^{-1} \, \text{s}^{-2}.$$

Der Fehler in dieser Messung wird bestimmt durch die Meßungenauigkeit in $b$ und $S$. Veranschlagt man jeweils $\pm 1$ mm als Unsicherheit, ergeben sich daraus die Relativfehler 2 % bzw. 5 %. Nach (Gl. 0.2.10) ist dann der Relativfehler $\Delta f / f = 6,4 \%$. Das Ergebnis der Messung ist also $f = (6,75 \pm 0,4) \cdot 10^{-11} \, \text{m}^3 \, \text{kg}^{-1} \, \text{s}^{-2}$. Der Literaturwert für die Gravitationskonstante ist $f_{\text{Lit}} = 6,672 \cdot 10^{-11} \, \text{m}^3 \, \text{kg}^{-1} \, \text{s}^{-2}$.

## 4. Ergänzungen

### 4.1. Vertiefende Fragen

Man schätze ab, um wieviel sich $b$ durch die Bewegung der kleinen Kugeln verändert.

Zwischen zwei Protonen wirkt neben der elektrischen auch die Gravitationswechselwirkung. Man vergleiche die Größenordnungen beider Wechselwirkungen!

Die Kenntnis der Gravitationskonstanten erlaubt die Bestimmung zahlreicher astronomischer Daten: man drücke beispielsweise die Masse der Erde durch die Gravitationskonstante $f$ und die Erdbeschleunigung $g$ aus. Durch die Bestimmung einer weiteren Größe läßt sich auch die Masse der Sonne bestimmen!

In der Anfangsphase der Bewegung kann man annehmen, die Kraft auf die kleinen Kugeln sei konstant. Man leite einen Ausdruck her, der den Zusammenhang zwischen der beobachteten Beschleunigung des Lichtzeigers und der Gravitationskonstanten $f$ beschreibt und ermittle daraus $f$. Die Genauigkeit beider Methoden ist zu vergleichen.

### 4.2. Ergänzende Bemerkungen

Es wäre denkbar, daß die Gravitationskraft noch von anderen als den in 2.1 genannten Größen abhängt, z. B. der Relativgeschwindigkeit der beiden Massen zueinander oder von dem Stoff, der den Raum zwischen beiden Körpern erfüllt. Die Relativitätstheorie liefert tatsächlich Aussagen über eine schwache Abhängigkeit der Gravitationskraft zwischen zwei Körpern von ihrer Relativbewegung.

Die Aufzeichnung des $x, t$-Diagramms des Lichtzeigers kann mit einem $yt$-Schreiber erfolgen, wenn man den Laser durch eine Glühlampe ersetzt und das von dem Spiegel reflektierte Lichtbündel auf eine großflächige Fotozelle fallen läßt[1]. Diese muß so angebracht sein, daß die beleuchtete Fläche linear mit dem vom Lichtzeiger überstrichenen Winkel wächst. Die Solarzelle (z. B. BPY 11) wird über einen Verstärker an den $yt$-Schreiber angeschlossen.

Literatur:

1) S. Lögl: Opto-elektrische Aufzeichnung der Schwingungsdauer einer Gravitationsdrehwaage Physik und Didaktik 4, 1984 S. 314

# Versuch 5
# Kreisel

## 1. Ziel des Versuches

Bei symmetrischen und unsymmetrischen Kreiseln sollen die Präzession und die Nutation untersucht und damit die dynamischen Eigenschaften eines Kreisels veranschaulicht werden. Zur Messung von Rotationsfrequenzen wird ein Stroboskop eingesetzt.

## 2. Grundlagen

### 2.1. Begriffsbestimmungen

Unter einem Kreisel versteht man einen starren Körper, der eine Rotationsbewegung ausführt. Solche Rotationsbewegungen wurden schon in im Zusammenhang mit Trägheitsmomenten untersucht (Versuch 3), wobei dort durch die Lagerung der Drehachse Zwangskräfte entstanden, die die Achse raumfest hielten. In diesem Versuch steht das Verhalten rotierender starrer Körper im Vordergrund, bei denen durch geeignete Lagerung Zwangskräfte vermieden werden und deshalb die Rotationsachsen nicht mehr raumfest sein müssen (Rotation um freie Achsen).

Ein Kreisel besitzt, wie jeder andere Körper, ein Trägheitsellipsoid mit den drei Hauptachsen a, b und c. Sind die Trägheitsmomente in Richtung zweier Hauptachsen gleich groß, so heißt der Kreisel symmetrisch. Das ist insbesondere der Fall bei Rotationskörpern. Die Symmetrieachse wird in diesem Fall als Figurenachse bezeichnet. Ein Sonderfall des symmetrischen Kreisels ist der Kugelkreisel, bei dem alle drei Hauptträgheitsmomente übereinstimmen. Sind alle drei Hauptträgheitsmomente verschieden, spricht man von einem unsymmetrischen Kreisel.

Zwei weitere Achsen spielen beim Kreisel eine Rolle: die Drehimpulsache und die (momentane) Drehachse. Das sind die Achsen durch den Körperschwerpunkt, die parallel zum Drehimpulsvektor bzw. zum Vektor der Winkelgeschwindigkeit stehen. Die genannten drei Achsen haben im allgemeinen voneinander verschiedene Richtungen.

Ein Kreisel, bei dem die Summe aller Drehmomente $N_i$ bezüglich des Schwerpunktes verschwindet

$$(1) \quad \vec{N} = \Sigma_i \vec{N_i} = 0,$$

heißt kräftefrei. Wegen

$$(2) \quad \vec{N} = d\vec{L}/dt$$

sind in diesem Fall Richtung und Betrag des Drehimpulsvektors $L$ zeitlich konstant.

### 2.2. Die Nutation des symmetrischen Kreisels

Ein symmetrischer, kräftefreier Kreisel werde so in Rotation versetzt, daß der Vektor $\vec{\omega}$ in Richtung der Figurenachse zeigt. Da dies eine Hauptträgheitsachse ist, besitzt $\vec{\omega}$ nur eine von Null verschiedene Komponente und nach (Gl. 3.14) muß der Drehimpulsvektor ebenfalls in Richtung der Figurenachse zeigen. Die drei in 2.1 genannten Kreiselachsen stimmen in diesem Fall also überein und sind nach (2) raumfest.

Es wirke nun von außen eine kurzzeitige Störung auf den Kreisel, die die Richtung der momentanen Drehachse ändert (z. B. ein Schlag auf die Symmetrieachse). Dadurch erhält der Vektor $\vec{\omega}$ eine Komponente $\omega_2$ senkrecht zur Figurenachse. Nach (Gl. 3.14) besitzt dann auch der Drehimpuls zwei zueinander senkrechte Komponenten

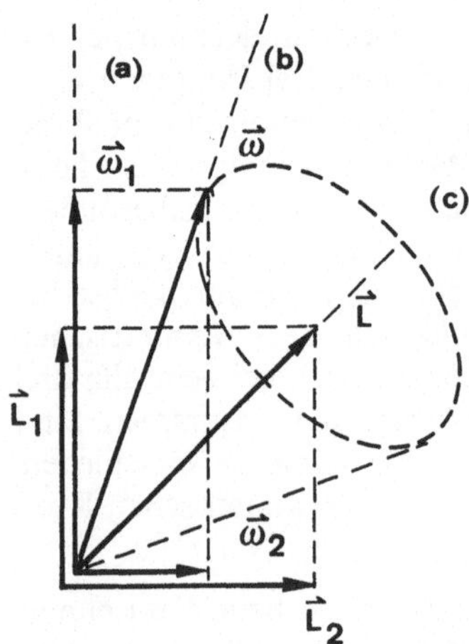

Abb. V5–1. *Zur Nutation des Kreisels: a) Figurenachse, b) momentane Drehachse, c) Drehimpulsachse*

$$(3) \quad \vec{L}_i = J_i \vec{\omega}_i \quad (i = 1, 2)$$

$J_i$: Hauptträgheitsmomente

mit

$$(4) \quad \vec{L} = \vec{L}_1 + \vec{L}_2.$$

Da nach der kurzen Störung kein Drehmoment mehr auf den Kreisel wirkt, muß der Drehimpuls $\vec{L}$ zeitlich konstant bleiben. Im Experiment kann jedoch nur die Figurenachse unmittelbar beobachtet werden. Sie umläuft nach Abbildung 1 auf einem Kegelmantel die raumfeste Drehimpulsachse. Diese Bewegung wird als Nutation des Kreisels bezeichnet. Durch Reibungseinflüsse klingt diese Nutation mit der Zeit ab.

## 2.3. Die Präzession des symmetrischen Kreisels

Ein symmetrischer Kreisel habe seinen Unterstützungspunkt 0 auf der Figurenachse außerhalb des Schwerpunktes S. Die Gewichtskraft $\vec{F} = m\vec{g}$ erzeugt dann das Drehmoment

$$(5) \quad \vec{N} = \vec{a} \times \vec{F} = m \cdot \vec{a} \times \vec{g},$$

mit $\vec{a} = \overline{0S}$. $\vec{N}$ steht senkrecht auf der durch $\vec{g}$ und die Figurenachse aufgespannten Ebene. Nach (2) bewirkt das Drehmoment eine Änderung des Drehimpulsvektors

$$(6) \quad d\vec{L} = \vec{N} \, dt.$$

Der Vektor $d\vec{L}$ besitzt die Richtung von $\vec{N}$ und steht somit senkrecht auf $\vec{L}$. Es ändert sich deshalb nur die Richtung, nicht aber der Betrag des Drehimpulses. Anschaulich weicht also der

Drehimpuls senkrecht zu der Kraft, die das Drehmoment erzeugt, aus.

Für den Winkel $d\varphi$ gilt nach Abbildung 2

$$(7) \quad d\varphi = dL/(L \cdot \sin \alpha).$$

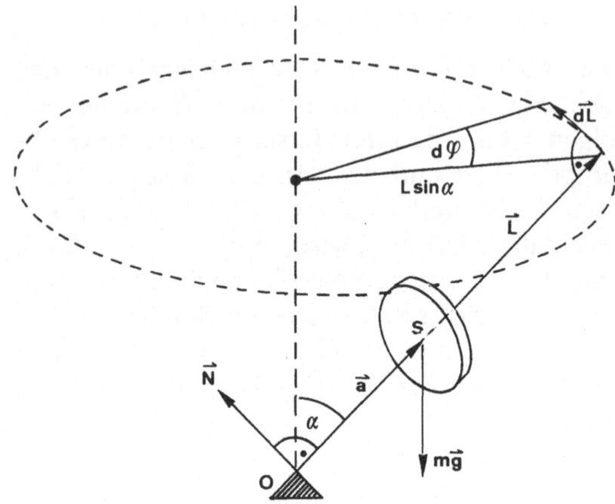

Abb. V5–2. *Zur Präzession des Kreisels*

Geht man in (5) und (6) zu den Beträgen über und setzt in (7) ein, so erhält man

$$(8) \quad \omega_P = d\varphi/dt = m \cdot g \cdot a/L.$$

Das ist die Winkelgeschwindigkeit, mit der der Drehimpulsvektor auf einem Kegelmantel um die Vertikale läuft. Sie wird als Präzessionfrequenz bezeichnet und ist unabhängig vom Neigungswinkel $\alpha$.

## 2.4. Der unsymmetrische Kreisel

Bei einem unsymmetrischen Kreisel sind auch ohne äußere Störung aufgrund der drei verschiedenen Hauptträgheitsmomente die Drehimpuls- und die momentane Drehachse voneinander getrennt. Wird ein solcher Kreisel in Rotation versetzt, zeigt er immer eine Nutation, die auch mit der Zeit nicht abklingt. Ist er nicht kräftefrei, wird der Nutationsbewegung wie beim symmetrischen Kreisel eine Präzessionsbewegung überlagert.

## 3. Versuch

### 3.1. Verwendete Geräte

- Kreisel
  (bestehend aus Metallkugel mit anschraubbaren Achsen und Luftkissen-Lagerschale)
- Stroboskop
- Stoppuhr

## 3.2. Aufgabenstellung

1. Aufgabe

Man untersuche qualitativ die Nutation und Präzession eines symmetrischen und eines unsymmetrischen Kreisels. Beim unsymmetrischen Kreisel mache man die momentane Drehachse sichtbar.

2. Aufgabe

Man untersuche quantitativ die Abhängigkeit der Präzessionsfrequenz $\omega_P$ eines symmetrischen Kreisels von seiner Rotationsfrequenz $\omega_K$, dem angreifenden Drehmoment $N_0$ und dem Neigungswinkel $\alpha$ der Figurenachse gegen die Vertikale.

## 3.3. Hinweise zur Versuchsdurchführung

Um Beschädigungen an der Oberfläche der Kugel und der Lagerschale zu vermeiden, darf der Kreisel nie ohne Luftkissen in die Lagerschale gesetzt werden.

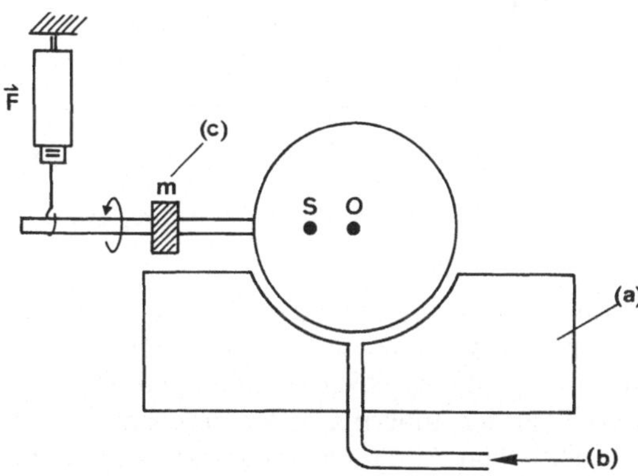



*Abb. V5–3. Versuchsaufbau: a) Luftkissen-Lagerschale, b) Preßluft-Zufuhr, c) auf der Achse verschiebbare Zusatzmasse*

Zum Beschleunigen des Kreisels wird zusätzlich zum Luftkissen Preßluft durch eine Düse tangential in Richtung des Kugeläquators geblasen. Während des Beschleunigens wird die Figurenachse des Kreisels in der Öse einer Federwaage geführt. Das Abbremsen der Rotation geschieht durch vorsichtiges seitliches Berühren der Kugel mit den Fingern.

Zu Aufgabe 1:

Bei dem symmetrischen Kreisel bewirkt die Metallachse eine Verschiebung des Schwerpunktes S vom Kugelmittelpunkt 0 weg. Das resultierende Drehmoment erzeugt eine Präzessionsbewegung. Durch leichten Druck mit einem Bleistift auf die Figurenachse kann das Drehmoment verändert werden. Man beobachte die Auswirkung auf die Präzession bei seitlichem Druck und bei Druck von oben oder unten!

Die Nutation des symmetrischen Kreisels wird durch einen leichten Schlag gegen die Figurenachse erzeugt.

Der verwendete Kreisel wird unsymmetrisch, wenn man an der Figurenachse F exzentrisch eine Metallscheibe anbringt. Der Kreisel wird nun durch Drehen der Achse mit Daumen und Zeigefinger in Rotation versetzt. Man beobachtet gleichzeitige Nutation und Präzession, wobei die Nutation im Gegensatz zum symmetrischen Kreisel nicht abklingt.

Wird auf die Metallscheibe ein Stück Millimeterpapier geklebt, so kann man das Zentrum der Rotation und damit die momentane Drehachse sichtbar machen.

Zu Aufgabe 2:

Bei den quantitativen Untersuchungen muß zunächst die durch die Restreibung bedingte Abnahme der Rotationsfrequenz $\omega_K$ ermittelt werden. Die Messung von $\omega_K$ wird mit einem Stroboskop durchgeführt. Dazu wird am Kreisel mit Filzstift eine Markierung angebracht und die Blitzfrequenz so eingestellt, daß sich ein stehendes Bild der Markierung ergibt. Die Rotationsfrequenz ist dann ein ganzzahliges Vielfaches der Blitzfrequenz. Wie kann man daraus die Rotationsfrequenz eindeutig bestimmen? Was gilt, wenn man mehrere Markierungen sieht?

Die Präzessionsfrequenz wird mit Hilfe einer Stoppuhr ermittelt. Um ein Maß für den statistischen Fehler zu erhalten, wird jede Zeitmessung mehrmals wiederholt. Dazwischen ist der Kreisel jeweils wieder auf seine ursprüngliche Rotationsfrequenz zu beschleunigen.

Zur Einstellung verschiedener Drehmomente wird ein Massestück m auf der Figurenachse verschoben. Das Drehmoment erhält man bei ruhendem Kreisel aus der mit der Federwaage gemessenen Kraft an der horizontalen Figurenachse und dem Abstand zwischen Kugelmittelpunkt (Unterstützungspunkt des Kreisels) und Ansatzpunkt der Federwaage (siehe Abb. 3).

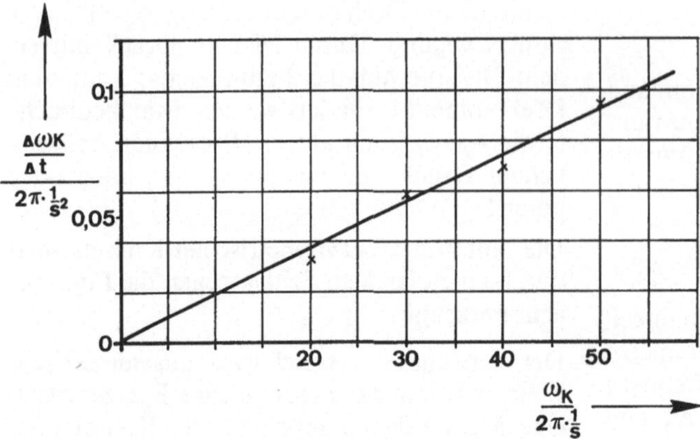

*Abb. V5−4. Reibunsverluste am rotierenden Kreisel*

### 3.4. Meßbeispiele

Zur Abschätzung des Reibungseinflusses wird der symmetrische Kreisel auf verschiedene Rotationsfrequenzen $w_K$ gebracht. Nach jeweils einem Präzessionsumlauf wird die Rotationsfrequenz neu bestimmt. Das Diagramm in Abb. 4 zeigt die Abnahme von $\omega_K$ je Sekunde. Bei der mehrfachen Messung der Dauer für einen Präzessionsumlauf ergaben sich für drei verschiedene Neigungswinkel $\alpha_i$ die Zeiten

$$\alpha_1:\ T_{P,1} = (42{,}58 \pm 0{,}15)\ \text{s}$$
$$\alpha_2:\ T_{P,2} = (42{,}73 \pm 0{,}26)\ \text{s}$$
$$\alpha_3:\ T_{P,3} = (42{,}63 \pm 0{,}19)\ \text{s}$$

Das Experiment zeigt, daß sich die Fehlerschranken der drei Meßwerte überlappen und bestätigt somit die erwartete Unabhängigkeit der Präzessionsfrequenz von Neigungswinkel. Die Abbildungen 5 und 6 weisen die lineare Abhängigkeit der Präzessionsfrequenz $\omega_P$ von der

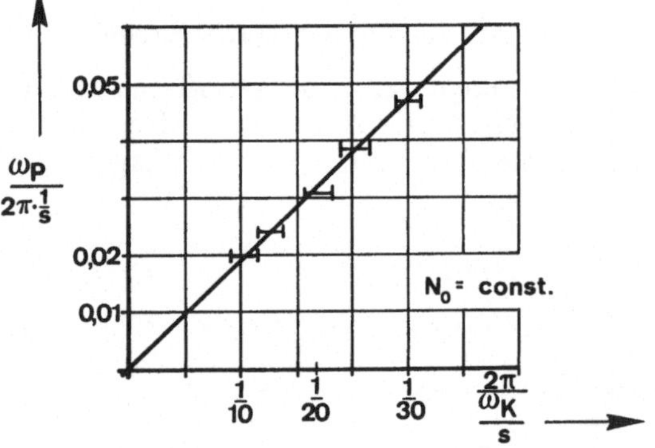

*Abb. V5−5. Zusammenhang zwischen $1/\omega_K$ und $\omega_P$*

reziproken Rotationsfrequenz $1/\omega_K$ und dem Drehmoment $N_0$ nach. Der Fehler bei der Bestimmung von $\omega_P$ ist vernachlässigbar. Die Fehlerbalken der andern Größen ergeben sich aus der zeitlichen Abnahme der Rotationsfrequenz und dem Fehler in der Zeitmessung.

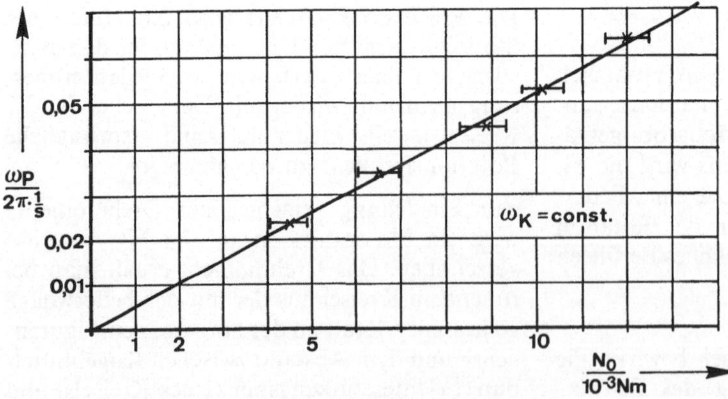

*Abb. V5−6. Zusammenhang zwischen $N_0$ und $\omega_P$*

## 4. Ergänzungen

### 4.1. Vertiefende Fragen

Welche technischen Möglichkeiten zur kräftefreien Lagerung beliebig geformter Kreisel gibt es?

Wo werden Kreisel angewendet?

### 4.2. Ergänzende Bemerkungen

Für viele Anwendungen ist es notwendig, die Rotationsfrequenz des Kreisels zu stabilisieren. Eine relativ einfache Methode besteht darin, den Kreisel in einer Ebene senkrecht zur Figurenachse zu magnetisieren. Erzeugt man nun um den Kreisel ein magnetisches Wechselfeld konstanter Frequenz, so wirkt der Kreisel als Rotor eines Synchronmotors. Die durch Reibung verlorene Rotationsenergie wird vom Magnetfeld wieder zugeführt. Welche Geometrie muß das Wechselfeld besitzen?

Die Elektronen eines Atoms besitzen aufgrund ihres Bahn- und Eigendrehimpulses ein magnetisches Moment $\vec{\mu}$. Die daraus resultierende potentielle Energie

$$(9) \quad W = - \vec{\mu} \cdot \vec{B}$$

in einem äußeren magnetischen Feld $\vec{B}$ ist minimal, wenn $\vec{\mu}$ und $\vec{B}$ antiparallel sind. Deshalb wirkt ein Drehmoment, das versucht, $\vec{\mu}$ antiparallel zur Feldrichtung einzustellen. Wegen ihres Drehimpulses verhalten sich die Elektronen mechanisch jedoch wie Kreisel und weichen mit einer Präzessionsbewegung aus (Larmor-Präzession).

# Versuch 6
# Viskosität

## 1. Ziel des Versuches

In vielen Fällen wird bei Betrachtungen zur Mechanik vorausgesetzt, daß Reibungseffekte vernachlässigbar sind. In diesem Versuch spielt die Reibung in Flüssigkeiten die zentrale Rolle: Es soll die Viskosität einer Flüssigkeit aus der konstanten Fallgeschwindigkeit einer Kugel bestimmt werden. Weiterhin soll die $r^4$-Abhängigkeit des Volumenstromes bei Kapillaren experimentell verifiziert werden.

## 2. Grundlagen

### 2.1. Laminare Strömung

Bewegt sich eine Flüssigkeit an der Oberfläche eines festen Körpers vorbei, so hängt die Strömungsgeschwindigkeit der Flüssigkeit vom Abstand zu dieser Oberfläche ab. Unmittelbar an der Grenzfläche haftet eine dünne Flüssigkeitsschicht, die Strömungsgeschwindigkeit ist dort also null. Weiter von der Grenzfläche entfernte Flüssigkeitsschichten besitzen eine von null verschiedene Geschwindigkeit.

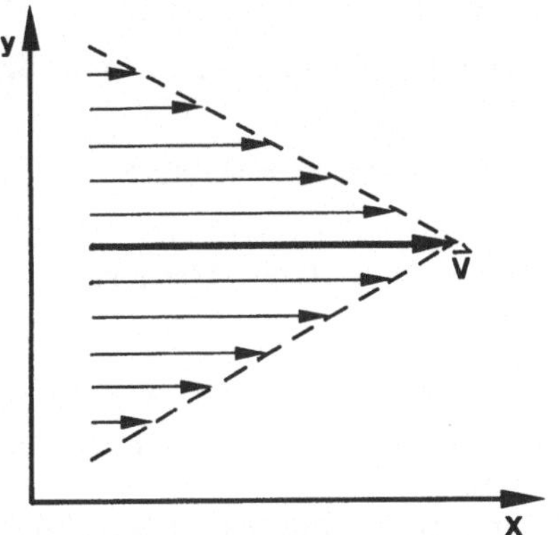


Abb. V6−1. *Geschwindigkeitsgefälle in einem viskosen Medium*

Bei hinreichend kleinen Strömungsgeschwindigkeiten gleiten benachbarte Flüssigkeitsschichten mit leicht unterschiedlicher Geschwindigkeit aneinander vorbei, ohne ineinander zu verwirbeln. Eine solche Strömungsform heißt laminar.
Die folgenden Ausführungen setzen immer laminare Strömungsverhältnisse voraus.

### 2.2. Definition der dynamischen Viskosität

Bei der Bewegung eines Körpers durch eine Flüssigkeit oder ein Gas wirkt auf den Körper eine Reibungskraft, die der Bewegungsrichtung entgegengesetzt ist. Ihr Betrag hängt von der Geschwindigkeit, der Geometrie des Körpers und der inneren Reibung des Mediums ab.
Betrachtet man beispielsweise eine ebene Platte, die parallel zur Plattenebene in $x$-Richtung durch eine Flüssigkeit bewegt wird, so haftet die unmittelbar anliegende Flüssigkeitsschicht an ihr und bewegt sich mit der gleichen Geschwindigkeit $v$. Flüssigkeitsschichten in größerem Abstand haben eine geringere Geschwindigkeit. Es entsteht ein Geschwindigkeitsgefälle in $y$-

Richtung, also senkrecht zur Bewegungsrichtung.

Die Reibungskraft $F_R$, die auf die Platte wirkt, ist proportional zur Berührungsfläche $A$ und zu dem Geschwindigkeitsgefälle $dv/dy$ an der Plattenoberfläche.

(1)    $F_R = \eta A \, dv/dy$.

Darin ist $\eta$ eine Materialkonstante, die als dynamische Viskosität oder Zähigkeit der umgebenden Flüssigkeit bezeichnet wird. Ihre Einheit ist

(2)    $[\eta] = 1 \, \text{kg s}^{-1} \text{m}^{-1}$.

Eine in der Literatur noch häufig zu findende ältere Einheit ist

(3)    $1 \, \text{Poise} = 1 \, \text{g s}^{-1} \text{cm}^{-1} = 0.1 \, \text{kg s}^{-1} \text{m}^{-1}$.

Die Viskosität einer Flüssigkeit nimmt mit wachsender Temperatur $T$ ab. Meist gilt mit guter Näherung

(4)    $\eta(T) = a \cdot \exp(b/T)$,

wobei $a$ und $b$ empirisch zu bestimmmende Konstanten sind.

Verwendet man statt der Platte eine Kugel mit Radius $r$, die man mit konstanter Geschwindigkeit $v$ durch eine viskose Flüssigkeit bewegt, so ist die Reibungskraft, die auf die Kugel wirkt:

(5)    $F_R = 6\pi\eta r v$    (Stokessches Gesetz).

Fällt die Kugel unter dem Einfluß ihrer Gewichtskraft durch die Flüssigkeit, so verschwindet nach hinreichend langer Zeit die Summe aus Gewichtskraft, Auftriebskraft und Stokesscher Reibungskraft:

(6)    $6\pi\eta r v + 4/3\pi r^3 (\varrho_F - \varrho_K) = 0$.
    $\varrho$: Dichte der Flüssigkeit bzw. der Kugel

Die Kugel bewegt sich dann mit einer konstanten Geschwindigkeit, aus der mit (7) die Viskosität der Flüssigkeit ermittelt werden kann:

(7)    $\eta = \dfrac{2r^2(\varrho_K - \varrho_F)}{9v}$.

### 2.3. Das Gesetz von Hagen-Poiseuille

Bei der laminaren Strömung in einer Röhre mit dem Radius $r$ haftet eine Flüssigkeitsschicht an der Rohrwand, während in der Rohrmitte die Fließgeschwindigkeit am höchsten ist. Welcher Volumenstrom $\Delta V/\Delta t$ fließt nun durch eine

Röhre der Länge $l$, an deren beiden Enden die Drucke $p_1$ bzw. $p_2$ herrschen?

Wir betrachten dazu in der Röhre einen einzelnen axialen Flüssigkeitsfaden mit dem Radius $x$. Aufgrund der Druckdifferenz wirkt auf ihn die Kraft

(8)    $F_1 = (p_1 - p_2)\pi x^2$.

Weiterhin wirkt nach (1) auf die Mantelfläche des Fadens die Reibungskraft

(9)    $F_2 = \eta \cdot 2\pi x l \cdot dv/dx$.

Bei stationärer Strömung verschwindet die Summe der beiden Kräfte (8) und (9) und man erhält

(10)    $2\eta l \, dv/dx = -(p_1 - p_2)x$.

Man erhält $v(x)$ durch Integration über $x$, wobei die Randbedingung $v = 0$ für $x = r$ zu berücksichtigen ist. Das Ergebnis dieser Integration ist:

(11)    $v(x) = (p_1 - p_2) \cdot (r^2 - x^2)/(4\eta l)$.

Eine stationäre laminare Strömung in einer Röhre besitzt also ein parabelförmiges Geschwindigkeitsprofil.

Der Volumenstrom über den gesamten Querschnitt der Röhre beträgt

(12)    $\Delta V/\Delta t = \displaystyle\int_0^r 2\pi x \, dx \cdot v(x)$
$\qquad\qquad = \pi r^4 \cdot (p_1 - p_2)/(8\eta l)$.

Die Gleichung (12) wird als Hagen-Poiseuillesches Gesetz bezeichnet. Von besonderer praktischer Bedeutung für die Dimensionierung von Rohrquerschnitten ist darin die Abhängigkeit des Volumenstromes von der 4. Potenz des Radius der Röhre.

### 2.4. Die Reynoldssche Zahl

Ob die Strömung einer Flüssigkeit laminar ist oder ob es zu Wirbelbildungen (turbulente Strömung) kommt, hängt von dem Verhältnis zwischen den Trägheitskräften der strömenden Flüssigkeit und deren Viskosität ab. Bei einer Kapillare wird dieses Verhältnis beschrieben durch die Reynoldssche Zahl

(13)    $R = \varrho \cdot r \cdot v/\eta$.

Der Volumenstrom $\Delta V/\Delta t$ ist durch die Strömungsgeschwindigkeit $v$ bestimmmt:

(14) $\quad \Delta V/\Delta t = r^2 \pi v.$

Die nach $v$ aufgelöste Gleichung (14) in (13) eingesetzt ergibt

(15) $\quad R = \dfrac{\varrho \cdot \Delta V}{\eta \cdot r \cdot \pi \cdot \Delta t}.$

Für kleine Reynoldszahlen sind die Trägheitskräfte der strömenden Flüssigkeitsteilchen klein gegen die Reibungskräfte, und die Strömung ist laminar. Empirisch stellt man fest, daß in Röhren der Umschlag zur turbulenten Strömung meist bei einem kritischen Wert $R_{\mathrm{krit}} \approx 1\,000$ bis $2\,000$ geschieht. Dieser Umschlag in eine turbulente Strömung macht sich makroskopisch durch eine Vergrößerung des Strömungswiderstandes bemerkbar.

## 3. Versuch

### 3.1. Verwendete Geräte

- Stahlkugeln mit verschiedenen Radien
- Flüssigkeitsgefüllte Fallröhre mit Lichtschranken
- Elektronischer Kurzzeitmesser
- Kapillaren verschiedener Durchmesser
- Vorratsgefäß mit Magnetventil
- Meßzylinder

### 3.2. Aufgabenstellung

1. Aufgabe
Mit der Kugelfall-Methode soll die Viskosität einer Flüssigkeit bei Zimmertemperatur bestimmt werden.

2. Aufgabe
Beim Gesetz von Hagen-Poiseuille soll die $r^4$-Abhängigkeit des Volumenstromes an Kapillaren mit verschiedenen Durchmessern nachgewiesen werden.

### 3.3. Hinweise zur Versuchsdurchführung

Bei der Versuchsdurchführung muß zunächst festgestellt werden, nach welcher Fallstrecke die Geschwindigkeit der Kugel konstant ist. Es wird mehrfach die Fallzeit gemessen, die die Kugel für den Weg $s$ zwischen zwei Lichtschranken LS1 und LS2 benötigt.

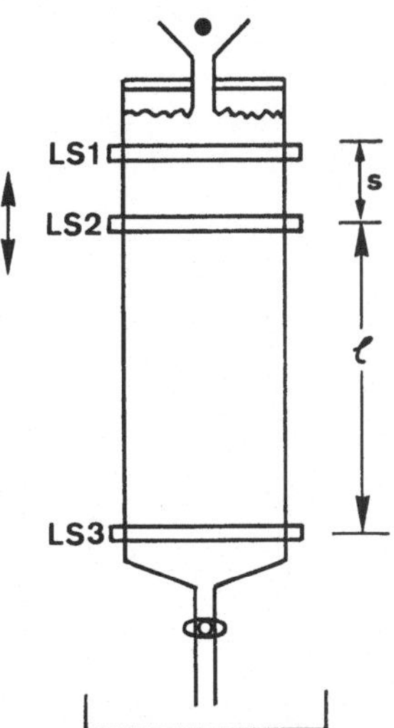


Abb. V6−2. *Versuchsaufbau zur Bestimmung der Viskosität*

Auf die verwendeten Kugelradien angepaßte „Trichter" sorgen dafür, daß die Kugeln genau längs der Rohrachse fallen und damit den Lichtweg sicher unterbrechen. Die Rohrachse muß deshalb exakt vertikal stehen.
Die obere Lichtschranke LS1 wird einige Zentimeter unterhalb der Flüssigkeitsoberfläche angebracht, damit die beim Eintauchen der Kugel auftretenden Luftblasen nicht zu Fehlmessungen führen. Die Messung wird für mehrere Weglängen $s$ wiederholt. Aus dem Weg-Zeit-Diagramm der Kugel kann dann entnommen werden, in welcher Höhe die Geschwindigkeit konstant ist. Auf diese Höhe wird LS2 eingestellt. Zur genauen Messung der konstanten Endgeschwindigkeit wird 10 mal die Zeit gemessen, die die Kugel von LS2 bis zu der am unteren Ende der Flüssigkeitssäule angebrachten Lichtschranke LS3 benötigt.
Für Aufgabe 2 wird der in Abbildung 3 dargestellte Versuchsaufbau verwendet. Der Ausfluß aus dem Vorratsgefäß (a) wird durch ein elektrisch betätigtes Ventil (b) geöffnet. Über einen zweipoligen Schalter ist eine elektronische Uhr mit dem Ventil gekoppelt. Für mehrere Durchmesser der Kapillaren (c) wird je 10 mal die Zeit ermittelt, in der 20 cm$^3$ Wasser ausfließen.
Die Querschnittsfläche des Vorratsgefäßes ist möglichst groß zu wählen, damit während der Messung die Höhe der Flüssigkeit und damit die Druckdifferenz zwischen oberem und unterem Ende der Kapillare als konstant angenom-

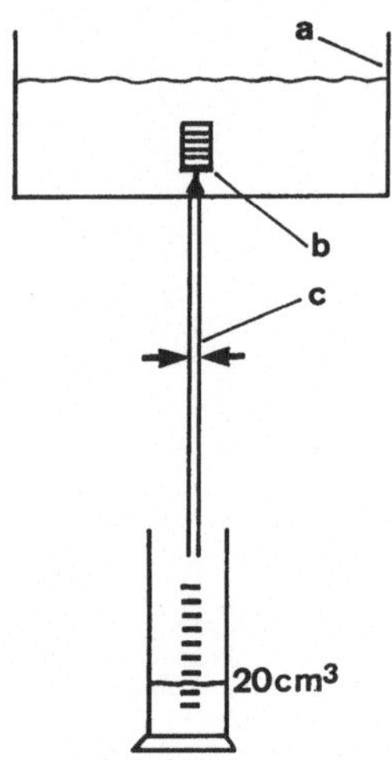



*Abb. V6–3. Versuchsaufbau zum Nachweis der $r^4$-Abhängigkeit des Volumenstromes: a) Vorratsgefäß, b) Magnetventil, c) Kapillare*

men werden kann. Um die Versuchsbedingungen bei jedem Teilexperiment gleich zu lassen, muß die entnommene Wassermenge immer wieder in das Vorratsgefäß geschüttet werden.

### 3.4. Meßbeispiele

Zu Aufgabe 1:
Als Flüssigkeit wurde Rizinusöl benutzt. Die verwendeten Stahlkugeln hatten 4, 5 und 6 mm Durchmesser.
Abbildung 4 zeigt das Meßergebnis zur Bestimmung der konstanten Fallgeschwindigkeit. Der Versuchsaufbau erlaubte einen minimalen Ab-

stand der Lichtschranken LS1 und LS2 von 6,7 cm. Für $s > 10$ cm liegen die Meßpunkte auf Geraden, die Kugeln haben dann also ihre konstante Endgeschwindigkeit erreicht.
Für die Falldauern auf der Strecke $l = 65,1$ cm $\pm$ 0,2 cm zwischen LS2 und LS3 erhielt man:

Tabelle 1: Stationäre Geschwindigkeiten

| $r$/mm | $t$/s | $v$/m s$^{-1}$ |
|---|---|---|
| 2,0 | $9,57 \pm 0,09$ | $0,068 \pm 0,001$ |
| 2,5 | $6,14 \pm 0,07$ | $0,106 \pm 0,002$ |
| 3,0 | $4,22 \pm 0,06$ | $0,154 \pm 0,003$ |

Die Fehlerangabe in der Zeit $t$ ist die 3fache Standardabweichung jeweils einer Meßreihe aus 10 Einzelmessungen. Der Fehler in der Geschwindigkeit $v$ ergibt sich dann unter Berücksichtigung der Meßungenauigkeit von $l$ mit der Fehlerfortpflanzungsformel (Gl. 0.2.10).
Nach (7) ist eine Proportionalität zwischen $v$ und $r^2$ zu erwarten. Die Ursprungsgerade in Abbildung 5 bestätigt dies. Der Quotient $v/r^2$ kann als die Steigung dieser Geraden aufgefaßt werden. Aus dem Diagramm ergibt sich

$$v/r^2 = 171 \text{ cm}^{-1} \text{ s}^{-1}.$$

Zur Bestimmung der Dichte $\varrho_K$ wurden 10 Kugeln mit $r = 3$ mm gewogen. Aus der Gesamtmasse $m = (8,71 \pm 0,01)$ g und dem Gesamtvolumen berechnet man die Dichte $\varrho_K =$

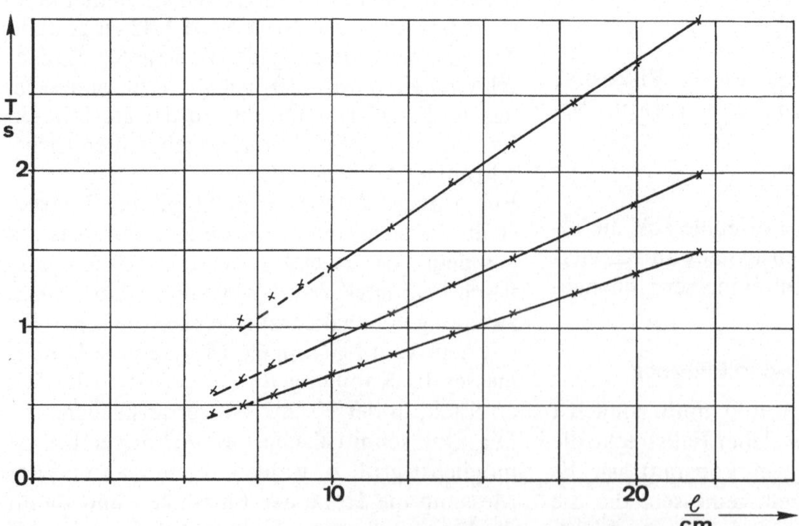



*Abb. V6–4. Zur Bestimmung der konstanten Fallgeschwindigkeit*

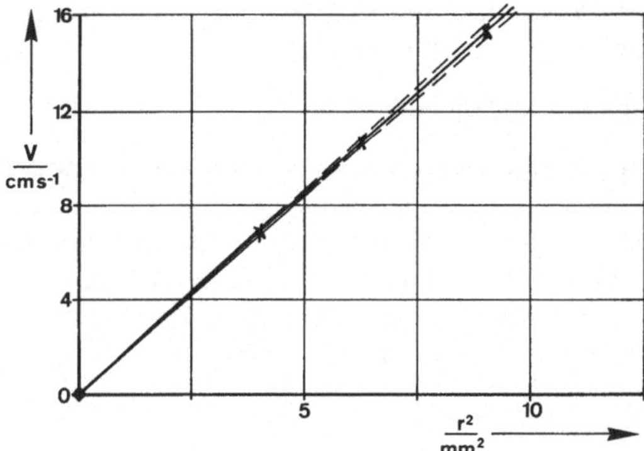

*Abb. V6–5. Radiusabhängigkeit der konstanten End-geschwindigkeit*

Zusammenhang zwischen dem Volumenstrom und der vierten Potenz des Durchmessers. Bei der mit (a) markierten Messung ($r = 1,0$ mm) bricht die Proportionalität jedoch ab. Eine Überprüfung der Reynoldszahl für diesen Meßwert ergibt mit (15) den Wert $R \approx 1\,400$. Man kann daraus schließen, daß bei den gegebenen Versuchsbedingungen im Bereich (I) eine laminare und im Bereich (II) eine turbulente Strömung vorliegt.

7,70 g/cm³. Das Rizinusöl hat die Dichte $\varrho_F = 0.96$ g/cm³.
Damit erhält man aus (7) für die Viskosität $\eta = 8{,}75 \cdot 10^{-2}$ N s m$^{-2}$.
Aus der Steigung der Fehlergeraden ergibt sich als relativer Fehler des Quotienten $r^2/v$ etwa 2%. Der Fehler bei der Bestimmung der Dichten ist dagegen vernachlässigbar. Wir haben damit als Ergebnis

$$\eta = (8{,}75 \pm 0{,}02) \cdot 10^{-2} \text{ N s m}^{-2}.$$

Zu Aufgabe 2:
Der Volumenstrom wurde bei 7 Kapillaren mit verschiedenen Innendurchmessern gemessen. Das Ergebnis ist in Abbildung 6 gezeigt:
Bei hinreichend kleinen Innendurchmessern ergibt sich näherungsweise ein proportionaler

## 4. Ergänzungen

### 4.1. Vertiefende Fragen

Bei der Herleitung von (12) wird vorausgesetzt, daß sich die Druckdifferenz und damit die Wasserhöhe im Vorratsgefäß zeitlich nicht ändert. Durch Integration berechne man eine Formel für den Fall, daß diese Voraussetzung nicht zutrifft.

### 4.2. Ergänzende Bemerkungen

Nicht nur bei Flüssigkeiten, sondern auch bei strömenden Gasen tritt innere Reibung auf. Die oben durchgeführten Überlegungen für viskose Flüssigkeiten treffen auch für Gase zu. Die Viskosität von Gasen ist im allgemeinen jedoch wesentlich geringer als bei Flüssigkeiten. Die Tabelle 2 gibt einen Überblick über die Viskositäten einiger wichtiger Stoffe.

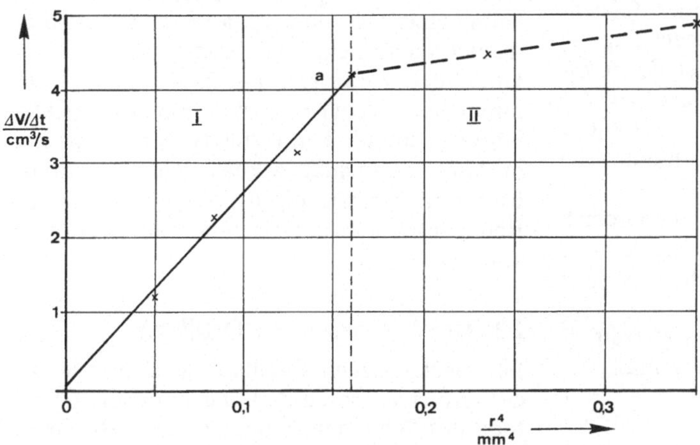

*Abb. V6–6. Volumenstrom $\Delta V/\Delta t$ bei Kapillaren mit verschiedenen Innendurchmessern: I laminarer Bereich, II turbulenter Bereich*

Tabelle 2:  Viskosität einiger Stoffe

| Stoff | Temperatur in °C | in $10^{-3}$ N s m$^{-2}$ |
|---|---|---|
| Ethanol | 20 | 1,2 |
| Glycerin | 20 | 1 480 |
| Luft | 0 | 0,0171 |
| Luft | 20 | 0,0181 |
| Wasser | 0 | 1,78 |
| Wasser | 20 | 1,00 |
| Wasser | 40 | 0,66 |
| Wasser | 60 | 0,47 |
| Wasser | 80 | 0,35 |
| Wasser | 100 | 0,29 |
| Wasserdampf | 100 | 0,84 |

# Versuch 7
# Schwingungen

## 1. Ziel des Versuches

Die wichtigsten bei Schwingungen aller Art auftretenden Phänomene sollen an mechanischen Drehschwingungen untersucht werden. Dabei soll neben dem harmonischen auch ein anharmonischer Oszillator betrachtet werden, um den harmonischen Oszillator als Sonderfall deutlich zu machen.

## 2. Grundlagen

### 2.1. Der freie ungedämpfte Oszillator

Wird ein an einer Feder hängendes Massestück durch eine äußere Kraft aus seiner Gleichgewichtslage ausgelenkt und losgelassen, so wird es durch die Rückstellkraft der Feder zunächst auf seine Gleichgewichtslage zu beschleunigt. Aufgrund seiner Trägheit bewegt es sich über diese Gleichgewichtslage hinaus, die Richtung der Rückstellkraft kehrt sich um und der Körper wird bis zur Ruhe abgebremst. Dann beginnt der Vorgang – in umgekehrter Richtung – von neuem, es entsteht eine freie Schwingung.
Ein Oszillator, bei dem die Rückstellkraft $\vec{F}$ proportional zur Auslenkung $\vec{s}$ ist gemäß

(1)    $\vec{F} = -D\vec{s}$,

heißt harmonischer Oszillator. Die Bewegungsgleichung eines harmonischen Oszillators mit

der Masse m ergibt sich bei vernachlässigbarer Reibung aus der Kraftbilanz

(2)    $m\ddot{\vec{s}} + D\vec{s} = 0$.

Im vorliegenden Versuch wird als Oszillator ein drehbar gelagertes Metallrad mit dem Trägheitsmoment $J$ verwendet. Durch eine Spiralfeder wirkt auf das Rad bei einer Auslenkung um den Winkel $\varphi$ aus seiner Ruhelage ein rückstellendes Drehmoment

(3)    $N = -D\varphi$.

In Analogie zu (2) ist die Bewegungsgleichung des Metallrades

(4)    $J\ddot{\varphi} + D\varphi = 0$.

Als Lösungsansatz dieser Differentialgleichung verwenden wir

(5)    $\varphi(t) = \varphi_0 \cdot \sin(\omega_0 \cdot t - \alpha)$.

Die Konstanten $\varphi_0$ und $\alpha$ sind durch die Anfangsbedingungen $\varphi(t=0)$ und $\ddot{\varphi}(t=0)$ bestimmt. Man setzt nun (5) in (4) ein und erhält die Eigenfrequenz des harmonischen Oszillators

(6)    $\omega_0 = \sqrt{D/J}$.

Insbesondere ist die Eigenfrequenz und damit die Schwingungsdauer beim harmonischen Oszillator also unabhängig von der Amplitude der Schwingung.
Unter den schwingungsfähigen Systemen stellt der harmonische Oszillator nur einen Sonderfall dar. Die meisten realen Oszillatoren sind nicht harmonisch, d.h. das Kraftgesetz (1) bzw. (3) ist nicht (streng) erfüllt. Die Bewegungsgleichung eines solchen Oszillators ist im im allgemeinen nicht mehr analytisch lösbar.
Unter der Voraussetzung, daß die Amplitude hinreichend klein ist, können jedoch viele Oszillatoren zumindest in erster Näherung als harmonisch betrachtet werden, indem man die Funktion $F(s)$ um die Ruhelage $s = 0$ in eine Reihe entwickelt und nach dem linearen Term abbricht.

### 2.2. Der freie gedämpfte Oszillator

Bei mechanischen Oszillatoren nimmt wegen der unvermeidbaren Reibungskräfte die Amplitude der Schwingung mit der Zeit ab. Damit entsteht eine gedämpfte Schwingung. In vielen (aber nicht allen!) Fällen ist die Reibungskraft in erster Näherung zur Geschwindigkeit proportional und zu dieser entgegengesetzt gerichtet. Bei einem solchen linear gedämpften Oszillator gilt dann also

$$(7) \quad \vec{F}_R = - k\,\dot{\vec{s}}.$$

Die Konstante $k$ wird als Reibungsfaktor bezeichnet.

Bei dem verwendeten Drehpendel läuft ein Teil des Metallrades durch das Feld eines Elektromagneten. Die mitbewegten Elektronen erfahren eine Lorentzkraft, werden senkrecht zur Feld- und Bewegungsrichtung des Rades abgelenkt und fließen anschließend durch den feldfreien Teil des Rades wieder zurück. Dadurch entsteht ein geschlossener Wirbelstromkreis. Der im Magnetfeld befindliche Teil des Metallrades wirkt wie ein bewegter, stromdurchflossener Leiter, auf den dann eine zur Bewegungsrichtung entgegengesetzte und zur Geschwindigkeit proportionale Kraft $F$ wirkt. Diese erzeugt ein bremsendes Drehmoment

$$(8) \quad N_R = - k\,\dot{\varphi}.$$

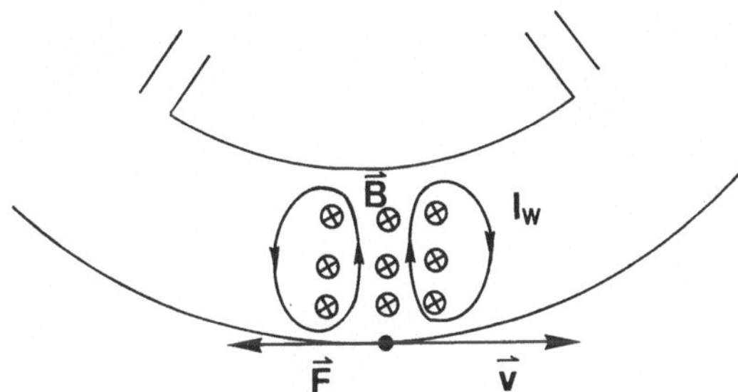


*Abb. V7−1. Zur Entstehung der Wirbelströme*

Die Bewegungsgleichung des freien gedämpften harmonischen Oszillators unterscheidet sich von (4) durch einen zusätzlichen Reibungsterm:

$$(9) \quad J\ddot{\varphi} + k\dot{\varphi} + D\varphi = 0.$$

Den Lösungsansatz

$$(10) \quad \varphi(t) = \varphi_0 \cdot e^{\lambda t}$$

setzen wir in (9) ein und erhalten für $\lambda$ die sogenannte charakteristische Gleichung

$$(11) \quad \lambda^2 + \frac{k}{J} \cdot \lambda + \frac{D}{J} = 0$$

mit den beiden Lösungen

$$(12) \quad \lambda_{1,2} = - \delta \pm \sqrt{\delta^2 - \omega_0^2},$$

wobei

$$(13) \quad \delta = k/(2J)$$

als Dämpfungskonstante bezeichnet wird. Sie hat die Dimension einer Frequenz.

Die physikalische Verhaltensweise des Drehpendels hängt entscheidend davon ab, ob die Wurzel in (12) reell oder imaginär ist oder aber verschwindet. Die Lösungsterme von (9) werden hier für die drei Fälle nur angegeben. Für die Herleitung sei auf die Literatur [1] verwiesen.

1. Fall: $\delta < \omega_0$ (schwach gedämpfter Fall)
Der Exponent in (10) besitzt in diesem Fall einen Real- und einen Imaginärteil. Der Imaginärteil des Exponenten verursacht nach der Eulerschen Gleichung

$$(14) \quad e^{ix} = \cos x + i \sin x,$$

daß die Lösungen von (9) periodisch werden. Der Realteil des Exponenten bewirkt eine exponentielle Abnahme der Schwingungsamplitude.

Der Realteil der Lösung hat die Form

$$(15) \quad \varphi(t) = \varphi_0 \cdot e^{-\delta t} \cdot \sin(\omega t - \alpha)$$

mit

$$(16) \quad \omega = \sqrt{(\omega_0^2 - \delta^2)}.$$

Die Schwingungsfrequenz des gedämpften Oszillators ist also von seiner Eigenfrequenz $\omega_0$ verschieden. Die Konstanten $\varphi_0$ und $\alpha$ sind wieder durch die Anfangsbedingungen bei $t = 0$ festgelegt.

Nach (15) ist die Amplitude der gedämpften Schwingung nach der Zeit

$$(17) \quad \tau = 1/\delta$$

auf den $e$-ten Teil ihres Anfangswertes gefallen. $\tau$ wird als Abklingzeit bezeichnet.

2. Fall: $\delta > \omega_0$ (stark gedämpfter Fall)
Die beiden in (10) möglichen Exponenten sind reell und die Lösung von (9) lautet mit (17)

$$(18) \quad \varphi(t) = \varphi_0 \cdot e^{-\delta t} \cdot (e^{\omega t} + e^{-\omega t}).$$

Das Drehpendel nähert sich also nach seiner Auslenkung ohne Oszillation asymptotisch der Gleichgewichtslage, und zwar umso langsamer, je größer die Dämpfungskonstante ist. Dieser Fall wird als Kriechfall bezeichnet.

3. Fall: $\delta = \omega$ (aperiodischer Grenzfall)
Die Lösung von (9) hat dann die Form

(19)   $\varphi(t) = (\varphi_0 + b \cdot t)\, e^{-\delta t}$.

Die Dämpfung ist so groß, daß es gerade nicht mehr zu einem Durchgang durch die Ruhelage kommt. Jede noch so kleine Verringerung der Dämpfung führt zu einer Oszillation. Dieser sogenannte aperiodische Grenzfall ist von praktischer Bedeutung, weil die Zeit, die zum Erreichen der Nullage benötigt wird, minimal ist. Ein schwingungsfähiges Meßsystem (z. B. Zeiger eines Drehspulmeßgerätes) wird deshalb möglichst aperiodisch gedämpft ausgelegt.

## 2.3. Erzwungene gedämpfte Schwingungen

Die Schwingungsfrequenz des freien Oszillators ist nach (6) und (16) vom Verhältnis zwischen seinem Trägheitsmoment und dem Rückstellmoment der Feder sowie (in geringerem Maß) von seiner Dämpfung bestimmt. Es soll nun untersucht werden, wie der Oszillator auf ein von außen zusätzlich angreifendes periodisches Drehmoment

(19)   $N_a = N_0 \sin(\omega_a t)$

reagiert.
Als Bewegungsgleichung ergibt sich

(20)   $J\ddot{\varphi} + k\dot{\varphi} + D\varphi = N_0 \sin(\omega_a t)$.

Die Lösung dieser inhomogenen Differentialgleichung ist die Summe einer speziellen (partikulären) Lösung und der allgemeinen Lösung der zugehörigen homogenen Differentialgleichung ($N_0 = 0$). Letztere klingt aber nach (16) exponentiell ab und spielt damit nach genügend großer Zeit keine Rolle mehr. Für die spezielle Lösung erhält man aus dem Ansatz

(21)   $\varphi(t) = \varphi_0(\omega_a) \cdot \sin(\omega_a t - \alpha)$

durch Einsetzen in (20) nach mehreren trigonometrischen Umformungen die Amplitude der erzwungenen Schwingung

(22)   $\varphi_0(\omega_a) = \dfrac{N_0/J}{\sqrt{(\omega_0^2 - \omega^2)^2 + \left(\dfrac{k}{J}\,\omega_a\right)^2}}$.

(Wesentlich einfacher wird die Herleitung von (22), wenn man statt (21) einen komplexen Ansatz benutzt; siehe Versuch 15).

Die Frequenz, bei der die Amplitude maximal wird, heißt Resonanzfrequenz $\omega_R$ (Amplitudenresonanz). Dies ist dann der Fall, wenn der Radikand im Nenner minimal wird. Durch Nullsetzten der Ableitung des Radikanden nach $\omega$ erhält man

(23)   $\omega_R = \sqrt{(\omega_0^2 - k^2/(2J^2))} = \sqrt{(\omega_0^2 - 2\delta^2)}$.

Die Resonanzfrequenz unterscheidet sich umso weniger von der Eigenfrequenz $\omega_0$, und die Resonanzamplitude wird umso höher, je geringer die Dämpfung ist. Bei verschwindender Dämpfung ($k \to 0$) würde die Amplitude bei der Resonanzfrequenz $\omega_a = \omega_0$ gegen unendlich gehen (Resonanzkatastrophe).
Aus (22) liest man ab, daß für sehr große Frequenzen die Amplitude der erzwungenen Schwingung gegen 0 geht. Für sehr kleine Frequenzen geht die Amplitude gegen den von Null verschiedenen Wert $N_0/D$. Die Resonanzkurve $\varphi_0(\omega_a)$ ist nicht symmetrisch zur Resonanzfrequenz!
Von der soeben betrachteten Amplitudenresonanz zu unterscheiden ist die Energieresonanz. Man kann zeigen, daß der Oszillator maximale Energie besitzt, wenn $\omega_a = \omega_0$ (Energieresonanz). Energie- und Amplitudenresonanz erhält man also bei verschiedenen Erregerfrequenzen.

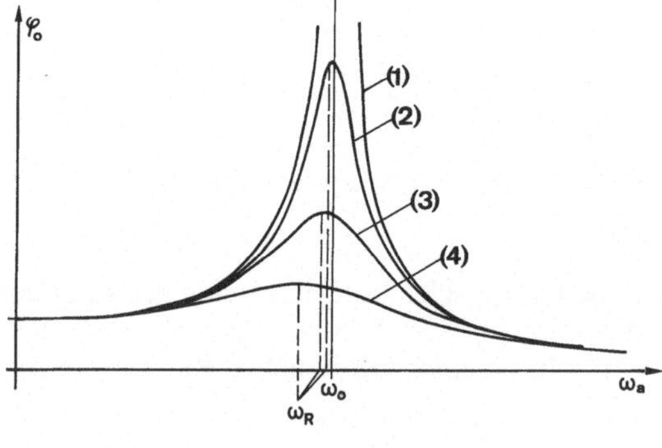


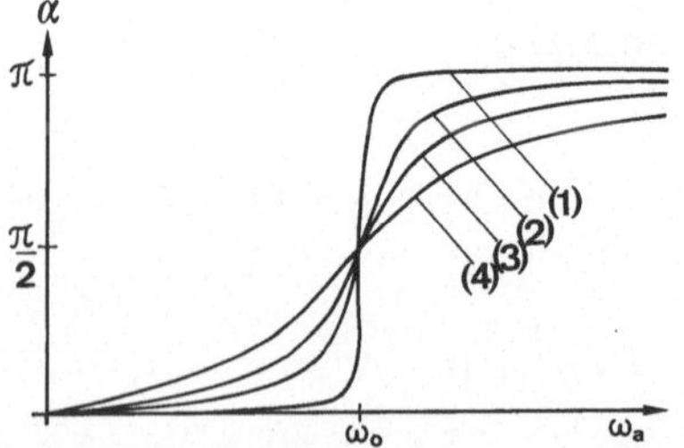


*Abb. V7–2. Resonanzkurven (a) und Phasenverschiebung zwischen Erreger und Oszillator (b) für verschiedene Dämpfungskonstanten*

Für die Phasenverschiebung $\alpha$ zwischen Erreger und Oszillator ergibt sich bei der Herleitung von (22)

$$(24) \quad \tan \alpha = 2\delta\omega_a/(\omega_0^2 - \omega_a^2).$$

Bei $\omega_a \ll \omega_0$ schwingen Oszillator und Erreger nahezu in Phase, bei $\omega_a \gg \omega_0$ nahezu gegenphasig. Für $\omega_a = \omega_0$ hinkt der Oszillator dem Erreger genau um $\pi/2$ nach.

## 2.4. Nichtlineare Schwingungen

Bringt man an dem Metallrad in der Gleichgewichtslage im Abstand $r$ von der Drehachse eine Zusatzmasse $m$ an, so erzeugt diese ein zusätzliches Drehmoment $N_\mathrm{m}$, das dem Rückstellmoment der Feder entgegenwirkt:

$$(25) \quad N_\mathrm{m} = mgr \sin\varphi.$$

Das gesamte Rückstellmoment ist nun nicht mehr proportional zur Auslenkung $\varphi$ und man erhält eine anharmonische (oder nichtlineare) Schwingung.
Die zugehörige Bewegungsgleichung ist nicht mehr analytisch lösbar. Es lassen sich jedoch relativ einfach einige qualitative Aussagen über das Verhalten des Oszillators machen, wenn man seine Potentialkurve betrachtet.
Beim linearen harmonischen Oszillator ist

$$(26) \quad W_\mathrm{pot} = (1/2)\, D \cdot s^2,$$

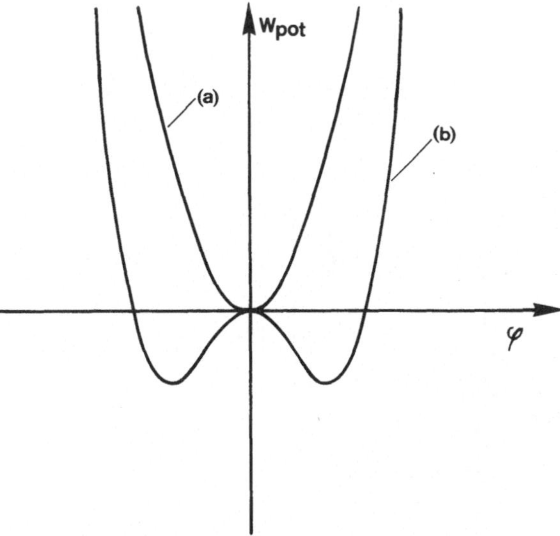

*Abb. V7–3. Potentialkurve a) des harmonischen Oszillators und b) des anharmonischen Oszillators mit zwei stabilen Gleichgewichtslagen*

entsprechend ist beim linearen Drehpendel die potentielle Energie proportional zum Quadrat des Auslenkungswinkels. Die Potentialkurve ist eine Parabel (Abb. 3a).
Im anharmonischen Fall besitzt der Oszillator bei geeigneter Wahl von $m$ 3 Gleichgewichtslagen: zwei stabile symmetrisch zur ursprünglichen Gleichgewichtslage und eine labile bei der ursprünglichen Gleichgewichtslage. In den stabilen Gleichgewichtslagen heben sich das Rückstellmoment der Feder und das durch die Zusatzmasse verursachte Drehmoment gerade gegenseitig auf, in der instabilen Gleichgewichtslage verschwinden alle Drehmomente. Die zugehörige Potentialkurve ist in Abbildung 3b dargestellt.
In der Nähe der beiden stabilen Gleichgewichtslagen kann das Potential durch eine Parabel angenähert werden. Eine Schwingung mit kleinen Amplituden um eine solche Gleichgewichtslage ist also annähernd harmonisch.
Bei großen Auslenkungen wird das Potential zur einen Seite hin immer flacher, d.h. das Rückstellmoment immer kleiner. Kehrt der Oszillator nahe bei der instabilen Gleichgewichtslage um, so bewegt er sich zunächst nur langsam von diesem Umkehrpunkt weg, und die Schwingungsdauer wird erheblich größer als bei kleinen Amplituden.
Die Unabhängigkeit der Schwingungsdauer von der Amplitude und damit die Existenz einer Eigenfrequenz ist also eine Besonderheit des harmonischen Oszillators!

## 3. Versuch

### 3.1. Verwendete Geräte

- Drehpendel mit Steuergerät
- Bewegungsmeßwandler
- Stoppuhr
- Vielfach-Meßgerät
- $txy$-Schreiber oder Computer mit geeignetem Interface und entsprechender Software

### 3.2. Aufgabenstellung

1. Aufgabe
Die Eigenfrequenz des Drehpendels bei ausgeschalteter Wirbelstrombremse ist zu bestimmen (nahezu ungedämpfte Schwingung).

2. Aufgabe
Man erstelle mit Hilfe des Bewegungsmeßwandlers das $s,t$-, $v,t$- und $a,t$-Diagramm so-

wie ein Phasendiagramm $v(s)$ eines Punktes auf dem Umfang des Pendelrades bei der nahezu ungedämpften Schwingung.

Anmerkung: Im folgenden werden statt der Winkelgrößen immer die Größen $s$, $v$ und $a$ verwendet. Sie beziehen sich auf einen festen Punkt auf dem Umfang des Pendelrades.

### 3. Aufgabe
Für mehrere Stromstärken der Wirbelstrombremse soll die Abklingzeit $\tau$ bestimmt werden. Welche Abhängigkeit der Abklingzeit von dieser Stromstärke ist theoretisch zu erwarten, was ergibt sich aus dem Experiment?

### 4. Aufgabe
Durch Erhöhung der Dämpfung realisiere man den Kriechfall. Für welche Stromstärke ist das Drehpendel gerade aperiodisch gedämpft?

### 5. Aufgabe
Für verschiedene Stromstärken in der Wirbelstrombremse sollen die Resonanzkurven ermittelt werden. Man vergleiche die Schwingungsdauer von Erreger und Oszillator und beobachte qualitativ die Phasenverschiebung.

### 6. Aufgabe
An dem Metallrad befestige man ein Massestück so, daß sich zwei symmetrisch zueinander

liegende stabile Gleichgewichtslagen ergeben. Man nehme das $s,t$-Diagramm einer anharmonischen Schwingung (nahezu ungedämpfter Fall) auf und weise die Abhängigkeit der Schwingungsdauer von der Amplitude nach. Man vergleiche auch das $v,t$- und das $v,s$-Diagramm mit dem der harmonischen Schwingung.

### 3.3. Hinweise zur Versuchsdurchführung

Die Registrierung der Auslenkung des Drehpendels erfolgt mit einem Bewegungsmeßwandler (siehe auch Versuch 1). Zur Befestigung des Fadens für den Meßwandler auf dem äußeren Umfang des Oszillators wird das Metallrad zunächst möglichst weit zum Aufnehmer des Meßwandlers hin ausgelenkt und der Faden mit einem Tropfen Alleskleber dann am obersten Punkt festgeklebt. Damit der Faden nicht vom Pendelkörper abrutscht, läuft er in einer Nut auf dem Metallrad. Das Drehpendelgerät muß so ausgerichtet werden, daß das Speichenrad des Meßwandlers und das Metallrad des Drehpendels genau in einer Ebene liegen.

Zu Aufgabe 1:
Die Eigenfrequenz des Drehpendels wird bestimmt durch mehrmalige Messung der Dauer von 10 Perioden.

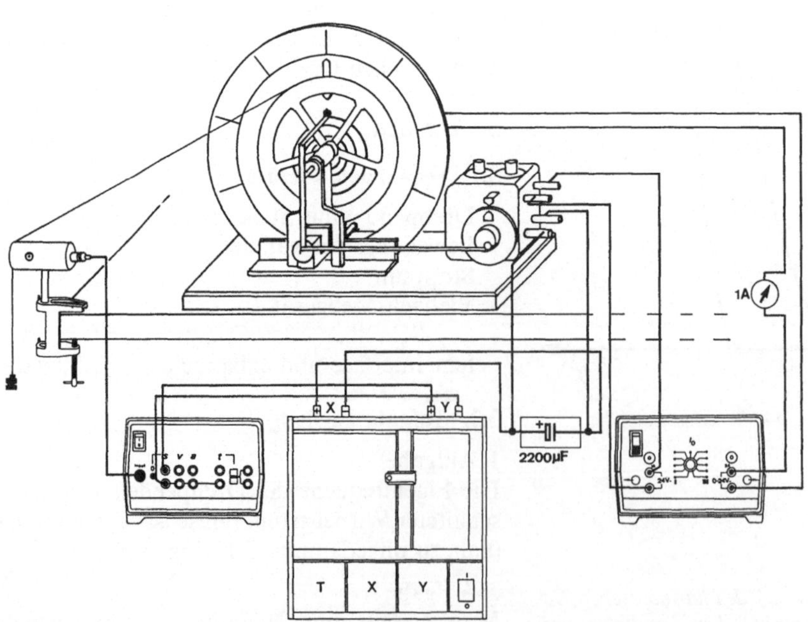

*Abb. V7–4. Versuchsaufbau (gezeichnet ist die Beschaltung für Aufgabe 5)*

**Zu Aufgabe 2:**
Da der Schreiber nur 2 Signale gleichzeitig aufzeichnen kann, wird zunächst das $s,t$- und das $v,t$-Diagramm zusammen aufgenommen. Anschließend zeichnet man das $v,t$ und das $a,t$-Diagramm zusammen auf. Damit ist ein Phasenvergleich zwischen allen drei Signalen möglich.

**Zu Aufgabe 3 und 4:**
Man beachte beim Betrieb der Wirbelstrombremse die maximal zulässige Dauerstromstärke. Zur Realisierung des Kriechfalles darf diese, falls nötig, kurzzeitig überschritten werden.
Zur Bestimmung der Abklingzeit lenkt man das Pendel maximal aus, liest die Folge der Amplituden aus dem $s,t$-Diagramm ab und trägt diese auf halblogarithmischem Papier auf.

**Zu Aufgabe 5:**
Bei der Messung der Resonanzkurven ist zu beachten, daß es besonders bei schwacher Dämpfung bis zu einigen Minuten dauern kann, bis die Amplitude hinreichend konstant und damit der Einschwingvorgang abgeschlossen ist. In Resonanznähe macht sich das Einschwingen als Schwebung besonders stark bemerkbar.
Um die Resonanzkurven mit dem Schreiber aufzunehmen (Versuchsaufbau nach Abb. 4) wird bei ruhendem Pendel zunächst das Koordinatensystem gezeichnet und der Spulenstrom des Bremsmagneten eingestellt. Die Spannung am Erregermotor wird bei abgehobenem Schreibstift schrittweise erhöht. Jeweils nach Beendigung des Einschwingvorgangs wird der Schreibstift für einige Perioden auf das Blatt abgesenkt. Die Eichung der $x$-Achse als Frequenzachse geschieht in einer getrennten Messung, bei der die Erregerfrequenz in Abhängigkeit von der Motorspannung bestimmt wird.

**Zu Aufgabe 6:**
Man lenke das Drehpendel möglichst nahe bis zur labilen Gleichgewichtslage aus und lasse es los. Zur Auswertung bestimme man die Zeitdauern für jeweils eine volle Schwingung.

### 3.4. Meßbeispiele

Die Abbildung 5a zeigt das $s,t$-, $v,t$- und $a,t$-Diagramm der freien nahezu ungedämpften Schwingung. Da es sich bei $v,t$ bzw. $a,t$ um

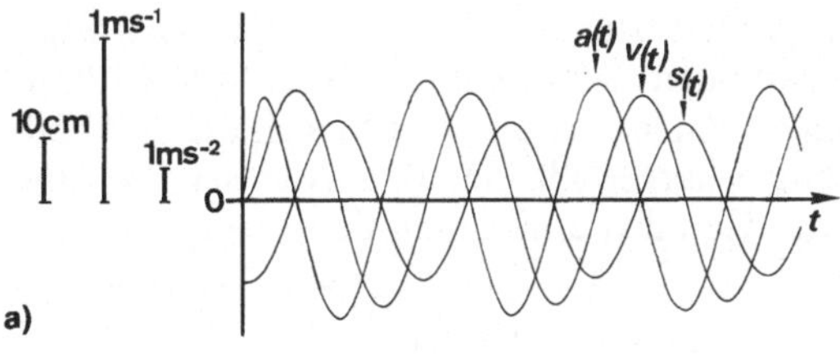


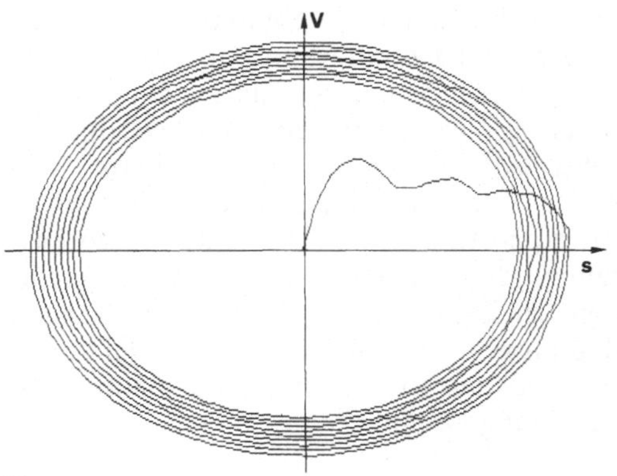


*Abb. V7–5. Freie, nahezu ungedämpfte Schwingung: a) $s,t$; $v,t$ und $a,t$, b) Phasendiagramm $v,s$*

die erste bzw. zweite Ableitung der sinusförmigen $s,t$-Funktion handelt, erwartet man zwischen den Kurven jeweils eine Phasenverschiebung von $\pi/2$. Dies wird durch die Messung bestätigt.
Für das $v,s$-Diagramm in Abbildung 5b wurde der Oszillator zunächst per Hand aus der Ruhelage ausgelenkt. Bei einer vollkommen ungedämpften harmonischen Schwingung wäre eine Ellipse zu erwarten. Aufgrund der verbleibenden Dämpfung wird im Experiment eine spiralförmige Kurve beobachtet.

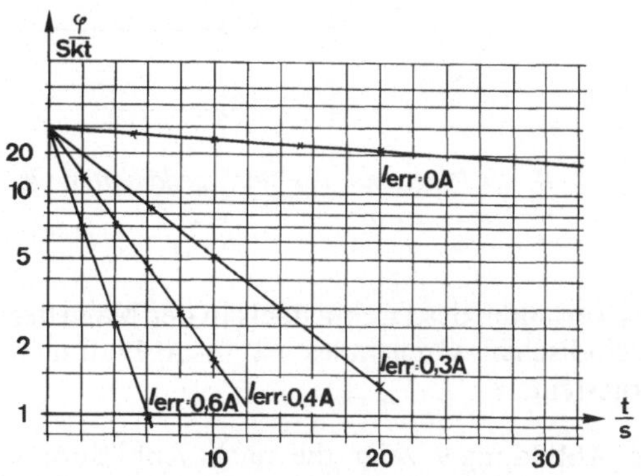


*Abb. V7–6. Amplitudenabnahme bei unterschiedlich stark gedämpften Schwingungen*

Trägt man bei Aufgabe 3 die Amplituden einer gedämpften Schwingung auf halblogarithmischem Papier auf, so ergeben sich die in Abbildung 6 dargestellt Geraden. Aus der Steigung jeder Geraden erhält man den Dämpfungsfaktor $\delta$ und die Abklingzeit $\tau$, denn nach (16) gilt:

$$\delta = (\ln \varphi_0 - \ln \varphi)/t.$$

Die das bremsende Drehmoment $N$ verursachende Lorentzkraft ist proportional zur Magnetfeldstärke $B$ und zur Stärke des Wirbelstroms $I_w$. Der induzierte Wirbelstrom $I_w$ wächst jedoch selbst proportional zur Magnetfeldstärke, so daß das Drehmoment insgesamt proportional zu $B^2$ ist. Unter der Voraussetzung, daß Sättigungseffekte im Elektromagneten keine Rolle spielen, erwartet man, daß $\delta$ proportional zu $I_{err}^2$ ist. Die Abbildung 7 zeigt, daß das Experiment diese theoretische Betrachtung bestätigt.

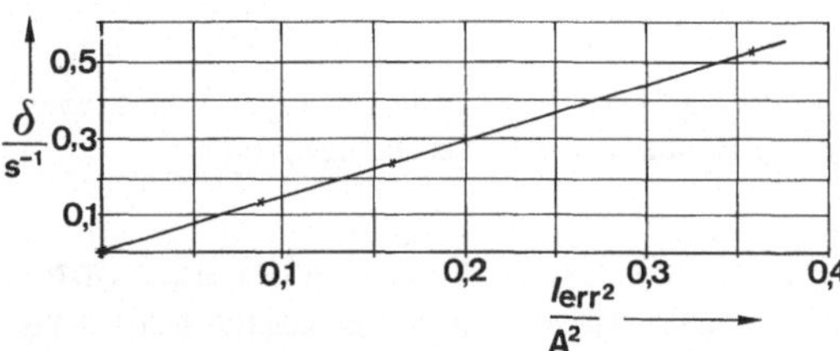

Abb. V7–7. Zusammenhang zwischen $I_{err}^2$ und $\delta$

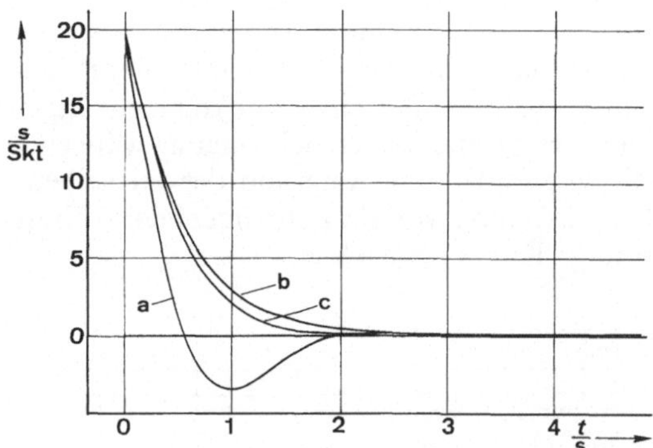

Abb. V7–8. s, t-Diagramm des stark gedämpften Oszillators: a) $\delta < \omega$, b) $\delta > \omega$, c) $\delta = \omega$

Das Verhalten des Drehpendels in der Nähe des aperiodischen Grenzfalles ist in Abbildung 8 dargestellt.

Die Abbildung 9 zeigt die nach Abbildung 4 aufgenommenen Resonanzkurven für verschiedene Bremsstromstärken.

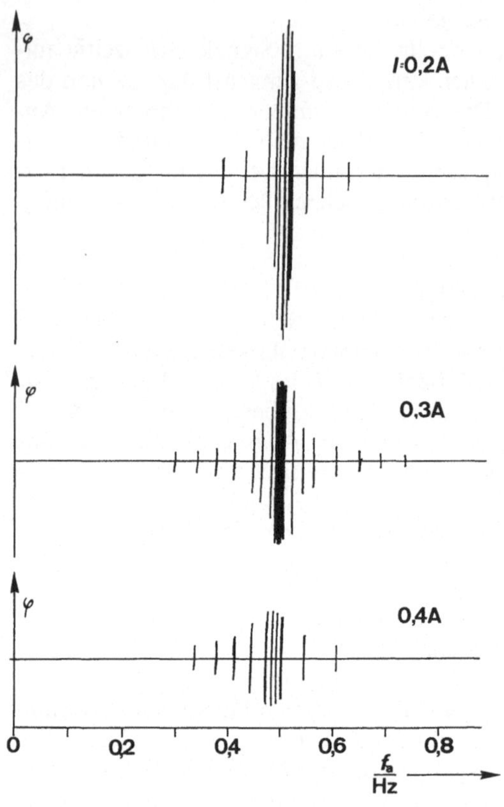


Abb. V7–9. Resonanzkurven nach Aufgabe 4

Abbildung 10a gibt ein Beispiel für das $s, t$-Diagramm einer anharmonischen freie Schwingung (Aufgabe 6). In der Grafik wurden jeweils volle Schwingungen markiert und die Zeitdauern $\Delta t$ bestimmt. Das Ergebnis ist in Abbildung 10b dargestellt.

Man erkennt, daß die Schwingungsdauer umso größer wird, je größer die Amplitude ist. Für kleine Amplituden, bei denen die Schwingung annähernd harmonisch wird, nähert sich die Schwingungsdauer einem Grenzwert.

Abbildung 10c zeigt das $v, s$-Diagramm der in 10a dargestellten Schwingung. Bei großen Amplituden gibt es erhebliche Abweichungen gegenüber dem $v, s$-Diagramm der harmonischen Schwingung (Abbildung 5b), während bei kleinen Amplituden sich wieder nahezu eine ellipsenfömige Kurve ergibt.

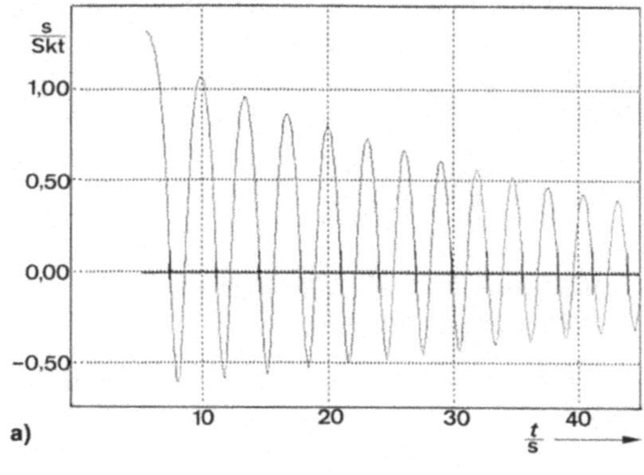

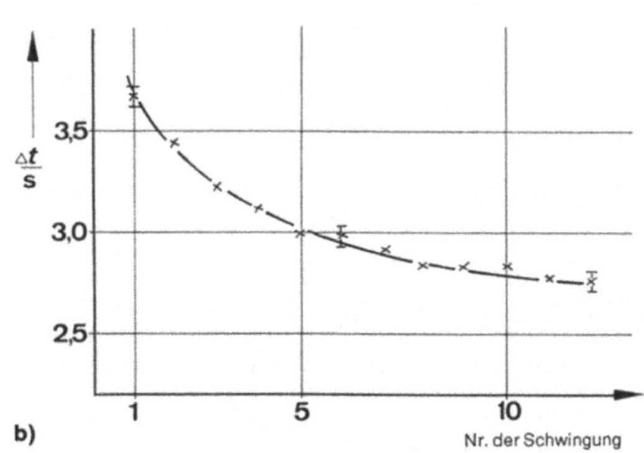

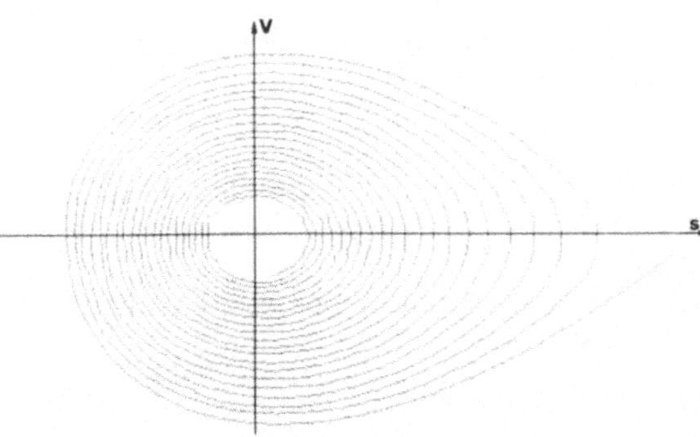

c) *Abb. V7–10. Anharmonische freie Schwingung: a) s, t-Diagramm, b) Verringerung der Schwingungsdauer mit abnehmender Amplitude, c) v(s)-Diagramm*

## 4. Ergänzungen

### 4.1. Vertiefende Fragen

Durch Einsetzen in die zugehörigen Differentialgleichungen bestätige man die in Abschnitt 2 genannten Lösungen.

Man weise nach, daß bei (18) die Auslenkung umso langsamer zurückgeht, je größer die Dämpfungskonstante ist.

Man berechne die Potentialkurve für das nichtlineare Pendel. Unter welcher Bedingung entstehen zwei stabile Gleichgewichtslagen?

### 4.2. Ergänzende Bemerkungen

Alle harmonischen Schwingungsvorgänge führen auf eine Differentialgleichung mit der Form von (9) bzw. (20). Die bei diesem Versuch erhaltenen Lösungen können folglich z. B. auch auf elektrische Schwingungen übertragen werden Vgl. Versuch 16).

Besonders in der Nähe der Resonanzfrequenz stabilisiert sich die Amplitude nur sehr langsam. Neben der erforderlichen Einschwingzeit wirken sich beim beschriebenen Versuch minimale Schwankungen der Erregerfrequenz auf die Konstanz der Amplitude negativ aus. Eine Verbesserung der Ergebnisse kann durch eine Stabilisierung der Erregerfrequenz erreicht werden.

An dem nichtlinearen Drehpendel lassen sich relativ einfach typische Phänomene der nichtlinearen Dynamik experimentell untersuchen [2]. Man kann beispielsweise das Pendel zu einer erzwungenen Schwingung um eine der stabilen Gleichgewichtslagen anregen, wobei die Erregerfrequenz in der Nähe der Resonanzfrequenz für diese Schwingung liegt. Bei hinreichend großer Dämpfung ist die Amplitude klein und die Schwingung harmonisch. Verringert man nun langsam die Dämpfung, so wächst zunächst die Amplitude. Bei geeignet gewählter Erregerfrequenz und -Amplitude beobachtet man schließlich, daß abwechselnd immer eine größere und eine kleinere Schwingungsamplitude auftritt. (Man erkläre dies mit der Amplitudenabhängigkeit der Schwingungsdauer!). Die Schwingungsperiode des Pendels hat sich in diesem Fall also verdoppelt. Eine solche Periodenverdopplung heißt Bifurkation. Bei weiterer Abnahme der Dämpfung kann man eine schnelle Folge weiterer Bifurkationen beobachten, bis schließlich das Pendel eine nichtperiodische (chaotische) Bewegung ausführt.

Literatur:

1) M. Alonso, E. J. Finn: Fundamental University Physics. Addison-Wesley 1977
2) K. Luchner, R. Worg: Chaotische Schwingungen. Praxis der Naturwissenschaften – Physik, Heft 4 1986

# Versuch 8
# Überlagerung und Kopplung von Schwingungen

## 1. Ziel des Versuches

Die Schwingungen zweier Pendel werden benutzt, um die Entstehung von Schwebungen und von Lissajous-Figuren zu demonstrieren. Durch Kopplung der beiden Pendel soll die Energieübertragung bei gekoppelten Oszillatoren untersucht und die Grundlage für das Verständnis der Ausbreitung mechanischer Wellen gelegt werden.

## 2. Grundlagen

### 2.1. Überlagerung eindimensionaler Schwingungen

Werden gleichzeitig zwei gegeneinander leicht verstimmte Stimmgabeln angeschlagen, so nimmt man ein periodisches An- und Abschwellen der Lautstärke wahr. Diese Erscheinung wird Schwebung genannt.

Am Trommelfell erzeugt jede der beiden Schallquellen eine periodisch schwankende Kraft. Die Gesamtkraft auf das Trommelfell ist die Summe der beiden von jeder einzelnen Schallquelle erzeugten Kräfte. Wir betrachten deshalb die Überlagerung von zwei harmonisch schwingenden Größen, wobei wir vereinfachend gleiche Amplituden annehmen:

$$(1) \quad y_i(t) = a \cdot \sin(\omega_i t) \quad (i = 1, 2).$$

Es ergibt sich mit der trigonometrischen Formel

$$(2) \quad \sin\alpha + \sin\beta = 2\sin\frac{\alpha+\beta}{2} \cdot \cos\frac{\alpha-\beta}{2}$$

die Gleichung

$$(3) \quad y(t) = 2a \cdot \sin\left(\frac{\omega_1 + \omega_2}{2}t\right) \cdot \cos\left(\frac{\omega_1 - \omega_2}{2}t\right).$$

Ist $\omega_1 - \omega_2 \ll \omega_1$, dann schwingt $y$ mit der Kreisfrequenz

$$(4) \quad \omega = \frac{\omega_1 + \omega_2}{2}.$$

Der cos-Term bewirkt die bei der Schwebung beobachtete periodische Änderung der Amplitude mit der wesentlich geringeren Kreisfrequenz

$$(5) \quad \omega' = \frac{\omega_1 - \omega_2}{2}.$$

### 2.2. Zweidimensionale Überlagerung orthogonaler Schwingungen

In diesem Abschnitt sollen zwei Schwingungen mit zueinander orthogonalen Schwingungsebenen betrachtet werden. Zur Veranschaulichung kann man sich z. B. einen Wagen an einer Feder vorstellen, der eine Schwingung entlang einer $x$-Achse macht

$$(6) \quad x(t) = x_0 \sin(\omega_x t),$$

während gleichzeitig auf dem Wagen ein Pendel in $y$-Richtung schwingt:

$$(7) \quad y(t) = y_0 \sin(\omega_y t + \delta).$$

Die sich aus der Überlagerung der beiden Teilschwingungen ergebende Bahnkurve des Pendels hängt ab von den Verhältnissen der Amplituden und der Frequenzen sowie von der Phasenverschiebung $\delta$.

Bei gleicher Frequenz ($\omega_x = \omega_y$) und Phasenverschiebung $\delta = 0$ folgt

$$(8) \quad y(t) = (y_0/x_0) \cdot x(t).$$

Die Bahnkurve ist also eine Gerade, deren Steigung durch das Amplitudenverhältnis bestimmt wird.
Bei der Phasenverschiebung $\delta = \pi/2$ kann man statt (7) schreiben

$$(9) \quad y(t) = y_0 \cos(\omega_y t).$$

Durch Quadrieren und Addieren von (6) und (9) ergibt sich

$$(10) \quad (x/x_0)^2 + (y/y_0)^2 = 1.$$

Das ist die Gleichung einer Ellipse, deren Halbachsen auf den Koordinatenachsen liegen. Bei gleichen Amplituden wird die Ellipse zum Kreis.
Man kann zeigen, daß bei gleicher Frequenz für beliebige Phasenverschiebungen als Bahnkurve immer eine Ellipse entsteht, deren Halbachsen jedoch im allgemeinen schräg zu den Koordinatenachsen verlaufen. Die Gerade (8) kann als entartete Ellipse angesehen werden.

Überlagern sich zwei orthogonale Schwingungen von unterschiedlicher Frequenz, so ergibt sich im allgemeinen eine wesentlich kompliziertere Bahnkurve. Für rationale Frequenzverhältnisse erhält man geschlossene Bahnkurven. Sie werden als Lissajous-Figuren bezeichnet und sind umso einfacher, je kleiner die ganzen Zahlen sind, mit denen das Frequenzverhältnis ausgedrückt werden kann.

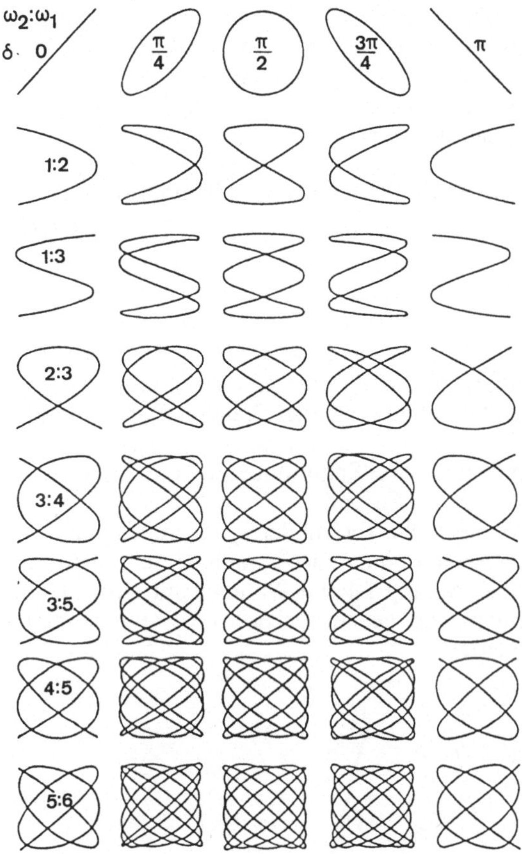

Abb. V8-1. Lissajous-Figuren (nach [1])

## 2.3. Kopplung von Schwingungen

Bei jedem schwingenden System tritt bei der Auslenkung aus der Gleichgewichtslage eine rücktreibende Kraft auf, deren Betrag von der Größe der Auslenkung abhängt. Eine Kopplung zweier Oszillatoren liegt vor, wenn die Rückstellkraft auf den einen Oszillator zusätzlich von der Auslenkung des zweiten Oszillators abhängt und umgekehrt.
Als Beispiel betrachten wir zwei Pendel gleicher Länge $l$ und gleicher Masse $m$, die über eine

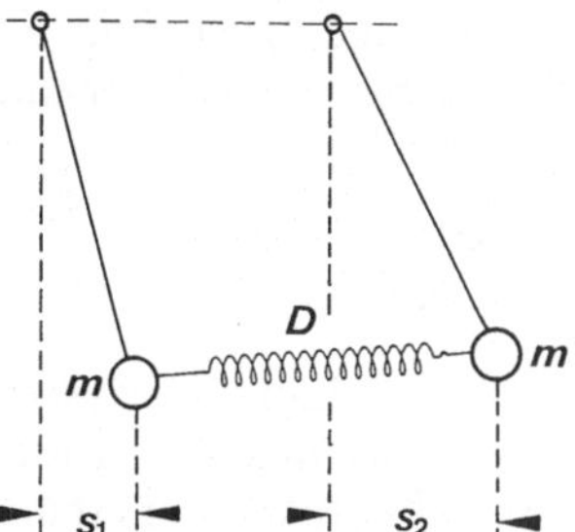

Abb. V8-2. Gekoppelte Pendel

Feder mit der Federkonstanten $D$ miteinander gekoppelt sind. $D$ wird auch als Kopplungskonstante bezeichnet. Die dämpfenden Reibungskräfte seien vernachlässigbar.

Die Rückstellkraft setzt sich jeweils aus der Tangentialkomponente der Gewichtskraft und aus der durch die Kopplungsfeder verursachten Kraft zusammen. Für kleine Auslenkungen gilt

$$(11) \quad \begin{aligned} F_1 &= -D_0 s_1 - D(s_1 - s_2) \\ F_2 &= -D_0 s_2 - D(s_2 - s_1) \end{aligned}$$

mit der Abkürzung

$$(12) \quad D_0 = mg/l.$$

Für den Sonderfall, daß beide Pendel gleichphasig schwingen, gilt $s_1 = s_2 = s$. Damit vereinfacht sich (11) zu

$$(13) \quad F_1 = F_2 = -D_0 s.$$

Da die Kopplungsfeder nicht belastet wird, verhalten sich die beiden Pendel so, als seien sie ungekoppelt. Bei dieser sogenannten ersten Normalschwingung haben demzufolge beide Pendel die gleiche Kreisfrequenz $\omega_1$, die wiederum gleich ihrer Eigenfrequenz $\omega_0$ ist (siehe Versuch 7):

$$(14) \quad \omega_1 = \omega_0 = \sqrt{D_0/m}.$$

Ein zweiter Sonderfall ist die gegenphasige Schwingung der beiden Pendel. Dann ist $s_1 = -s_2$ und aus (11) ergibt sich

$$(15) \quad \begin{aligned} F_1 &= -(D_0 + 2D) s_1 \\ F_2 &= -(D_0 + 2D) s_2. \end{aligned}$$

Bei dieser zweiten Normalschwingung haben beide Pendel wieder gleiche Kreisfrequenz $\omega_2$, die jetzt jedoch von $\omega_0$ verschieden ist:

$$(16) \quad \omega_2 = \sqrt{(D_0 + 2D)/m} = \sqrt{\omega_0^2 + 2D/m}.$$

Im allgemeinen Fall wird die Bewegung der beiden Pendel durch ein System gekoppelter Differentialgleichungen beschrieben:

$$(17) \quad m\ddot{s}_1 = -D_0 s_1 - D(s_1 - s_2)$$
$$m\ddot{s}_2 = -D_0 s_2 - D(s_2 - s_1).$$

Durch geschickte Substitution kann das System entkoppelt werden. Dazu werden die beiden Gleichungen in (17) einmal addiert und einmal voneinander subtrahiert. In den dadurch neu entstehenden beiden Gleichungen substituiert man

$$(18) \quad y_+ := s_1 + s_2$$
$$y_- := s_1 - s_2$$

und erhält die entkoppelten Gleichungen

$$(19) \quad m\ddot{y}_+ = -D_0 y_+$$
$$m\ddot{y}_- = -(D_0 + 2D)\, y_-$$

mit den allgemeinen Lösungen

$$(20) \quad y_+ = a\,\cos(\omega_1 t + \alpha)$$
$$y_- = b\,\cos(\omega_2 t + \beta).$$

Die Resubstitution liefert

$$(21) \quad s_1 = \tfrac{1}{2}(a \cdot \cos(\omega_1 t + \alpha) + b \cdot \cos(\omega_2 t + \beta))$$
$$s_2 = \tfrac{1}{2}(a \cdot \cos(\omega_1 t + \alpha) - b \cdot \cos(\omega_2 t + \beta)).$$

Die Konstanten $a$, $b$, $\alpha$ und $\beta$ sind durch Auslenkung und Geschwindigkeit der beiden Pendel zur Zeit $t = 0$ festgelegt, $\omega_1$ und $\omega_2$ sind die durch (14) und (16) bestimmten Frequenzen der beiden Normalschwingungen.

Nach (21) führt jedes Pendel eine Bewegung aus, die der Überlagerung zweier harmonischer Schwingungen mit unterschiedlicher Frequenz entspricht. Der Schwingungsverlauf jedes einzelnen Pendels entspricht also einer Schwebung.

Durch die Kopplung wird (außer bei den Normalschwingungen) mit der Periodendauer $T_S$ Energie von einem Pendel auf das andere und

zurück übertragen. Dieser Energieübertrag erfolgt umso schneller, je mehr sich die Frequenzen der Normalschwingungen unterscheiden, also je größer die Kopplungskonstante ist.

Betrachtet man nicht nur zwei, sondern eine größere Anzahl von stark gekoppelten Pendeln gleicher Eigenfrequenz, so wird bei einer Anregung des ersten Pendels die Energie sehr schnell auf das zweite übertragen, von dort auf das dritte und so weiter. Die Auslenkung am ersten Pendel breitet sich über die gesamte Pendelreihe aus, und es entsteht eine fortschreitende Welle. Die Ausbreitungsgeschwindigkeit der Welle ist umso höher, je stärker die Kopplung zwischen den einzelnen Oszillatoren ist.

## 2.4. Registrierung der $s, t$-Diagramme

Um die $s, t$-Diagramme z. B. mit einem Schreiber aufnehmen zu können, müssen zunächst beide Pendelstellung in elektrische Größe umgewandelt werden. Dies erreicht man, indem man jeweils die Pendelmasse über eine starre Stange mit der Achse eines leichtgängigen Potentiometers verbindet. Schaltet man die Potentiometer als Spannungsteiler (Abb. 4b), so erhält man zwei Spannungen $U_1$ und $U_2$ als Maß für die Auslenkungen $s_1$ und $s_2$.

Der zeitliche Verlauf der Spannungen kann entweder mit einem zweikanaligen Schreiber oder über Analog-Digital-Wandler mit einem Computer und geeigneter Software aufgenommen werden.

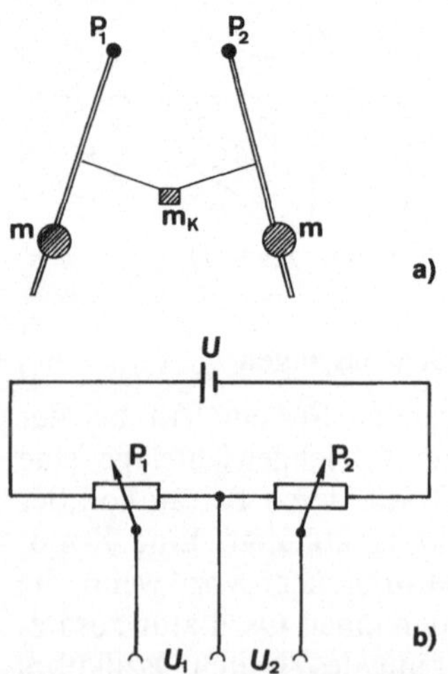


Abb. V8–4. a) Versuchsaufbau (m: verschiebbare Massen, P: Potentiometerachsen), b) Schaltung der Potentiometer

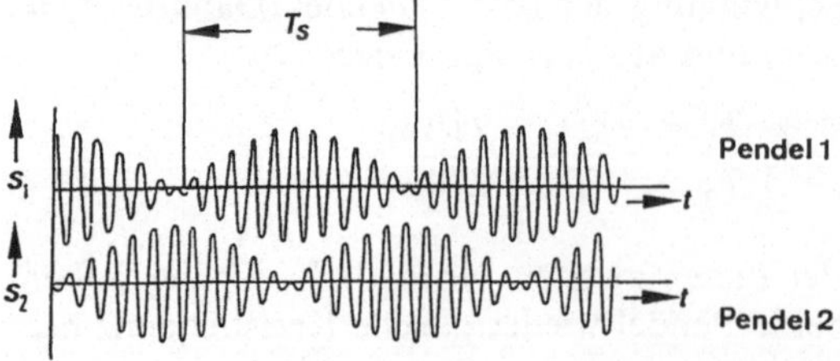


Abb. V8–3. Schwingungsverlauf bei gekoppelten Pendeln

Einige Computer besitzen zu Spielzwecken Potentiometer-Eingänge. An solche Eingänge angeschlossene Widerstandswerte werden vom Rechner linear in Zahlenwerte umgesetzt, die über die Software abgefragt werden können. In einem solchen Fall ist die Verwendung eines externen AD-Wandlers nicht nötig. Potentiometer mit passendem Widerstandswert können ohne Spannungsquelle direkt an den Rechner angeschlossen werden.

## 3. Versuch

### 3.1. Verwendete Geräte

- 2 Stabpendel an Potentiometern
- Kopplung
- $txy$-Schreiber oder Computer mit Interface und entsprechender Software

### 3.2. Aufgabenstellung

1. Aufgabe

An zwei ungekoppelten Pendeln mit leicht verschiedener Eigenfrequenz sollen Schwebungen untersucht und die Gleichungen (4) und (5) experimentell überprüft werden. Wie ändert sich das $s,t$-Diagramm der Überlagerung, wenn die beiden Amplituden verschieden sind?

2. Aufgabe

Man bringe die beiden Pendel auf gleiche Eigenfrequenz und erzeuge für verschiedene Phasenverschiebungen auf dem Schreiber Lissajous-Figuren.

3. Aufgabe

An gekoppelten Pendeln gleicher Länge sollen die beiden Normalschwingungen angeregt werden. Man messe die Frequenzen der beiden Normalschwingungen und bestimme die Kopplungskonstante $D$.

4. Aufgabe

Man rege nun durch Auslenken nur eines der gekoppelten Pendel eine Schwebungsschwingung an und messe die Schwingungsfrequenz und die Schwebungsdauer.

### 3.3. Hinweise zur Versuchsdurchführung

Bei der Schaltung der Potentiometer als Spannungsteiler sind die Anschlüsse so zu wählen, daß beide Teilspannungen sich gleichsinnig verändern, wenn die beiden Pendel in die gleiche Richtung ausgelenkt werden.

Die Überlagerung der beiden ungekoppelten Schwingungen in Aufgabe 1 erhält man bei der Verwendung eines $ty$-Schreibers, indem man die beiden Spannungsabfälle an den Potentiometern in Reihe geschaltet auf den $y$-Eingang gibt. Bei der Verwendung eines Computers kann die Addition der Signale auch durch die Software erfolgen.

Die Abstimmung der Pendel auf gleiche Schwingungsfrequenz erfolgt durch Verschieben der Massestücke auf der Pendelstange. Bei exakter Einstellung müssen die Pendel fortdauernd phasengleich schwingen.

Zur Erzeugung der Lissajous-Figuren wird das Signal des einen Pendels auf den $x$-Eingang, das des anderen Pendels auf den $y$-Eingang eines $xy$-Schreibers gelegt. Im Falle der Meßwertregistrierung per Computer geschieht die orthogonale Überlagerung wieder durch die Software, indem die eine Auslenkung in $x$-Richtung, die andere Auslenkung in $y$-Richtung auf dem Bildschirm aufgetragen wird.

Die Kopplung zwischen den Pendeln wird hergestellt, indem man an beiden Pendeln in genau gleicher Höhe die beiden Enden einer Spiralfeder mit der Federhärte $D$ befestigt. Statt der Spiralfeder kann zur Kopplung auch ein langer Faden verwendet werden, in dessen Mitte ein kleines Massestück $m_K$ angehängt ist (vgl. Abb. 4a). Die Kopplung ist umso stärker, je größer $D$ bzw. $m_K$ ist.

### 3.4. Meßbeispiele

Zur Bestimmung der Schwingungsdauer der Pendel wurde mehrmals die Zeit für 10 Perioden gemessen. Als Mittelwerte erhielt man $10\,T_1 = 19,6$ s und $10\,T_2 = 18,4$ s. Daraus ergeben sich für die Überlagerungsschwingung die theoretischen Werte

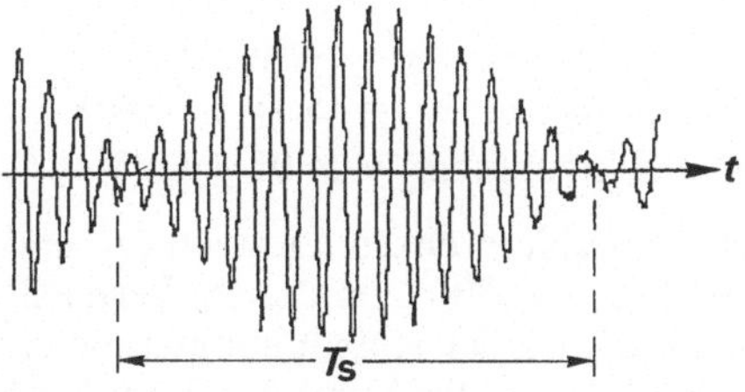

*Abb. V8–5. Schwebung bei gleichen Schwingungsamplituden*

$$\frac{\omega_1 + \omega_2}{2} = 3{,}31 \, \text{s}^{-1}$$

und

$$\frac{\omega_1 - \omega_2}{2} = 0{,}10 \, \text{s}^{-1}.$$

Die Messung (Abb. 5) ergab für die Periodendauer $T$ der Überlagerung $10\,T = (19{,}5 \pm 0{,}5)\,\text{s}$ und für die Schwebungsdauer $T_S = (30{,}3 \pm 1{,}5)\,\text{s}$. Somit hat man als gemessenen Wert

$$\frac{\omega_1 + \omega_2}{2} = (3{,}22 \pm 0{,}08)\,\text{s}^{-1}$$

und, da $T_S$ nur die halbe Periodendauer des cos-Terms in (3) ist,

$$\frac{\omega_1 - \omega_2}{2} = (0{,}104 \pm 0{,}005)\,\text{s}^{-1}.$$

Die Fehler ergeben sich in erster Linie durch die Ableseungenauigkeit aus dem Diagramm. Im Rahmen der Meßgenauigkeit bestätigen die Meßergebnisse die Gleichung (3).

Trifft die Voraussetzung gleicher Amplituden nicht zu, so können sich die zu überlagernden Schwingungen nicht vollständig auslöschen, und die Amplitude der Überlagerungsschwingung bleibt größer null.

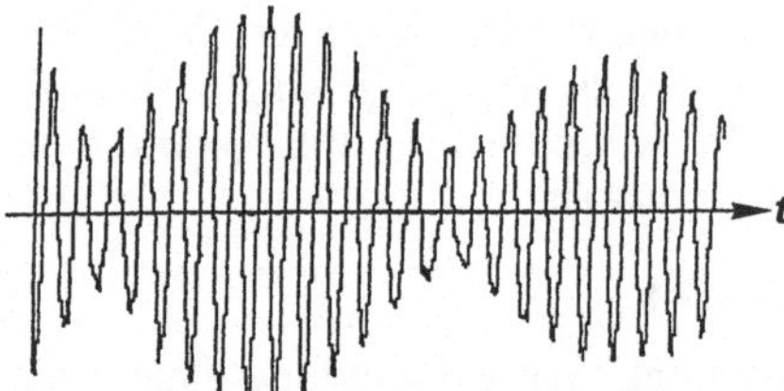

*Abb. V8–6. Schwebung bei verschiedenen Schwingungsamplituden*

Bei Aufgabe 3 ergaben sich aus mehrmaliger Messung von 10 Schwingungsdauern folgende Kreisfrequenzen:

ungekoppeltes Pendel: $\omega_0 = (3{,}40 \pm 0{,}04)\,\text{s}^{-1}$

1. Normalschwingung: $\omega_1 = (3{,}41 \pm 0{,}04)\,\text{s}^{-1}$

2. Normalschwingung: $\omega_2 = (4{,}05 \pm 0{,}05)\,\text{s}^{-1}$.

Innerhalb der Fehlergrenzen stimmen $\omega_0$ und $\omega_1$ überein. Für $m = 500$ g und unter Vernachlässigung der Masse der Aufhängungsstäbe ergibt sich aus (16) für die Kopplungskonstante $D = 0{,}55$ N/m. Der durch die genannte Ver-

nachlässigung auftretende systematische Fehler ist sicher wesentlich größer als der statistische Fehler, weswegen eine Fehlerrechnung hier nicht sinnvoll ist.

Abbildung 7 zeigt den Schwingungsverlauf an zwei gekoppelten Pendeln, die zu einer Schwebungsschwingung angeregt wurden (Aufgabe 4).

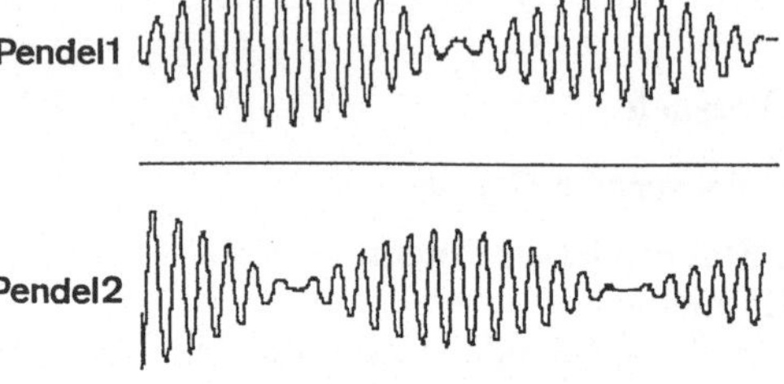


*Abb. V8–7. Schwingung gekoppelter Pendel*

## 4. Ergänzungen

### 4.1. Vertiefende Fragen

Man diskutiere den zeitlichen Verlauf der Energie bei gekoppelten Pendeln.

Man bestimme in (21) die Konstanten für den Fall, daß zur Zeit $t = 0$ das eine Pendel in der Gleichgewichtslage ruht und das andere gerade im ausgelenkten Zustand losgelassen wird.

Wie groß ist der Fehler in der Schwingungsdauer der Pendel, der durch die Vernachlässigung der Masse der Aufhängungsstäbe entsteht? Man betrachte das Pendel als um die Aufhängungsachse rotierendes System mit dem Trägheitsmoment $J$ (physikalisches Pendel). Welchen Einfluß hat die Masse der Kopplung?

Warum wird bei der in 2.3 betrachteten Pendelkette die Energie nicht vom zweiten Pendel zurück auf das erste übertragen?

### 4.2. Ergänzende Bemerkungen

Die Überlagerung auch von mehr als zwei Schwingungen unterschiedlicher Frequenz ergibt wieder eine periodische Funktion der Zeit, die im allgemeinen jedoch nicht sinusförmig ist. Umgekehrt kann jede beliebige Funktion $f(t)$ mit der Periode $T$ durch Überlagerung harmonischer Schwingungen aufgebaut werden:

(21) $\quad f(t) = a_0 + \sum_{n=1}^{\infty} (a_n \cdot \sin(n \cdot 2\pi t/T + \alpha_n))$.

Die Amplituden $a_n$ und die Phasen $\alpha_n$ sind durch den Funktionsverlauf $f(t)$ innerhalb einer Periode eindeutig bestimmt. (Für nähere Einzelheiten sei auf die mathematische Literatur zu Fourierreihen verwiesen). Die harmonische Schwingung mit $n = 1$ heißt Grundschwingung, die anderen Schwingungen werden als Oberschwingungen bezeichnet.

Literatur:

1) M. Alonso, E. J. Finn: Fundamental University Physics. Addison-Wesley 1977

# Versuch 9
# Schallgeschwindigkeit

## 1. Ziel des Versuches

Die Ausbreitungsgeschwindigkeit von Schallwellen in Luft und in einem Metall soll mit verschiedenen Methoden gemessen werden. Die in Versuch 8 betrachteten Lissajous-Figuren werden zur Ermittlung von Phasendifferenzen angewendet.

## 2. Grundlagen

### 2.1. Ausbreitung von eindimensionalen Schallwellen

In einem elastischen Medium werde an einem Punkt eine Störung des Gleichgewichtszustandes erzeugt. Wegen der Elastizität des Mediums werden dann auch die benachbarten Volumenelemente aus ihrer ursprünglichen Lage ausgelenkt, und die Störung breitet sich schließlich mit zeitlicher Verzögerung in alle Richtungen über das ganze Medium aus. Eine solche Ausbreitung einer Störung wird als Welle bezeichnet.

Bei der quantitativen Behandlung dieses Sachverhaltes beschränken wir uns auf die Darstellung der wichtigsten Ergebnisse, für eine ausführliche Herleitung wird auf die Literatur[1] verwiesen.

Die Ausbreitung einer Welle wird beschrieben durch die allgemeine Wellengleichung

(1) $\quad \dfrac{\partial^2 \vec{u}}{\partial t^2} = c^2 \cdot \Delta \vec{u}$.

Darin ist $\Delta$ der Laplace-Operator, $c$ die Ausbreitungsgeschwindigkeit der Welle und $\vec{u}(r, t)$ eine Funktion, die angibt, wie weit das Volumenelement am Ort $\vec{r}$ zur Zeit $t$ aus der Gleichgewichtslage ausgelenkt ist.

In einem dreidimensionalen karthesischen Koordinatensystem ist der Laplace-Operator

(2) $\quad \Delta = \left( \dfrac{\partial^2}{\partial x^2}, \dfrac{\partial^2}{\partial y^2}, \dfrac{\partial^2}{\partial z^2} \right)$.

Beschränkt man sich auf ein eindimensionales Medium, so vereinfacht sich (1) zur eindimensionalen Wellengleichung

(3) $\quad \dfrac{\partial^2 u}{\partial t^2} = c^2 \cdot \dfrac{\partial^2 u}{\partial x^2}$.

Jede Lösung von (3) hat die Form

(4) $\quad u(x, t) = u_1(x + ct) + u_2(x - ct)$.

Darin sind $u_1$ und $u_2$ beliebige, zweifach differenzierbare Funktionen, die von der Art der Störung abhängen.

Im Fall einer harmonischen Schwingung als Störung ist

(5) $\quad u_1 = u_0 \sin \omega(t + x/c)$

$\quad u_2 = u_0 \sin \omega(t - x/c)$.

Die Lösung von (3) ist dann die Überlagerung zweier harmonischer Wellen, die in entgegengesetzter Richtung vom Erreger weglaufen.

Bei Schallwellen in einem Gas ist die Störung eine lokale Druck- und Dichteänderung des Gases. Für die Ausbreitungsgeschwindigkeit von Schallwellen in idealen Gasen ergibt sich im Rahmen der Herleitung von (1) bzw. (3)

(6) $\quad c = \sqrt{\dfrac{c_P}{c_V} \cdot \dfrac{p}{\varrho}}$.

Dabei ist $p$ der Druck des Gases, $\varrho$ die Dichte, $c_p$ und $c_V$ die spezifische Wärme bei konstantem Druck bzw. bei konstantem Volumen $V$ (siehe Versuch 12). Da $\varrho$ noch von $p$ abhängt, setzen wir in (6) die Zustandsgleichung für 1 Mol eines idealen Gases

(7) $\quad p \cdot V = R \cdot T$

$\quad\quad\quad\quad$ ($R$: allgemeine Gaskonstante
$\quad\quad\quad\quad\quad$ $T$: absolute Temperatur)

ein und erhalten

$$(8) \quad c = \sqrt{\frac{c_\mathrm{p}}{c_\mathrm{v}} \cdot \frac{RT}{m_0}}$$

$(m_0$: Masse von 1 Mol des Gases)

Die Schallgeschwindigkeit in idealen Gasen ist demnach unabhängig vom Druck und wächst mit der Temperatur.

Für die Schallgeschwindigkeit in einem homogenen Stab erhält man bei der Herleitung der Wellengleichung

$$(9) \quad c = \sqrt{\frac{E}{\varrho}}$$

mit der Dichte $\varrho$ und dem Elastizitätsmodul $E$. Der Elastizitätsmodul $E$ beschreibt das elastische Verhalten des Stabes. Eine in Richtung der Stabachse angreifende Kraft $F$ bewirkt bei dem Stab mit der Querschnittsfläche $A$ die relative Längenänderung

$$(10) \quad \frac{\Delta l}{l} = \frac{1}{E} \cdot \frac{F}{A}.$$

## 2.2. Experimentelle Bestimmung der Ausbreitungsgeschwindigkeit

Die Ausbreitungsgeschwindigkeit einer Welle kann prinzipiell auf zwei Weisen ermittelt werden:

a) aus der Laufzeit $\Delta t$ und der zurückgelegten Strecke $\Delta s$ einer Störung

und

b) aus der Frequenz $f = 1/T$ und der Wellenlänge $\lambda$ der Welle.

Die indirekte Methode b) macht von der Tatsache Gebrauch, daß sich eine harmonische Welle während einer Schwingungsdauer $T$ um die Strecke $\lambda$ weiterbewegt. Dann ist

$$(11) \quad c = \lambda/T = \lambda \cdot f.$$

Bei Schallwellen kann die Frequenzmessung bequem mit einem Digitalzähler durchgeführt werden. Die Wellenlänge kann man z.B. aus dem Abstand der Schwingungsknoten oder der Schwingungsbäuche bei stehenden Wellen bestimmen.

## 2.3. Stehende Wellen

Überlagert man zwei in entgegengesetzter Richtung fortschreitende kontinuierliche Schallwellen gleicher Frequenz und Amplitude

$$(12) \quad u_1(x,t) = u_0 \cdot \sin \omega (t + x/c)$$

und

$$(13) \quad u_2(x,t) = u_0 \cdot \sin \omega (t - x/c),$$

so erhält man für die Überlagerungsschwingung mit (Gl. 8.2)

$$(14) \quad \begin{aligned} u(x,t) &= u_1(x,t) + u_2(x,t) \\ &= 2u_0 \cdot \cos(\omega x/c) \cdot \sin(\omega t). \end{aligned}$$

Das ist die Gleichung einer stehenden Welle. Im Gegensatz zur fortschreitenden Welle tritt in dem sin-Term der Ort x nicht mehr auf, d.h. alle Volumenelemente schwingen entweder in Phase oder genau gegenphasig. Wegen des cos-Termes ist die Schwingungsamplitude der Volumenelemente vom Ort abhängig. Der Abstand $\Delta x$ zwischen zwei benachbarten Nullstellen der Amplitude („Schwingungsknoten") ist eine halbe Wellenlänge. Gleiches gilt für den Abstand zwischen zwei benachbarten Stellen maximaler Amplitude („Schwingungsbäuche"):

$$(15) \quad \Delta x = \lambda/2.$$

In der Praxis läßt sich eine stehende Welle auf einfache Weise durch Reflexion einer fortschreitenden Welle erzeugen.

## 2.4. Resonanzbedingungen

Bei der Beschreibung der Wellenausbreitung auf einem endlich langen Wellenträger ist zu berücksichtigen, daß an den Enden des Wellenträgers eine Reflexion der Welle stattfindet. Bei der Reflexion an einem festen Ende findet ein Phasensprung von $\pi$ statt, d.h. ein Wellenberg wird als Wellental reflektiert und umgekehrt. An einem offenen Ende erfolgt die Reflexion ohne Phasensprung. Bei der Überlagerung muß deshalb an einem offenen Ende immer ein Schwingungsbauch, am festen Ende immer ein Knoten vorliegen. Bei vorgegebener Länge des Wellenträgers kann sich eine stehende Welle somit nur bei bestimmten Frequenzen ausbilden, der Wellenträger wirkt wie ein Resonator.

Im vorliegenden Versuch wird als Wellenträger ein Glasrohr verwendet. Bei zwei offenen oder

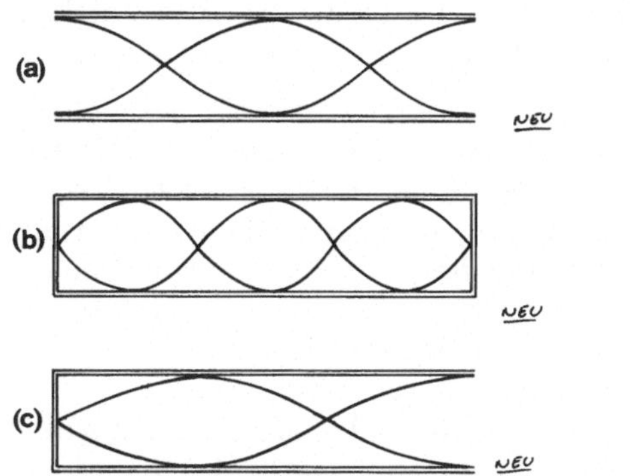



*Abb. V9–1. Stehende Wellen bei einem endlich langen Wellenträger: a) zwei offene (lose) Enden n = 2, b) zwei feste Enden n = 3, c) festes und offenen (loses) Ende n = 2*

zwei festen (abgeschlossenen) Enden muß die Rohrlänge $L$ ein ganzzahliges Vielfaches der halben Wellenlänge sein

$$(16) \quad L = n \cdot \frac{\lambda}{2} \quad n \in \mathbb{N}.$$

Bei zwei unterschiedlichen Enden lautet die Resonanzbedingung

$$(17) \quad L = \left(n - \frac{1}{2}\right)\frac{\lambda}{2} \quad n \in \mathbb{N}.$$

Die Schwingungsform für $n = 1$ heißt Grundschwingung.

# 3. Versuch

## 3.1. Verwendete Geräte

– Kundtsches Rohr
– Lautsprecher
– 2 Mikrofone
– Funktionsgenerator
– Oszilloskop
– Digitalzähler

## 3.2. Aufgabenstellung

1. Aufgabe
Man bestimme die Schallgeschwindigkeit in Luft
a) durch Messung der Frequenz und der Wellenlänge bei einer stehenden Schallwelle
b) durch Messung der Frequenz und der Wellenlänge bei einer fortschreitenden Schallwelle
c) durch Laufzeitbestimmung eines Schallsignals

2. Aufgabe
Durch Anregung eines Metallstabes zu seiner longitudinalen Grundschwingung soll die Schallgeschwindigkeit in dem Metall sowie der Elastizitätsmodul bestimmt werden.

## 3.3. Hinweise zur Versuchsdurchführung

Zur Messung der Schallgeschwindigkeit nach Aufgabe 1a wird in einem Glasrohr („Kundtsches Rohr") eine stehende Schallwelle erzeugt. Am einem Ende des Rohres ist ein Lautsprecher angebracht, während das andere Ende offen

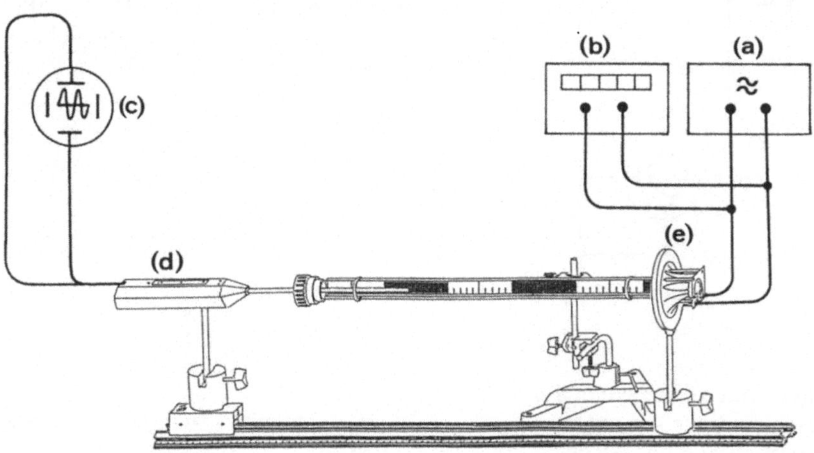



*Abb. V9–2. Versuchsaufbau zu Aufgabe 1 a: a) Funktionsgenerator, b) Digitalzähler, c) Oszilloskop, d) Meßmikrofon, e) Lautsprecher*

oder verschlossen sein kann. Der Lautsprecher wirkt als loses Ende, da hier ein Schwingungsbauch vorliegen muß.

Es wird zunächst am Funktionsgenerator die Frequenz der Schallwelle so eingestellt, daß im Rohr Resonanz auftritt. Dies ist dann der Fall, wenn beim Verschieben des Mikrofons die ausgeprägtesten Knoten und Bäuche des Schalldruckes auftreten. Zur Bestimmung der Wellenlänge wird der Abstand der Schwingungsknoten ermittelt. Die Genauigkeit kann erhöht werden, indem man zwei möglichst weit voneinander entfernte Knoten verwendet. Um ein Maß für die Einstellgenauigkeit zu erhalten, wird die Lage der Knoten mehrmals ermittelt.

Für die Wellenlängenmessung bei fortschreitenden Schallwellen werden in einem mit schallabsorbierenden Material ausgekleideten Kasten ein Lautsprecher und ein verschiebbares Mikrofon angebracht. Die am Lautsprecher anliegende Sinusspannung wird auf den $x$-Eingang des Oszilloskops gegeben, die Mikrofonspannung auf den $y$-Eingang. Durch Verschiebung des Mikrofons ändert sich die Phasendifferenz zwischen beiden Spannungen und somit die entstehende Lissajous-Figur. Zunächst wird das Mikrofon so eingestellt, daß sich eine Gerade ergibt. Anschließend wird es soweit verschoben, bis sich wieder eine Gerade ergibt. Die zurückgelegte Weglänge ist dann $\lambda/2$.

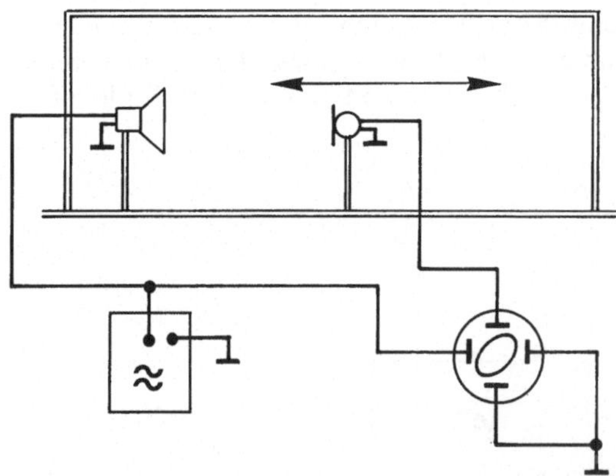

*Abb. V9—3. Wellenlängenmessung bei fortschreitenden Schallwellen*

Durch Füllung des Kastens mit verschiedenen Gasen kann die Schallgeschwindigkeit in unterschiedlichen Medien gemessen werden. Ist der Kasten gasdicht ausgeführt, so kann damit auch die nach (8) vorhergesagte Druckunabhängigkeit der Ausbreitungsgeschwindigkeit experimentell bestätigt werden.

Zur Bestimmung der Laufzeit eines Schallsignals in Luft (Aufgabe 1 c) werden zwei Mikrofone verwendet. Eine am ersten Mikrofon erzeugte Spannung startet über eine Torsteuerung den als Stoppuhr geschalteten Digitalzähler, das zweite Mikrofon hält die Uhr wieder an. Das Schallsignal wird erzeugt z.B. durch den Zusammenprall zweier Stahlkugeln.

Bei Aufgabe 2 wird der Metallstab in der Mitte in ein Stativ eingespannt. Die beiden Stabenden wirken als freie Enden. Die Anregung zu einer gedämpften longitudinalen Grundschwingung erreicht man durch Anschlagen des einen Stabendes mit einem Hammer. Mit einem möglichst dicht vor das andere Stabende gebrachten Mikrofon läßt sich die Eigenfrequenz am Oszilloskop grob bestimmen.

Eine genauere Methode ist die Anregung einer ungedämpften Eigenschwingung des Metallstabes, indem man unmittelbar vor dem einen Stabende einen Lautsprecher anbringt. Das Lautsprecher-Signal wird auf den $x$-Eingang, die Spannung des am anderen Ende stehenden Mikrofons auf den $y$-Eingang des Oszilloskops gegeben. Die Frequenz des Sinusgenerators wird dann im Bereich der grob gemessenen Eigenfrequenz solange geändert, bis eine stehende Lissajous-Figur entsteht.

### 3.4. Meßbeispiele

Am Kundtschen Rohr wurde bei $f = (4{,}13 \pm 0{,}02)$ kHz eine Resonanz festgestellt. Die Zimmertemperatur betrug $22\,^\circ$C. Abbildung 4 zeigt den Verlauf der Schalldruckamplitude längs der Rohrachse bei offenem Rohrende.

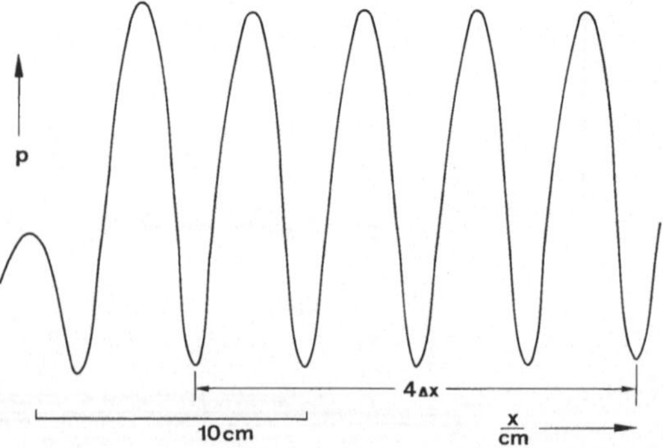


*Abb. V9—4. Schalldruckamplitude als Funktion des Ortes beim Kundtschen Rohr*

Es ist $4\Delta x = (163 \pm 2)$ mm. Dann ist mit (15) $\lambda = 2\Delta x = (81{,}5 \pm 1)$ mm.

Die Schallgeschwindigkeit ergibt sich aus (11) zu $c = (339 \pm 4)$ m/s. Rechnet man mit (8) diesen Wert auf Normalbedingungen $0\,°C$ um, so erhält man $c_{\text{Luft}} = (335 \pm 4)$ m/s. Der Literaturwert ist 331 m/s.

Bei der Bestimmung der Schallgeschwindigkeit in einem 0,75 m langen Aluminiumstab wurde als Frequenz der longitudinalen Grundschwingung $f = (3\,380 \pm 20)$ Hz festgestellt. Mit (16) und (11) ergibt sich dann für die Schallgeschwindigkeit in Aluminium $c_{\text{Al}} = (5\,070 \pm 30)$ m/s.

Der Literaturwert beträgt hier 5 080 m/s.

Mit $\varrho_{\text{AL}} = 2{,}7 \cdot 10^3\ \text{kg m}^{-3}$ folgt aus (9) für den Elastizitätsmodul von Aluminium $E_{\text{Al}} = 6{,}9 \cdot 10^{10}\ \text{Nm}^{-2}$.

## 4. Ergänzungen

### 4.1. Vertiefende Fragen

Warum werden bei Aufgabe 1 die Schwingungsknoten und nicht die Schwingungsbäuche aufgesucht?

Man verifiziere durch Einsetzen, daß (4) eine Lösung der Wellengleichungen ist.

Warum reflektiert das offene Ende eines Rohres die Schallwelle?

Warum wird bei Aufgabe 3 die Resonanzfrequenz mit einer Lissajousfigur bestimmt und nicht über das Maximum der Schwingungsamplitude?

Licht kann durch gekreuzte Polarisationsfilter ausgelöscht werden. Gelingt dies auch mit Schallwellen?

### 4.2. Ergänzende Bemerkungen

Der Originalversuch von Kundt kommt mit einem Minimum an Technik aus: statt des Lautsprechers wird ein bei 1/4 und 3/4 seiner Länge eingspannter Eisenstab benutzt, an dessen Ende ein Plättchen angebracht ist. Durch Reibung mit einem Lederlappen wird der Stab zu einer longitudinalen Eigenschwingung angeregt, deren Wellenlänge gleich der Stablänge ist. Das Plättchen wirkt dann wie die Membrane eines Lautsprechers. Die Abstimmung auf Resonanz im Glasrohr erfolgt mit einem Kolben, der mehr oder weniger in das Glasrohr geschoben wird und dadurch die aktive Rohrlänge ändert. Die Bewegungsbäuche und -knoten im Glasrohr können durch Korkmehl sichtbar gemacht. Aus diesem Experiment kann allerdings nur das Verhältnis der Schallgeschwindigkeiten im Metallstab und in Luft bestimmt werden.

Der Schwingungsbauch an einem offenen Rohrende liegt nicht genau in der Öffnungsebene, sondern etwas außerhalb des Rohres. Der Abstand zur Öffnungsebene ist umso größer, je größer der Rohrdurchmesser ist.

Beim Kundtschen Rohr ist auch an den Knoten die Schalldruckamplitude von Null verschieden. Dies liegt an der unvollständigen Reflexion an den Rohrenden. In der Akustik kann dies genutzt werden, um Reflexionsfaktoren verschiedener Materialien zu messen.

Damit sich Schall in einem Rohr nur als ebene Welle ausbreiten kann, muß der Rohrdurchmesser kleiner sein als die halbe Wellenlänge.

Literatur:

1) M. Alonso, E. J. Finn: Fundamental University Physics. Addison-Wesley 1977

# II. Wärme

## Versuch 10
## Spezifische Wärmekapazität

### 1. Ziel des Versuches

Anhand von Mischungsexperimenten sollen die Wärmekapazität eines Kalorimeters und eines Probekörpers sowie die spezifische Wärmekapazität verschiedener Flüssigkeiten bestimmt werden. Zu den Meßergebnissen soll jeweils eine ausführliche Fehlerrechnung durchgeführt werden.

### 2. Grundlagen

#### 2.1. Die allgemeine Gasgleichung

Viele makroskopisch zu beobachtende Eigenschaften von Gasen können durch das einfache Modell eines idealen Gases beschrieben werden. Dieses Modell enthält folgende Grundannahmen:

1) Ein ideales Gas besteht aus Teilchen (Atomen oder Molekülen), deren Größe im Vergleich zu den gegenseitigen Abständen vernachlässigbar ist.

2) Wechselwirkungen zwischen den Teilchen treten nur bei Stößen auf.

3) Stöße zwischen Teilchen oder zwischen Teilchen und der Gefäßwand sind vollkommen elastisch.

Die meisten realen Gase verhalten sich annähernd wie ideale Gase, wenn sie hinreichend weit von der Verflüssigung entfernt sind.

In dem idealen Gas bewegen sich die Teilchen vollkommen regellos, das heißt ohne räumliche Vorzugsrichtung. Der Druck eines Gases auf die Gefäßwand wird verursacht durch den Impulsübertrag der auf die Wand stoßenden Teilchen. Dieser wiederum hängt ab von der mittleren kinetischen Energie $\overline{W_{\mathrm{kin}}}$, die die Teilchen besitzen.

Die kinetische Gastheorie zeigt, daß für den Druck $p$ in einem Gas gilt

$$(1) \quad p = \frac{2}{3}\frac{N}{V} \cdot \overline{W_{\mathrm{kin}}}$$

$N$: Anzahl der Gasteilchen im betrachteten Volumen $V$

Weiterhin gilt für eine abgeschlossene Menge eines idealen Gases

$$(2) \quad p \cdot V/T = \mathrm{const},$$

$T$: absolute Temperatur in $K$

wobei die Konstante noch proportional zur betrachteten Gasmenge ist.

Der Vergleich von (1) und (2) zeigt, daß die absolute Temperatur proportional zur mittleren kinetischen Energie der Gasteilchen ist. Es ist üblich, diese Proportionalität zu schreiben als:

$$(3) \quad \overline{W_{\mathrm{kin}}} = (3/2) \cdot k \cdot T.$$

Der Proportionalitätsfaktor $k$ in (3) wird so gewählt, daß eine Temperaturänderung von einem Grad in der Celsius- und der Kelvin-Skala gleichbedeutend ist. Er heißt Boltzmann-Konstante und hat den Wert

$$k = 1{,}3807 \cdot 10^{-23}\,\mathrm{J\,K^{-1}}.$$

Da die kinetische Energie der Gasteilchen nicht negativ werden kann, ist der Nullpunkt der Kelvin-Skala die tiefstmögliche Temperatur überhaupt. Dieser absolute Nullpunkt 0 K der Temperatur liegt auf der Celsius-Skala bei $-273{,}15\,^{\circ}\mathrm{C}$.

Damit folgt aus (1) die allgemeine Gasgleichung:

$$(4) \quad p \cdot V = N \cdot k \cdot T.$$

Aussagekräftiger als die Gesamtzahl $N$ der Gasteilchen ist bei makroskopischen Betrachtungen die Stoffmenge $m^*$ des Gases, angegeben in Mol. (1 Mol ist die Stoffmenge, die ebensoviele Teilchen enthält wie 12 g Kohlenstoff $^{12}$C). Die Anzahl der Teilchen in einem Mol eines beliebigen Stoffes ist immer

$$N_{\mathrm{A}} = 6{,}022 \cdot 10^{23}\,\mathrm{mol^{-1}}\ \text{(Avogadro-Zahl)}.$$

Die allgemeine Gasgleichung (4) läßt sich somit auch schreiben als

$$(5) \quad p \cdot V = m^* \cdot R \cdot T$$

mit

$$(6) \quad R = N_{\mathrm{A}} \cdot k = 8{,}314\,\mathrm{J\,mol^{-1}\,K^{-1}}.$$

$R$ heißt allgemeine Gaskonstante.

## 2.2. Die spezifische Wärmekapazität

Soll die Temperatur eines Körpers erhöht werden, muß ihm Energie in Form von Wärme zugeführt werden. Die notwendige Wärmemenge $Q$ ist proportional zur Masse des Körpers und zur Temperaturänderung:

$$(7) \quad \Delta Q = c \cdot m \cdot \Delta T = c \cdot m \cdot \Delta \vartheta.$$

$$T, \vartheta: \text{Temperatur in K bzw in } °C$$

Der Proportionalitätsfaktor $c$ ist materialabhängig und heißt spezifische Wärmekapazität des Stoffes, das Produkt $\Gamma = c \cdot m$ wird als Wärmekapazität des Körpers bezeichnet. Während bei Wasser im Temperaturbereich zwischen $0\,°C$ und $100\,°C$ die spezifische Wärmekapazität $c_{\text{w}} = 4,1772\;\text{kJ kg}^{-1}\,\text{K}^{-1}$ praktisch konstant ist, kann $c$ in anderen Fällen stark temperaturabhängig sein.

Oft wird die Wärmekapazität auf ein Mol eines Stoffes bezogen. Die Einheit dieser molaren Wärmekapazität $C_{\text{molar}}$ ist $1\;\text{J mol}^{-1}\,\text{K}^{-1}$. Bei festen Körpern beobachtet man, daß unabhängig vom Stoff und bei genügend hoher Temperatur die molare Wärmekapazität bei

$$(8) \quad C_{\text{molar}} \approx 3 \cdot R \approx 25\;\text{J mol}^{-1}\,\text{K}^{-1}$$

liegt (Regel von Dulong-Petit).

Die Ursache dieser Regel ist der Gleichverteilungssatz der Thermodynamik, nachdem jeder Freiheitsgrad im Mittel die Energie $\frac{1}{2}kT$ zur Gesamtenergie beiträgt. Bei idealen Gasen besitzt jedes Teilchen 3 Freiheitsgrade der Translation, somit ist in Übereinstimmung mit (3) die gesamte mittlere kinetische Energie $(3/2)\,kT$. Bei einem Festörper besitzen die einzelnen Atome keine Freiheitsgrade der Translation. Jedes Atom kann jedoch in drei Raumrichtungen Schwingungen um seine Ruhelage ausführen und besitzt daher 3 Freiheitsgrade der potentiellen und 3 Freiheitsgrade der kinetischen Energie. Die mittlere Gesamtenergie je Teilchen ist somit $6 \cdot \frac{1}{2}kT = 3\,kT$. Entsprechend ist die Gesamtenergie bei einem Mol des Stoffes $3\,RT$, die molare Wärmekapazität also $3\,R$. Im Experiment sind kleine Abweichungen von dieser Regel zu beobachten. Diese lassen sich nur durch die Quantentheorie des Festkörpers erklären.

## 2.3. Thermisches Gleichgewicht bei Mischungsexperimenten

Wenn zwei Körper unterschiedlicher Temperatur $\vartheta_1$ und $\vartheta_2$ in Berührung gebracht werden, dann stellt sich nach einer gewissen Zeit ein thermisches Gleichgewicht ein, d.h. beide Körper nehmen die gleiche Temperatur $\vartheta_{\text{M}}$ an. Sie wird als Mischungstemperatur bezeichnet. Unter der Voraussetzung hinreichend guter Wärmeisolation muß nach dem Energiesatz die Wärmemenge

$$(9) \quad \Delta Q_1 = c_1\,m_1(\vartheta_1 - \vartheta_{\text{M}}),$$

die der wärmere Körper abgibt, gleich sein der vom anderen Körper aufgenommenen Wärmemenge

$$(10) \quad \Delta Q_2 = c_2\,m_2(\vartheta_{\text{M}} - \vartheta_2).$$

(Im folgenden Text steht der Index 1 immer für das Wärme abgebende Medium, der Index 2 steht für Wärmeaufnahme).
Gleichsetzen von (9) und (10) liefert

$$(11) \quad \frac{c_2}{c_1} = \frac{m_1(\vartheta_1 - \vartheta_{\text{M}})}{m_2(\vartheta_{\text{M}} - \vartheta_2)}.$$

Alle Größen auf der rechten Seite von (11) können unmittelbar gemessen werden. Aus einem solchen Mischungsexperiment kann also das Verhältnis zweier spezifischer Wärmekapazitäten bestimmt werden.

## 2.4. Experimentelle Bestimmung spezifischer Wärmekapazitäten

Zur experimentellen Bestimmung spezifischer Wärmekapazitäten wird oft statt des einen Körpers eine Flüssigkeit, normalerweise Wasser, verwendet. Das Gefäß, in dem sich diese Flüssigkeit befindet, heißt Kalorimeter. Um Wärmeverluste an die Umgebung so gering wie möglich zu halten, wird als Kalorimeter ein Dewar-Gefäß verwendet. Es handelt sich dabei um einen temperaturisoliert gelagerten, doppelwandigen Glaskolben, bei dem die Innenseite

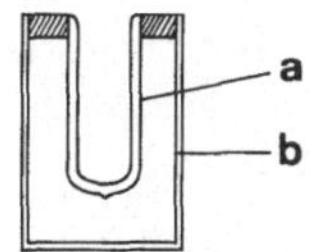


*Abb. V10−1. Dewar-Gefäß: a) doppelwandiger, evakuierter und verspiegelter Glaskolben, b) Metallgehäuse*

verspiegelt und der Raum zwischen den Wänden evakuiert ist.

Es muß nun zusätzlich berücksichtigt werden, daß das Dewargefäß selbst eine bestimmte (von der Füllhöhe abhängige) Wärmekapazität $\Gamma_D$ besitzt und bei Mischungsexperimenten ebenfalls seine Temperatur ändert.

Zur Bestimmung von $\Gamma_D$ füllt man Wasser der Masse $m_2$ in das Kalorimeter und erhält nach dem Wärmeausgleich die Anfangstemperatur $\vartheta_2$.

Dann wird die Wassermenge $m_1$ mit der höheren Temperatur $\vartheta_1$ nachgefüllt. Wiederum nach dem Wärmeausgleich stellt sich die Mischungstemperatur $\vartheta_M$ ein. Die abgegebene Wärmemenge wird beschrieben durch (9), die aufgenommene Wärmemenge ist

$$(12) \quad \Delta Q_2 = (\Gamma_D + c_2 m_2) \cdot (\vartheta_M - \vartheta_2).$$

Mit $c_1 = c_2 = c_w$ (spezifische Wärmekapazität von Wasser) erhält man durch Gleichsetzen von (9) und (12):

$$(13) \quad K = \frac{\Gamma_D}{c_w} = \frac{m_1(\vartheta_1 - \vartheta_M) - m_2(\vartheta_M - \vartheta_2)}{(\vartheta_M - \vartheta_2)}.$$

Der Quotient $K$ kann aufgefaßt werden als die Masse der Wassermenge, die die gleiche Wärmekapazität wie das Kalorimeter hat („Wasserwert" des Kalorimeters).

Da mit einem Mischungsexperiment immer nur das Verhältnis zweier spezifischer Wärmekapazitäten bestimmt werden kann, ist mindestens einmal eine separate Absolutmessung notwendig. Im vorliegenden Versuch wird die spezifische Wärmekapazität $c_w$ von Wasser in einem zweiten Experiment bestimmt. Dazu wird das Kalorimeter mit Wasser der Masse $m_w$ gefüllt und mit einem Tauchsieder die Energie

$$(14) \quad W = U \cdot I \cdot \Delta t$$

zugeführt. Steigt dabei die Temperatur von $\vartheta_1$ auf $\vartheta_2$, so kann $c_w$ bestimmt werden aus

$$(15) \quad U \cdot I \cdot \Delta t = c_w \cdot (K + m_w)(\vartheta_2 - \vartheta_1).$$

Zur Messung der Wärmekapazität $\Gamma_1$ eines Festkörpers wird dieser mit einer Temperatur $\vartheta_1$ in ein wassergefülltes Kalorimeter (Temperatur $\vartheta_2$) gebracht. Aus der Energiebilanz

$$(16) \quad \Gamma_1(\vartheta_1 - \vartheta_M) = (\Gamma_D + c_w \cdot m_w)(\vartheta_M - \vartheta_2)$$

läßt sich die Wärmekapazität $\Gamma_1$ bestimmen. Umgekehrt kann man aus (16) auch die spezi-

fische Wärme einer unbekannten Flüssigkeit bestimmen, indem man einen Körper bekannter Wärmekapazität in diese Flüssigkeit einbringt.

## 3. Versuch

### 3.1. Verwendete Geräte

- Gasbrenner, Tauchsieder
- Dewar-Gefäß
- Meßzylinder
- Bechergläser
- Waage
- Thermometer
- Probekörper, Probeflüssigkeit
- Vielfachmeßgerät
- Stoppuhr

### 3.2. Aufgabenstellung

1. Aufgabe:
Die Wärmekapazität eines Dewar-Gefäßes und die spezifische Wärmekapazität $c_w$ von Wasser soll gemessen werden.

2. Aufgabe:
Es soll die Wärmekapazität eines festen Körpers gemessen werden.

3. Aufgabe:
Mit Hilfe eines Probekörpers bekannter Wärmekapazität soll die spezifische Wärmekapazität einer Flüssigkeit bestimmt werden.

### 3.3. Hinweise zur Versuchsdurchführung

Zu Aufgabe 1:
Da die Wärmekapazität des Dewar-Gefäßes von der Füllhöhe abhängt, muß man sich entweder für alle Experimente auf eine bestimmte Füllmenge $m_w$ festlegen, oder es ist in Aufgabe 1 die Wärmekapazität in Abhängigkeit von der Füllmenge aufzunehmen. Um auch die Wärmekapazität des Thermometers und des Rührstabes zu berücksichtigen, müssen diese sich bei der Messung ebenfalls im Dewar-Gefäß befinden.

Man gibt die Wassermenge $m_2$ mit Zimmertemperatur (warum?) in das Dewar-Gefäß, mißt die Temperatur, fügt die Menge $m_1$ von heißem Wasser zu und mißt nach dem Umrühren (nicht mit dem Thermometer, Bruchgefahr!) schließlich die sich einstellende Mischungstemperatur $\vartheta_M$.

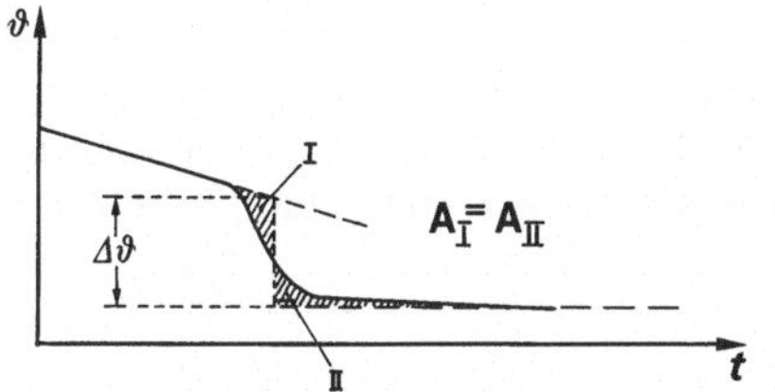

Abb. *V10-2. Zur Auswertung des Temperatur-Zeit-Diagramms*

Zur Absolutmessung im zweiten Teil des Experimentes wird die Wassermenge $m_w$ im Dewar-Gefäß mit einem Tauchsieder von Zimmertemperatur auf etwa 70 °C erhitzt. Bei diesem Experiment muß i.a. der Wärmeverlust während des Erhitzens berücksichtigt werden. Dazu mißt man den Temperaturverlauf im Wasser für 5 Minuten vor dem Einschalten bis 5 Minuten nach dem Abschalten. Abbildung 2 zeigt, wie aus dem Temperatur-Zeit-Diagramm auf die Temperaturänderung $\Delta\vartheta$ bei unendlich schneller Wärmezufuhr extrapoliert werden kann[1]. Am Tauchsieder sind die Spannung $U$ und die Stromstärke $I$ in „spannungsrichtiger" Schaltung zu messen (Abbildung 3).

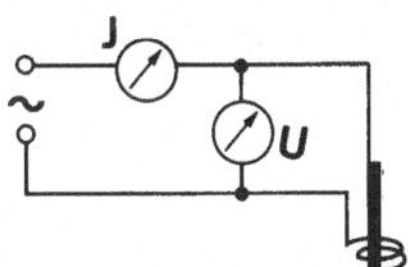

Abb. *V10-3. Messung von I und U am Tauchsieder*

Zu Aufgabe 2 und 3:
Der Probekörper wird zunächst auf eine definierte Temperatur gebracht, indem man ihn beispielsweise in siedendes Wasser hängt. Er darf dabei den Boden des Gefäßes nicht berühren.

### 3.4. Meßbeispiele

Zu Aufgabe 1:
Im Experiment wurden zur Bestimmung der Wärmekapazität $\Gamma_D$ des Kalorimeters folgende Meßergebnisse erzielt:

$$m_1 = (300 \pm 1)\,\text{g}; \qquad m_2 = (400 \pm 1)\,\text{g};$$
$$\vartheta_1 = (68,5 \pm 0,1)\,°\text{C}; \quad \vartheta_2 = (18,7 \pm 0,1)\,°\text{C};$$
$$\vartheta_M = (38,8 \pm 0,1)\,°\text{C}.$$

Damit ergibt sich aus (13) $K = 43,3$ g.
Die Meßergebnisse im zweiten Teilexperiment waren

$$U = (218 \pm 5)\,\text{V}; \qquad I = (4,5 \pm 0,1)\,\text{A};$$
$$\Delta t = (150 \pm 1)\,\text{s}; \quad m_w = (700 \pm 1)\,\text{g}$$
$$\vartheta_1 = (18,9 \pm 0,1)\,°\text{C} \quad \text{und} \quad \vartheta_2 = (66,0 \pm 0,1)\,°\text{C}.$$

Mit dem gewonnenen Wert für $K$ erhält man aus (15) $c_w = 4,20$ kJ kg$^{-1}$ K$^{-1}$ und dann aus (13) $\Gamma_D = K \cdot c_w = 0,182$ kJ K$^{-1}$.

Fehlerrechnung zu Aufgabe 1:
Zur Bestimmung des Fehlers in $K$ wird (Gl. 0.2.8) benutzt. Die partiellen Ableitungen von $K$ und die aus den Meßergebnissen resultierenden Werte sind:

$$\frac{\partial K}{\partial m_1} = \frac{\vartheta_1 - \vartheta_M}{\vartheta_M - \vartheta_2} = 1{,}48, \qquad \frac{\partial K}{\partial m_2} = -1,$$

$$\frac{\partial K}{\partial \vartheta_1} = \frac{m_1}{\vartheta_M - \vartheta_2} = 14{,}9\,\frac{\text{g}}{\text{K}},$$

$$\frac{\partial K}{\partial \vartheta_2} = \frac{m_1(\vartheta_1 - \vartheta_M)}{(\vartheta_M - \vartheta_2)^2} = 22{,}1\,\frac{\text{g}}{\text{K}},$$

$$\frac{\partial K}{\partial \vartheta_M} = \frac{m_1(\vartheta_2 - \vartheta_1)}{(\vartheta_M - \vartheta_2)^2} = -37{,}0\,\frac{\text{g}}{\text{K}}.$$

Damit ist

$$\Delta K = \sqrt{(1{,}48^2 + 1^2) \cdot (1\,\text{g})^2 + (14{,}9^2 + 22{,}1^2 + 37{,}0^2)\,\text{g}^2/\text{K}^2 \cdot (0{,}1\,\text{K})^2} = 4{,}9\,\text{g}.$$

Das Meßergebnis für den Wasserwert des Dewar-Gefäßes lautet somit $K = (43 \pm 5)$ g.

Bei der Bestimmung von $c_w$ liegt der Maximalfehler der Temperaturdifferenz $(\vartheta_2 - \vartheta_1)$ bei 0,2 K. Die Masse $m = K + m_w$ hat als Maximalfehler $\Delta m = 6$ g. Unter Verwendung von (Gl. 0.2.10) und (15) erhält man dann

$$\frac{\Delta c_w}{c_w} = \sqrt{\left(\frac{\Delta U}{U}\right)^2 + \left(\frac{\Delta J}{J}\right)^2 + \left(\frac{\Delta t}{t}\right)^2 + \left(\frac{\Delta m}{m}\right)^2 + \left(\frac{\Delta(\vartheta_2 - \vartheta_1)}{(\vartheta_2 - \vartheta_1)}\right)^2} = 3{,}4\,\%.$$

Als Meßergebnis für die spezifische Wärme von Wasser hat man somit

$$c_w = (4{,}20 \pm 0{,}15)\,\text{kJ kg}^{-1}\,\text{K}^{-1}.$$

Der Literaturwert ist $c_w = 4{,}18$ kJ kg$^{-1}$ K$^{-1}$. Der Fehler in der Wärmekapazität des Dewar-Gefäßes berechnet sich aus

$$\frac{\Delta \Gamma_D}{\Gamma_D} = \sqrt{\left(\frac{\Delta c_w}{c_w}\right)^2 + \left(\frac{\Delta K}{K}\right)^2} = 12\,\%.$$

Man erhält $\Gamma_D = (0{,}18 \pm 0{,}02)\ \mathrm{kJ\ K^{-1}}$.

Zu Aufgabe 2:
Unter Verwendung eines Probekörpers aus Aluminium ergaben sich bei der 2. Aufgabe folgende Meßwerte:

$$m_1 = (140 \pm 1)\ \mathrm{g}; \qquad \vartheta_1 = (99{,}3 \pm 0{,}1)\,^\circ\mathrm{C}$$
$$m_2 = m_w = (700 \pm 1)\ \mathrm{g}; \qquad \vartheta_2 = (26{,}6 \pm 0{,}1)\,^\circ\mathrm{C}$$
$$\vartheta_M = (29{,}4 \pm 0{,}1)\,^\circ\mathrm{C}.$$

Mit (16) und (Gl. 0.2.10) erhält man für die Wärmekapazität $\Gamma_1$ des Probekörpers $\Gamma_1 = (0{,}124 \pm 0{,}007)\ \mathrm{kJ\ K^{-1}}$. Die spezifische Wärmekapazität von Aluminium ist also $c_{Al} = (0{,}89 \pm 0{,}05)\ \mathrm{kJ\ kg^{-1}\ K^{-1}}$ (Literaturwert: $0{,}896\ \mathrm{kJ\ kg^{-1}\ K^{-1}}$).
Die molare Masse von Aluminium ist 27 g/mol; die molare Wärmekapazität ist dann $C_{\mathrm{molar,\ Al}} = 27\ \mathrm{g/mol} \cdot c_{Al} = 24\ \mathrm{J\ mol^{-1}\ K^{-1}}$.
Dieser Wert ist wie bei den meisten anderen Metallen bei Zimmertemperatur etwas kleiner als $3\,R$.

## 4. Ergänzungen

### 4.1. Vertiefende Fragen

Wie können sehr hohe und sehr niedrige Temperaturen gemessen werden?

Welche Aufgabe hat die Kapillare eines Quecksilber-Thermometers? Welchen Durchmesser muß sie haben, wenn die Meßgenauigkeit $1/10\,^\circ\mathrm{C}$ sein soll? (kubischer Ausdehnungskoeffizient von Hg: $1{,}8 \cdot 10^{-4}\ \mathrm{K^{-1}}$).

Welche Meßgröße hatte bei der Bestimmung des Wasserwertes $K$ den stärksten Einfluß auf den Fehler in $K$?

### 4.2. Ergänzende Bemerkungen

Durch die Wärmekapazität $c_w$ des Wassers war früher die Einheit 1 Kalorie (1 cal) festgelegt. Man versteht darunter die Wärmemenge, die notwendig ist, um 1 g Wasser von $14{,}5\,^\circ\mathrm{C}$ auf $15{,}5\,^\circ\mathrm{C}$ zu erwärmen. Seit Verwendung des Internationalen Einheitensystems ist jedoch 1 Joule die vorgeschriebene Energieeinheit, die Verwendung der Einheit 1 cal also nicht mehr zulässig.

Bei der Bestimmung von $c_w$ kann die Energie statt auf elektrischem auch auf mechanischem Weg zugeführt werden. Dazu befindet sich das Wasser in einem Gefäß, über das ein Seil mit einem Gewicht läuft. Beim Drehen des Gefäßes verrichtete Reibungsarbeit wird in Wärme umgesetzt. Sie kann aus der wirkenden Reibungskraft und dem zurückgelegten Weg bestimmt werden.

Literatur:

1) Walcher, W.: Praktikum der Physik. Teubner 1985

# Versuch 11
# Schmelz- und Kondensationswärme

## 1. Ziel des Versuches

Das Auftreten latenter Wärmemengen ist ein wichtiges Phänomen von Phasenübergängen. Im vorliegenden Versuch sollen durch Mischungsexperimente die spezifische Schmelz- und Kondensationswärme bei Wasser bestimmt werden.

## 2. Grundlagen

### 2.1. Koexistenz von Aggregatszuständen

Für die Isothermen ($T = \mathrm{const.}$) eines idealen Gases erhält man nach der allgemeinen Gasgleichung (Gl. 10.4) im $pV$-Diagramm eine Schar von Hyperbeln mit der absoluten Temperatur $T$ als Parameter.
Abbildung 1 zeigt einen Vergleich zwischen den Isothermen eines idealen und eines realen Gases. Wenn sich das reale Gas z.B. durch Verdichten der Verflüssigung nähert, machen sich erhebliche Unterschiede gegenüber dem idealen Gas bemerkbar. In diesem Fall wird das Gas auch als Dampf bezeichnet.
Bei Temperaturen unterhalb einer für das Gas spezifischen kritischen Temperatur $T_{\mathrm{krit}}$ beobachtet man, daß bei einer Verringerung des Gas-Volumens der Druck zunächst wie beim idealen Gas steigt, dann aber über einen mehr oder minder großen Bereich konstant bleibt. Jede weitere Volumenverringerung in diesem Bereich bewirkt eine teilweise Kondensation

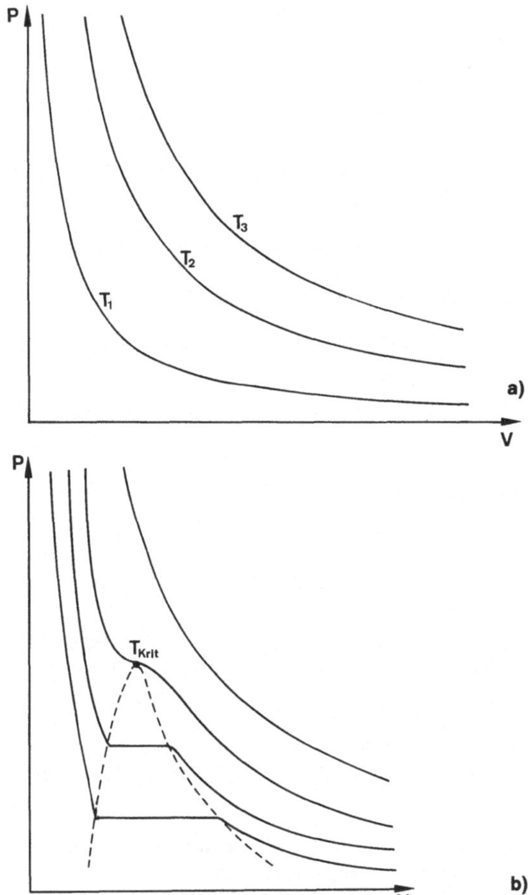

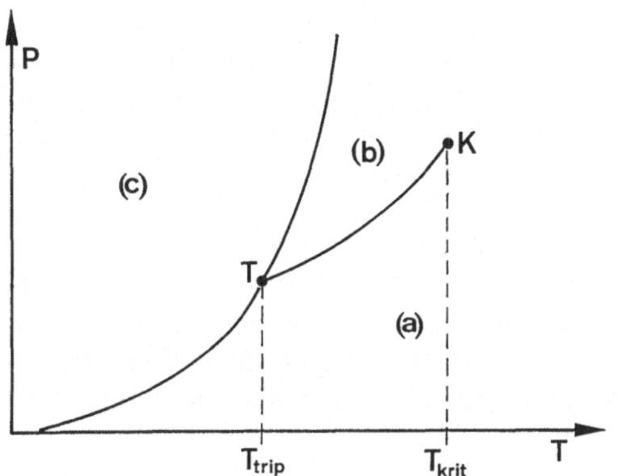

## 2.2. Das Zustandsdiagramm

Der gasförmige und der flüssige Zustand eines Stoffes können bei vorgegebener Temperatur nur bei einem bestimmten, vom Stoff abhängigen Druck gleichzeitig auftreten. Gleiches gilt für die Übergänge zwischen festem und flüssigem sowie zwischen festem und gasförmigem Zustand.

Im Zustandsdiagramm (Abbildung 2) ist der Zusammenhang zwischen Temperatur und Druck bei den Koexistenzphasen aufgetragen.

*Abb. V11−2. Zustandsdiagramm: a) gasförmige Phase, b) flüssige Phase, c) feste Phase*

*Abb. V11−1. Schematische Darstellung der Isothermen: a) eines idealen Gases ($T_1 < T_2 < T_3$), b) eines realen Gases*

des Dampfes, es kommt zur Koexistenz der gasförmigen und flüssigen Phase. In diesem Zustand spricht man von einem gesättigten Dampf. Der sich dabei einstellende Druck, der nur von der Temperatur abhängt, heißt Dampfdruck. Erst wenn aller Dampf zu Flüssigkeit kondensiert ist, steigt der Druck bei einer Volumenverringerung wieder an.

Die Flüssigkeit siedet, wenn der äußere Druck geringer als der Dampfdruck ist.

Wie Abbildung 1b zeigt, wird mit steigender Temperatur der Koexistenz-Bereich für die gasförmige und flüssige Phase immer kleiner, bis schließlich für $T > T_{krit}$ die Koexistenz überhaupt nicht mehr möglich ist. Der Druck kann beliebig erhöht werden, ohne daß eine Kondensation stattfindet.

Die Dampfdruckkurve endet am kritischen Punkt K. An genau einem Punkt im Zustandsdiagramm, dem sogenannten Tripelpunkt $T$, können alle drei Aggregatzustände nebeneinander existieren. Bei Wasser liegt der Tripelpunkt bei 6,11 mbar und 0,0075 °C, der kritische Punkt bei 374,2 °C und 221 bar.
Der Abbildung 2 ist auch zu entnehmen, daß für Temperaturen $T < T_{krit}$ ein direkter Übergang von der festen in die gasförmige Phase möglich ist. Ein solcher Übergang heißt Sublimation.

### 2.3. Energie bei Phasenübergängen

Führt man einem zunächst festen Stoff kontinuierlich Wärme zu, so ändert sich seine Temperatur, wie es in Abbildung 3 schematisch dargestellt ist. Die Steigungen der nicht horizontalen Geradenstücke werden bestimmt durch die spezifischen Wärmekapazitäten des Stoffes im festen, flüssigen bzw. gasförmigen Zustand.
Die horizontalen Kurvenstücke treten beim Schmelzen und Verdampfen des Stoffes auf. Die

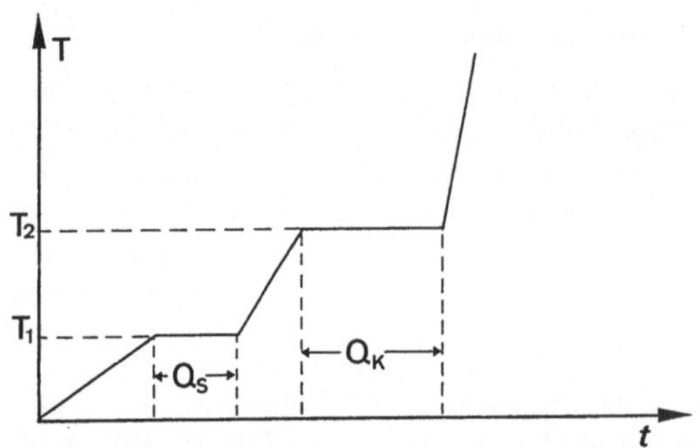

*Abb. V11–3. Schematische Darstellung des Temperaturverlaufes bei kontinuierlicher Wärmezufuhr*

bei diesen Phasenübergängen zugeführte Energie führt nicht zur Temperaturerhöhung, sondern wird beim Schmelzen benötigt, um Moleküle aus dem Kristallgitter zu lösen. Beim Verdampfen ist die zugeführte Energie notwendig, um Moleküle gegen zwischenmolekulare Anziehungskräfte aus der Flüssigkeit zu entfernen. Umgekehrt werden bei der Kondensation und beim Erstarren die gleichen Energiemengen wieder frei, ohne daß sich die Temperatur des Stoffes ändert.

Die für die Phasenübergänge notwendigen Energien heißen Schmelzwärme $Q_S$ bzw. Kondensationswärme $Q_K$. Die auf die Masseneinheit bezogenen Wärmemengen

$$(1) \quad q_S = Q_S/m$$
$$q_K = Q_K/m$$

werden als spezifische Schmelz- bzw. Kondensationswärme bezeichnet.

## 2.4. Messung von Schmelz- und Kondensationswärme bei Wasser

Zur Bestimmung der spezifischen Kondensationswärme von Wasser wird Wasserdampf der Masse $m_1$ und der Temperatur $\vartheta_1 = 100\,°\mathrm{C}$ in eine Wassermasse $m_2$ der Anfangstemperatur $\vartheta_2$ eingeleitet. Es stellt sich die Mischungstemperatur $\vartheta_M$ ein. (Wie schon bei Versuch 10 steht der Index 1 für Wärmeabgabe, der Index 2 für Wärmeaufnahme.)

Die dem kalten Wasser zugeführte Wärmemenge ist

$$(2) \quad \Delta Q = c_w m_2 (\vartheta_M - \vartheta_2).$$

Sie setzt sich zusammen aus der Kondensationswärme $Q_K$ des Wasserdampfes und der von dem Kondenswasser abgegebenen Wärmemenge

$$(3) \quad Q_w = c_w m_1 (\vartheta_1 - \vartheta_M).$$

Aus der Gleichung

$$(4) \quad \Delta Q = Q_w + Q_K$$

erhält man durch Einsetzen von (2) und (3):

$$(5) \quad Q_K = c_w [m_2(\vartheta_M - \vartheta_2) - m_1(\vartheta_1 - \vartheta_M)].$$

Die spezifische Kondensationswärme ist

$$(6) \quad q_K = c_w \left[ \frac{m_2}{m_1}(\vartheta_M - \vartheta_2) - (\vartheta_1 - \vartheta_M) \right].$$

In (6) ist bisher die Wärmekapazität des Kalorimeters, in dem die Mischungsexperimente stattfinden sollen, nicht berücksichtigt. Die notwendige Korrektur geschieht am bequemsten, wenn man wie bei Versuch 10 die Wärmekapazität des Kalorimeters durch seinen Wasserwert $m_K$ ersetzt. Die korrigierte Form von (6) ist dann

$$(7) \quad q_K = c_w \left[ \frac{m_2 + m_K}{m_1}(\vartheta_M - \vartheta_2) - (\vartheta_1 - \vartheta_M) \right].$$

Die spezifische Schmelzwärme $q_S$ wird durch Schmelzen von Eis der Temperatur $\vartheta_2 = 0\,°\mathrm{C}$ in Wasser aus der sich einstellenden Mischungstemperatur bestimmt. Die gleichen Überlegung wie oben führen zu der Gleichung

$$(8) \quad q_S = c_w \left[ \frac{m_1 + m_K}{m_2}(\vartheta_1 - \vartheta_M) - (\vartheta_M - \vartheta_2) \right]$$

$m_1, \vartheta_1$: Masse und Anfangstemperatur des Wassers
  $m_2$: Masse des Eises ($\vartheta_2 = 0\,°\mathrm{C}$)

## 3. Versuch

### 3.1. Verwendete Geräte

- Gasbrenner
- Dewar-Gefäß
- Wasserabscheider
- Thermometer
- Waage
- Erlenmeyerkolben
- Eis, destilliertes Wasser

## 3.2. Aufgabenstellung

1. Aufgabe
Man messe die spezifische Kondensationswärme von Wasser.

2. Aufgabe
Man messe die spezifische Schmelzwärme von Eis.

### 3.3. Hinweise zur Versuchsdurchführung

Vor der Durchführung der beiden Aufgaben ist zunächst der Wasserwert des Kalorimeters zu bestimmen. Man beachte hierzu die Hinweise zu Versuch 10.

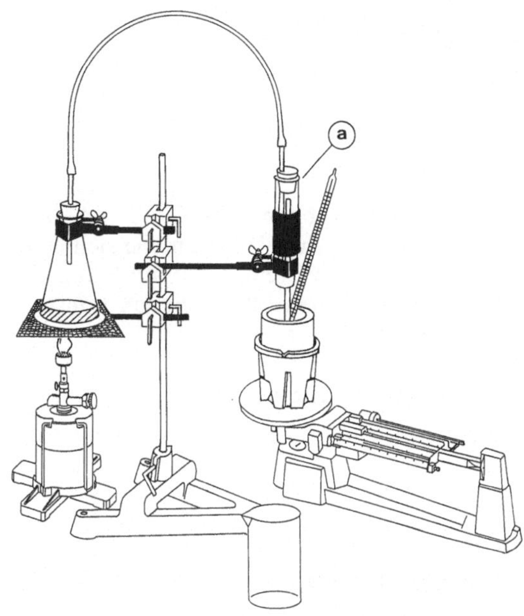

*Abb. V11–4. Versuchsaufbau*
*a): Wasserabscheider*

Bei Aufgabe 1 wird etwa 1/4 Liter destilliertes Wasser zum Sieden gebracht. Um einen Siedeverzug zu verhindern, werden einige Siedesteinchen in das Wasser gegeben.
Nachdem sich ein Dampfstrahl ausgebildet hat, wird das Austrittsröhrchen des Wasserabscheiders in das Wasserbad eingebracht. Bei Beendigung der Dampfeinleitung wird das Röhrchen wieder aus dem Wasserbad gezogen, noch bevor der Brenner abgestellt wird (warum?). Nach Umrühren des Wassers kann die Mischungstemperatur abgelesen werden. Die Masse $m_1$ des kondensierten Wassers erhält

man aus der Wägung des Kalorimeters vor und nach der Einleitung des Wasserdampfes.
Bei dem Experiment zur Bestimmung der Schmelzwärme werden trockene (!) Eiswürfel in ein Wasserbad geworfen, das etwa Zimmertemperatur hat. Nach vollständigem Schmelzen des Eises und Umrühren wird die Mischungstemperatur abgelesen.

### 3.4. Meßbeispiele

Die Bestimmung des Wasserwertes bei dem verwendeten Kalorimeter ergab

$$m_K = 0{,}023 \text{ kg}.$$

Bei Aufgabe 1 wurde $m_2 = 200$ g Wasser mit der Temperatur $\vartheta_2 = 24{,}0\,°C$ verwendet.
Die Masse des kondensierten Wassers war $m_1 = (5{,}0 \pm 0{,}1)\,\text{g}$, die Siedetemperatur bei 1006 mbar Luftdruck 99,8 °C. Als Mischungstemperatur stellte sich ein $\vartheta_M = 37{,}4\,°C$.
Gleichung (7) liefert dann für die spezifische Kondensationswärme

$$q_K = 2\,238 \text{ kJ kg}^{-1}.$$

In (7) ist bei den Versuchsdaten der erste Term sehr viel größer als der zweite. Deshalb ist auch für den Fehler der erste Term bestimmend. Für die Genauigkeit der Temperaturdifferenz setzen wir $\pm\,0{,}2$ K an, bei den Massen ist der Fehler in $m_1$ vernachlässigbar. Damit erhält man einen relativen Fehler bei $q_K$ von 3%. Das Meßergebnis lautet also

$$q_K = (2\,240 \pm 70) \text{ kJ kg}^{-1}.$$

Der Literaturwert ist $2\,257 \text{ kJ kg}^{-1}$.

Die Auswertung des Experimentes zur Schmelzwärme erfolgt vollkommen analog. Der Literaturwert für die Schmelzwärme ist $334 \text{ kJ kg}^{-1}$.

## 4. Ergänzungen

### 4.1. Vertiefende Fragen

Die Schmelztemperatur eines Stoffes ist vom Druck abhängig, sie wächst im allgemeinen mit steigendem Druck. Eis bildet eine Ausnahme: hier nimmt die Schmelztemperatur mit steigendem Druck ab. Wie macht sich dies im Zustandsdiagramm bemerkbar und welche praktische Bedeutung hat diese Tatsache?

## 4.2. Ergänzende Bemerkungen

Da bei dem Versuch das Wasser im Kalorimeter keine großen Temperaturunterschiede zur Zimmertemperatur aufweist, sind bei gut isoliertem Kalorimeter (Dewar-Gefäß) die Wärmeverluste an die Umgebung normalerweise zu vernachlässigen. Bei größeren Temperaturdifferenzen wäre wieder wie im Versuch 10 auf unendlich schnellen Temperaturausgleich grafisch zu extrapolieren.

Eine Flüssigkeit verfestigt sich bei der Erstarrungstemperatur nur dann, wenn in der Flüssigkeit Fremdkörper als Kristallisationskeime vorhanden sind. Beim Fehlen solcher Keime kann Wasser bis weit unter 0 °C abgekühlt werden, ohne zu erstarren. Wird in eine solche unterkühlte Flüssigkeit ein kleiner Fremdkörper geworfen, so erstarrt sie sofort, wobei ihre Temperatur auf die Schmelztemperatur ansteigt. Ebenso kann luftfreies Wasser auf über 100 °C erhitzt werden, ohne zu Sieden (Siedeverzug). Durch einen Fremdkörper beginnt das Sieden des überhitzten Wassers schlagartig, wobei die Temperatur auf die Siedetemperatur abfällt.

Wird in einer Flüssigkeit ein Stoff gelöst, so tritt eine Erniedrigung des Dampfdruckes der Flüssigkeit ein. Das führt (bei gegebenem Außendruck) zu einer Siedepunktserhöhung. Von praktischer Bedeutung (Verhinderung von Eisbildung durch Salzstreuung) ist die gleichzeitige Gefrierpunktserniedrigung der Lösung.

# Versuch 12
# Adiabaten-Exponent

## 1. Ziel des Versuches

Die kinetische Gastheorie macht Voraussagen über den Adiabaten-Exponenten idealer Gase. Im vorliegenden Versuch sollen für verschiedene reale Gase die Adiabaten-Exponenten mit der Methode von Rüchardt gemessen und mit den theoretischen Werten für ideale Gase verglichen werden.

## 2. Grundlagen

### 2.1. Adiabatische Zustandsänderungen

Die innere Energie $U$ eines Gases kann verändert werden, indem man ihm von außen die Wärmemenge $\Delta Q$ zuführt oder an ihm die mechanische Arbeit $\Delta W$ verrichtet:

$$(1) \quad \Delta U = \Delta Q + \Delta W.$$

Bei adiabatischen Zustandsänderungen eines Gases findet kein Wärmeaustausch mit der Umgebung statt, es ist also $\Delta Q = 0$.
Bei einem idealen Gas, das ein adiabatische Zustandsänderung erfährt, gilt die Poisson-Gleichung

$$(2) \quad p \cdot V^{\varkappa} = \text{const.}$$

Darin ist

$$(3) \quad \varkappa = \frac{c_p}{c_V}$$

der Adiabaten-Exponent. Die Größen $c_p$ bzw. $c_V$ sind die spezifischen Wärmen, die sich ergeben, wenn bei einer Temperaturänderung des Gases der Druck bzw. das Volumen konstant gehalten wird.

### 2.2. Theoretische Voraussagen über $C_p$ und $C_V$

Um ein Mol eines idealen Gases isochor (d.h. bei $V = $ const) um $\Delta T$ zu erwärmen, ist die Energie

$$(4) \quad \Delta Q = C_V \cdot \Delta T$$

notwendig. Dabei ist

$$(5) \quad C_V = M \cdot c_V$$

$M$: molare Masse des Gases

die molare Wärmekapazität, also die Wärmekapazität von einem Mol des Gases.

Wegen des konstanten Volumens ist in (1) die mechanische Arbeit $\Delta W = 0$, die zugeführte Wärme erhöht also nur die kinetische Energie der Gasteilchen. Nach dem Gleichverteilungssatz der kinetischen Gastheorie ist die Zunahme der mittleren kinetische Energie der Teilchen in einem Mol

$$(6) \quad \Delta \overline{W_{\text{kin}}} = \tfrac{1}{2} \cdot f \cdot R \cdot \Delta T.$$

$f$: Anzahl der Freiheitsgrade je Teilchen
$R$: allgemeine Gaskonstante
$\Delta T$: Temperaturänderung

Aus dem Vergleich von (4) und (6) folgt, daß

(7) $\quad C_V = \frac{1}{2} \cdot f \cdot R.$

Die molare Wärmekapazität eines idealen Gases ist also alleine bestimmt durch die Anzahl der Freiheitsgrade der Gasteilchen.

Die Teilchen eines einatomigen Gases besitzen genau 3 Freiheitsgrade der Translation. Prinzipiell ist es vorstellbar, daß die Atome auch in Rotation versetzt werden könnten. Die hierfür notwendige Energie wäre

(8) $\quad W_{rot} = L^2/(2J).$

$\qquad\qquad L:$ Drehimpuls
$\qquad\qquad J:$ Trägheitsmoment

Der Drehimpuls $L$ ist in der Mikrophysik quantisiert, kann also nicht jeden beliebigen Wert annehmen. Folglich sind für die Rotation nur bestimmte diskrete Energien möglich. Der Abstand der erlaubten Energiewerte ist umso größer, je kleiner das Trägheitsmoment ist. Da die Elektronen nur sehr wenig Masse haben und der Kerndurchmesser sehr klein ist, ist bei einatomigen Gasen das Trägheitsmoment der Atome um eine Achse durch den Kern äußerst gering. Der Abstand der Energiewerte ist sehr viel größer als die mittlere thermische Energie (bei Zimmertemperatur etwa 25 meV je Freiheitsgrad), weshalb bei Stößen zwischen den Atomen keine Translationsenergie in Rotationsenergie umgewandelt werden kann. Rotationsfreiheitsgrade werden also bei einatomigen Gasen nicht angeregt, und die Gesamtzahl der (wirksamen) Freiheitsgrade ist $f = 3$.

Aus dem gleichen Grund können zweiatomige und lineare mehratomige Moleküle nicht um die Molekülachse, wohl aber um eine Achse senkrecht dazu rotieren. Die Abstände der Energiewerte für die Rotation um eine Achse senkrecht zur Molekülachse liegen bei zweiatomigen Molekülen in der Größenordnung von einigen meV und sind damit in der Regel kleiner als die mittlere thermische Energie bei Zimmertemperatur. Lineare Moleküle besitzen also außer den drei Translationsfreiheitgraden noch zwei Rotationsfreiheitsgrade ($f = 5$). Nur bei nichtlinearen Molekülen sind die Trägheitsmomente um alle Rotationsachsen so groß, daß alle drei Rotationsfreiheitsgrade auch bei Zimmertemperatur angeregt werden ($f = 6$).

Zwei- und mehratomige Moleküle besitzen zusätzlich zu den Freiheitsgraden der Rotation und der Translation auch Freiheitsgrade der Schwingung. Die Schwingungsenergie ist wie die Rotationsenergie ebenfalls quantisiert. Die zur Anregung von Schwingungen notwendige Energie liegt im allgemeinen in der Größenordnung von einigen hundert meV, so daß auch die Schwingungsfreiheitsgrade bei üblichen Temperaturen nicht angeregt werden.

Wird ein Gas isobar (d. h. bei $p =$ const.) um $\Delta T$ erwärmt, so tritt in (4) $C_p$ an die Stelle von $C_V$. Da jetzt zusätzlich Arbeit zur Volumenvergrößerung benötigt wird, ist $C_p > C_V$. Bei der Temperaturerhöhung vergrößert sich das Volumen $V$ von einem Mol des Gases um $\Delta V$. Für die Zustände vor und nach der Erwärmung liefert die allgemeine Gasgleichung (Gl. 10.5.)

(9) $\quad \begin{aligned} p \cdot (V + \Delta V) &= R \cdot (T + \Delta T) \\ p \cdot V \phantom{+ \Delta V)} &= R \cdot T. \end{aligned}$

Nach Subtraktion dieser Gleichungen erhält man

(10) $\quad p \cdot \Delta V = R \cdot \Delta T.$

Das ist die Arbeit, die zusätzlich zu (4) für die Volumenveränderung aufgebracht werden muß. Die Wärmekapazität $C_p$ bei konstantem Druck ist also um $R$ größer als $C_V$:

(11) $\quad C_p - C_V = R.$

Aus (7) und (11) folgt dann

(12) $\quad \varkappa = \dfrac{c_p}{c_V} = \dfrac{C_p}{C_V} = \dfrac{R + \frac{1}{2}f \cdot R}{\frac{1}{2}fR} = \dfrac{f + 2}{f}.$

Die Tabellen 1 und 2 geben einen Überblick über die Werte von $\varkappa$ bei idealen bzw. realen Gasen.

Tabelle 1: Adiabaten-Exponenten idealer Gase (theoretische Werte)

| Gasart | $f$ | $\varkappa$ |
|---|---|---|
| einatomig | 3 | 1,67 |
| lineare Moleküle | 5 | 1,40 |
| nichtlineare Moleküle | 6 | 1,33 |

Tabelle 2: Adiabaten-Exponenten realer Gase (gemessene Werte)

| Gasart | $\varkappa$ |
| --- | --- |
| He | 1,66 |
| Ar | 1,67 |
| $O_2$ | 1,40 |
| $N_2$ | 1,40 |
| Luft | 1,40 |
| $CO_2$ | 1,30 |

### 2.3. Bestimmung von $\varkappa$ nach Rüchardt

Ein vertikales, unten verschlossenes Präzisionsglasrohr mit der Querschnittsfläche $q$ wird durch einen eingepaßten Aluminiumstopfen der Masse $m$ luftdicht abgeschlossen. Der Stopfen befindet sich im Gleichgewicht, wenn

$$(13) \quad p = b + m \cdot g/q.$$
$\quad b$: Luftdruck außen
$\quad p$: Luftdruck im abgeschlossenen Rohr

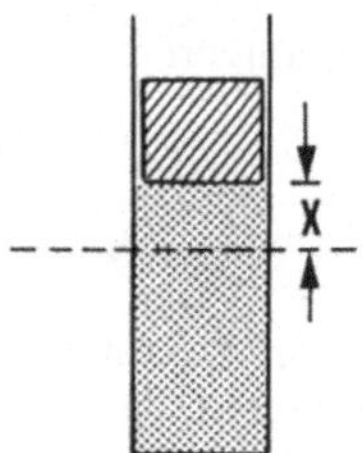

*Abb. V12–1. Zur Bestimmung von $\varkappa$ nach Rüchardt*

Wird der Stopfen um die Strecke $x$ aus der Gleichgewichtslage ausgelenkt, so ändert sich $p$ um $\Delta p$ und der Stopfen erfährt eine Rückstellkraft

$$(14) \quad F = q \cdot \Delta p.$$

Die Zustandsänderungen des eingeschlossenen Gases bei schnellen Bewegungen des Stopfens erfolgen praktisch ohne Wärmeaustausch mit der Umgebung, d.h. adiabatisch. Der Zusammenhang zwischen $\Delta p$ und $x$ wird demnach durch die Poisson-Gleichung (2) beschrieben. Für kleine Auslenkungen $x$ können $\Delta p$ und $\Delta V = q \cdot x$ durch $dp$ bzw. $dV$ ersetzt werden. In (2) ergibt die Ableitung von $p$ nach $V$

$$(15) \quad \Delta p = -\varkappa \cdot p \cdot \frac{\Delta V}{V} = -\frac{\varkappa \cdot p \cdot q \cdot x}{V}.$$

Setzt man dieses Ergebnis in (14) ein, so sieht man, daß die Rückstellkraft proportional zur Auslenkung ist. Der Stopfen führt also eine harmonische Schwingung aus mit der Schwingungsdauer

$$(16) \quad T = 2\pi \sqrt{\frac{m \cdot V}{\varkappa p q^2}}.$$

Man kann nun $q$ durch den Innendurchmesser $d$ des Glasrohres ausdrücken, (16) nach $\varkappa$ auflösen und erhält für den Adiabaten-Exponenten:

$$(17) \quad \varkappa = \frac{64 \, m \, V}{T^2 \, d^4 \, p}.$$

## 3. Versuch

### 3.1. Verwendete Geräte

– Meßgefäß mit Stopfen
– Stoppuhr (Handstoppuhr oder elektronisch)
– Vakuumpumpe
– Gas-Versorgung

### 3.2. Aufgabenstellung

Mit der Methode nach Rüchardt sollen die Adiabaten-Exponenten für Argon, Kohlendioxid und Luft bestimmt werden.

### 3.3. Hinweise zur Versuchsdurchführung

Die Schwingungsdauer des Stopfens ist nach Gleichung (16) bei vorgegebener Gasart umso größer, je größer das eingeschlossene Gasvolumen ist. Zur Bestimmung der Schwingungsdauer ist es deshalb günstig, das Volumen durch eine Flasche gemäß Abbildung 2 zu vergrößern.
Durch eine periodisch modulierte Gaszufuhr gelingt eine Entdämpfung der Schwingung. Dazu ist in dem Glasrohr eine kleine seitliche Öffnung angebracht, durch die der Stopfen zum richtigen Zeitpunkt etwas Gas entweichen läßt. Mit dem Hahn $H_1$ wird die zugeführte Gasmenge so reguliert, daß der Stopfen mit maximaler Amplitude schwingt.
Die Messung der Schwingungsdauer $T$ erfolgt am bequemsten mit einem elektronischen Zähler, der durch eine am Rohr angebrachte Lichtschranke gesteuert wird. Man beachte, daß die Anzahl der Schwingungsperioden nur halb so groß ist wie die Anzahl $z$ der gezählten Durchgänge des Stopfens.

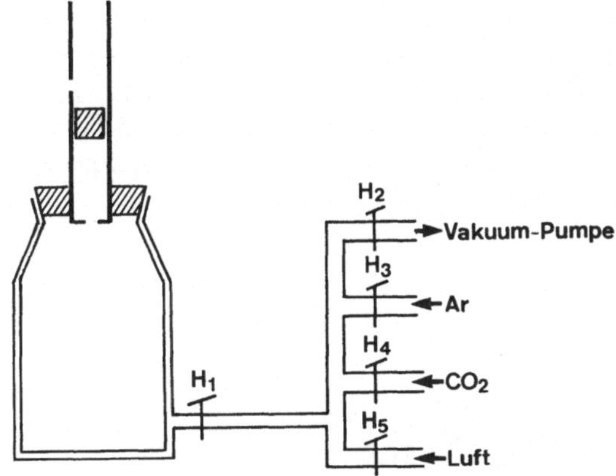

*Abb. V12–2. Versuchsaufbau*

Zum Wechseln des Meßgases wird das Meßgefäß zunächst evakuiert. Dazu wird das Glasrohr durch einen Gummistopfen verschlossen. Die Hähne $H_1$ und $H_2$ werden geöffnet, alle anderen Hähne bleiben geschlossen. Ist das Gefäß leergepumpt, werden $H_1$ und $H_2$ geschlossen. Der Hahn der zu verwendenden Gasart wird voll geöffnet und mit $H_1$ wird die Gaszufuhr in das Meßgefäß vorsichtig reguliert. Nach dem Druckausgleich wird der Gummistopfen entfernt.

Das Volumen des Meßgefäßes kann bestimmt werden durch die Wägung einer Wasserfüllung bis zur Gleichgewichtslage des Stopfens. Anschließend muß das Gefäß sorgfältig getrocknet werden.

### 3.4. Meßbeispiele

Zur Messung der Schwingungsdauer wurde 20mal die Anzahl $z$ der Schwingungsperioden in 1 Minute festgestellt. In Abbildung 3 ist die Häufigkeit $h$ der verschiedenen Werte von $z$ bei

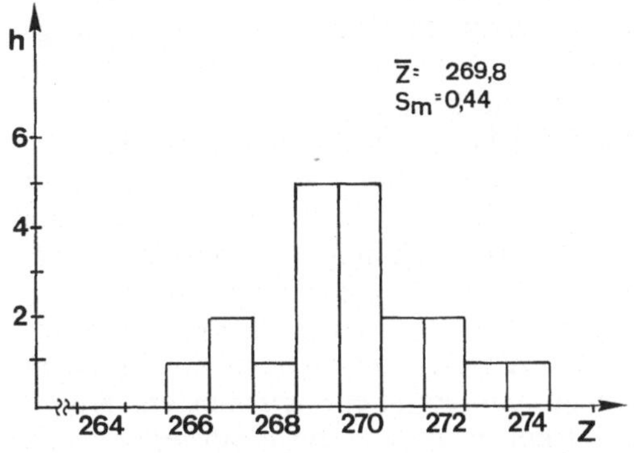


*Abb. V12–3. Meßergebnis bei Luft*

Luft als Meßgas in Form eines Histogramms dargestellt.

Die Auswertung ergibt den Mittelwert $\bar{z} = 269{,}8$ und die Standardabweichung $s_m = 0{,}44$. Unter Berücksichtigung der dreifachen Standardabweichung erhält man für die Schwingungsdauer

$$T = (0{,}445 \pm 0{,}002)\ \text{s}.$$

Die weiteren für (17) benötigten Meßwerte sind:

– Barometerdruck: $b = (991{,}5 \pm 0{,}5)\,\text{mbar}$
– Volumen des Meßgefäßes: $V = (2170 \pm 5)\,\text{cm}^3$
– Rohrdurchmesser: $d = (14{,}5 \pm 0{,}1)\,\text{mm}$
– Masse des Alu-Stopfens: $m = (8{,}6 \pm 0{,}1)\,\text{g}$.

Mit (13) und (17) erhält man

$$\varkappa_{\text{Luft}} = 1{,}37.$$

Nach der Berechnung der relativen Fehler der Meßgrößen ermittelt man den Relativfehler des Meßergebnisses nach Gleichung (Gl. 0.2.10):

$$\frac{\Delta\varkappa}{\varkappa} = 3\,\%.$$

Das Meßergebnis ist damit

$$\varkappa_{\text{Luft}} = 1{,}37 \pm 0{,}04.$$

## 4. Ergänzungen

### 4.1. Vertiefende Fragen

Bei adiabatische Prozessen gilt der differentielle Ansatz $p \cdot \mathrm{d}V = - C_V \cdot \mathrm{d}T$. Was sagt dieser Ansatz aus? Wie ist das negative Vorzeichen zu interpretieren? Man leite aus diesem Ansatz mit (11) durch Integration die Poisson-Gleichung her.

### 4.2. Ergänzende Bemerkungen

Eine Abwandlung des beschriebenen Versuchsaufbaus verwendet einen Stahlstopfen, der durch ein Magneteld zu erzwungenen Schwingungen angeregt wird. Dazu wird eine Spule um das Glasrohr gelegt, die von einem Wechselstrom konstanter Amplitude und variabler Frequenz durchflossen wird. Die Resonanzfrequenz, bei der die Schwingungsamplitude des Stopfens maximal ist, wird aufgesucht und mit einem elektronischen Frequenzzähler gemessen.

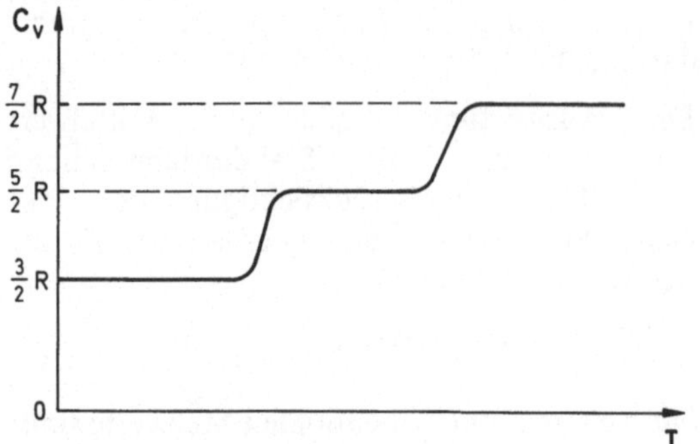

*Abb. V12–4. Molare Wärmekapazität eines zweiatomigen Gases in Abhängigkeit von der Temperatur (schematisch)*

Aus den in 2.2 genannten Gründen hängt die spezifische Wärmekapazität und damit der Adiabaten-Exponent von der Temperatur ab. Abbildung 4 zeigt den Verlauf der molaren Wärmekapazität $C_V$ für ein zweiatomiges Gas. Bei niedrigen Temperaturen sind zunächst nur die Translationsfreiheitsgrade angeregt. Mit steigender Temperatur werden dann die beiden Rotationsfreiheitsgrade angeregt, was nach (7) zu einer Erhöhung von $C_V$ um $R$ führt. Schließlich wird bei weiter steigender Temperatur auch der Schwingungsfreiheitsgrad des Moleküls angeregt. Da bei der Schwingung sowohl potentielle als auch kinetische Energie auftritt, müssen Schwingungsfreiheitsgrade in (7) doppelt gezählt werden. Durch den hinzu kommenden einen Schwingungsfreiheitsgrad wächst die molare Wärmekapazität deshalb nochmal um $R$ an.

Ein dreiatomiges lineares Molekül (z. B. $CO_2$) besitzt vier Schwingungsfreiheitsgrade, die auch als Normalschwingungen bezeichnet werden. Zwei Normalschwingungen verlaufen längs der Molekülachse, die beiden anderen senkrecht dazu (Abbildung 5). Nach Tabelle 2 weicht der

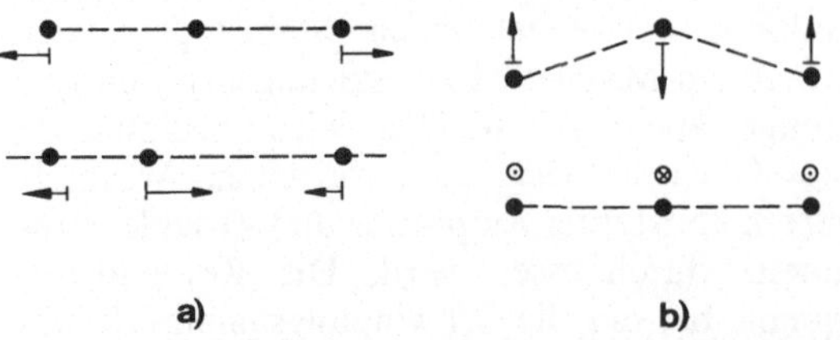

*Abb. V12–5. Normalschwingungen eines dreiatomigen linearen Moleküls: a) longitudinale Normalschwingungen, b) Knickschwingungen*

Adiabaten-Exponent bei $CO_2$ deutlich vom zu erwartenden Wert 7/5 ab. Der Grund hierfür ist, daß die Knickschwingungen des $CO_2$-Moleküls eine relativ niedrige Anregungsenergie besitzen und somit bereits bei Zimmertemperatur mit zu berücksichtigen sind.

# Versuch 13
# Stirling-Prozeß

## 1. Ziel des Versuches

Thermodynamische Kreisprozesse sind die physikalische Grundlage der Erzeugung mechanischer Arbeit durch Wärmeenergie-Maschinen. In diesem Versuch soll ein Einblick in technische Anwendungen solcher Maschinen gegeben werden, indem eine Stirling-Maschine als Heißluftmotor, Kältemaschine und Wärmepumpe betrieben wird. Die Leistung und der Wirkungsgrad des Motors werden quantitativ bestimmt.

## 2. Grundlagen

### 2.1. Thermodynamische Kreisprozesse

Mechanische Arbeit kann mit jedem Reibungsvorgang kontinuierlich und vollständig in Wärme überführt werden. Der umgekehrte Weg, Wärme in mechanische Arbeit umzuformen, ist weniger einfach. Zwar wird bei der adiabatischen Expansion eines Gases unter Verringerung der inneren Energie des Gases äußere Arbeit verrichtet, jedoch kann dieser Prozeß nicht fortdauernd ausgeführt werden. Vor einer erneuten Expansion muß das Gas erst wieder komprimiert und auf seine alte Temperatur gebracht werden. Dazu ist gerade wieder die entnommene mechanische Arbeit notwendig.

Einer Vorrichtung, die kontinuierlich Wärme in mechanische Arbeit umwandeln soll, muß ständig Wärme zugeführt werden, und das Arbeitsgas muß periodisch immer wieder die gleichen Zustände durchlaufen. Ein solcher periodischer Vorgang wird als thermodynamischer Kreisprozeß bezeichnet. Seine Darstellung in einem $pV$-Diagramm ergibt eine geschlossene Kurve. Der Stirling-Prozeß ist ein idealisierter Kreisprozeß, bestehend aus folgenden 4 Teilschritten:

– isotherme Expansion $(T = \text{const}; \; 1 \to 2)$
– isochore Abkühlung $(V = \text{const}; \; 2 \to 3)$
– isotherme Kompression $(T = \text{const}; \; 3 \to 4)$
– isochore Erwärmung $(V = \text{const}; \; 4 \to 1)$

eines idealen Gases.

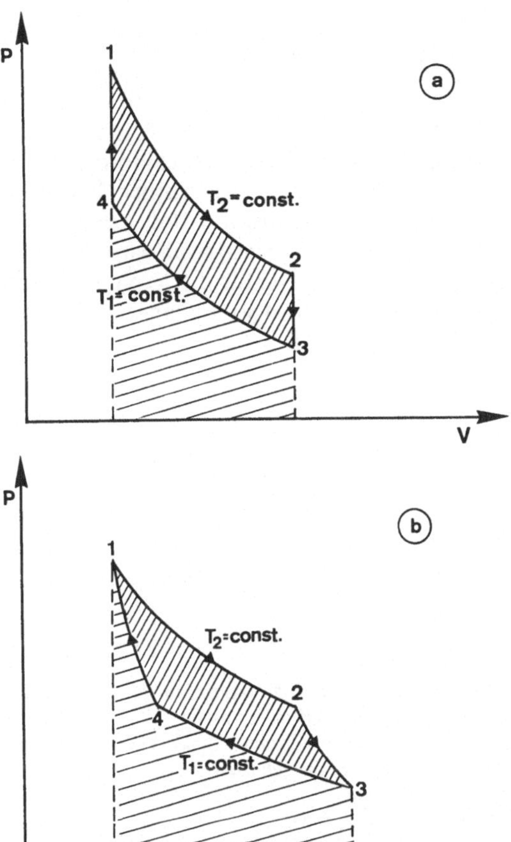


*Abb. V13–1. pV-Diagramm idealer Kreisprozesse: a) Stirling-Prozeß, b) Carnot-Prozeß*

Der Quotient aus abgegebener mechanischer Arbeit $\Delta W$ und aufgenommener Wärmemenge $\Delta Q$

$$(1) \quad \eta = \frac{\Delta W}{\Delta Q}$$

wird als Wirkungsgrad des Prozesses bezeichnet. Eine wichtige Aussage über den Wirkungsgrad bei Kreisprozessen ergibt sich aus dem Carnot-Prozeß (Abbildung 1b). Dies ist ein anderer idealisierter Kreisprozeß, bei dem das Arbeitsgas bei den Übergängen $2 \to 3$ und $4 \to 1$ adiabatisch expandiert bzw. komprimiert

wird. Der Wirkungsgrad beim Carnot-Prozeß ist

$$(2) \quad \eta = \frac{T_2 - T_1}{T_2} = 1 - \frac{T_1}{T_2}.$$

$T_1$: untere Arbeitstemperatur
$T_2$: obere Arbeitstemperatur.
(absolute Temperaturen)

Der Wirkungsgrad ist also umso größer, je größer die Temperaturdifferenz zwischen der Expansions- und der Kompressionsphase ist. Man kann zeigen, daß der Carnot-Prozeß der Kreisprozeß mit dem höchstmöglichen Wirkungsgrad bei vorgegebenen Arbeitstemperaturen ist[1]. Demzufolge haben alle Kreisprozesse einen Wirkungsgrad $\eta < 1$.
Bei der isothermen Volumenänderung verrichtet das Gas die äußere Arbeit

$$(3) \quad \Delta W = \int_{s_1}^{s_2} F \cdot \mathrm{d}s = \int_{V_1}^{V_2} p \cdot \mathrm{d}V.$$

Bei einer Volumenverringerung ist $\mathrm{d}V$ negativ, es muß also mechanische Arbeit am Gas verrichtet werden. Wird der Stirling-Prozeß in der in Abbildung 1a angedeuteten Richtung durchlaufen, so stellt das Flächenstück zwischen der Kurve $1 \to 2$ und der V-Achse die bei der Expansion abgegebene mechanische Arbeit dar, das Flächenstück zwischen Kurve $3 \to 4$ und der $V$-Achse die bei der Kompression verrichtete Arbeit. Auf den isochoren Abschnitten wird wegen $\mathrm{d}V = 0$ keine mechanische Arbeit verrichtet, jedoch die innere Energie des Arbeitsgases durch Wärmezufuhr bzw. Wärmeentzug erhöht bzw. verringert. Die gesamte während einem Zyklus nach außen abgegebene mechanische Arbeit $\Delta W$ entspricht im $pV$-Diagramm also dem Flächeninhalt, den die Kurve einschließt:

$$(4) \quad \Delta W = \oint p \, \mathrm{d}V.$$

## 2.2. Die Stirling-Maschine als Heißluftmotor

Bei der Grundform einer Stirling-Maschine wird ein Zylinder am oberen Ende beheizt, am unteren Ende gekühlt. In dem Zylinder läuft einem dicht an der Zylinderwand abschließenden Arbeitskolben (a) ein undichter Verdrängerkolben (b) um 90° phasenverschoben voraus. Beide Kolben sind über Pleuelstangen (f) mit einer Kurbelwelle (e) verbunden.

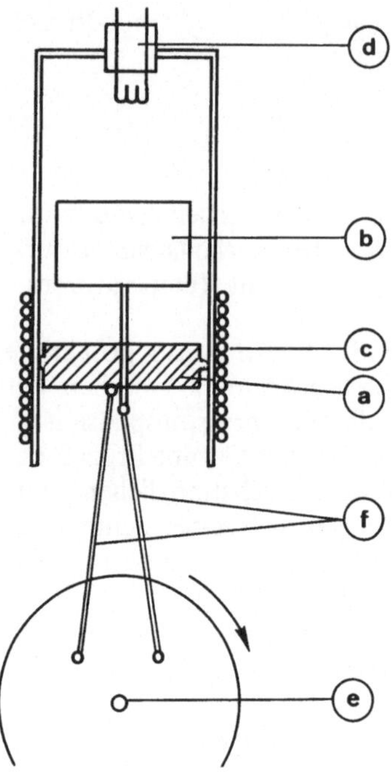

*Abb. V13—2. Grundform der Stirling-Maschine: a) Arbeitskolben, b) Verdrängerkolben, c) Wasserkühlung, d) Zylinderkopf mit Heizung, e) Kurbelwelle mit Schwungscheibe, f) Pleuelstangen*

Bewegt sich der Arbeitskolben abwärts, so wird das heiße Gas unter Verrichtung äußerer Arbeit expandiert (vgl. Abbildung 1a, 1 → 2). Wenn der Arbeitszylinder in seinem unteren Totpunkt ist, bewegt sich der Verdränger aufwärts und verdrängt somit das Arbeitsgas in den unteren Zylinderteil, wo es abgekühlt wird (2 → 3). Bei der Aufwärtsbewegung des Arbeitskolbens wird das Gas annähernd isotherm komprimiert (3 → 4). Die hierfür notwendige mechanische Arbeit liefert die Schwungscheibe. Ist der Arbeitskolben im oberen Totpunkt angelangt, bewegt sich der Verdränger schon nach unten, was zum Überströmen des Arbeitsgases in den oberen Zylinderteil und damit zur Temperaturerhöhung führt (4 → 1). Anschließend beginnt der Prozeß von neuem.

Bei der technischen Realisierung der Stirling-Maschine wird der in Abbildung 1a dargestellte ideale Stirling-Prozeß natürlich nur annähernd erreicht. In der realen Maschine findet der Temperaturausgleich nämlich nicht plötzlich statt. Somit ist weder die isotherme Volumenänderung noch die isochore Temperaturänderung exakt erfüllt.

Um einen möglichst guten Temperaturausgleich zu erreichen, müßte der Spalt zwischen Verdrängerkolben und Zylinder relativ eng sein. Dies führt aber zu einem erhöhten Strömungswiderstand des Gases und damit zu einer Verringerung der Motorleistung.

## 2.3. Wärmepumpe und Kältemaschine

Die Stirling-Maschine läßt sich als Kältemaschine betreiben, wenn die Heizung des Zylinderkopfes ausgeschaltet und die Maschine von außen (z. B. durch einen Elektromotor) in der gleichen Drehrichtung wie vorher betrieben wird. Die zur Kompression des Arbeitsgases notwendige mechanische Arbeit wird also von außen aufgebracht. Die für die Expansion notwendige Arbeit wird dem Zylinderkopf durch Abkühlung entzogen.

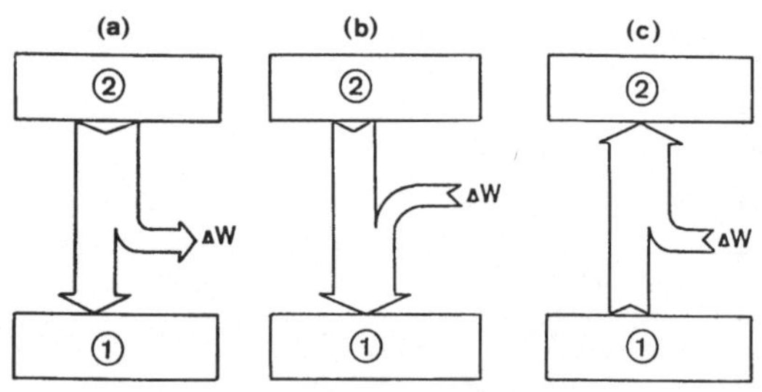


*Abb. V13—3. Energiefluß-Diagramm für a) Motor, b) Kühlmaschine, c) Wärmepumpe*
*(1): unteres Ende des Zylinders, durch Kühlmittel auf konstanter Temperatur gehalten*
*(2): Zylinderkopf*
*ΔW: mechanische Arbeit*

Da durch das Kühlmittel der untere Teil des Zylinders auf konstanter Temperatur gehalten wird, ergibt sich eine kontinuierliche Temperaturabnahme am Zylinderkopf. Die dem Zylinderkopf entzogene Wärme und die zugeführte mechanische Energie werden an das Kühlmittel abgegeben.
Die Expansion erfolgt bei niedrigerer Temperatur des Arbeitsgases als die Kompression. Folglich wird das $pV$-Diagramm, anders als beim Motor, entgegen dem Uhrzeigersinn durchlaufen. Dies ist in Übereinstimmung mit (4), da bei der Kühlmaschine und beim Motor die äußere Arbeit entgegengesetzte Vorzeichen haben.
Bei Umkehrung der Drehrichtung vertauschen sich die Funktionen von Zylinderunterteil und Zylinderkopf. Die zur Expansion nötige Ener-

gie wird dem Kühlmittel entzogen. Diese Wärme wird, vergrößert um die zugeführte mechanische Arbeit, an den Zylinderkopf abgegeben. Die Maschinen arbeitet dann als Wärmepumpe.

### 2.4. Leistungsmessung

Die Leistung des Heißluftmotors kann entweder aus Bremsversuchen oder aus dem $pV$-Diagramm bestimmt werden. Die in Bremsversuchen ermittelte Leitung $P_1$ an der Welle des Motors ist wegen der inneren Reibung kleiner als die Leistung $P_2$ am Kolben.

Zur Messung von $P_1$ wird der Motor durch eine konstante Reibungungskraft, die am Umfang der Motorwelle angreift, abgebremst.

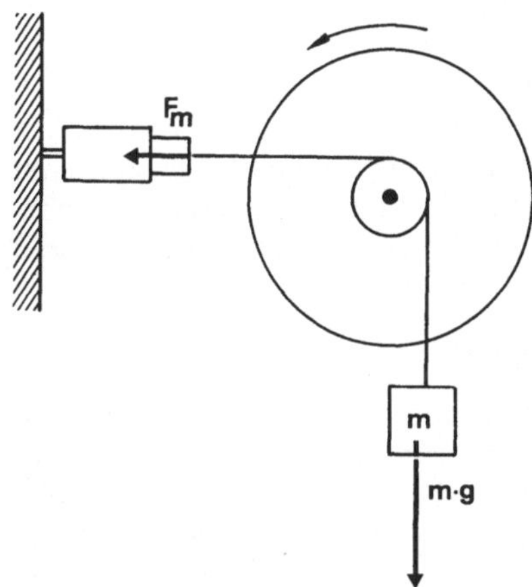


*Abb. V13–4. Bremsversuch zur Leistungsmessung*

Den Betrag der Reibungskraft $F$ erhält man aus der Gewichtskraft $m \cdot g$ des Massestücks und der an der Federwaage gemessenen Kraft $F_\mathrm{m}$:

(5)  $F = m \cdot g - F_\mathrm{m}.$

Die an der Motorwelle abgenommene mechanische Leistung ist dann:

(6)  $P_1 = F \cdot v = F \cdot \pi \cdot d \cdot n$

  $v$: Geschwindigkeit am Umfang der Welle
  $n$: Drehzahl des Motors
  $d$: Durchmesser der Motorwelle

Die geschlossene Kurve im $pV$-Diagramm wird bei einer Motorumdrehung einmal durchlaufen. Der eingeschlossenen Flächeninhalt entspricht der bei einer Umdrehung abgegebenen mechanischen Arbeit $\Delta W$. Die Leistung am Arbeitskolben ist dann

(7)  $P_2 = \Delta W / t = \Delta W \cdot n.$

Der gesamte Wirkungsgrad der Maschine kann aus der zugeführten elektrischen Leistung

(8)  $P_3 = U \cdot I$

bestimmt werden.

## 3. Versuch

### 3.1. Verwendete Geräte

– Stirling-Maschine
– $pV$-Indikator mit Lichtzeiger
– Manometer zur Eichung des $pV$-Indikators
– Thermometer

### 3.2. Aufgabenstellung

1. Aufgabe: Heißluftmotor
Die Stirling-Maschine soll als Heißluftmotor mit elektrischer Beheizung betrieben werden. Es ist bei maximaler Heizleistung für verschiedene Drehfrequenzen die abgegebene Leistung, die Leistung am Kolben und der Wirkungsgrad zu bestimmen.

2. Aufgabe: Kältemaschine und Wärmepumpe
Man betreibe die Stirling-Maschine als Kältemaschine, gefriere etwas Wasser zu Eis und beobachte den Umlaufsinn beim $pV$-Diagramm sowie den Temperaturverlauf. Anschließend soll mit der als Wärmepumpe betriebenen Stirling-Maschine das Eis wieder aufgetaut werden.

### 3.3. Hinweise zur Versuchsdurchführung

Die zum Betrieb der Stirling-Maschine notwendigen Hinweise sind der Gebrauchsanweisung der Maschine zu entnehmen.
Zur Messung von Druck und Volumen des Arbeitsgases bei laufender Maschine wird ein $pV$-Indikator (a) verwendet. Dabei handelt es sich um einen Spiegel, der um eine horizontale und eine vertikale Achse drehbar ist. Eine dünne Schnur (b), die am Arbeitskolben befestigt ist, dreht den Spiegel um die vertikale Achse. Der Druck des Arbeitsgases, der durch einen Schlauch zum $pV$-Indikator übertragen wird, steuert die Spiegeldrehung um die horizontale Achse. Ein auf den Spiegel gerichteter Lichtzeiger durchläuft auf dem durchscheinenden Schirm die geschlossene Kurve des $pV$-Diagramms. Von dem Schirm kann das Diagramm auf Papier übertragen werden.

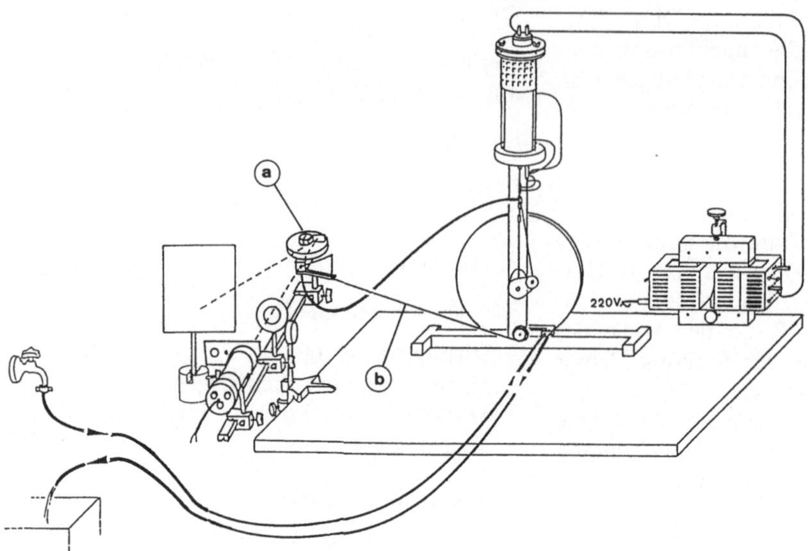

*Abb. V13–5. Versuchsaufbau: a) pV-Indikator, b) Schnur zum Arbeitskolben*

Für den Lichtzeiger wird die Glühwendel einer Lampe mit der Kondensorlinse auf die Spiegelmitte abgebildet. Unmittelbar vor dem Kondensor wird eine Lochblende angebracht, die mit einer Linse ($f = 200$ mm) auf den Schirm abgebildet wird. Günstiger weil lichtstärker ist die Verwendung eines Laserstrahls als Lichtzeiger.

Zur quantitativen Auswertung des $pV$-Diagramms ist eine Kalibrierung des $pV$-Indikators nötig. Dazu wird bei ausgehängter Schnur der vertikale Ausschlag des Lichtzeigers auf dem Schirm verglichen mit der Anzeige eines Manometers. Die Eichung der horizontalen $V$-Achse wird bei abgezogenem Druckschlauch vorgenommen. Das dem Lichtzeiger-Ausschlag entsprechende Volumen erhält man aus den Herstellerangaben über Hub und Zylinderdurchmesser.

Zur Flächenmessung beim $pV$-Diagramm müssen entweder die Millimeter-Quadrate auf Millimeter-Papier ausgezählt werden, oder man verwendet ein Planimeter.

Bei der Bremsmessung wird eine Nylonschnur mehrmals um die Welle des Motors geschlungen und mit einigen Tropfen Nähmaschinenöl geschmiert. Durch Veränderung der angehängten Masse ändert sich die Motordrehzahl, so daß die Leistung bei verschiedenen Drehzahlen gemessen werden kann.

Für den Einsatz als Kältemaschine bzw. Wärmepumpe wird der Zylinderkopf umgebaut.

Die Heizspirale wird gegen ein Reagenzglas mit Thermometer ausgetauscht. In dem Reagenzglas wird etwa 2 cm$^3$ Wasser zu Eis gefroren bzw. wieder aufgetaut.

### 3.4. Meßbeispiele

Bei Aufgabe 1 wurde mit einer Heizleistung von $P_3 = 330$ W gearbeitet. Der Wellenradius betrug $r = 25$ mm. Bei $m = 2,5$ kg als bremsendes Massestück stellte sich die Drehzahl $n = 303$ min$^{-1}$ ein. Die Federwaage zeigte

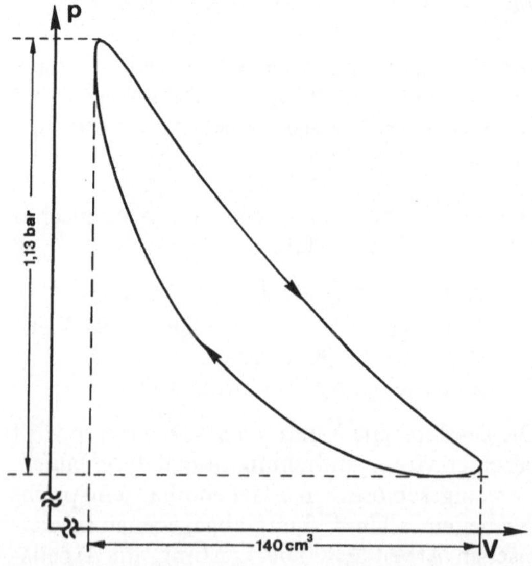


*Abb. V13–6. pV-Diagramm des Heißluft-Motors*

$F_m = 8{,}9$ N, die bremsende Reibungskraft ist also $F = 15{,}6$ N. Abbildung 6 zeigt das $pV$-Diagramm bei diesem Betriebszustand.

Aus den gemessenen Daten ergibt sich aus (6) für die abgegebene mechanische Leistung $P_1 = 12{,}4$ W. Zur Bestimmung der Leistung am Kolben wird das $pV$-Diagramm ausgewertet. Das Ergebnis der Kalibrierung des $pV$-Indikators ist in Abbildung 6 bereits eingetragen. Daraus ergibt sich, welche Arbeit der Fläche von 1 cm² entspricht. Aus der planimetrischen Flächenmessung erhält man dann aus (4) für die Energie je Zyklus $W = 4{,}2$ J. Nach (7) ist dann die Leistung am Kolben $P_2 = 21{,}2$ W.

Bei dem betrachteten Betriebszustand geht also rund die Hälfte der am Kolben erzeugten Leistung infolge mechanischer Reibung verloren. Dieser Wert hängt stark von den Versuchsbedingungen ab. Insbesondere wird im Leerlaufbetrieb sogar die gesamte Leistung am Kolben zur Überwindung der Reibung benötigt.

Der mechanische Gesamt-Wirkungsgrad (1) der Maschine ist bei den genannten Versuchsbedingungen $\eta = P_1/P_3 = 3{,}7\%$.
(Zum Vergleich: der Wirkungsgrad eines Dieselmotors liegt bei etwa 40 %.)

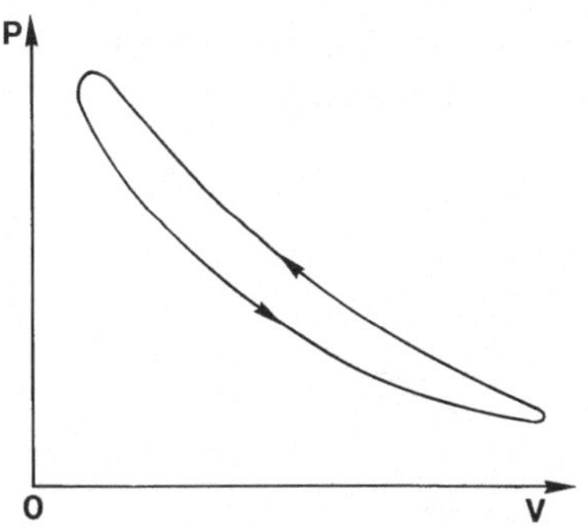

*Abb. V13–7. pV-Diagramm beim Betrieb als Kältemaschine*

Abbildung 7 zeigt das $pV$-Diagramm, das beim Betrieb als Kältemaschine aufgenommen wurde.
Den Temperaturverlauf im Reagenzglas beim Gefrieren des Wassers und beim anschließenden Auftauen mit der Wärmepumpe ist in Abbildung 8 dargestellt.

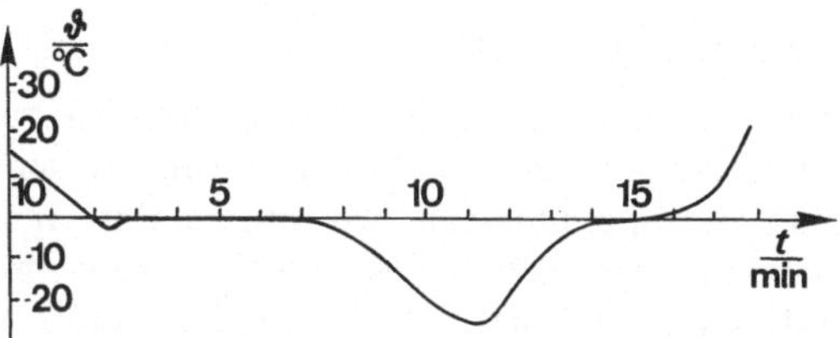

*Abb. V13–8. Temperaturverlauf im Reagenzglas beim Betrieb als Kältemaschine*

## 4. Ergänzungen

### 4.1. Vertiefende Fragen

Man interpretiere den Temperaturverlauf in Abbildung 8.

### 4.2. Ergänzende Bemerkungen

Im Gegensatz zum Otto-Motor benötigt die Stirling-Maschine weder eine Zündung noch Ventile. Ein weiterer Vorteil neben der technischen Einfachheit ist die Tatsache, daß der Zylinderkopf mit einer beliebigen Wärmequelle beheizt werden kann. Da bei der Wärmeerzeugung durch einen Verbrennungsprozeß dieser kontinuierlich und nicht explosionsartig wie beim Ottomotor ablaufen kann, ist auch der Schadstoffgehalt der Verbrennungsgase im allgemeinen geringer. Der Nachteil der Stirling-Maschine gegenüber dem Otto-Motor ist sein geringerer Wirkungsgrad.

Literatur:

1) Bergmann, Schäfer: Lehrbuch der Experimentalphysik, Band 1. de Gruyter 1979

# III. Elektrizität und Magnetismus

## Versuch 14
## Gleichstromkreise

### 1. Ziel des Versuches

Es sollen experimentelle Untersuchungen zu den Kirchhoffschen Gesetzen, zum Innenwiderstand von Spannungsquellen und zu Ein- und Ausschaltvorgängen bei Kapazitäten und Induktivitäten im Gleichstromkreis durchgeführt werden. Ein wesentliches Lernziel ist der Umgang mit elektrischen Meßgeräten (Drehspulmeßgerät, Oszilloskop) sowie die Berücksichtigung von deren Rückwirkung auf die Messung.

### 2. Grundlagen

#### 2.1. Reihen- und Parallelschaltung von Widerständen

In einem metallischen Leiter konstanter Temperatur ist die Stromstärke $I$ proportional zur angelegten Spannung $U$ (Ohmsches Gesetz). Der konstante Quotient

$$(1) \quad R = U/I$$

heißt der elektrische Widerstand.

Werden in einem unverzweigten Stromkreis $n$ Widerstände in Reihe geschaltet, so fließt durch jeden Widerstand der gleiche Strom. Es muß also an jedem Widerstand $R_i$ die Teilspannung

$$(2) \quad U_i = R_i \cdot I$$

abfallen. Nach dem 2. Kirchhoffschen Gesetz ist

$$(3) \quad \sum_{i=1}^{n} U_i = U.$$

Der Ersatzwiderstand der Reihenschaltung ist dann

$$(4) \quad R_{ers} = U/I = \sum_{i=1}^{n} R_i.$$

Bei der Parallelschaltung liegt an jedem Widerstand die gleiche Spannung $U$, so daß durch einen Widerstand $R_i$ der Teilstrom

$$(5) \quad I_i = U/R_i$$

fließt. Für die Summe aller Teilströme gilt nach dem 1. Kirchhoffschen Gesetz

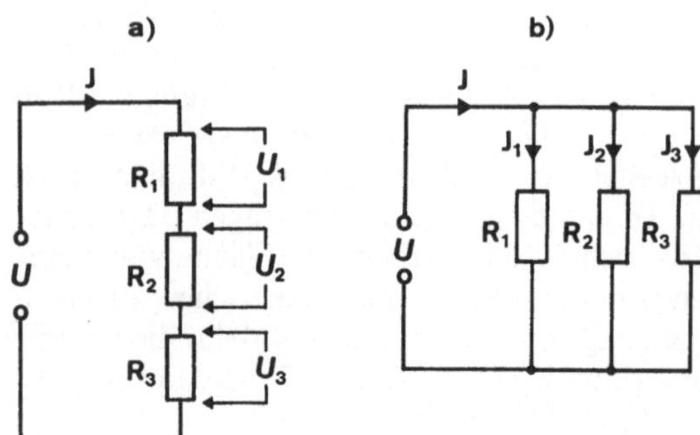

Abb. V14−1. *Reihenschaltung (a) und Parallelschaltung (b) von Widerständen*

$$(6) \quad I = \sum_{i=1}^{n} I_i = U \cdot \sum_{i=1}^{n} (1/R_i)$$

und somit gilt für den Ersatzwiderstand $R_{ers}$:

$$(7) \quad 1/R_{ers} = I/U = \sum_{i=1}^{n} (1/R_i).$$

### 2.2. Der Innenwiderstand von Spannungsquellen

Wird an eine Spannungsquelle ein Verbraucher $R$ angeschlossen, so sinkt im allgemeinen die Ausgangsspannung ab. Ursache hierfür ist der Innenwiderstand $R_i$ der Spannungsquelle, der mit dem äußeren Verbraucher in Reihe geschaltet ist.

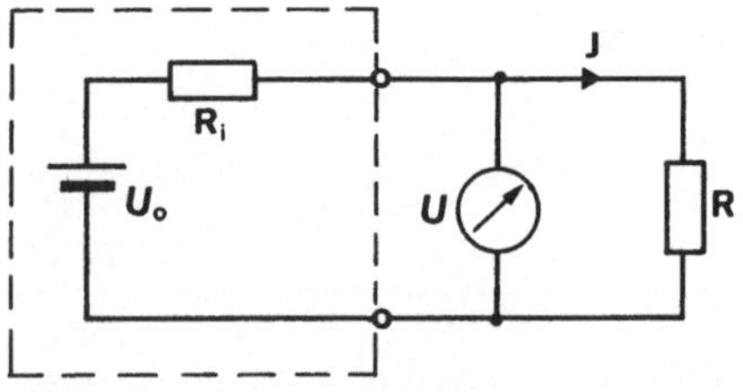

Abb. V14−2. *Zum Innenwiderstand von Spannungsquellen*

Besitzt die unbelastete Spannungsquelle die Leerlaufspannung $U_0$, so ist die Spannung $U$ am Anschluß der belasteten Spannungsquelle

$$(8) \quad U = U_0 - R_i \cdot I.$$

Bei einem Kurzschluß ist $U = 0$, die gesamte Spannung fällt also bereits an dem Innenwiderstand ab.

## 2.3. Die Leistung an Ohmschen Widerständen

Die elektrische Leistung $P$, die an einem Widerstand $R$ in Wärme umgewandelt wird, ist

$$(9) \quad P = U \cdot I = U^2/R = I^2 \cdot R.$$

Da bei der Reihenschaltung durch jeden Widerstand der gleiche Strom fließt, fällt am größten Teilwiderstand auch die größte Teilleistung an. Anders bei der Parallelschaltung: hier ist die Spannung an jedem Teilwiderstand gleich, so daß am kleinsten Teilwiderstand die größte Leistung anfällt.

## 2.4. Kondensator und Spule im Gleichstromkreis

Bei der in Abb. 3 dargestellten Schaltung gilt zu jeder Zeit $t$

$$(10) \quad U_0 = U(t) + R \cdot I(t). \text{ Mit}$$

$$(11) \quad I(t) = \dot{Q}(t) = C \cdot \dot{U}(t)$$

erhält man die Differentialgleichung

$$(12) \quad \dot{U} = -\frac{1}{RC} \cdot (U - U_0).$$

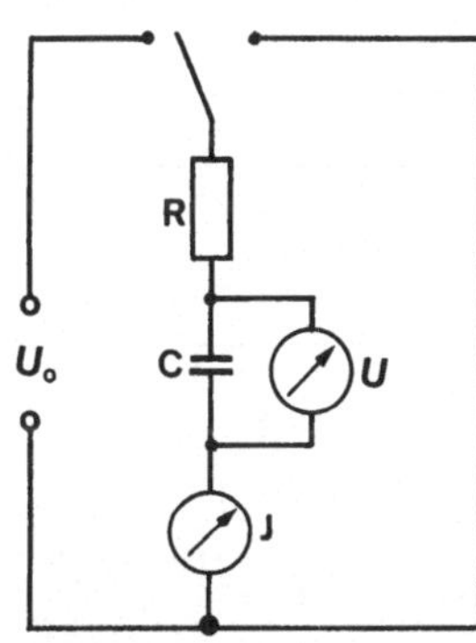

Abb. V14−3. Schaltung zur Ladung und Entladung eines Kondensators

Mit dieser Gleichung kann neben dem Ladevorgang auch der Entladevorgang beschrieben werden, wenn man annimmt, daß beim Ausschaltvorgang $U_0 = 0$ und der Ausgang der Spannungsquelle kurzgeschlossen ist, also verschwindenden Innenwiderstand hat.
Hat man die gesuchte Lösung $U(t)$ von (12) bestimmt, so erhält man aus (11) auch $I(t)$.
Zwischen den Enden einer Spule mit vernachlässigbarem Ohmschen Widerstand entsteht bei jeder Änderung der Stromstärke eine Induktionsspannung

$$(13) \quad U = U_\text{ind} = -L \cdot \dot{I}.$$

Das negative Vorzeichen drückt aus, daß diese Induktionsspannung der Stromstärkeänderung

entgegen wirkt (Lenzsche Regel). Schaltet man die Spule in einen Gleichstromkreis (Abbildung 4), so wirkt die Induktionsspannung als zusätzliche Spannungsquelle, die zu $U_0$ in Reihe geschaltet ist:

$$(14) \quad U_0 - L \cdot \dot{I} = R \cdot I.$$

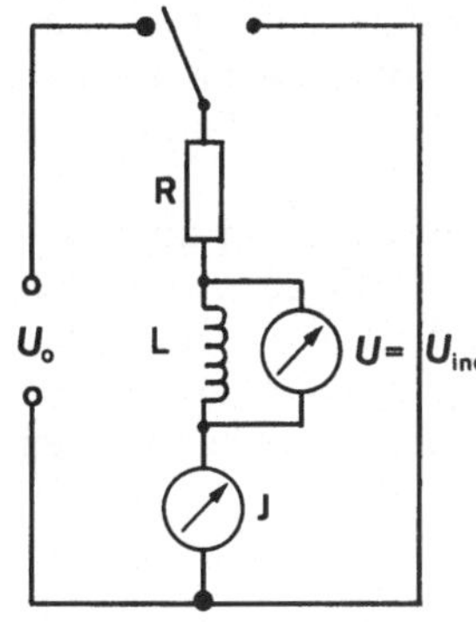

Abb. V14−4. Schaltung zum Ein- und Ausschaltvorgang an einer Spule

Daraus folgt mit

$$(15) \quad I_0 = U_0/R \text{ die Differentialgleichung}$$

$$(16) \quad \dot{I} = -\frac{R}{L}(I - I_0).$$

Unter der Annahme der gleichen Bedingungen wie oben wird auch durch diese Gleichung wieder der Ausschaltvorgang mit beschrieben.
Aus der Lösung $I(t)$ von (16) läßt sich aus (13) auch $U(t)$ berechnen.
Die Differentialgleichungen (12) und (16) haben beide gleiche Struktur:

$$(17) \quad \dot{y} = -\frac{1}{T} \cdot (y - y_0).$$

Sie läßt sich leicht anschaulich interpretieren: wird die Größe $y$ aus einem „Gleichgewichtszustand" $y_0$ ausgelenkt, so ist ihre Änderungsgeschwindigkeit $dy/dt$ proportional zur Größe der Auslenkung. Die in der Proportionalitätskonstanten auftretende Größe $T$ hat die Dimension einer Zeit, sie wird als Zeitkonstante des Systems bezeichnet. Zur Lösung von (17) stellt man zunächst fest, daß

$$(18) \quad dy = d(y - y_0), \text{ sowie nach Umstellen}$$

$$(19) \quad \frac{d(y - y_0)}{y - y_0} = -\frac{dt}{T}.$$

Integriert man die rechte Seite von 0 bis $t$, so muß die linke Seite von $(y_1 - y_0)$ bis $(y - y_0)$ integriert werden. Dabei stellt $y_1$ den Anfangswert der Auslenkung zur Zeit $t = 0$ dar. Man erhält

$$(20) \quad \ln \frac{y - y_0}{y_1 - y_0} = - \frac{t}{T}$$

und damit als Lösung der Differentialgleichung

$$(21) \quad y(t) = y_0 + (y_1 - y_0) \cdot e^{-\frac{t}{T}}.$$

Die Größe der Auslenkung aus der Gleichgewichtslage nimmt also exponentiell mit der Zeit ab. Die Zeitkonstante $T$ gibt an, wann die Auslenkung auf den $e$-ten Teil ihres Anfangswertes abgefallen ist.

Mit dieser Lösung (21) können nun unter Berücksichtigung der entsprechenden Randbedingungen für $t = 0$ und für $t \to \infty$ die Gleichungen für Ein- und Ausschalt-Vorgänge bei Spulen und Kondensatoren angegeben werden (Abbildung 5).

## 3. Versuch

### 3.1. Verwendete Geräte

- Netzgerät
- Rechteckgenerator
- Zweistrahl-Oszilloskop
- Vielfachmeßgerät
- Stoppuhr
- Batterie, Widerstände, Spulen und Kondensatoren

### 3.2. Aufgabenstellung

1. Aufgabe: Reihen- und Parallelschaltung von Widerständen

An einigen exemplarischen Messungen sollen die Kirchhoffschen Gesetze bei der Reihen- und Parallelschaltung Ohmscher Widerstände überprüft werden. Was ändert sich bei nicht vernachlässigbarem Innenwiderstand der Strom- bzw. Spannungsmeßgeräte?

2. Aufgabe: Innenwiderstand von Spannungsquellen

Der Innenwiderstand einer Spannungsquelle (z. B. einer Taschenlampen-Batterie) soll gemessen werden.

3. Aufgabe: Ein- und Ausschaltvorgänge an Kapazitäten und Induktivitäten

a) Man entlade einen Kondensator $C$ über einen Widerstand $R$ und nehme $U(t)$ auf. Die expo-

| | Kondensator | | Spule | |
|---|---|---|---|---|
| $y$ | $U$ | | $I$ | |
| $T$ | $R \cdot C$ | | $L/R$ | |
| | Laden | Entladen | Einschalten | Ausschalten |
| $y_0 = y(t \to \infty)$ | $0$ | $U_0$ | $0$ | $I_0 = \dfrac{U_0}{R}$ |
| $y_1 = y(t = 0)$ | $U_0$ | $0$ | $I_0 = \dfrac{U_0}{R}$ | $0$ |
| Lösung der DGL | $U(t) = U_0 \cdot (1 - e^{-\frac{t}{RC}})$ | $U(t) = U_0 \cdot e^{-\frac{t}{RC}}$ | $I(t) = \dfrac{U_0}{R}(1 - e^{-\frac{R}{L} \cdot t})$ | $I(t) = \dfrac{U_0}{R} \cdot e^{-\frac{R}{L} \cdot t}$ |
| Folgerung | $I(t) = \dfrac{U_0}{R} \cdot e^{-\frac{t}{RC}}$ | $I(t) = -\dfrac{U_0}{R} \cdot e^{-\frac{t}{RC}}$ | $U(t) = - U_0 \cdot e^{-\frac{R}{L} \cdot t}$ | $U(t) = U_0 \cdot e^{-\frac{R}{L} \cdot t}$ |

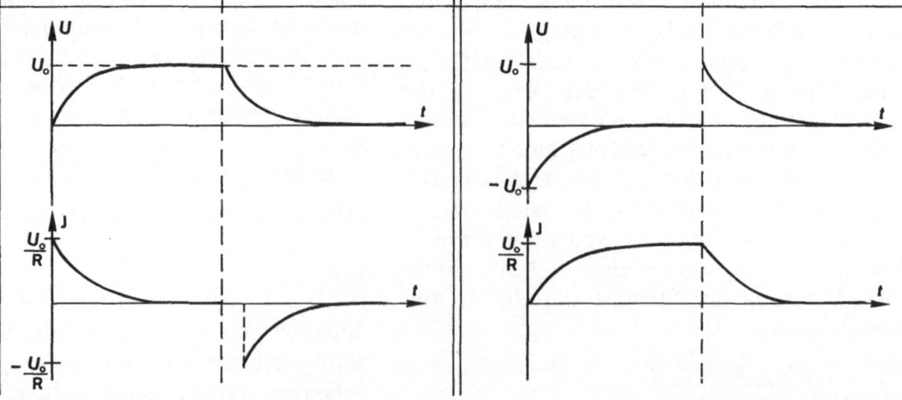

*Abb. V14–5. Zeitliches Verhalten von Strom und Spannung bei Ein- und Ausschaltvorgängen an Spulen und Kondensatoren im Gleichstromkreis*

nentielle Abnahme der Spannung ist zu verifizieren und die Zeitkonstante soll bestimmt werden.

b) Mit einem Oszilloskop mache man den zeitlichen Verlauf von Strom und Spannung beim Ein- und Ausschaltvorgang an einem Kondensator und an einer Spule sichtbar. Wie verändert sich das Diagramm bei Veränderung des Widerstandes im Stromkreis oder beim Einbringen eines Eisenkernes in die Spule?

### 3.3. Hinweise zur Versuchsdurchführung

Auf die Berücksichtigung des Innenwiderstandes des Meßinstrumentes kann verzichtet werden, wenn dieser sich um mindestens zwei Größenordnungen von den anderen im Stromkreis verwendeten Widerständen unterscheidet.

Zur Bestimmung des Innenwiderstandes einer Spannungsquelle wird eine Schaltung nach Abbildung 2 benutzt, wobei der Lastwiderstand $R$ veränderlich ist. Insbesondere bei kleinen Widerstandswerten ist zu beachten, daß das verwendete Bauteil für die auftretende Leistung (9) ausgelegt ist. Gegebenenfalls können mehrere Widerstände parallel geschaltet werden.

Die Messungen an einer Batterie sollte man auf jeden Fall mit kleinen Stromstärken beginnen und hohe Stromstärken sowie gegebenenfalls Kurzschlußbetrieb nur sehr kurzzeitig realisieren.

Die Registrierung von $U(t)$ bei der Kondensatorentladung (Aufgabe 3a) erfolgt nach der in Abbildung 3 angegebenen Schaltung, jedoch ohne Strommeßgerät. Bei Verwendung eines Elektrolyt-Kondensators achte man auf dessen richtige Polung!

Für Aufgabe 3b wird statt des mechanischen Umschalters ein Rechteckgenerator verwendet, der die Spannung $U_0$ periodisch ein- und ausschaltet. Man gebe zunächst die Ausgangsspannung des Rechteckgenerators auf einen der $y$-Eingänge des Oszilloskops und mache sich mit der Bedienung des Oszilloskops vertraut (Verändern der $y$-Empfindlichkeit, AC/DC-Umschaltung, Zeitablenkung, Triggerung ...).

Abbildung 6 zeigt die Schaltung, mit der Spannungs- und Stromverlauf am Oszilloskop sichtbar gemacht werden können.

Der Spannungsverlauf wird über den einen $y$-Kanal dargestellt; um auch die Stromstärke auf dem Oszilloskop aufzeichnen zu können, wird

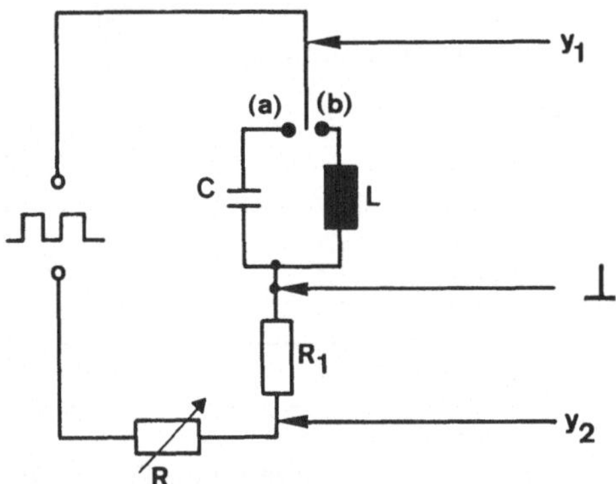

*Abb. V14–6. Schaltung zur Darstellung der $U, t$- und $I, t$-Kurven bei Kondensator (a) und Spule (b) mit dem Oszilloskop*

die an $R_1$ abfallende Teilspannung $U = R_1 \cdot I$ auf den zweiten $y$-Kanal gegeben.

Bei der Dimensionierung der Bauelemente ist darauf zu achten, daß die Zeitkonstante der Schaltung in der Größenordnung der Periodendauer des Rechteckgenerators liegt. Über den veränderlichen Widerstand $R$ kann die Zeitkonstante eingestellt werden, ohne daß sich dabei am Oszilloskop die Kalibrierung für die Stromstärke ändert.

### 3.4. Meßbeispiele

Zur Überprüfung des zweiten Kirchhoffschen Gesetzes wurden drei Widerstände $R_i$ in Reihe geschaltet und an eine Spannung $U = 12,0\,\text{V}$ gelegt. Tabelle 1 gibt die (einzeln!) mit einem Drehspulmeßgerät gemessenen Teilspannungen $U_i$ sowie die Quotienten $U_i/R_i$ an:

Tabelle 1: Meßergebnisse der Teilspannungen an niederohmigen Widerständen

| $i$ | $\dfrac{R_i}{\Omega}$ | $\dfrac{U_i}{\text{V}}$ | $\dfrac{U_i/R_i}{\text{A}}$ |
|---|---|---|---|
| 1 | 100 | 1,6 | 0,016 |
| 2 | 200 | 3,2 | 0,016 |
| 3 | 470 | 7,9 | 0,0155 |
| $\Sigma$ | 770 | 12,1 | |

Die Ergebnisse bestätigen das zweite Kirchhoffsche Gesetz. Verwendet man bei sonst gleichen Versuchsbedingungen stattdessen hochohmige Widerstände, so erhält man die in Tabelle 2 aufgeführten Ergebnisse.

Tabelle 2: Meßergebnisse der Teilspannungen an hochohmigen Widerständen

| $i$ | $\dfrac{R_i}{k\Omega}$ | $\dfrac{U_i}{V}$ | $\dfrac{U_i/R_i}{mA}$ |
|---|---|---|---|
| 1 | 100 | 0,9 | 0,009 |
| 2 | 200 | 1,4 | 0,007 |
| 3 | 470 | 2,9 | 0,006 |
| $\Sigma$ | 770 | 5,2 | |

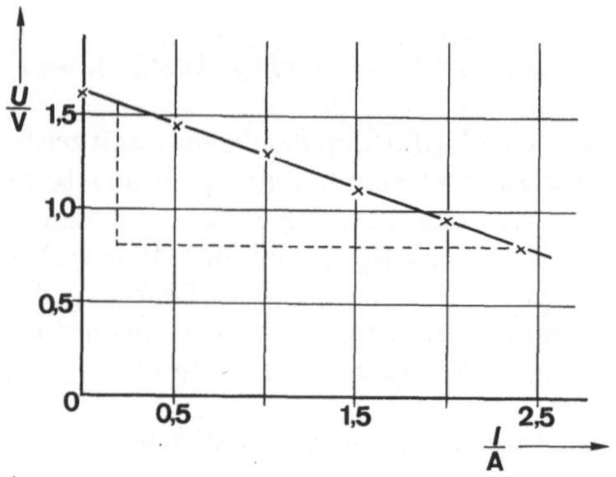

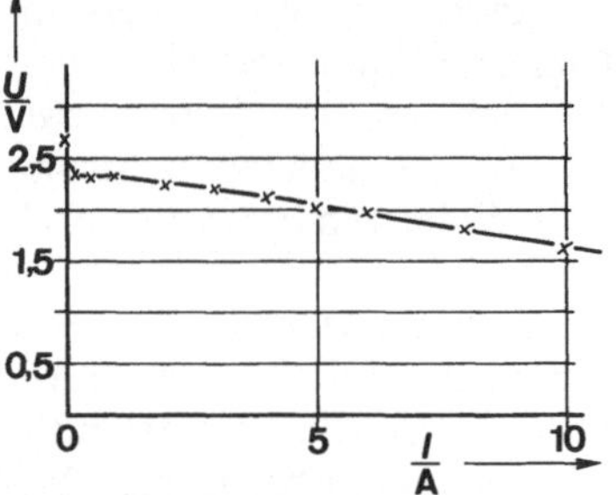

Abb. V14–7. Meßergebnis zur Bestimmung des Innenwiderstandes einer Trockenbatterie 1,5 V (a) und eines unstabilisierten Netzgerätes (b)

Der Innenwiderstand des benutzten Drehspulmeßgeräts war mit 10 kΩ/V angegeben. Diese Angabe bezieht sich auf den Skalenendwert des jeweiligen Meßbereichs. Hier wurde ein 12 V-Meßbereich benutzt, der Innenwiderstand ist somit $R_i = 120\ k\Omega$ und damit in der gleichen Größenordnung wie die in Reihe geschalteten Widerstände.

Mißt man beispielsweise die Teilspannung an $R_1$, dann muß in der Rechnung statt $R_1$ der nach (7) berechnete Ersatzwiderstand für $R_1$ und $R_i$ benutzt werden:

$$R_1' = 54,5\ k\Omega.$$

Der Ersatzwiderstand der gesamten Reihenschaltung ist bei dieser Messung 724,5 kΩ, und als Teilspannung erwartet man

$$U_1' = 12\ V \cdot 54,5/724,5 = 0,9\ V.$$

Dies ist in Übereinstimmung mit dem gemessenen Wert.

Abbildung 7 zeigt das Meßergebnis für die Bestimmung des Innenwiderstandes einer 1,5 V Trockenbatterie und eines unstabilisierten Netzgerätes. Aus der Steigung der Geraden erhält man für den Innenwiderstand der Batterie $R_i = 0,7\ \Omega$. Bei dem Netzgerät erkennt man, daß die Meßwerte für kleine Stromstärken nicht auf der Geraden liegen. Der wirksame Innenwiderstand ist in diesem Fall also nicht konstant, sondern hängt von der Belastung der Spannungsquelle ab.

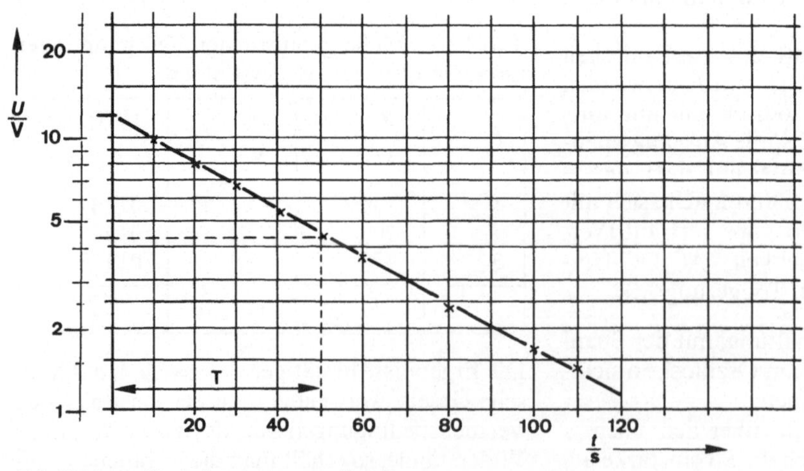

Abb. V14–8. Entladevorgang am Kondensator

Bei Aufgabe 3a wurde ein Elektrolyt-Kondensator $C = 1\,000\,\mu F$ über einen Widerstand $R = 100\,k\Omega$ entladen. Der $U, t$-Verlauf ist in Abbildung 8 halblogarithmisch aufgetragen. Die Gerade weist die exponentielle Abnahme der Spannung nach.

Als Zeitkonstante liest man ab:

$$T = (50 \pm 0{,}5)\ \text{s}.$$

Ohne den Einfluß des Spannungsmeßgerätes wäre die Zeitkonstante

$$R \cdot C = 100\ \text{s}$$

zu erwarten. Es fließt jedoch ein erheblicher Teil des Entladestroms über den Innenwiderstand des Spannungsmeßgerätes ab. Der Innenwiderstand des Meßgerätes war wieder 120 kΩ, der Ersatzwiderstand für $R$ und $R_\text{i}$ nach (7) 54,5 kΩ. Daraus ergibt sich 54,5 Sekunden als Zeitkonstante. Die Differenz zur gemessenen Zeitkonstanten erklärt sich aus der Toleranz (10 %) in der Kapazitätsangabe des Kondensators.

## 4. Ergänzungen

### 4.1. Vertiefende Fragen

Warum ist es nicht möglich, mit zwei Meßgeräten mit endlichem Innenwiderstand gleichzeitig Strom und Spannung an einem Widerstand exakt zu messen?

Wann wird man die „stromrichtige", wann die „spannungsrichtige" Schaltung wählen?

Was ändert sich in Abbildung 5, wenn man den Ohmschen Widerstand der Spule nicht vernachlässigen kann?

### 4.2. Ergänzende Bemerkungen

Bei der Schaltung nach Abb. 3 ist die Kondensatorspannung proportional zum Zeitintegral des Stromes

$$(22)\quad U(t) = \frac{1}{C} Q(t) = \frac{1}{C} \int I(t) \cdot dt.$$

Die Schaltung kann also als Integrierglied eingesetzt werden. Umgekehrt ist die Stromstärke in $R$ proportional zu $dU/dt$. Das $RC$-Glied ist also prinzipiell auch als Differenzierglied verwendbar. Für praktische Anwendungen werden Operationsverstärker so mit $RC$-Gliedern beschaltet, daß deren Ausgangsspannung proportional zur Ableitung bzw. zum Zeitintegral der Eingangsspannung ist [1].

Für Zeiten, die klein gegen die Zeitkonstante $RC$ sind, ist der Anstieg der Kondensatorspannung in guter Näherung linear. Damit läßt sich eine Sägezahnspannung erzeugen, die beispielsweise für die Zeitablenkung beim Oszilloskop benötigt wird.

Die Differentialgleichung (17) spielt auch in anderen Gebieten der Physik eine wichtige Rolle: sie beschreibt z. B. den radioaktiven Zerfall und den Temperaturausgleich eines wärmeren Körpers mit seiner kühleren Umgebung.

Die Werte des Widerstandes bzw. der Kapazität sowie deren Toleranzen werden durch einen internationalen Farbcode, bestehend aus 4 oder 5 Farbringen, auf den Bauelementen gekennzeichnet.

Tabelle 3: Farbcode bei Widerständen und Kondensatoren

| Farbe | 1. Ziffer | 2. Ziffer | 3. Ziffer | Multiplikator | Toleranz in % |
|---|---|---|---|---|---|
| schwarz | 0 | 0 | 0 | $10^0$ | – |
| braun | 1 | 1 | 1 | $10^1$ | 1 |
| rot | 2 | 2 | 2 | $10^2$ | 2 |
| orange | 3 | 3 | 3 | $10^3$ | – |
| gelb | 4 | 4 | 4 | $10^4$ | – |
| grün | 5 | 5 | 5 | $10^5$ | 0,5 |
| blau | 6 | 6 | 6 | $10^6$ | – |
| violett | 7 | 7 | 7 | $10^7$ | – |
| grau | 8 | 8 | 8 | $10^8$ | – |
| weiß | 9 | 9 | 9 | $10^9$ | – |
| gold | – | – | – | $10^{-1}$ | 5 |
| silber | – | – | – | $10^{-2}$ | 10 |

Ein beispielsweise mit der Farbfolge gelb-violett-schwarz-braun-braun gekennzeichneter Widerstand besitzt den Wert 4,70 kΩ $\pm$ 1 %. Bei nur 4 Farbringen entfällt die 3. Ziffer.

Literatur:

1) U. Tietze, Ch. Schenk: Halbleiter-Schaltungstechnik. Springer 1986

# Versuch 15
# Wechselstromkreise

## 1. Ziel des Versuches

Es soll die Frequenzabhängigkeit von kapazitiven und induktiven Widerständen untersucht werden. Als Anwendung werden Übertragungsverhältnisse und Phasenverschiebungen an Hoch-, Tief- und Bandpässen gemessen.

## 2. Grundlagen

### 2.1. Komplexe Darstellung periodischer Größen

Eine zeitlich periodische Wechselspannung

$$(1) \quad U(t) = U_0 \cdot \cos \omega t$$

läßt sich mit der Eulerschen Beziehung

$$(2) \quad e^{ix} = \cos x + i \cdot \sin x$$

darstellen als Realteil einer komplexen Größe:

$$(3) \quad U(t) = Re(U_0 \cdot e^{i\omega t}).$$

Diese komplexe Größe kann in der Gaußschen Zahlenebene veranschaulicht werden als ein mit der Kreisfrequenz $\omega$ in mathematisch positiver Richtung rotierender Zeiger der Länge $U_0$.

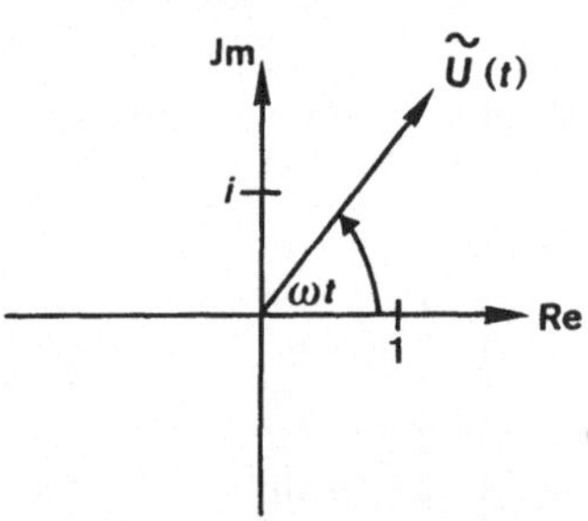


*Abb. V15–1. Komplexes Zeigerdiagramm einer harmonisch oszillierenden Spannung U (t)*

Es ist nun üblich, statt der exakten Darstellung (3) die Spannung (1) durch die komplexe Größe selbst zu beschreiben

$$(4) \quad \tilde{U}(t) = U_0 \cdot e^{i\omega t}$$

und die physikalische Spannung nur als Realteil von (4) zu interpretieren. Um dies zu kennzeichnen, werden wir solche komplexen Größen im weiteren Text mit einer Tilde („Schlange") versehen.
Der Vorteil dieser komplexen Darstellung gegenüber der trigonometrischen Schreibweise

periodischer Größen liegt in erheblich vereinfachten Rechnungen, in denen man beispielsweise auf Additionstheoreme für trigonometrische Funktionen ganz verzichten kann.
Bei Kapazitäten und Induktivitäten im Wechselstromkreis treten gegenüber ohmschen Widerständen neue Phänomene auf, wie z. B. Phasenverschiebung zwischen Spannung und Strom oder die Tatsache, daß die Verhältnisse von Teilspannungen frequenzabhängig sind. Diese Phänomene werden in den folgenden Abschnitten beschrieben.

### 2.2. Kapazität im Wechselstromkreis

Ein Kondensator liegt an einer Wechselspannung (4). Dann gilt

$$(5) \quad \tilde{U}(t) = \frac{1}{C} \cdot \tilde{Q}(t).$$

Differenziert man nach der Zeit, so erhält man

$$(6) \quad \dot{\tilde{U}} = \frac{1}{C} \dot{\tilde{Q}} = \frac{1}{C} \tilde{I}.$$

Daraus ergibt sich mit (4) die zeitabhängige Stromstärke

$$(7) \quad \tilde{I} = i\omega C \tilde{U}$$

mit der Amplitude

$$(8) \quad I_0 = \omega C U_0.$$

Veranschaulicht man sich dieses Ergebnis wieder in der komplexen Zahlenebene, so erkennt man, daß zur Zeit $t = 0$ der Zeiger für $U$ in Richtung der reellen Achse, der Zeiger für $I$ in Richtung der imaginären Achse zeigt. Das heißt, der Strom eilt der Spannung beim Kondensator mit einer Phasenverschiebung von 90° voraus.

Man definiert im Wechselstromkreis den Quotienten aus Momentan-Spannung und -Strom als komplexen Widerstand $\tilde{Z}$ und erhält für einen Kondensator

$$(9) \quad \tilde{Z}_C = \frac{\tilde{U}(t)}{\tilde{I}(t)} = \frac{1}{i\omega C} = -i\frac{1}{\omega C}.$$

Wäre statt des Kondensators ein ohmscher Widerstand $R$ im Stromkreis, so wäre der Strom in Phase mit der Spannung

$$(10) \quad \tilde{I}(t) = \tilde{U}(t)/R$$

und es ergäbe sich für den Quotienten der reelle Wert

$$(11)\quad \tilde{Z}_R = R.$$

Ein komplexer Widerstand verursacht also eine Phasenverschiebung zwischen Strom und Spannung; ist der Imaginärteil 0, so ist auch die Phasenverschiebung 0.

### 2.3. Induktivität im Wechselstromkreis

Legt man an eine Induktivität eine Wechselspannung (4), so muß nach dem zweiten Kirchhoffschen Gesetz die Summe der Spannungen im Kreis stets null sein:

$$(12)\quad \tilde{U}(t) + \tilde{U}_{ind}(t) = 0.$$

Die in der Spule induzierte Spannung ist

$$(13)\quad \tilde{U}_{ind} = - L\dot{\tilde{I}}.$$

Setzt man (4) und (13) in (12) ein, so erhält man

$$(14)\quad \dot{\tilde{I}} = \frac{U_0}{L} \cdot e^{i\omega t}.$$

Der zeitliche Verlauf der Stromstärke ergibt sich dann durch Integration:

$$(15)\quad \tilde{I}(t) = - i\frac{U_0}{\omega L} e^{i\omega t}.$$

Zur Zeit $t = 0$ zeigt $I$ jetzt in Richtung der negativen imaginären Achse, der Strom hinkt der Spannung mit einer Phasenverschiebung von 90° nach. Der Wechselstromwiderstand der Spule ist

$$(16)\quad \tilde{Z}_L = \frac{\tilde{U}(t)}{\tilde{I}(t)} = i\omega L$$

und die Amplitude des Stromes ist

$$(17)\quad I_0 = \frac{U_0}{\omega L}.$$

### 2.4. Reihenschaltung von $R$, $L$ und $C$

Bei der Reihenschaltung eines Ohmschen Widerstandes $R$, einer Induktivität $L$ und einer Kapazität $C$ (Abbildung 2a) gilt zu jeder Zeit:

$$(18)\quad R\tilde{I} + \frac{1}{C}\tilde{Q} = \tilde{U} - L\dot{\tilde{I}}.$$

Die zeitliche Ableitung von (18) ergibt

$$(19)\quad R\dot{\tilde{I}} + L\ddot{\tilde{I}} + \frac{1}{C}\tilde{I} = \dot{\tilde{U}}.$$

Eine Differentialgleichung gleicher Struktur ist bereits bei den erzwungenen mechanischen Schwingungen aufgetreten (Gl. 7.21). Als Lösung nach dem Abklingen des Einschwingvorgangs erhielt man für den hier nur betrachteten schwach gedämpften Fall eine sinusförmige Funktion, die gegenüber der Erregerfunktion um den Winkel phasenverschoben war. Entsprechend fließt auch in der Schaltung ein harmonisch oszillierender Strom

$$(20)\quad \tilde{I}(t) = I_0 \cdot e^{i(\omega t - \varphi)}.$$

Der Aspekt der erzwungenen elektrischen Schwingung in einem $RLC$-Kreis wird in Versuch 16 näher behandelt. Im vorliegenden Versuch interessiert zunächst der komplexe Wechselstrom-Widerstand der Schaltung. Durch Einsetzen von (20) in (18) erhält man

$$(21)\quad \tilde{Z} = \frac{\tilde{U}}{\tilde{I}} = R + i\left(\omega L - \frac{1}{\omega C}\right).$$

Wie man durch Vergleich mit (9), (11) und (16) erkennt, ist der komplexe Gesamtwiderstand der Reihenschaltung einfach die Summe der komplexen Einzelwiderstände. Diese Summe läßt sich auch geometrisch in der komplexen Ebene darstellen (Abbildung 2b).

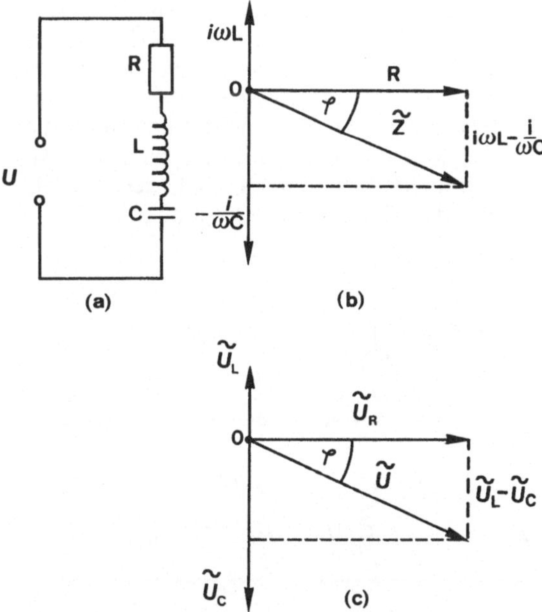


Abb. V15–2. a) Reihenschaltung von R, L und C, b) Addition der komplexen Widerstände, c) Zeigerdiagramm für die Teilspannungen

Da die Stromstärke im Kreis überall gleich ist, kann Abbildung 2b auch als Zeigerdiagramm für die Spannungssumme im Kreis aufgefaßt werden (Abbildung 2c). Der Strom ist in Phase mit der Teilspannung am Ohmschen Widerstand, der Winkel $\varphi$ gibt demnach die Phasenverschiebung zwischen dem Strom und der äußeren Spannung an. Er läßt sich berechnen aus

$$(22)\quad \tan\varphi = \frac{\omega L - \dfrac{1}{\omega C}}{R}.$$

Interessiert man sich nur für den Quotienten der Amplituden von $\tilde{U}(t)$ und $\tilde{I}(t)$, so muß man in (21) die Beträge betrachten:

$$(23)\quad |\tilde{Z}| = \frac{U_0}{I_0} = \sqrt{R^2 + \left(\omega L - \frac{1}{\omega C}\right)^2}.$$

Der Betrag des komplexen Wechselstromwiderstandes $\tilde{Z}$ wird als Scheinwiderstand der Schaltung bezeichnet.

### 2.5. Wichtige Sonderfälle: *RL*- und *RC*-Kreis

Schaltet man einen Ohmschen Widerstand entweder mit einer Induktivität oder mit einer Kapazität in Reihe, so erhält man einen *RL*- bzw. einen *RC*-Kreis, den man jeweils als frequenzabhängigen Spannungsteiler betrachten kann, wobei die Eingangsspannung $U_e$ die Gesamtspannung der Reihenschaltung und die Ausgangsspannung $U_a$ eine Teilspannung ist. *RL*- und *RC*-Schaltungen sind deshalb als Hoch- oder Tiefpaßfilter verwendbar.

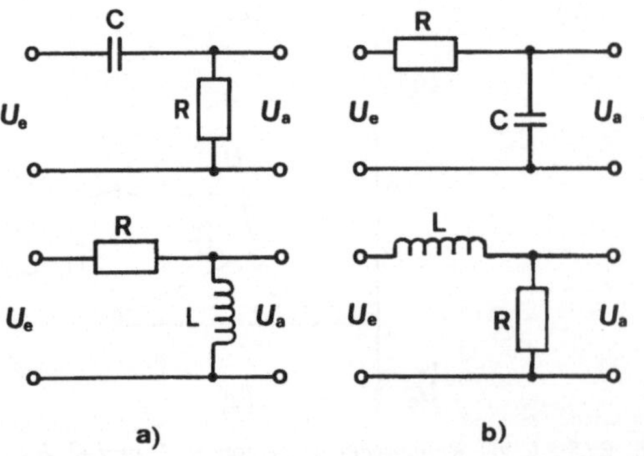


*Abb. V15–3. a) Hochpaß-Schaltungen, b) Tiefpaß-Schaltungen*

Beispielsweise gilt für den *RC*-Hochpaß

$$(24)\quad \tilde{U}_a = \tilde{U}_e \cdot \frac{R}{R - i\dfrac{1}{\omega C}} = \tilde{U}_e \cdot \frac{1}{1 - \dfrac{i}{\omega R C}}.$$

Für das Übertragungsverhältnis $V$ und für die Phasenverschiebung $\varphi$ zwischen Eingangs- und Ausgangsspannung ermittelt man

$$(25)\quad V := \left|\frac{\tilde{U}_a}{\tilde{U}_e}\right| = \frac{1}{\sqrt{1 + \dfrac{1}{\omega^2 R^2 C^2}}}$$

$$\tan\varphi = \frac{1}{\omega R C}.$$

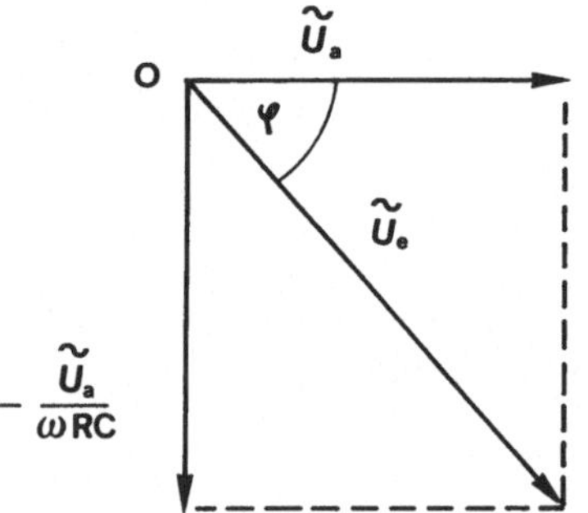


*Abb. V15–4. Zusammenhang zwischen $U_a$ und $U_e$ beim RC-Hochpaß*

Die analoge Rechnung für den Tiefpaß führt auf

$$(26)\quad \tilde{U}_a = \tilde{U}_e \cdot \frac{1}{1 + i\omega R C}$$

$$V = \frac{1}{\sqrt{1 + \omega^2 R^2 C^2}};\quad \tan\varphi = -\omega R C.$$

In beiden Fällen ist für $\omega = 1/(RC)$ die Phasenverschiebung $\varphi$ zwischen dem Eingangs- und dem Ausgangssignal gerade 45° und das Übertragungsverhältnis ist $V = \frac{1}{2}\sqrt{2}$.
Die Frequenz

$$(27)\quad f_G = \frac{1}{(2\pi R C)}$$

heißt Grenzfrequenz des Passes.

Durch Reihenschaltung eines Hoch- und Tiefpasses erhält man einen Bandpaß, der hohe und tiefe Frequenzen sperrt und nur einen begrenzten Frequenzbereich passieren läßt.

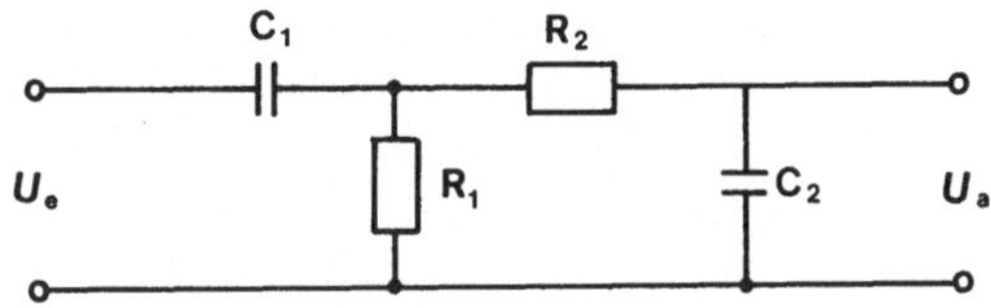

Abb. V15–5. *Schaltung eines Bandpasses*

Die Ausgangsspannung des Bandpasses ist

$$(28) \quad \tilde{U}_a = \frac{1}{1 - \dfrac{1}{\omega R_1 C_1}} \cdot \frac{1}{1 + i\omega R_2 C_2} \cdot \tilde{U}_e$$

und damit das Übertragungsverhältnis

$$(29) \quad V = \left| \frac{\tilde{U}_a}{\tilde{U}_e} \right|$$

$$= \frac{1}{\left| 1 + \dfrac{R_2 C_2}{R_1 C_1} + i\omega \left( R_2 C_2 - \dfrac{1}{R_1 C_1} \right) \right|}.$$

$V$ wird maximal, wenn gilt

$$(30) \quad \omega = \frac{1}{\sqrt{R_1 R_2 C_1 C_2}}.$$

## 2.6. Effektivwerte

Mit Drehspul- und Digitalmeßgeräten wird im allgemeinen nicht die Amplitude einer Wechselspannung oder eines Wechselstromes gemessen, sondern der Effektivwert. Unter dem Effektivwert eines Wechselstromes versteht man die Gleichstromstärke, die im zeitlichen Mittel am gleichen Widerstand $R$ die gleiche mittlere Leistung erzeugen würde. Entsprechendes gilt für den Effektivwert einer Wechselspannung.
Die Momentanleistung eines sinusförmigen Wechselstromes ist

$$(31) \quad P(t) = R I^2(t) = R I_0^2 \sin^2 \omega t.$$

Der zeitliche Mittelwert über eine ganze Anzahl voller Perioden von $\sin^2 \omega t$ ist $1/2$ und damit

$$(32) \quad P = \tfrac{1}{2} I_0^2 R.$$

Durch Vergleich mit (Gl. 14.9) ergibt sich

$$(33) \quad I_{\text{eff}} = I_0 / \sqrt{2} \quad \text{bzw.}$$
$$U_{\text{eff}} = U_0 / \sqrt{2}.$$

## 3. Versuch

### 3.1. Verwendete Geräte

– Sinusgenerator
– Oszilloskop
– Digitalzähler
– Vielfachmeßgerät
– Widerstände, Spulen, Kondensatoren

### 3.2. Aufgabenstellung

1. Aufgabe: Scheinwiderstand von Kondensatoren
Man bestimme in einem Wechselstromkreis mit einem Kondensator die Abhängigkeit der Stromstärke von der Kapazität. Aufgrund der Meßreihe mit bekannten Kapazitäten soll eine unbekannte Kapazität bestimmt werden.

2. Aufgabe: Frequenzabhängigkeit des induktiven Scheinwiderstandes
Bei einer Spule soll die Abhängigkeit des induktiven Scheinwiderstandes von der Frequenz gemessen und daraus die Induktivität der Spule bestimmt werden.

3. Aufgabe: *RC*-Kreis als Hoch- u. Tiefpaß
In je einem *RC*-Hoch- und Tiefpaß soll in Abhängigkeit von der Frequenz das Übertragungsverhältnis $V$ sowie die Phasenverschiebung zwischen $U_a$ und $U_e$ bestimmt werden. Beides ist über einer logarithmischen Frequenzachse abzutragen. Aus dem Diagramm sind die Grenzfrequenzen zu bestimmen.

4. Aufgabe: Frequenzgang eines Bandpasses aus *RC*-Gliedern
Der Hoch- und der Tiefpaß aus Aufgabe 3 sollen zu einem Bandpaß geschaltet werden. Mit diesem ist zu verfahren wie in Aufgabe 3.

### 3.3. Hinweise zur Versuchsdurchführung

Bei Aufgabe 1 ist die Amplitude bzw. der Effektivwert und die Frequenz der Wechselspannung konstant zu halten. Bei Veränderung der Belastung des Funktionsgenerators durch unterschiedliche Kapazitäten ist es im allgemeinen notwendig, die Ausgangsspannung nachzuregeln.

Auch bei Aufgabe 2 ist die Ausgangsspannung durch Nachregeln konstant zu halten. Die Effektivwerte der Stromstärke und der Spannung werden mit Vielfachmeßgeräten gemessen. Dabei ist zu berücksichtigen, daß die Wechselstrom- und Wechselspannungs-Meßbereiche dieser Geräte nur für ein bestimmtes Frequenzintervall ausgelegt sind. Dadurch sind die im Experiment zu verwendenden Frequenzen beschränkt.

Bei den Aufgaben 3 und 4 werden die Spannungen mit dem Oszilloskop gemessen. Ein Zweistrahl-Oszilloskop ist von Vorteil, da damit $U_e$ und $U_a$ gleichzeitig gemessen werden können. Die Phasenverschiebung zwischen beiden Signalen $U_e$ und $U_a$ kann durch direkten Vergleich am Zweistrahl-Oszilloskop nur ungenau ermittelt werden. Eine bessere Methode ist die Verwendung einer Lissajous-Ellipse (vgl. Versuch 8).

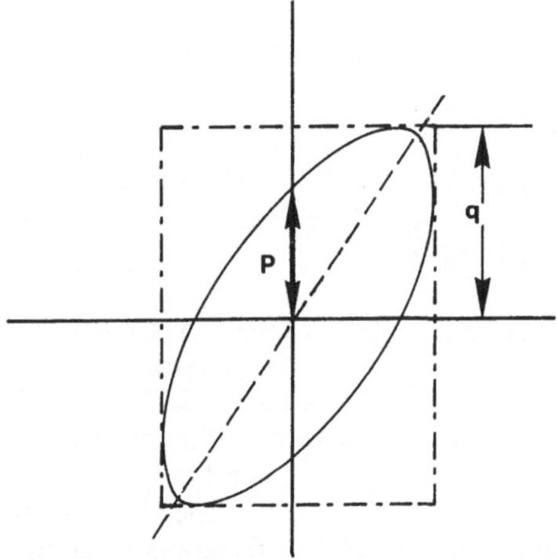

Abb. V15-6. Lissajous-Figur zu Bestimmung der Phasenverschiebung

Dazu wird das eine Signal auf den $y$-Eingang, das andere auf den $x$-Eingang ($x$-Ablenkung auf „extern") gegeben. Aus der Lage der entstehenden Ellipse (Abbildung 6) kann die Phasenverschiebung bestimmt werden. Aus der Parameterdarstellung für eine Ellipse mit nicht achsenparallelen Halbachsen folgt [1]

(34)  $\sin \varphi = p/q$.

## 3.4. Meßbeispiele

Bei Aufgabe 1 erhielt man folgendes Diagramm:
Die eingetragenen Fehlerbalken ergeben sich aus der Toleranz der verwendeten Kondensatoren (Herstellerangabe: $\pm 5\%$). Der Fehler des Amperemeters war $1,5\%$.

Für eine unbekannte Kapazität $C_x$ erhielt man die Stromstärken 9,2 mA. Aus dem Diagramm bestimmt man dann

$$C_x = (605 \pm 35) \text{ nF}.$$

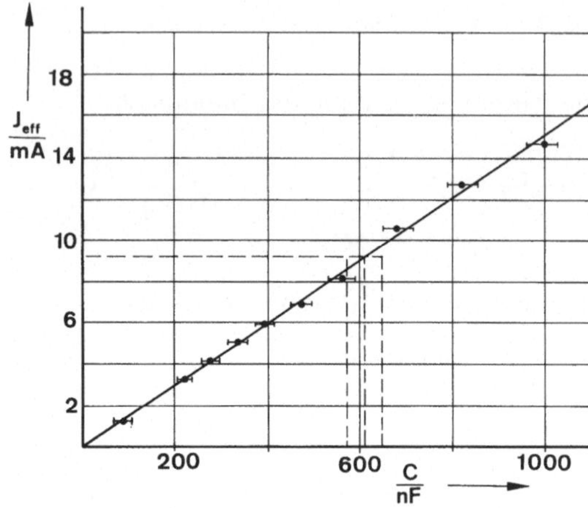

Abb. V15-7. Stromstärke $I_{eff}$ bei verschiedenen Kapazitäten ($U_{eff} = const., f = const.$)

Für die Untersuchung der $RC$-Glieder wurde folgende Dimensionierung der Schaltungen verwendet:

Hochpaß:  $R_1 = 330\,\Omega$    $C_1 = 1{,}33\,\mu F$
Tiefpaß:  $R_2 = \phantom{0}1\,k\Omega$    $C_2 = 33\,\text{nF}$

Nach (28) ist die Grenzfrequenz für den Hochpaß 0,36 kHz, für den Tiefpaß 4,82 kHz.
Aus Abbildung 8a und 8b ermittelt man bei der Phasenverschiebung 45° für den Hochpaß $(0{,}39 \pm 0{,}04)$ kHz, für den Tiefpaß $(5{,}0 \pm 0{,}4)$ kHz.
Abbildung 8c zeigt den Frequenzgang des Bandpasses. Das maximale Übertragungsverhältnis wurde bei $(1{,}3 \pm 0{,}1)$ kHz gemessen, in guter Übereinstimmung mit dem aus (30) resultierenden Wert von 1,32 kHz.

## 4. Ergänzungen

### 4.1. Vertiefende Fragen

Was versteht man unter einer Bandsperre und wie kann man sie mit $RC$-Gliedern aufbauen? Man zeige, daß bei maximalem Übertragungsverhältnis beim Bandpaß die von Hoch- und Tiefpaß verursachten Phasenverschiebungen entgegengesetzt gleich groß sind (vgl. Abbildung 8).

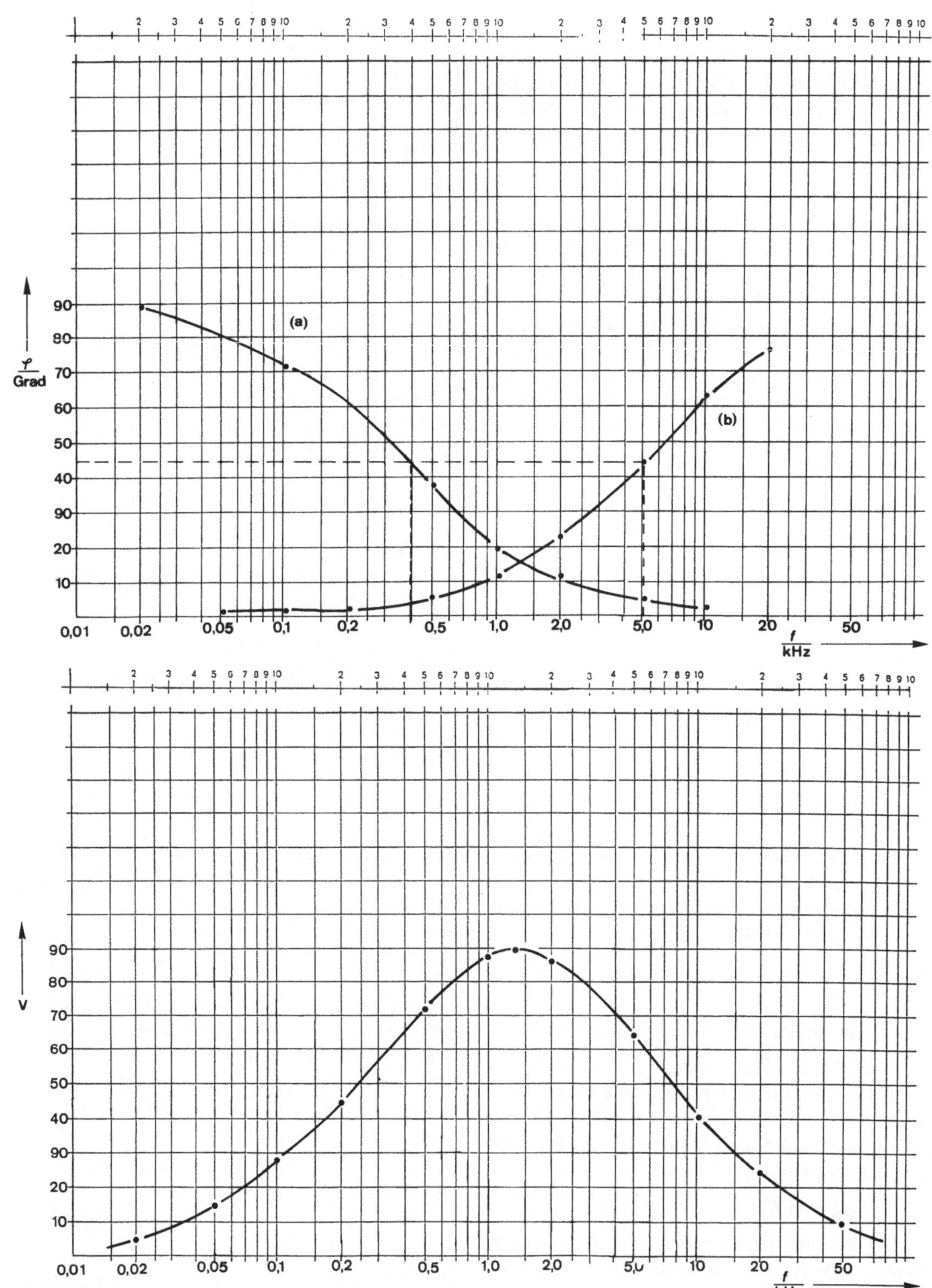

*Abb. V15–8. a) Phasenverschiebung am Hochpaß, b) Phasenverschiebung am Tiefpaß, c) Frequenzgang des Bandpasses*

## 4.2. Ergänzende Bemerkungen

Aus $RC$-Gliedern aufgebaute Bandfilter sind zum Ausfiltern besonders schmaler Frequenzbereiche ungeeignet. Man verwendet stattdessen Filter, die aus $LC$-Schwingkreisen aufgebaut sind (siehe auch Versuch 16).

Obwohl in einem Wechselstromkreis mit rein imaginärem Widerstand ein Strom fließt, ist aufgrund der Phasenverschiebung zwischen Strom und Spannung die Leistung im zeitlichen Mittel gleich 0. Der Strom in einem solchen Wechselstromkreis wird deshalb „Blindstrom", der imaginäre Widerstand auch „Blindwiderstand" genannt. In Versuch 18 wird gezeigt, daß für das zeitliche Mittel der Leistung, Wirkleistung genannt, gilt:

$$(35) \quad P_{\text{Wirk}} = U_{\text{eff}} \cdot I_{\text{eff}} \cdot \cos \varphi.$$

Literatur:

1) W. Walcher: Praktikum der Physik. Teubner 1985

# Versuch 16
# Elektrische Schwingungen

## 1. Ziel des Versuches

Elektrische Schwingungen am Serien- und Parallelschwingkreis sollen erzeugt und untersucht werden. Dabei sollen Unterschiede zwischen den beiden Schaltungen und Gemeinsamkeiten mit den mechanischen Schwingungen verdeutlicht werden.

## 2. Grundlagen

### 2.1. Freie elektrische Schwingungen

Lädt man einen Kondensator $C$ auf die Spannung $U_0$ und entlädt ihn über eine parallel geschaltete Spule, so müssen zu jeder Zeit die Spannungen am Kondensator und an der Spule gleich groß sein:

$$(1) \quad -L\dot{I} = Q/C.$$

Um $Q$ zu eliminieren bilden wir die zeitliche Ableitung von (1) und erhalten die Differentialgleichung

$$(2) \quad L\ddot{I} + I/C = 0.$$

Diese Differentialgleichung hat genau die gleiche Struktur wie die Schwingungsgleichung für einen mechanischen harmonischen Oszillator (Gl. 7.2). Die Stromstärke in der beschriebenen Schaltung macht also eine harmonische Schwingung

$$(3) \quad \tilde{I}(t) = I_0 \cdot e^{i\omega_0 \cdot t}$$

mit der Eigenfrequenz

$$(4) \quad \omega_0 = \frac{1}{\sqrt{LC}}.$$

Gleiches gilt wegen (Gl. 15.7) auch für die Spannung. Die Parallelschaltung von Spule und Kondensator wird deshalb als elektrischer Schwingkreis bezeichnet.

Genau wie beim mechanischen Oszillator tritt auch beim elektrischen Schwingkreis unvermeidlich eine Dämpfung auf, hier verursacht durch den Ohmschen Widerstand $R$ der Leitungen. Dieser wirkt, als ob er in Reihe zu den anderen Bauelementen geschaltet ist.

In (1) ist nun zusätzlich der Spannungsabfall an $R$ zu berücksichtigen und man erhält

$$(5) \quad -L\dot{I} = Q/C + RI.$$

Die zeitliche Ableitung von (5) führt wieder zu einer homogenen Differentialgleichung der Struktur, wie sie auch im mechanischen Fall (Gl. 7.9) auftrat:

$$(6) \quad L\ddot{I} + R\dot{I} + \frac{1}{C}I = 0.$$

Der Vergleich mit (Gl. 7.9) und (Gl. 7.14) ergibt für den Dämpfungsfaktor des elektrischen Schwingkreises

$$(7) \quad \delta = \frac{R}{2L}.$$

Das Verhalten des Schwingkreises hängt wie im mechanischen Fall von der Stärke der Dämpfung ab. Wir beschränken uns in diesem Versuch auf den schwach gedämpften Fall ($\delta < \omega_0$), in dem die Lösung von (6) eine harmonische Schwingung mit exponentiell abklingender Amplitude ergibt

$$(8) \quad \tilde{I}(t) = I_0 \cdot e^{-\delta t} \cdot e^{i\omega t}.$$

$$(\omega = \sqrt{(\omega_0^2 - \delta^2)})$$

Die Teilspannungen an jedem der Bauelemente führen ebenfalls harmonische Schwingungen aus, allerdings mit einer Phasenverschiebung gegenüber dem Strom.

## 2.2. Erzwungene Schwingungen im Serienschwingkreis

Eine Möglichkeit zur Erzeugung erzwungener elektrischer Schwingungen ist die in Abbildung 2a von Versuch 15 dargestellten RLC-Serienschaltung. Bei einer Erregerspannung

$$(9) \quad \tilde{U}(t) = U_0 \cdot e^{i\omega_a t}$$

ist nach (Gl. 15.21) die Stromstärke im Serienkreis

$$(10) \quad \tilde{I}(t) = \frac{\tilde{U}(t)}{R + i\left(\omega L - \dfrac{1}{\omega C}\right)} \,.$$

Die Amplitude des Stroms

$$(11) \quad I_0 = \frac{U_0}{\sqrt{R^2 + \left(\omega L - \dfrac{1}{\omega C}\right)^2}}$$

wird maximal, wenn die Erregerfrequenz $\omega_a$ gleich ist der Eigenfrequenz $\omega_0$ des ungedämpften Kreises. Da der Nenner von (14) in diesem Fall reell ist, fließt der Strom in Phase mit der Erregerspannung. Die Schaltung läßt also bevorzugt Wechselstromsignale einer bestimmten Frequenz passieren. Man nennt sie deshalb Siebkette.

Die Spannung am Kondensator der Siebkette ist

$$(12) \quad \tilde{U}_C(t) = \tilde{I}(t) \cdot \frac{1}{i\omega_a C}$$

$$= \frac{\tilde{U}(t)}{i\omega_a R C - (\omega_a^2 L C - 1)} \,.$$

Sie hat die Amplitude

$$(13) \quad U_{C,0} = |\tilde{U}_C|$$

$$= \frac{U_0}{\sqrt{\omega_a^2 R^2 C^2 + (\omega_a^2 L C - 1)^2}} \,.$$

Um zu bestimmen, für welche Erregerfrequenz die Spannung maximal wird (Spannungsresonanz), setzen wir die Ableitung des Nenners von (13) gleich 0 und erhalten

$$(14) \quad \omega_a = \sqrt{\omega_0^2 - \frac{R^2}{2L^2}} = \sqrt{\omega_0^2 - 2\delta^2} \,.$$

Die Phasendifferenz $\alpha$ zwischen der Erregerspannung und der Spannung am Kondensator

ergibt sich aus der Darstellung der Teilspannungen in der komplexen Ebene (Abb. 15.2c). Es ist

$$(15) \quad \tan\alpha = \frac{R}{\dfrac{1}{\omega_a C} - \omega_a L} \,.$$

Ein wichtiges Maß für die Trennschärfe eines Schwingkreises ist die Halbwertsbreite der Resonanzkurve. Man versteht darunter den Abstand $\Delta\omega$ der beiden Frequenzen, bei denen die Amplitude auf das $1/\sqrt{2}$-fache ihres Maximalwertes abgesunken ist. Der Quotient

$$(16) \quad Q = \omega/\Delta\omega$$

heißt Güte des Schwingkreises.

## 2.3. Erzwungene Schwingungen im Parallelschwingkreis

Von Bedeutung für technische Anwendungen ist noch der Parallelschwingkreis (Abbildung 1). Die Stromstärke in den Zuleitungen zu dem Schwingkreis ist abhängig von der Frequenz der Erregerspannung (9). Für den komplexen Ersatzwiderstand der Schaltung gilt:

$$(17) \quad \frac{1}{\tilde{Z}} = \frac{1}{\tilde{Z}_C} + \frac{1}{\tilde{Z}_L + R} \,.$$

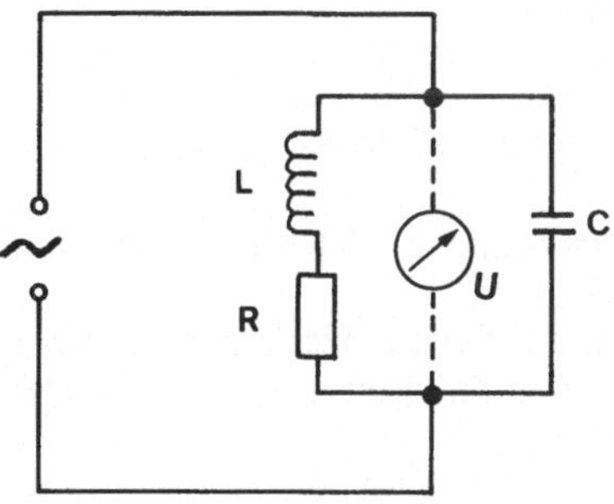


Abb. V16-1. Schaltung eines Parallelschwingkreises

Der Betrag des Ersatzwiderstandes ist:

$$(18) \quad |\tilde{Z}| = \sqrt{\frac{R^2 + \omega_a^2 L^2}{\omega_a^2 R^2 C^2 + (\omega_a^2 L C - 1)^2}} \,.$$

Setzt man $R \ll \omega L$ voraus, so ergibt sich sein Maximum für

$$(19) \quad \omega = \frac{1}{\sqrt{LC}}$$

d. h., wenn die Frequenz der von außen angelegten Spannung gleich der Eigenfrequenz des ungedämpften Kreises ist. In diesem Fall ist der Strom in den Zuleitungen minimal. Aus diesem Grund wird der Parallelschwingkreis auch Sperrkreis genannt.

Bei nicht vernachlässigbarem $R$ ist die Resonanzfrequenz wieder zu kleineren Frequenzen verschoben.

## 3. Versuch

### 3.1. Verwendete Geräte

- Funktionsgenerator
- Vielfachmeßgerät
- Digitalzähler
- Oszilloskop
- Kondensatoren, Spulen, Widerstände

### 3.2. Aufgabenstellung

1. Aufgabe: Freie Schwingungen

Die freie schwach gedämpften Schwingung eines Schwingkreises soll am Oszilloskop dargestellt werden. Aus dem Schwingungsverlauf soll bei gegebener Kapazität $C$ die Induktivität $L$ und der Ohmsche Widerstand $R_i$ der Spule bestimmt werden.

2. Aufgabe: Erzwungene Schwingungen am Serienschwingkreis

Für verschiedene Dämpfungen soll die Spannungs-Resonanzkurve beim Serienschwingkreis aufgenommen und die Güte bestimmt werden.

3. Aufgabe: Erzwungene Schwingungen am Parallelschwingkreis

Man untersuche die Frequenzabhängigkeit der Stromstärke in den Zuleitungen zu einem Parallelschwingkreis.

### 3.3. Hinweise zur Versuchsdurchführung

Bei Aufgabe 1 verwendet man zur periodischen Anregung des Schwingkreises einen Impulsgenerator (z. B. Rechteckgenerator mit Tastverhältnis 20 : 1), der induktiv an die Schwingkreisspule angekoppelt wird (Abbildung 2). Die Frequenz dieser Anregung muß klein sein gegen die Eigenfrequenz des Schwingkreises (warum ?).

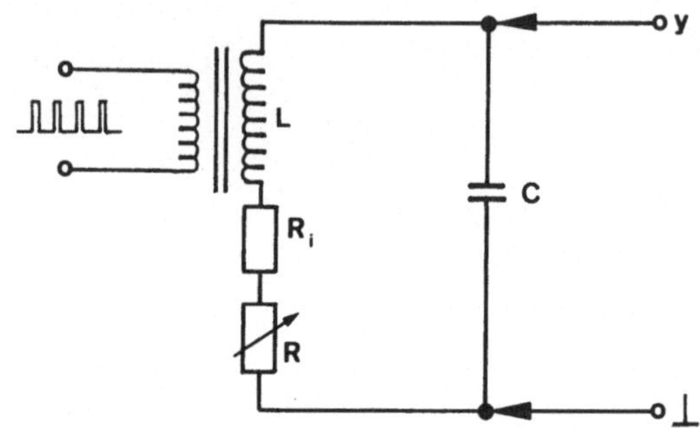


*Abb. V16–2. Erzeugung freier gedämpfter Schwingungen*

Man verändere zunächst $R$ zwischen 0 und seinem Maximalwert und beobachte den Schwingungsverlauf. Am Oszilloskop kann man die Schwingungsdauer und die Amplituden der gedämpften Schwingung ablesen. Man achte darauf, daß sich die $x$-Ablenkung des Oszilloskops in einer kalibrierten Einstellung befindet.

Bei den Messungen zu den erzwungenen Schwingungen wird eine sinusförmige Erregerspannung mit konstanter Amplitude verwendet. Die Frequenz wird mit dem Digitalzähler gemessen.

Um eine Rückwirkung des Schwingkreises auf die Ausgangsamplitude und auf die Wellenform des Funktionsgenerators weitgehend zu verhin-

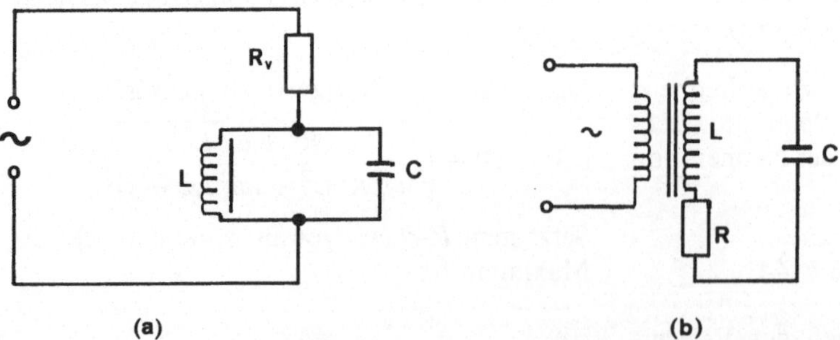


*Abb. V16–3. Versuchsaufbau zum Serienschwingkreis (a) und zum Parallelschwingkreis (b)*

dern, wird die Erregerspannung beim Serienkreis nicht direkt angeschlossen, sondern über eine zweite Spule induktiv eingekoppelt. Aus dem gleichen Grund wird zur Strombegrenzung beim Parallelschwingkreis der Widerstand $R_V$ verwendet.

Der Strom in den Zuleitungen zum Parallelschwingkreis kann über den Spannungsabfall an $R_V$ bestimmt werden. Die Effektivwerte der Spannungen können mit einem Oszilloskop oder mit einem Vielfachmeßgerät gemessen werden, dessen Grenzfrequenz größer ist als die im Experiment auftretenden Frequenzen.

## 3.4. Meßbeispiele

Bei Aufgabe 1 wurde an einem Schwingkreis mit $C = 106{,}7$ nF, einer Spule unbekannter Induktivität und ohne zusätzlichen Widerstand ($R = 0$) am Oszilloskop eine Schwingungsdauer $T = (0{,}20 \pm 0{,}005)$ msec abgelesen.

Damit ist $\quad f = (5{,}0 \pm 0{,}12)$ kHz und
$$\omega = (3{,}1 \pm 0{,}1) \cdot 10^4 \, \text{s}^{-1}.$$

Abbildung 4 zeigt die exponentielle Abnahme der Schwingungsamplitude in halblogarithmischer Darstellung.

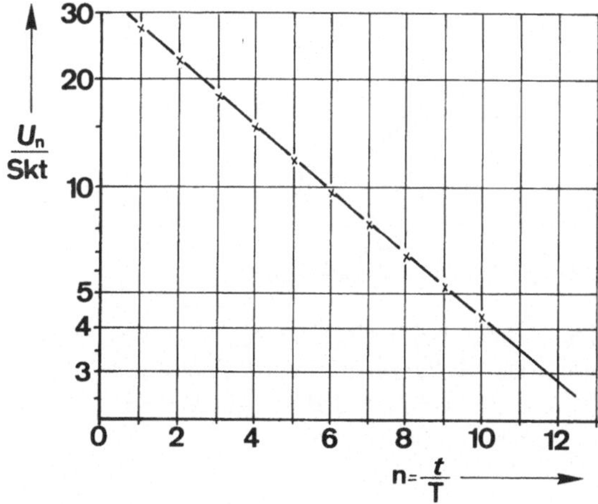

Abb. V16–4. Abklingen der Amplituden bei der freien Schwingung

Zur Bestimmung von $\delta$ benutzen wir zwei Punkte der Ausgleichsgeraden, z. B. für $n = 1$ und $n = 10$ und erhalten aus

$$(20) \quad U_{10}/U_1 = e^{-\delta \cdot 9T}$$

durch Logarithmieren die Dämpfungskonstante $\delta = 1{,}0 \cdot 10^3 \, \text{s}^{-1}$. Aus (8) kann man zunächst

$\omega_0$ und damit $L$ bestimmen: $L = 9{,}5$ mH. $R_i$ ergibt sich dann aus (7): $R_i = 19 \, \Omega$.

In Abbildung 5 sind die Resonanzkurven eines Serienkreises für $R = 0$ und $R = 50 \, \Omega$ dargestellt.

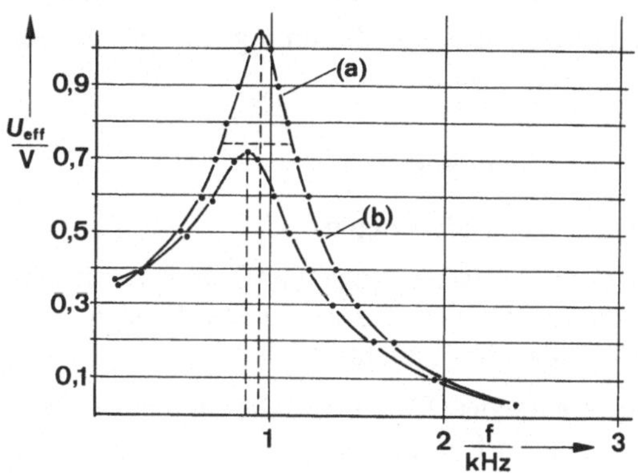

Abb. V16–5. Resonanz am Serienschwingkreis: a) $R = 0$, b) $R = 50 \, \Omega$

Bei $R = 0$ war die Resonanzfrequenz $f = 930$ Hz, bei $R = 50 \, \Omega$ war $f = 850$ Hz. Im ersten Fall mißt man als Halbwertsbreite $\Delta f = 400$ Hz, im zweiten Fall $\Delta f = 580$ kHz. Die Güten der Kreise sind damit $Q = 2{,}3$ (bei $R = 0$) bzw. $Q = 1{,}5$ ($R = 50 \, \Omega$).

Abbildung 6 zeigt das gemessene Frequenzverhalten eines Parallelschwingkreises. Die verwendete Spule hatte $n = 600$ Windungen. Weiterhin war $C = 1 \, \mu$F und $R_V = 3{,}3 \, \text{k}\Omega$.

Für Frequenzen, die sehr verschieden von der Resonanzfrequenz sind, ist der Scheinwider-

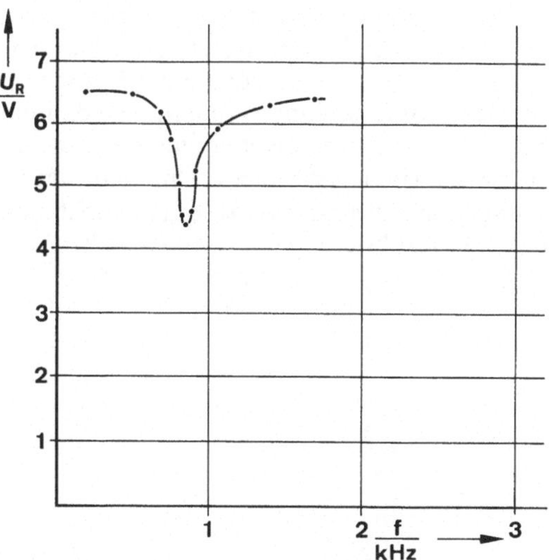

Abb. V16–6. Resonanz am Parallelschwingkreis

stand des Parallelschwingkreises gering, und nahezu die gesamte Betriebsspannung fällt am Vorwiderstand $R_V$ ab. Nähert sich die Frequenz der Resonanzfrequenz, so erhöht sich der Scheinwiderstand des Schwingkreises, und der Strom in den Zuleitungen sinkt. Entsprechend verringert sich die Spannung, die am Widerstand $R_V$ abfällt.

## 4. Ergänzungen

### 4.1. Vertiefende Fragen

Welche Zustände eines Parallelschwingkreises entsprechen den verschiedenen Phasen eines schwingenden Fadenpendels?

Man leite aus (13) ab, daß die Spannungsüberhöhung im Resonanzfall

$$(21) \quad \frac{U_{C,0}}{U_0} = \frac{\omega_0}{2\delta}$$

ist und bei kleinen Dämpfungsfaktoren die Halbwertsbreite der Resonanzkurve

$$(22) \quad \Delta\omega \approx 2\delta.$$

### 4.2. Ergänzende Bemerkungen

Steht ein wobbelbarer Funktionsgenerator (Steuerung der Frequenz durch eine äußere Spannung) zur Verfügung, so kann die Resonanzkurve direkt auf dem Oszilloskop sichtbar gemacht werden. Dazu wird mit der Sägezahnspannung des Oszilloskops die Frequenz des Funktionsgenerators durchgestimmt und die Kondensatorspannung auf den $y$-Eingang gegeben. Auf dem Bildschirm entsteht ein Kurvenzug, dessen Einhüllende gerade die Resonanzkurve ist. Voraussetzung ist allerdings, daß die Frequenz der Sägezahnspannung klein ist gegen die Schwingungsfrequenz. Um quantitative Aussagen aus diesem Bild zu erhalten, ist eine vorherige Kalibrierung der $x$-Achse in kHz/cm nötig.

# Versuch 17
# Brückenschaltung

## 1. Ziel des Versuches

Die Verwendung von Brückenschaltungen zu Meßzwecken ist von praktischer Bedeutung, da hierbei im Gegensatz zu anderen Meßmethoden die Meßgröße selbst durch die Messung unbeeinflußt bleibt. Mit Hilfe von Brückenschaltungen sollen in diesem Versuch sowohl ohmsche als auch kapazitive und induktive Widerstände bestimmt werden.

## 2. Grundlagen

### 2.1. Messung ohmscher Widerstände

Der Wert eines ohmschen Widerstandes kann durch Messung der anliegenden Spannung und des über ihn fließenden Stromes bestimmt werden. Bei gleichzeitiger Messung beider Größen ist jedoch mindestens ein Meßwert aufgrund der Innenwiderstände der Meßgeräte verfälscht. Ein Meßverfahren, das diesen Fehler nicht hat, beruht auf der Wheatstoneschen Brückenschaltung nach Abbildung 1.

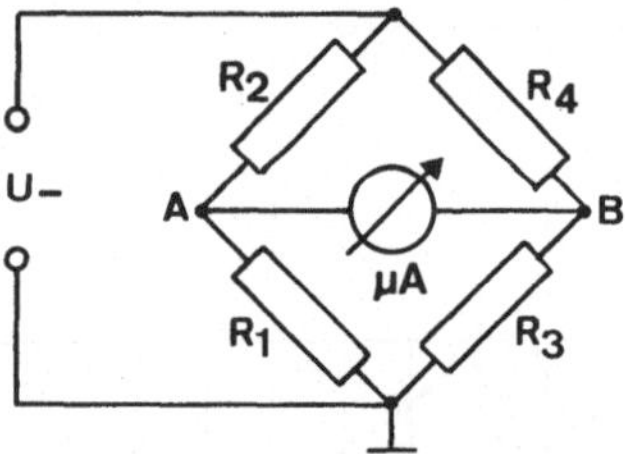


*Abb. V17–1. Brückenschaltung*

Die Brücke heißt abgeglichen, wenn der Strom über das Meßgerät null wird. Dazu müssen die beiden Punkte A und B auf gleichem Potential $\varphi$ liegen. Das ist wegen

$$(1) \quad \varphi_A = U \cdot \frac{R_1}{R_1 + R_2}; \quad \varphi_B = U \cdot \frac{R_3}{R_3 + R_4}$$

genau dann der Fall, wenn

$$(2) \quad \frac{R_1}{R_1 + R_2} = \frac{R_3}{R_3 + R_4}$$

und damit

$$(3) \quad \frac{R_1}{R_2} = \frac{R_3}{R_4}$$

gilt.

Der Wert des Widerstandes $R_3$ kann aus (3) bestimmt werden, wenn man für $R_4$ einen bekannten Vergleichswiderstand verwendet. Um die Brücke abgleichen zu können, werden $R_1$ und $R_2$ durch ein Potentiometer $R_{12}$ ersetzt, dessen Mittelabgriff am Punkt A liegt.

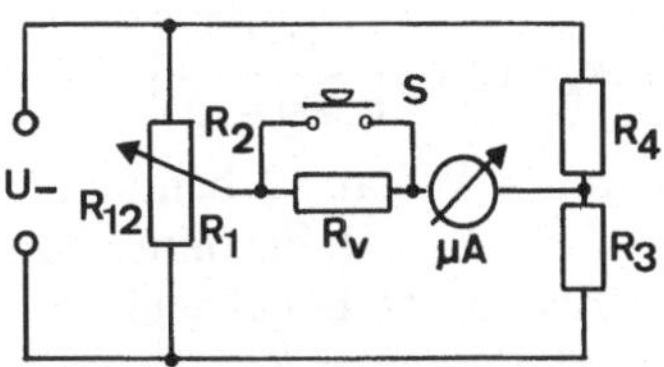

*Abb. V17–2. Mit einem Potentiometer abgleichbare Brückenschaltung*

In der Praxis ist die Verwendung eines mehrgängigen Wendelpotentiometers gebräuchlich, dessen Schleiferstellung auf einer zum abgegriffenen Widerstand proportionalen Skala angezeigt wird. Ist $z_{max}$ der Endwert der Skala und $z$ der Skalenwert bei abgeglichener Brücke, so gilt

$$(4) \quad \frac{R_3}{R_4} = \frac{z}{z_{max} - z}.$$

Der Vorwiderstand $R_v$ begrenzt den Strom über das µA-Meter und ermöglicht somit einen Grobabgleich der Brücke. Zum Feinabgleich wird $R_v$ durch den Taster $S$ überbrückt.

## 2.2. Messung komplexer Widerstände

Mit Hilfe einer Brückenschaltung können auch komplexe Wechselstrom-Widerstände gemessen werden (Abbildung 3). Die Brücke wird hierzu mit Wechselspannung konstanter Frequenz betrieben. Bei Frequenzen im hörbaren Bereich kann statt des Strommeßgerätes auch ein Kopfhörer verwendet werden.

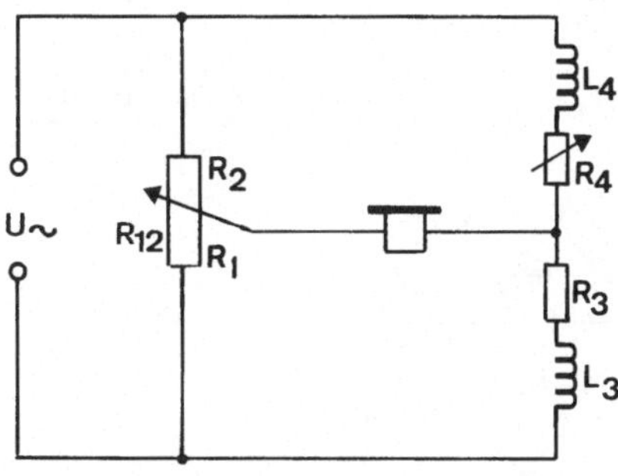

*Abb. V17–3. Meßbrücke für komplexe Wechselstrom-Widerstände*

Die beiden komplexen Widerstände haben die Werte

$$(5) \quad \tilde{Z}_j = R_j + i\omega L_j \quad (j = 3,4).$$

Verwendet man Kondensatoren statt der Spulen, so ist

$$(6) \quad \tilde{Z}_j = R_j + \frac{1}{i\omega C} \quad (j = 3,4).$$

Die Bedingung für den Abgleich der Brücke ist analog zu (3):

$$(7) \quad \frac{R_1}{R_2} = \frac{\tilde{Z}_3}{\tilde{Z}_4} = \frac{R_3 + iX_3}{R_4 + iX_4}.$$

$X_3$ und $X_4$ sind die Imaginärteile von $\tilde{Z}_3$ und $\tilde{Z}_4$. Führt man die komplexe Division durch, so erhält man

$$(8) \quad \frac{R_1}{R_2} = \frac{R_3 R_4 + X_3 X_4}{R_4^2 + X_4^2} + i\,\frac{X_3 R_4 - R_3 X_4}{R_4^2 + X_4^2}.$$

Da die linke Seite von (8) reell ist, muß der Imaginärteil auf der rechten Seite verschwinden und es folgt

$$(9) \quad \frac{X_3}{X_4} = \frac{R_3}{R_4}.$$

Unter Verwendung von (9) kann der Realteil von (8) umgeformt werden:

$$(10) \quad \frac{R_1}{R_2} = \frac{X_3}{X_4}.$$

Für den Abgleich der Brücke müssen also die zwei Bedingungen (9) und (10) gleichzeitig erfüllt sein.

## 3. Versuch

### 3.1. Verwendete Geräte

– Netzgerät
– Mikroamperemeter
– Präzisionswiderstände, Mehrgang-Potentiometer
– Spulen, Kondensatoren
– Glühlampe

### 3.2. Aufgabenstellung

1. Aufgabe
Man bestimme den Widerstand einer Glühlampe unter Verwendung verschiedener Vergleichswiderstände.

## 2. Aufgabe

Die Induktivität und der ohmsche Widerstand einer Spule sowie die Kapazität eines Kondensators sollen gemessen werden.

### 3.3. Hinweise zur Versuchsdurchführung

Bei Aufgabe 1 wird die Meßbrücke nach Abbildung 2 zunächst bei geöffnetem Schalter S grob abgeglichen. Dann wird der Vorwiderstand $R_V$ durch Schließen von S überbrückt und der Feinabgleich vorgenommen. Als Vergleichswiderstände verwende man Präzisionswiderstände (Toleranz 1 %) von 47 $\Omega$, 100 $\Omega$ und 220 $\Omega$. Bei Aufgabe 2 wird die Schaltung nach Abbildung 3 verwendet. $L_4$ ist eine Vergleichsspule mit bekannter Induktivität. Der Widerstand $R_4$ in Abbildung 3 besteht aus dem ohmschen Widerstand $R_{4,i}$ der Vergleichsspule und einem zusätzlichen, mit $L_4$ in Reihe geschalteten Potentiometer $R_{4,a}$, das zur Erfüllung der Bedingung (9) notwendig ist.

Zunächst wird am Potentiometer $R_{12}$ die minimale Lautstärke des Kopfhörers eingestellt. Dann wird durch abwechselndes Verändern von $R_{4,a}$ und $R_{12}$ der Ton im Kopfhörer zum Verschwinden gebracht. Gelingt dies nicht, muß $R_{4,a}$ mit der gesuchten Induktivität in Reihe geschaltet werden.

Bei Messungen an Kondensatoren ist der ohmsche Widerstand in der Regel vernachlässigbar. Auf den Einbau des Potentiometers $R_{4,a}$ kann dann verzichtet werden.

### 3.4. Meßbeispiele

Tabelle 1 zeigt die Widerstandswerte $R_3$ einer Glühlampe (4 V/0,04 A), die nach Aufgabe 1 ermittelt wurden. $R_{12}$ war ein 10-Gang-Potentiometer (1 k$\Omega$) mit einer linearen Skala ($z_{max} = 1\,000$). Die Brücke wurde mit $U = 4$ V betrieben.

Tabelle 1: Gemessene Widerstandswerte $R_3$ einer Glühlampe bei verschiedenen Vergleichswiderständen $R_4$

| $\dfrac{R_4}{\Omega}$ | $z$ | $\dfrac{R_3}{\Omega}$ | $\dfrac{\Delta R_3}{R_3}$ |
|---|---|---|---|
| $47 \pm 0,5$ | $373 \pm 1$ | $28,0 \pm 0,3$ | 1,1 % |
| $100 \pm 1$ | $157 \pm 1$ | $18,6 \pm 0,2$ | 1,1 % |
| $220 \pm 2$ | $24 \pm 1$ | $5,4 \pm 0,2$ | 3,7 % |

$R_3$ wurde aus (4) berechnet. Der Fehler in $R_4$ ist die auf dem Widerstand angegebene Toleranz (1 %), der Fehler in $z$ ist die Einstell- und Ableseungenauigkeit. Zur Berechnung des absoluten Fehlers in $R_3$ benutzen wir (Gl. 0.2.8):

(11)

$$\Delta R_3 = \sqrt{\left(\frac{z}{1\,000 - z}\right)^2 (\Delta R_4)^2 + \left(R_4 \cdot \frac{1\,000}{(1\,000 - z)^2}\right)^2 (\Delta z)^2}.$$

Die Induktivität der bei Aufgabe 2 benutzten Vergleichsspule war $L_4 = 35$ mH, ihr ohmscher Innenwiderstand betrug 12,5 $\Omega$. Bei abgeglichener Brücke war am Potentiometer $R_{12}$ der Skalenwert $z = 846$ eingestellt. $R_{4,a}$ war 1,5 $\Omega$. Daraus ergibt sich mit (10) $L_3 = 192$ mH. Aus der Bedingung (9) erhält man $R_3 = 77$ $\Omega$.

## 4. Ergänzungen

### 4.1. Vertiefende Fragen

Warum ergaben sich bei Aufgabe 1 für die Glühlampe verschiedene Widerstandswerte? Worauf beruht der unterschiedliche relative Fehler in $R_3$? Was folgt daraus für die Wahl von $R_4$?

Wann muß bei Aufgabe 2 das Potentiometer $R_{4,a}$ in den anderen Brückenzweig eingebaut werden?

### 4.2. Ergänzende Bemerkungen

Neben der dem Versuch zugrunde liegenden Wheatstone-Brücke gibt es eine Vielzahl von Sonderformen von Brückenschaltungen, z. B. die Thomson-Brücke zur Messung von Widerständen in der Größenordnung von Leitungs- und Übergangswiderständen, oder die Wien-Robinson-Brücke, die als Frequenzmeßbrücke beutzt werden kann.

Bei der Wien-Robinson-Brücke ist die Abgleich-Bedingung:

$$(12) \quad \frac{R_1}{R_2} - \frac{R_3}{R_4} = \frac{C_4}{C_3} \quad \text{und} \quad \omega^2 = \frac{1}{C_3 C_4 R_3 R_4}.$$

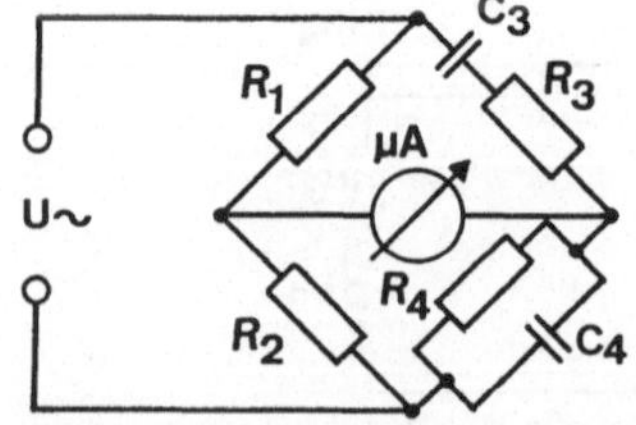


Abb. V17–4. Wien-Robinsonsche Frequenzmeßbrücke

# Versuch 18
# Transformator

## 1. Ziel des Versuches

Dieser Versuch befaßt sich mit verschiedenen Aspekten des Transformators. Zunächst soll das Verhalten der Spannungen und Stromstärken am realen Transformator gemessen und mit dem idealen Transformator verglichen werden. Im zweiten Teil des Versuches wird die Hysteresekurve des Eisenkernes gemessen. Als technische Anwendung wird im dritten Teil des Versuches der Transformator zur Widerstandsanpassung eingesetzt.

## 2. Grundlagen

### 2.1. Der ideale unbelastete Transformator

Unter einem idealen Transformator versteht man eine Anordnung zweier Spulen mit vernachlässigbarem Ohmschem Widerstand auf einem gemeinsamen Eisenkern, so daß der im Inneren der Primärspule (Windungszahl $n_1$) entstehende magnetische Fluß $\Phi$ vollständig durch das Innere der Sekundärspule (Windungszahl $n_2$) verläuft. Weiterhin kann beim idealen Transformator von Energieverlusten durch Wirbelströme und beim Ummagnetisieren des Eisenkernes abgesehen werden.

Wird an die Primärspule eine sinusförmige Wechselspannung

$$(1) \quad \tilde{U}_1 = U_{1,0} \cdot e^{i\omega t}$$

angelegt, so fließt ein Strom, der in der Primärspule den magnetischen Fluß $\Phi$ hervorruft. Die zeitliche Änderung von $\Phi$ induziert in der Primärspule die Spannung

$$(2) \quad \tilde{U}_{1,\text{ind}} = - n_1 \, \dot{\tilde{\Phi}}.$$

Da die Spannungssumme im Primärkreis verschwindet, gilt:

$$(3) \quad \tilde{U}_{1,\text{ind}} = - \tilde{U}_1.$$

Der magnetische Fluß erzeugt zwischen den Enden der Sekundärspule die Spannung

$$(4) \quad \tilde{U}_2 := \tilde{U}_{2,\text{ind}} = - n_2 \, \dot{\tilde{\Phi}}.$$

Damit gilt für das Verhältnis der Primär- und Sekundärspannung

$$(5) \quad \frac{\tilde{U}_2}{\tilde{U}_1} = - \frac{n_1}{n_2}.$$

Das negative Vorzeichen drückt aus, daß bei gleichem Windungssinn der Spulen Primär- und Sekundärspannung gegenphasig sind.

### 2.2. Der ideale belastete Transformator

Es soll vorausgesetzt werden, daß der Transformator durch einen rein ohmschen Widerstand $R$ im Sekundärkreis belastet wird. Der Sekundärstrom $I_2$ ist dann in Phase mit der Sekundärspannung $U_2$:

$$(6) \quad \tilde{I}_2 = \tilde{U}_2 / R.$$

Nun erzeugt $I_2$ gegenüber dem unbelasteten Fall einen zusätzlichen magnetischen Fluß, der wiederum im Primärkreis eine zusätzliche Spannung induziert. Die Rückwirkung des Stromes in dem einen Kreis auf die Spannung im anderen Kreis wird beschrieben durch die Gegeninduktivität $M$ der beiden Spulen. Berücksichtigt man diese Gegeninduktivität, so erhält man für den belasteten Transformator folgende Gleichungen:

$$(7) \quad \begin{aligned} \tilde{U}_1 &= - \tilde{U}_{1,\text{ind}} = L_1 \dot{\tilde{I}}_1 + M \dot{\tilde{I}}_2 \\ &= i\omega L_1 \tilde{I}_1 + i\omega M \tilde{I}_2 \end{aligned}$$

und

$$(8) \quad \begin{aligned} \tilde{U}_2 &= \tilde{U}_{2,\text{ind}} = - L_2 \dot{\tilde{I}}_2 - M \dot{\tilde{I}}_1 \\ &= - i\omega L_2 \tilde{I}_2 - i\omega M \tilde{I}_1. \end{aligned}$$

Aus dem unbelasteten Fall ($I_2 = 0$) schließt man, daß

$$(9) \quad \frac{\tilde{U}_1}{\tilde{U}_2} = - \frac{L_1}{M}.$$

Die Induktivität einer Spule ist bei fest gegebener Querschnittsfläche und Länge proportional zum Quadrat ihrer Windungszahl. Deshalb gilt

$$(10) \quad L_1 / L_2 = n_1^2 / n_2^2.$$

Mit (5) folgt dann für die Gegeninduktivität

$$(11) \quad M = \sqrt{L_1 \cdot L_2}.$$

Nun soll der Zusammenhang zwischen den Strömen im Primär- und Sekundärkreis hergeleitet werden. Aus (8) folgt

$$(12) \quad \tilde{I}_1 = \frac{\tilde{U}_2 + i\omega L_2 \tilde{I}_2}{- i\omega M}.$$

Mit (6) berechnet man dann für das Verhältnis der Stromstärken

$$(13) \quad \frac{\tilde{I}_1}{\tilde{I}_2} = \frac{R + i\omega L_2}{- i\omega M}.$$

Bei dem Sonderfall eines sekundärseitigen Kurzschlusses ist $R = 0$ und damit

$$(14) \quad \frac{\tilde{I}_1}{\tilde{I}_2} = -\frac{L_2}{M} = -\sqrt{\frac{L_2}{L_1}} = -\frac{n_2}{n_1}.$$

## 2.3. Die Leistung am idealen Transformator

An dem ohmschen Widerstand $R$ im Sekundärkreis fällt eine elektrische Leistung $P$ an, die im Primärkreis aufgebracht und durch das magnetische Feld verlustfrei übertragen wird. Zur Berechnung der Primärleistung betrachten wir zunächst die Momentanleistung an einem Wechselstromwiderstand $Z$. Er verursacht die Phasenverschiebung $\varphi$ zwischen Strom und Spannung. Damit gilt

$$(15) \quad \begin{aligned} P(t) &= U(t) \cdot I(t) \\ &= U_0 \cdot I_0 \cdot \sin(\omega t) \cdot \sin(\omega t + \varphi) \\ &= U_{\text{eff}} \cdot I_{\text{eff}} \cdot (\cos\varphi - \cos(2\omega t - \varphi)). \end{aligned}$$

Für die letzte Umformung wurde die trigonometrische Formel

$$(16) \quad \sin\alpha \cdot \sin\beta = \tfrac{1}{2} \cdot \cos(\alpha - \beta) - \tfrac{1}{2} \cdot \cos(\alpha + \beta)$$

angewendet.
Die im zeitlichen Mittel über eine Periode aufgebrachte Leistung wird als Wirkleistung bezeichnet. Für sie ergibt sich aus (15)

$$(17) \quad \begin{aligned} \bar{P} &= \frac{1}{T} \int\limits_0^T U(t) \cdot I(t)\, dt \\ &= \frac{1}{T} \cdot U_{\text{eff}} \cdot I_{\text{eff}} \int\limits_0^T [\cos\varphi - \cos(2\omega t - \varphi)]\, dt \\ &= U_{\text{eff}} I_{\text{eff}} \cos\varphi. \end{aligned}$$

Bei rein imaginärem Wechselstromwiderstand $Z$ ist die Phasenverschiebung zwischen Strom und Spannung $\varphi = 90°$, die Wirkleistung also $\bar{P} = 0$. Erst ein Realteil des Wechselstromwiderstandes verursacht eine von 90° verschiedene Phasenverschiebung und damit eine nicht verschwindende Wirkleistung.
Den Wechselstromwiderstand der Primärspule beim idealen Transformator leitet man aus (7) und (13) her:

$$(18) \quad \tilde{Z}_1 = \frac{\tilde{U}_1}{\tilde{I}_1} = i\omega L_1 + \frac{\omega^2 L_1 L_2}{R + i\omega L_2}.$$

Im unbelasteten Fall ($R = \infty$) verschwindet der zweite Term in (18) und der Wechselstromwiderstand des Primärkreises ist rein imaginär. Die Wirkleistung beim unbelasteten Transformator ist also 0.

Für den Grenzfall eines Kurzschlusses im Sekundärkreis ($R = 0$) erhält man aus (18) auch $\tilde{Z}_1 = 0$. Die Primärspule des idealen Transformators wirkt dann ebenfalls wie ein Kurzschluß, und auch in diesem Fall verschwindet die Wirkleistung.

Für $0 < R < \infty$ besitzt der zweite Summand in (18) einen nicht verschwindenden Realteil

$$(19) \quad Re(\tilde{Z}_1) = \frac{R\omega^2 L_1 L_2}{R^2 + \omega^2 L_2^2}$$

so daß im Primärkreis eine endliche Wirkleistung aufgebracht werden muß.

## 2.4. Der reale Transformator

Bei einem realen Transformator sind zusätzlich zu den Induktivitäten der Spulen deren Ohmsche Widerstände zu berücksichtigen. Die komplexen Widerstände $i\omega L_j$ ($j = 1, 2$) in (7) und (8) sind entsprechend zu korrigieren.

Aufgrund von magnetischen Streuverlusten des Eisenkernes sind die beiden Spulen nur unvollständig gekoppelt, das heißt, der von der einen Spule erzeugte magnetische Fluß geht nur zu einem bestimmten Bruchteil durch das Innere der anderen Spule. Deshalb ist

$$(20) \quad M < \sqrt{L_1 L_2}.$$

Weiterhin treten in ferromagnetischem Material Energieverluste beim Ummagnetisieren auf. Um eine quantitative Aussage über diese Verluste zu erhalten, betrachten wir zunächst die Arbeit, die aufgebracht werden muß, um die Stromstärke bei einer Spule und damit die Feldstärke zu ändern:

$$(21) \quad \begin{aligned} W &= -\int U_{\text{ind}} \cdot I\, dt = \int L\dot{I} \cdot I\, dt \\ &= \int L \cdot I\, dI \end{aligned}$$

Diese Arbeit wird im magnetischen Feld gespeichert.

Eine Stromänderung $dI$ verursacht eine Änderung der magnetischen Feldstärke

$$(22) \quad dH = \frac{n}{l} \cdot dI.$$

$n, l$: Windungszahl bzw. Länge der Spule

Die Größe, die die Wirkung des magnetischen Feldes beschreibt, ist die magnetische Flußdichte $B$ (siehe Versuch 22):

$$(23) \quad B = \frac{\Phi}{A}. \quad A: \text{Querschnittsfläche der Spule}$$

Berücksichtigt man weiterhin, daß bei einer Spule gilt

$$(24) \quad n\Phi = L \cdot I,$$

so läßt sich (21) auch schreiben als

$$(25) \quad W = V \cdot \int_{H_1}^{H_2} B \, dH$$

mit $V = A \cdot l$ als das felderfüllte Volumen. Bei paramagnetischen und diamagnetischen Stoffen im Magnetfeld ist die Integration von (25) einfach. Es gilt

$$(26) \quad B = \mu_0 \mu_r H.$$

Die Permeabilitätszahl $\mu_r$ ist eine Materialkonstante. Bei ferromagnetischen Stoffen hingegen wird die Flußdichte $B$ wesentlich durch die Ausrichtung von Elementarmagneten bestimmt. Diese ist außer von der Feldstärke $H$ auch von der „Vorgeschichte" des Materials abhängig, $\mu_r$ ist also nicht konstant. Abbildung 1 zeigt den prinzipiellen Zusammenhang zwischen $B$ und $H$ für den ferromagnetischen Fall (Hysterese-Kurve).

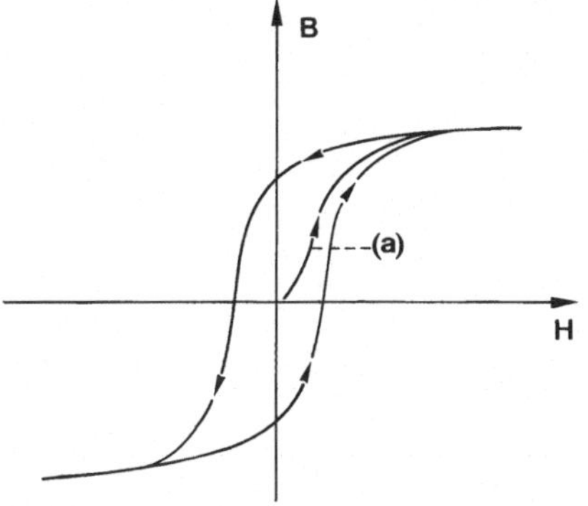


*Abb. V18−1. Hysteresekurve von ferromagnetischem Material*
*a): Neukurve*

Bei einer Periode des Wechselstromes wird die Hysteresekurve einmal durchlaufen. Die Arbeit, die für die Ummagnetisierung während dieser Periode notwendig ist, ist nach (25) bestimmt durch den Flächeninhalt, der von der Hysteresekurve eingeschlossen wird. Die mittlere Leistung, die bei der periodischen Ummagnetisierung im Eisen als Wärme verloren geht, ist

$$(27) \quad P_{\text{magn}} = f \cdot V \cdot \oint B(H) \, dH.$$

$V$: Volumen des Eisenkernes
$f$: Frequenz des Wechselstroms

### 2.5. Der Transformator zur Widerstandsanpassung

Beim Anschluß eines Ohmschen Widerstandes $R$ an eine Spannungsquelle mit dem Innenwiderstand $R_i$ ist die Leistung an $R$ maximal, wenn

$$(28) \quad R = R_i.$$

Zur Leistungsanpassung von Verbrauchern, die (28) nicht erfüllen, kann ein Transformator verwendet werden. Schaltet man einen Verbraucher mit $R = R_2$ in den Sekundärkreis, so wird nach (18) der Primärkreis mit dem Wechselstromwiderstand $Z_1$ belastet. Für die Wirkleistung ist der Realteil von $Z_1$ verantwortlich. Mit $R_1 := Re(Z_1)$ folgt bei vernachlässigbarem Ohmschem Widerstand der Sekundärspule ($R_2 \ll \omega L_2$) aus (19):

$$(29) \quad \frac{R_1}{R_2} = \frac{n_1^2}{n_2^2}.$$

### 3. Versuch

### 3.1. Verwendete Geräte

- Eisenkern und verschiedene Spulen
- Stelltrafo
- 2 Vielfachmeßgeräte
- Oszilloskop

### 3.2. Aufgabenstellung

1. Aufgabe
Für unterschiedliche Windungsverhältnisse $n_2/n_1$ messe man $U_2 = f(U_1)$ beim unbelasteten und $I_1 = f(I_2)$ beim belasteten Transformator.

## 2. Aufgabe

Die Wirkleistung im Primärkreis eines unbelasteten Transformators soll durch Messung von $U_1$, $I_1$ und $\varphi_1$ bestimmt werden.

## 3. Aufgabe

Mit dem Oszilloskop soll die Hysteresekurve des Transformators aufgezeichnet werden.

## 4. Aufgabe

Die Gleichung (29) für die Widerstandstransformation soll experimentell überprüft werden, indem man den ohmschen Widerstand $R$ im Sekundärkreis eines Transformators bestimmt, bei dem die Leistung maximal wird.

### 3.3. Hinweise zur Versuchsdurchführung

Bei den Aufgaben 1 bis 3 dient ein Stelltrafo als Primärspannungsquelle. Man achte darauf, daß vor jeder Änderung der Schaltung die Primärspannung auf null zurückgestellt wird! (Warum?)

Für Aufgabe 1 wird die Schaltung nach Abbildung 2 verwendet. Im unbelasteten Fall entfällt $R$.

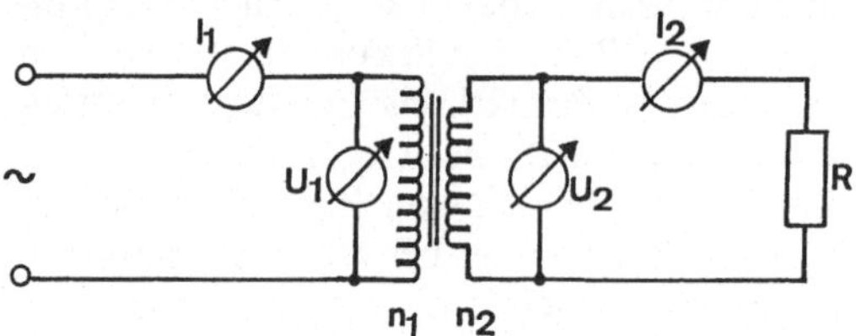

*Abb. V18–2. Schaltung für Aufgabe 1*

Die Phasenverschiebung bei Aufgabe 2 wird wieder mit Hilfe des Oszilloskops ermittelt (siehe Versuche 15 und 16). Die Momentanstromstärke ist proportional zum Spannungsabfall an einem mit der Primärspule in Reihe geschalteten Vorwiderstand $R_\mathrm{V}$ (Abbildung 3).

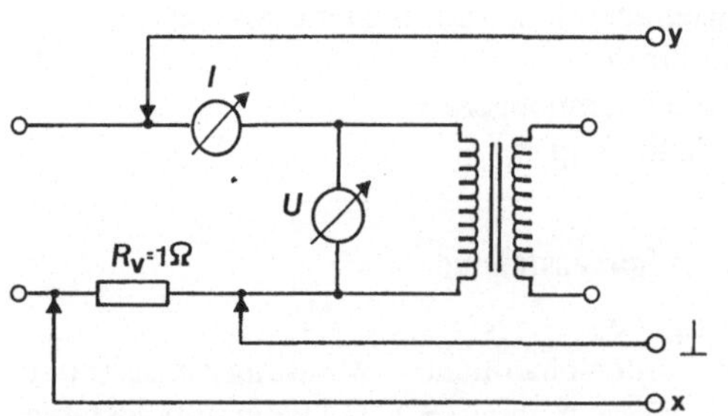

*Abb. V18–3. Schaltung für Aufgabe 2*

Die Darstellung der Hysteresekurve erfolgt ebenfalls mit dem Oszilloskop in $xy$-Betrieb. Auf den $x$-Eingang wird der zu $I$ und damit auch zu $H$ proportionale Spannungsabfall an dem Potentiometer in Abbildung 4 gegeben. Die Sekundärspannung $U_2$ ist proportional zur zeitlichen Ableitung von $B$. Man erhält ein zu $B$ proportionales Spannungssignal, indem man $U_2$ durch ein RC-Glied über die Zeit integriert (siehe Abschnitt 4.2. zu Versuch 14).

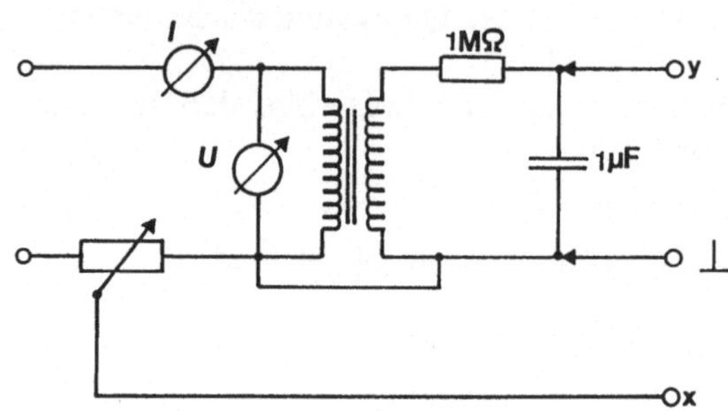

*Abb. V18–4. Schaltung zur Aufnahme der Hysteresekurve*

Bei Aufgabe 4 wird zunächst der Innenwiderstand der verwendeten Wechselspannungsquelle bestimmt (vgl. Versuch 14). Dann wird mit der Schaltung nach Abbildung 2 bei fester Primärspannung durch Verändern von $R$ die Abhängigkeit $U_2 = f(I_2)$ gemessen. Daraus läßt sich $P_2 = f(R)$ errechnen und das Maximum von $P_2$ bestimmen.

### 3.4. Meßbeispiele

Die Abbildungen 5 und 6 zeigen Meßbeispiele zu Aufgabe 1.

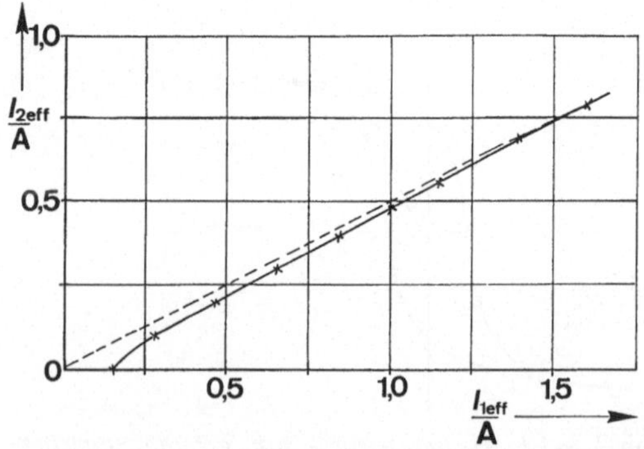

*Abb. V18–5. Stromstärken am belasteten Transformator ($n_1 = 300$, $n_2 = 600$)*

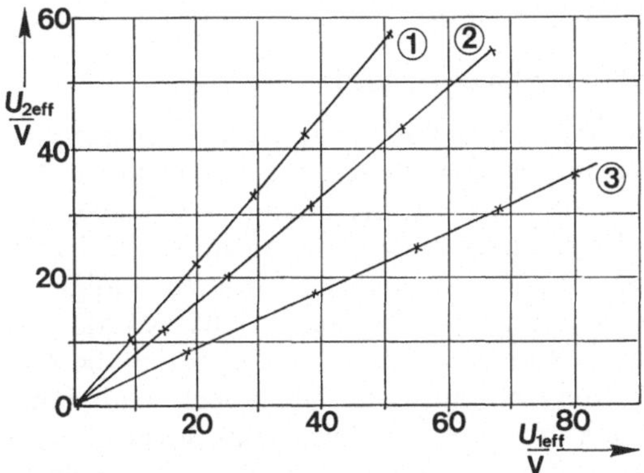

Abb. V18–6. Spannungen am unbelasteten Transformator

Für große Stromstärken, d. h. bei kleinem $R$, ist in guter Näherung

$$n_1 : n_2 = I_2 / I_1$$

(gestrichelte Linie). Für große $R$ bleibt im Primärkreis der Leerlaufstrom $I_1 > 0$.

Tabelle 1: Vergleich zwischen Windungs- und Spannungsverhältnis

|     | $n_1$ | $n_2$ | $\dfrac{n_2}{n_1}$ | $\dfrac{U_2}{U_1}$ |
|-----|-------|-------|------|------|
| (1) | 600   | 300   | 0,5  | 0,45 |
| (2) | 1 200 | 1 200 | 1,0  | 0,82 |
| (3) | 900   | 1 200 | 1,33 | 1,12 |

Das Verhältnis der Effektivspanungen ist zwar bei konstantem Windungsverhältnis ebenfalls konstant, jedoch wegen der Streuverluste immer kleiner als das Windungsverhältnis.
Bei der Messung der Wirkleistung in Aufgabe 2 war $U_{1,\,\text{eff}} = 40{,}0$ V und $I_{1,\,\text{eff}} = 0{,}044$ A. Die Phasenverschiebung war $\varphi_1 = 68°$.
Aus (17) ergibt sich dann als Wirkleistung im Primärkreis bei Leerlauf $P_{\text{leer}} = 0{,}65$ VA.
Die Abbildung 7 zeigt die Hysteresekurve des verwendeten Eisenkernes.

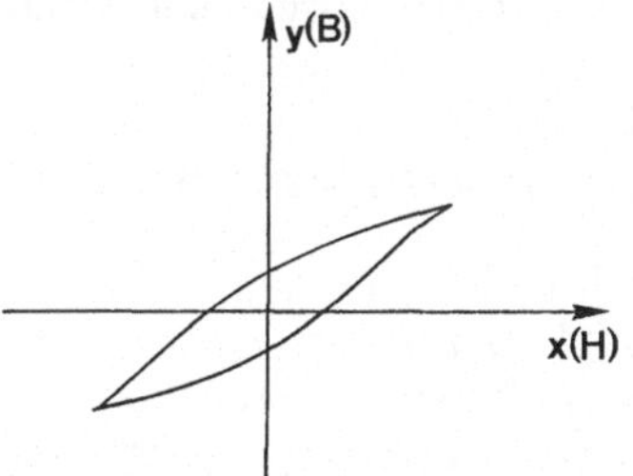

Abb. V18–7. Hysteresekurve des Transformators

Als Wechselspannungsquelle bei Aufgabe 4 wurde der niederohmige Ausgang eines Sinusgenerators verwendet. Sein Kurzschlußstrom betrug 1,8 A, die Leerlaufspannung 18 V. Sein Innenwiderstand ist folglich $R_i = 10\,\Omega$. Nach Anschluß eines Transformators mit den Windungszahlen $n_1 = 300$, $n_2 = 600$ erhielt man den in Abbildung 8 dargestellten Zusammenhang zwischen Sekundärstrom und -spannung.

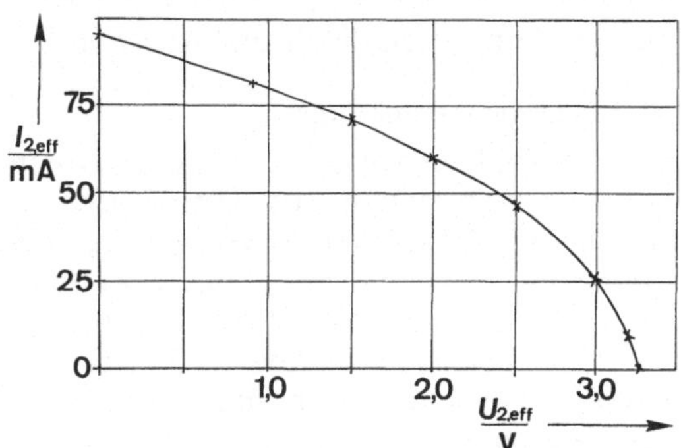

Abb. V18–8. Zusammenhang zwischen Strom und Spannung im Sekundärkreis bei konstanter Primärspannung

Aus dem Produkt $U_2 \cdot I_2$ erhält man die Sekundärleistung $P_2$ bei jeder Messung, aus dem Quotient der beiden Größen den Wert des Widerstandes $R_2$. Die Abhängigkeit der Sekundärleistung $P_2$ vom Lastwiderstand $R_2$ ist in Abbildung 9 aufgetragen. Die Sekundärleistung ist maximal für $R_2 \approx 40\,\Omega$. Dieses Ergebnis stimmt mit dem vierfachen Innenwiderstand $R_i$ überein.

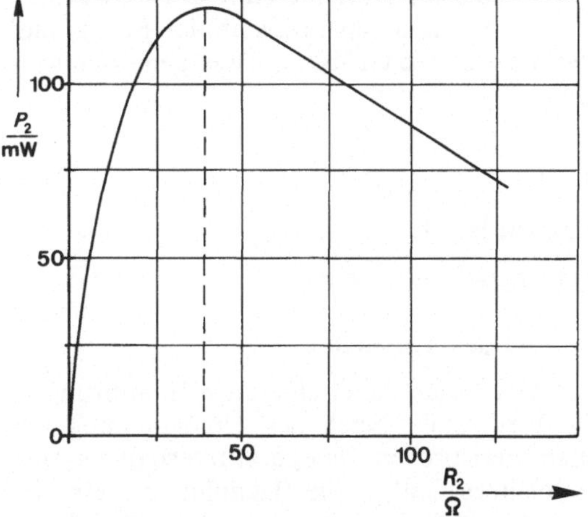

Abb. V18–9. Abhängigkeit der Sekundärleistung vom Lastwiderstand

## 4. Ergänzungen

### 4.1. Vertiefende Fragen

Man führe die Herleitungen von (18) und (19) durch.

Welche Ungenauigkeiten begeht man, wenn man für die Herleitung von (14) den Ansatz $U_1 \cdot I_1 = U_2 \cdot I_2$ verwendet?

Warum wird vor dem Transport von elektrischer Energie über weite Strecken mit Hilfe von Transformatoren die Spannung erhöht?

### 4.2. Ergänzende Bemerkungen

In der Technik finden auch Transformatoren mit $n_1 = n_2$ Anwendung. Mit diesen sogenannten Trenntransformatoren ist es möglich, zwei Stromkreise galvanisch voneinander zu trennen. Dies ist insbesondere dann notwendig, wenn in dem einen Stromkreis ein Pol geerdet ist, während im anderen Stromkreis beide Pole erdfrei sein sollen.

Bei Stelltransformatoren wird die Sekundärspannung über einen Schleifkontakt von der Sekundärspule abgegriffen werden. Die wirksame Windungszahl $n_2$ und damit auch $U_2$ sind von der Stellung des Schleifkontaktes abhängig.

Die magnetische Verlustleistung kann nach (24) gemessen werden, indem man die Hysteresekurve am Oszilloskop fotografiert oder abzeichnet und ihren Flächeninhalt mit einem Planimeter bestimmt. Dazu sind die Achsen des Oszilloskops in Einheiten von $B$ bzw. $H$ zu kalibrieren. Bei der Durchführung des Experimentes beachte man den Maßstab der Fotografie! Welche weiteren Größen müssen gemessen werden?

# Versuch 19
# Dioden-Kennlinien

## 1. Ziel des Versuches

Dieser Versuch bietet eine erste Einführung in die Elektronik. Nach der Untersuchung des charakteristischen Temperaturverhaltens von Halbleitern sollen die Kennlinien verschiedenartiger Dioden aufgenommen und einfache Gleichrichterschaltungen aufgebaut werden.

## 2. Grundlagen

### 2.1. Das Bändermodell

In einem Atom können die Elektronen nur ganz bestimmte, diskrete Energien annehmen. Nähert man zwei Atome einander, so spaltet sich jedes atomare Energieniveau in zwei Niveaus auf. Bei $N$ benachbarten Atomen erfolgt die Aufspaltung in $N$ Niveaus. In einem Festkörper ist die Zahl $N$ der Atome so groß, daß die Aufspaltungsniveaus sich überlappen und damit jedem atomaren Energieniveau im Festkörper prinzipiell ein kontinuierliches Energieband entspricht.

Den Potentialverlauf einer linearen Kette von $N$ Atomen und die resultierenden Energiebänder zeigt Abbildung 1. Das gezeichnete Gesamtpotential ergibt sich dabei als Überlagerung der Coulombpotentiale jedes einzelnen Atoms.

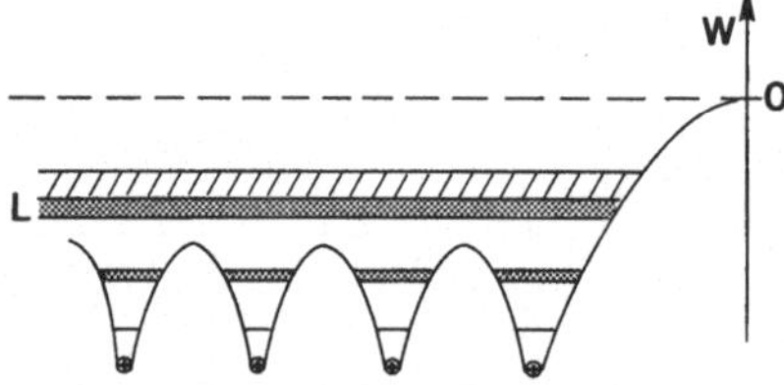


*Abb. V19−1. Schematische Darstellung der Energiebänder in einem Kristallgitter (hier dargestellt für einen Leiter; L: teilweise gefülltes Leitungsband)*

Die Elektronen auf inneren Schalen sind sehr stark an einen Atomrumpf gebunden, und für diese Elektronen machen sich die Nachbaratome nur sehr wenig bemerkbar. Deshalb ist die Aufspaltung tieferer Energieniveaus vernachlässigbar, die Energiewerte der inneren Elektronen beim Festkörper sind praktisch identisch mit denen im Atom.

Jedes Energieniveau kann nach dem Pauliprinzip höchstens zwei Elektronen mit unterschiedlichem Spin aufnehmen, in jedem Energieband können sich demnach höchstens $2N$ Elektronen befinden. Da die energetisch niedrigsten Bänder zuerst mit Elektronen gefüllt werden, wird die elektrische Leitfähigkeit eines Festkörpers durch das oberste nicht leere Band bestimmt:

Ist dieses Band voll besetzt, so kann ein Elektron nur von einem Atomrumpf zu einem anderen gelangen, wenn dafür ein anderes Elektron in die entgegengesetzte Richtung wandert. Die entgegengesetzte Bewegung zweier gleicher Ladungen kann jedoch nicht zur Stromleitung beitragen, der Kristall ist in diesem Fall ein Nichtleiter. Das oberste voll gefüllte Band wird dann als Valenzband, das nächst höhere (leere) Band als Leitungsband bezeichnet.

In einem nur teilweise gefüllten Band hingegen können sich die Elektronen nahezu frei durch den Kristall bewegen und machen ihn damit zum Leiter. Das teilweise gefüllte Band wird dann Leitungsband, das nächst tiefere Valenzband genannt. Ein Leiter zeichnet sich also durch ein nur teilweise gefülltes Leitungsband aus.

### 2.2. Stromleitung im Halbleiter

Während bei guten Isolatoren der Abstand zwischen Valenz- und Leitungsband einige eV beträgt, ist der Bandabstand bei dem Halbleiter Silizium nur 1,1 eV, bei Germanium 0,7 eV. Bei Temperaturen nahe 0 K befinden sich praktisch alle Außenelektronen im Valenzband, der Kristall ist dann ein Isolator. Mit steigender Temperatur bekommen immer mehr Elektronen aus dem gefüllten Valenzband genügend Energie, um in das unbesetzte Leitungsband zu springen. Sie hinterlassen dabei im Valenzband Löcher, die wiederum durch benachbarte Elektronen aufgefüllt werden können. Beim Anlegen einer elektrischen Spannung an einen Halbleiter-Kristall wandern die Elektronen in Richtung der Anode. Im Valenzband bedeutet dies, daß sich die jeweils frei werdenden Löcher in entgegengesetzter Richtung, also zur Katode hin bewegen. Löcher können demnach aufgefaßt werden als frei bewegliche positive Ladungsträger.

Die Stromleitung im Halbleiter wird damit von zwei verschiedenen Arten von Ladungsträgern verursacht: von den im Leitungsband frei beweglichen Elektronen und von den im Valenzband frei beweglichen positiven Löchern.

Da die Anzahl der Elektronen in Leitungsband und der Löcher im Valenzband mit steigender Temperatur stark anwächst, ist auch die Leitfähigkeit des Halbleiters sehr stark temperaturabhängig. Diese Eigenschaft wird bei NTC-Widerständen (NTC: negative temperature-coefficient) ausgenutzt. Für den Widerstand eines solchen Bauteils gilt in guter Näherung

$$(1) \quad R(T) = a \cdot e^{\frac{b}{kT}} \, .$$

Dabei ist $b$ eine materialabhängige Konstante, $a$ hängt auch von der Größe des verwendeten Kristalls ab. Da $kT$ eine Energie ist, muß auch $b$ die Dimension einer Energie haben. Es ist die Arbeit, die für die Anregung eines Elektrons ins Leitungsband notwendig ist.

Als Temperaturkoeffizient bezeichnet man

$$(2) \quad \alpha_T = \frac{1}{R} \cdot \frac{dR}{dT} = - \frac{b}{kT^2} \, .$$

Er gibt an, wie groß bei einer Temperaturänderung um 1 Grad die relative Widerstandsänderung ist.

Man beachte, daß im Gegensatz zu Halbleitern die metallischen Leiter einen positiven Temperaturkoeffizienten besitzen: aufgrund zunehmender Schwingungen des Kristallgitters treten vermehrt Stöße der Leitungselektronen auf, und der Widerstand des Kristalls wächst.

### 2.3. Dotierung von Halbleitern

Die in 2.2 beschriebenen elektrischen Eigenschaften treffen nur für Halbleiter zu, die sehr rein von Fremdatomen sind. Schon Verunreinigung im ppb-Bereich, d. h. 1 Fremdatom auf $10^9$ Si-Atome, können diese Eigenschaften empfindlich verändern. Bei der Dotierung von Halbleitern werden diese Veränderungen gezielt herbeigeführt.

In einem reinen Siliziumkristall trägt jedes Atom mit vier Elektronen zur Bindung mit den Nachbaratomen bei. Baut man nun einige wenige 5-wertige Atome, wie z. B. Phosphor oder Arsen, in das Kristallgitter ein, so sind diese überzähligen fünften Elektronen relativ schwach an den jeweiligen Atomrumpf gebunden.

Dies macht sich auch im Bänderschema des Halbleiters bemerkbar: im Abstand von einigen Zehntel eV unter dem Leitungsband liegen mit Elektronen besetzte diskrete, ortsfeste „Verunreingungsniveaus". Bei Zimmertemperatur ist die mittlere thermische Energie etwa $(3/2) \, kT = 75 \, \text{meV}$, so daß relativ viele Elektronen genügend Energie besitzen, um das Leitungsband zu erreichen. Die Stromleitung in einem solchen Halbleiter wird also hauptsächlich von negativen Ladungsträgern verursacht, die durch thermische Anregung aus den Verunreinigungsniveaus in das Leitungsband gelangt sind. Man bezeichnet deshalb diesen Vorgang als n-Leitung und den Halbleiter als n-dotiert. Die 5-wertigen Atome heißen Donatoren.

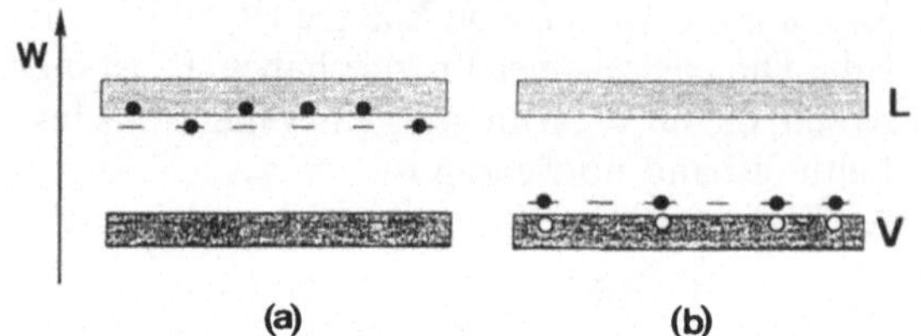

*Abb. V19–2. Bänderschema bei dotierten Halbleitern: a) n-Dotierung, b) p-Dotierung*

Bei der p-Dotierung werden stattdessen 3-wertige Fremdatome (Akzeptoren) in den Kristall eingebaut, z. B. Bor oder Aluminium. Die Energieniveaus dieser ortsfesten Akzeptoren liegen einige Zehntel eV oberhalb des Valenzbandes. Thermisch angeregte Elektronen aus dem Valenzband können diese Akzeptor-Niveaus besetzen und hinterlassen dabei im Valenzband Löcher. Diese verhalten sich wie beim undotierten Halbleiter, nämlich wie frei bewegliche positive Ladungen. Durch sie wird die Stromleitung im p-dotierten Halbleiter ermöglicht.

### 2.4. Der pn-Übergang

Bringt man innerhalb eines Kristalls durch unterschiedliche Dotierung die zwei Leitungstypen zusammen, so entsteht ein pn-Übergang. Durch die Wärmebewegung diffundieren Elektronen aus dem n-Bereich in den p-Bereich und rekombinieren dort mit Löchern. Das gleiche geschieht mit den Löchern, die aus dem p-Bereich in den n-Bereich gelangen. Dadurch bildet sich im Grenzgebiet eine an Ladungsträgern verarmte Schicht, die als Isolator wirkt.

Da die Atomrümpfe im Kristall ortsfest sind, entsteht durch die Diffusion im p-Bereich ein Gebiet mit negativer Raumladung, im n-Be-

reich ein Gebiet mit positiver Raumladung. Die Diffusion setzt sich solange fort, bis die Energie der Ladungsträger nicht mehr ausreicht, um gegen das durch die Raumladung aufgebaute elektrische Feld anzulaufen. Die Spannung, die zwischen den beiden Raumladungsgebieten herrscht, heißt Antidiffusionsspannung $U_a$.

Beim Anlegen einer äußeren Spannung an den pn-Übergang hängt dessen Verhalten von der Polung dieser Spannung ab. Verbindet man den positiven Pol mit der n-Schicht, so werden die Ladungsträger von der Grenzschicht weggezogen, die an Ladungsträgern verarmte isolierende Sperrschicht wird also noch verbreitert und der pn-Übergang sperrt.

Bei umgekehrter Polung der äußeren Spannung werden die freien Ladungsträger zur Grenzschicht hin gezogen. Ist die äußere Spannung größer als die Antidiffusionsspannung, so wird die Sperrschicht vollkommen abgebaut und der pn-Übergang leitet.

Diese Eigenschaft des pn-Übergangs, daß Strom nur in eine Richtung fließen kann, wird bei der Halbleiter-Diode zur Gleichrichtung

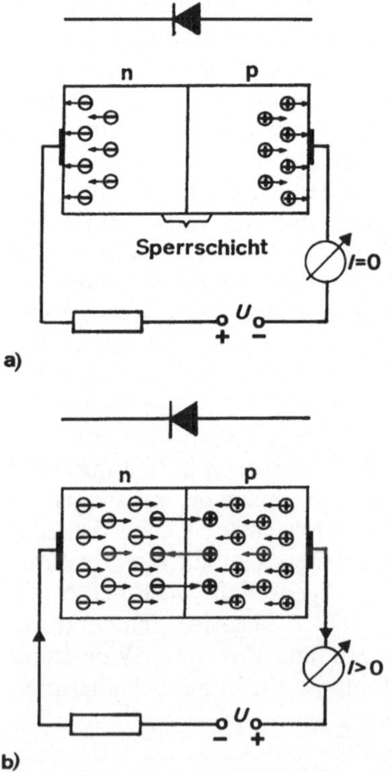

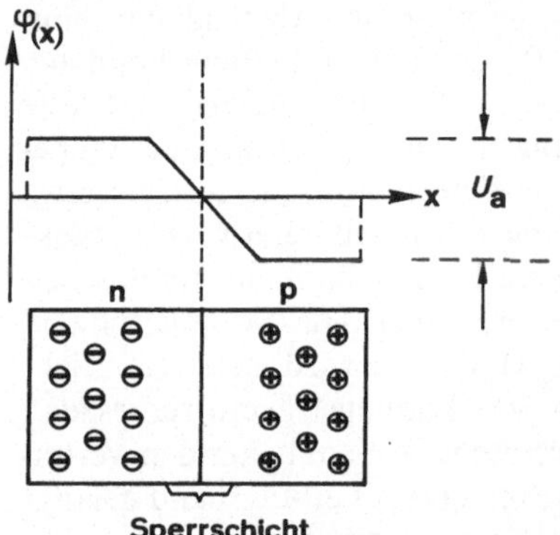

*Abb. V19–3. Der pn-Übergang ohne äußere Spannung*

*Abb. V19–4. Der pn-Übergang in Sperrichtung (a) und in Durchlaßrichtung (b)*

von Wechselströmen ausgenutzt. Bei realen Dioden läßt sich auch in Sperrichtung ein sehr geringer Strom beobachten. Er wird verursacht durch thermische Anregung von Elektronen in der Raumladungszone. Bei fester Temperatur ist dieser Sperrstrom oberhalb einer bestimmten Sperrspannung konstant, da alle entstehenden Ladungsträger aus der Sperrschicht abgesaugt werden. Man spricht hier vom Sättigungsstrom.

### 2.5. Sonderformen der Diode

Eine für die Praxis wichtige Erscheinung erkennt man bei immer weiterer Erhöhung der Sperrspannung. Ab einer bestimmten Spannung, die im wesentlichen von der Dotierung abhängt, steigt der Sperrstrom sprunghaft an. Dies hat zwei Ursachen:

Aufgrund der hohen Sperrspannung wird die kinetische Energie der als Sperrstrom fließenden Ladungen so groß, daß sie beim Stoß auf einen Atomrumpf dort Elektronen herausschlagen und ins Leitungsband anheben können. Diese wiederum können weitere Elektronen auslösen, so daß die Anzahl der freien Ladungsträger sich lawinenartig vergrößert (Lawinen- oder Avalanche-Effekt).

Die zweite Ursache ist der Feldstärke-Effekt. Durch die angelegte Sperrspannung steigt die Feldstärke in der Sperrschicht. Ab etwa $10^6$ V/cm reicht die Feldstärke aus, um Elektronen aus dem Valenzband in das Leitungsband zu heben und damit freie Ladungsträger zu erzeugen.

Der sprunghafte Anstieg des Sperrstroms führt bei normalen Dioden zu unzulässiger Erwärmung und damit zu deren Zerstörung. Die maximal zulässige Sperrspannung von Dioden liegt in der Größenordnung 10 V bis hin zu 10 kV, der typische Sperrstrom liegt zwischen einigen nA und einigen µA.

Bei Zenerdioden wird das Durchbruch-Verhalten zur Spannungsstabilisierung benutzt. Dazu schaltet man im einfachsten Fall die Zenerdiode in Reihe mit einem Widerstand und legt eine Spannung an, die größer ist als die Sperrspannung, bei der der Durchbruch auftritt (Zenerspannung). An der Zenerdiode liegt dann genau die Zenerspannung an, die restliche Spannung fällt am Widerstand ab.

Bei der Fotodiode läßt man auf einen in Sperrrichtung gepolten pn-Übergang Licht fallen.

Von den Photonen werden Elektronen aus dem Valenzband in das Leitungsband angehoben. Die Anzahl der dadurch erzeugten freien Ladungsträger und damit die Größe des Sättigungs-Sperrstromes ist proportional zur Lichtintensität.

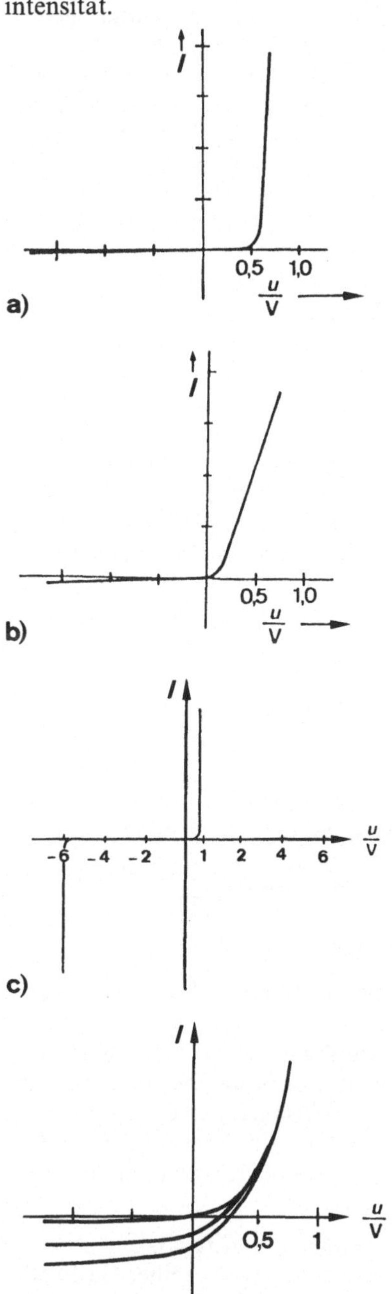

Abb. V19−5. *Kennlinien von Dioden: a) Si-Diode, b) Ge-Diode, c) Zener-Diode, d) Fotodiode bei verschiedenen Beleuchtungsstärken*

## 2.6. Messung von Kennlinien

Zur experimentellen Bestimmung von Kennlinien gibt es im wesentlichen drei Möglichkeiten:

a) die für die Kennlinien benötigten Strom- und Spannungs-Werte werden „von Hand" gemessen und in das Diagramm eingetragen.

b) An die zu untersuchende Diode und an den $x$-Eingang eines $xy$-Schreibers wird eine kontinuierlich veränderbare Gleichspannung angelegt. Der Spannungsabfall an einem in Reihe zur Diode geschalteten Meßwiderstand wird als Maß für die Stromstärke auf den $y$-Eingang des Schreibers gegeben. Wird die Gleichspannung in den gewünschten Grenzen durchgestimmt und ggf. die Polung gewechselt, so erhält man auf dem Schreiber die $I(U)$-Kennlinie.

c) Verwendet man statt der langsam veränderlichen Gleichspannung eine Wechselspannung, so kann man die Spannung auf den $x$-Eingang eines Oszilloskops, das Stromsignal auf den $y$-Eingang geben und erhält das Kennlinienbild auf dem Bildschirm. Dieses Verfahren wird als dynamische Kennlinienaufnahme bezeichnet.

## 3. Versuch

### 3.1. Verwendete Geräte

- Netzgerät
- Oszilloskop
- Vielfach-Meßinstrument
- NTC-Widerstand mit Thermometer
- verschiedene Dioden
- Widerstände, Kondensatoren

### 3.2. Aufgabenstellung

1. Aufgabe: Temperaturverhalten eines NTC-Widerstandes

Die Temperaturabhängigkeit eines NTC-Widerstandes soll in einer Meßreihe aufgenommen und in geeigneter Weise grafisch dargestellt werden. Man bestimme die Anregungsenergie $b$ und den Temperaturkoeffizienten bei dem verwendeten Bauelement.

2. Aufgabe: Kennlinien von Dioden

Die Kennlinien einer Si-Diode, einer Ge-Diode und einer Zenerdiode sollen am Oszilloskop dargestellt werden. Bei einer Fotodiode soll die Kennlinie für verschiedene Beleuchtungsstärken aufgenommen werden.

3. Aufgabe: Gleichrichterschaltungen

Man baue die Schaltung einer Einweg-Gleichrichtung sowie einer Brücken-Gleichrichtung mit und ohne Glättungskondensator auf und stelle den Spannungsverlauf am Oszilloskop dar.

### 3.3. Hinweise zur Versuchsdurchführung

Für Aufgabe 1 wird ein mit der Spitze eines Thermometers verklebter NTC-Widerstand mit isolierten Zuleitungen im Wasserbad erhitzt und sein Widerstand gemessen. Man achte auf den notwendigen Temperaturausgleich!

Für die Kennlinienaufnahme wird eine Wechselspannungsquelle (z. B. Funktionsgenerator) verwendet. Deren Amplitude darf höchstens so groß sein, daß der maximal zulässige Arbeitsstrom des untersuchten Bauteils nicht überschritten wird.

Falls die $x$-Ablenkung des Oszilloskops keinen kalibrierten Verstärker besitzt, wird zunächst mit der Schaltung nach Abbildung 6 die Kennlinie eines Widerstandes aufgenommen. Um störende Erdschleifen zu vermeiden, wird als Erde nur die Abschirmung des einen Koaxialkabels verwendet.

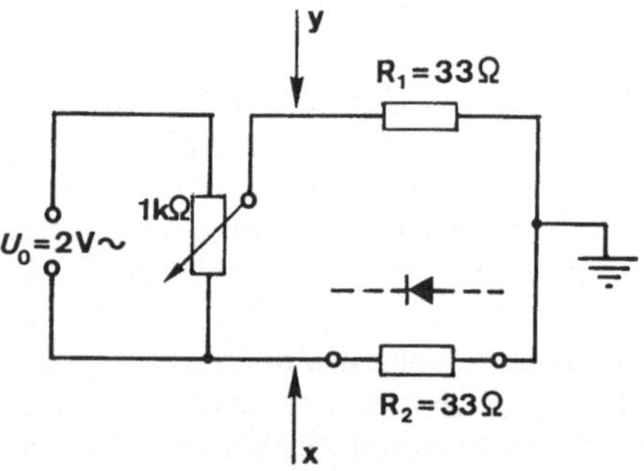


*Abb. V19–6. Schaltung zur Kalibrierung der x-Ablenkung*

Die an $R_1$ und $R_2$ abfallenden Spannungen sind gleich groß. Man wähle als Empfindlichkeit für die $y$-Achse 0,5 V/cm und stelle die $x$-Empfindlichkeit so ein, daß sich eine Gerade mit der Steigung $-1$ ergibt.

Für die dynamische Aufnahme der Diodenkennlinien wird in Abb. 6 der Widerstand $R_2$ ersetzt durch die zu untersuchende Diode.

Um bei der Zenerdiode den Anstieg des Sperrstroms deutlicher zu machen, kann die $y$-Empfindlichkeit erhöht werden. Die Beleuchtungsstärke der Fotodiode kann durch einfaches Abdecken variiert werden. Will man reproduzierbare Ergebnisse erhalten, wird die Fotodiode zusammen mit einer Glühlampe in ein lichtdichtes Gehäuse eingebaut. Die Beleuchtungsstärke läßt sich dann durch die an der Glühlampe angelegte Spannung verändern.

Die Abbildung 7 zeigt die Schaltungen der Einweg- und der Brücken-Gleichrichtung. Bei der Verwendung von Elektrolyt-Kondensatoren achte man auf deren richtige Polung!

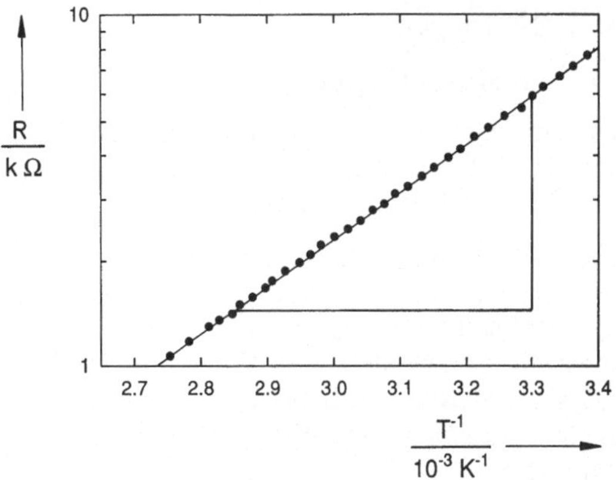

Abb. V19–8. *Temperaturverhalten eines NTC-Widerstandes*

In Abb. 8 liest man ab

$$R(T_1 = 351 \text{ K}) = 1,5 \text{ k}\Omega$$
$$R(T_2 = 303 \text{ K}) = 7,0 \text{ k}\Omega.$$

Damit ergibt sich $b = 4,7 \cdot 10^{-20} \text{ J} = 0,29 \text{ eV}$.

Der Temperaturkoeffizient $\alpha_T$ ist temperaturabhängig. Nach (2) ist bei 30 °C $\alpha_T = -0,037 \text{ K}^{-1}$.

Das heißt, die relative Widerstandsänderung beträgt $-3,7\%$ je Kelvin Temperaturänderung.

Die Abb. 9 zeigt die Spannungsverläufe an $R$ bei der Einweg- und bei der Brücken-Gleichrichtung. Die Glättung ist umso besser, je größer $R$ und $C$ sind.

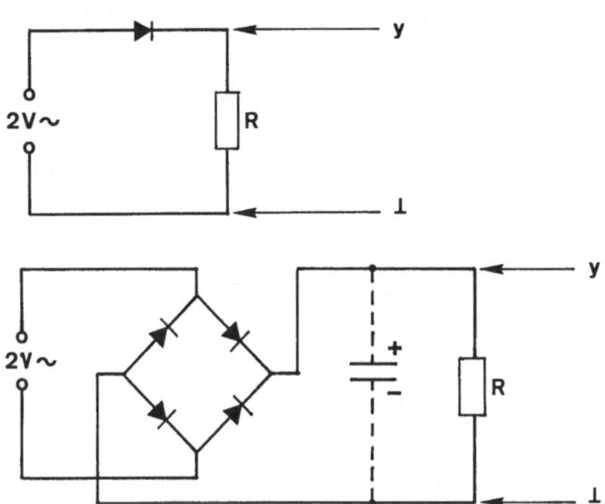

*Abb. V19–7. Gleichrichter-Schaltungen: a) Einweg-Gleichrichtung, b) Brücken-Gleichrichtung*

### 3.4. Meßbeispiele

Zum Temperaturverhalten des NTC-Widerstandes:
Aus (1) folgt

$$(3) \quad \ln R(T) = \ln a + \frac{b}{kT}.$$

Trägt man also den Widerstand auf halblogarithmischem Papier über dem Kehrwert der absoluten Temperatur auf, so ist eine Gerade zu erwarten.

Zur Bestimmung der Anregungsenergie $b$ verwendet man zwei Punkte der Ausgleichsgeraden. Aus (3) erhält man

$$(4) \quad \ln R(T_1) - \ln R(T_2) = \frac{b}{kT_1} - \frac{b}{kT_2}$$

und daraus

$$(5) \quad b = k \cdot \frac{T_1 \cdot T_2}{T_1 - T_2} \cdot \ln \frac{R(T_2)}{R(T_1)}.$$

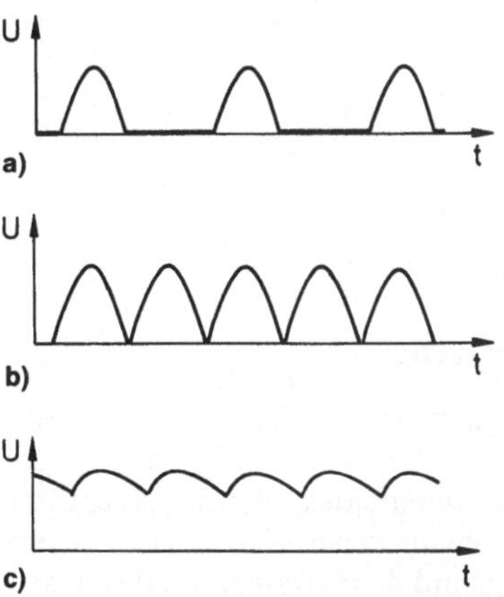

*Abb. V19–9. Spannungsverlauf bei Gleichrichterschaltungen: a) Einweg-Gleichrichtung, b) Brücken-Gleichrichtung ohne Glättung, c) Brücken-Gleichrichtung mit Glättung*

## 4. Ergänzungen

### 4.1. Vertiefende Fragen

Warum zeigt das Meßergebnis in Aufgabe 1, daß der NTC-Widerstand nicht aus undotiertem Silizium bestehen kann?

Um restliche Wechselstromanteile weiter zu unterdrücken, soll an den Ausgang der (geglätteten) Brückenschaltung noch ein RC-Tiefpaß angeschlossen werden. Der Widerstand im Tiefpaß soll höchstens 10 Ω betragen, die Grenzfrequenz bei 15 Hz liegen. Wie groß muß $C$ mindestens sein?

Eine Zenerdiode hat die Zenerspannung 6,2 V, die maximale Verlustleistung an der Diode ist 1 W. Wie ist der Vorwiderstand für eine Spannungsstabilisierung zu dimensionieren, wenn die Eingangsspannung 10 V beträgt? Für welche Verbraucher bleibt die Ausgangsspannung stabil?

### 4.2. Ergänzende Bemerkungen

Wird bei Aufgabe 1 der NTC-Widerstand statt in Wasser in einem Ölbad erhitzt, kann auf die Isolierung der Anschlüsse verzichtet werden.

Manchmal findet man z. B. am Eingang eines Verstärkers zwei zueinander entgegengesetzt parallel geschaltete Dioden. Da unabhängig von der Polung der Eingangsspannung eine der Dioden ab etwa 0,6 V leitend wird, wirkt diese Schaltung als 0,6 V-Spannungsbegrenzer.

# Versuch 20
# Transistoren

## 1. Ziel des Versuches

Mit diesem Versuch soll die Einführung in die Elektronik fortgesetzt werden. Durch Aufnahme des Kennlinienfeldes wird zunächst die grundlegende Arbeitsweise eines Transistors untersucht. Aufgrund der Grenzdaten des Transistors wird ein einstufiger Transistor-Verstärker dimensioniert. Der Verstärker sowie eine Transistor-Schaltstufe werden aufgebaut und quantitativ untersucht.

## 2. Grundlagen

### 2.1. Aufbau und Funktion des Transistors

Nach ihrer inneren Schichtenfolge unterscheidet man pnp- und npn-Transistoren. Beide Typen haben prinzipiell die gleiche Funktionsweise und alle Erklärungen für den einen Typ treffen auch auf den anderen zu, wenn die Polaritäten aller Spannungen vertauscht und statt Elektronen jeweils Löcher und umgekehrt betrachtet werden. Da aus technischen Gründen hauptsächlich npn-Transistoren verwendet werden, wollen wir unsere Betrachtungen auf diesen Typ beschränken.

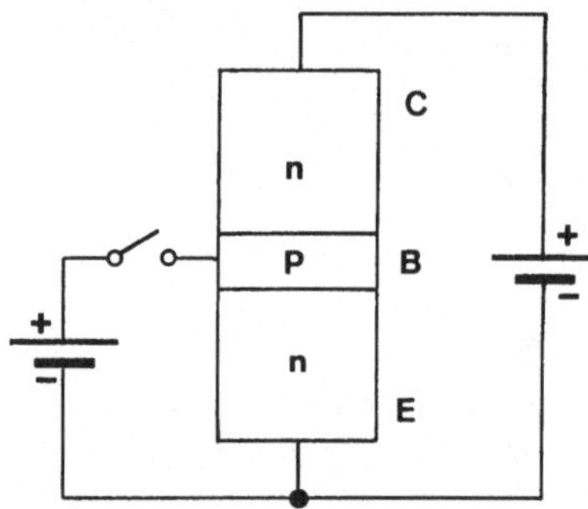


*Abb. V20–1. Spannungsquellen am npn-Transistor*

Legt man, wie in Abbildung 1 gezeigt, die beiden n-Schichten an die Pole einer Gleichspannungsquelle, so sperrt (bei offenem Schalter S) der obere pn-Übergang, während der untere in Durchlaßrichtung gepolt ist. Insgesamt fließt also nur ein vernachlässigbarer Sperrstrom durch den Transistor. Wird nun bei Schließen des Schalters die zweite Spannungsquelle an den unteren pn-Übergang gelegt, so ist dieser in Durchlaßrichtung gepolt, und im linken Stromkreis fließt ein Strom. Dabei gelangen Elektronen aus der unteren n-Schicht in die p-Schicht. Diese ist aber so dünn (typisch ca. 10 µm), daß die meisten dieser Elektronen in den oberen pn-Übergang geraten. Damit existieren in diesem nun freie Ladungsträger und es fließt auch im rechten Stromkreis ein Strom. Die p-Schicht kann so hergestellt werden, daß rund 99 % aller von der unteren n-Schicht ausgehenden Elektronen in die obere n-Schicht gelangen. Man bezeichnet gemäß ihrer Wirkungsweise die untere n-Schicht als Emitter, die obere als Kollektor. Die p-Schicht heißt Basis. Durch den Strom über die Basis kann also ein um rund 2 Größenordnungen höherer Kollektorstrom gesteuert werden.

## 2.2. Das Kennlinienfeld

Das Verhalten eines Transistors läßt sich nicht durch eine einzige Kennlinie beschreiben, es müssen vielmehr die Zusammenhänge mehrerer Spannungen und Ströme grafisch dargestellt werden. Da die Polung der Spannungsquellen und die Stromrichtungen nach Abbildung 1 festliegt, genügt für jede Kennlinie ein Quadrant. Wie man später sieht, ist es zweckmäßig, mehrere Kennlinien in einem Schaubild, dem Kennlinienfeld des Transistors, zu vereinigen.

Im ersten Quadranten des Kennlinienfeldes wird die Abhängigkeit des Kollektorstroms $I_C$ von der Spannung $U_{CE}$ zwischen Kollektor und Emitter dargestellt. Da $I_C$ noch von der Basisstromstärke $I_B$ abhängt, werden mehrere dieser Ausgangskennlinien mit $I_B$ als Parameter eingetragen (Abbildung 2).

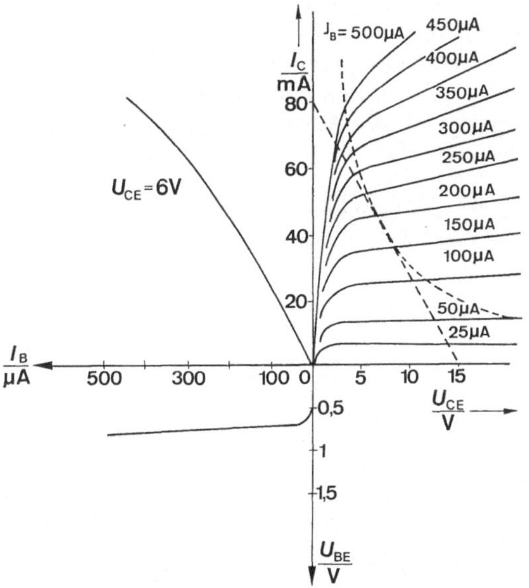


*Abb. V20−2. Kennlinienfeld eines Transistors (BC 108), gestrichelt: Leistungshyperbel* ($P_{tot,\,max}$ = 300 mW) *und Widerstandsgerade* ($R$ = 188 Ω)

Die Abhängigkeit des Kollektorstroms von $I_B$ bei einer festen Spannung $U_{CE}$ wird mit der Stromsteuerkennlinie im zweiten Quadranten dargestellt. Dazu wird $I_B$ auf der negativen x-Achse abgetragen. Man kann die Stromsteuerkennlinie unmittelbar aus den Ausgangskennlinien entnehmen, indem man für die verschiedenen Basisströme den Kollektorstrom bei festem $U_{CE}$ abliest. In Abbildung 2 wurde $U_{CE}$ = 6 V vorausgesetzt. Als Stromsteuerkenn-

linie ergibt sich annäherd eine Gerade, deren Steigung die Stromverstärkung $B$ angibt.

Im dritten Quadranten stellt man die Abhängigkeit des Basisstroms von der zwischen Basis und Emitter anliegenden Eingangs-Spannung $U_{BE}$ dar. Diese sogenannte Eingangskennlinie ist identisch mit der Kennlinie eines in Durchlaßrichtung gepolten pn-Übergangs.

## 2.3. Lastwiderstand des Transistors

Der Transistor soll in vielen Fällen den Strom $I_C$ durch einen Lastwiderstand $R$ im Kollektorkreis steuern. Er wirkt dann wie ein Vorwiderstand, dessen Wert vom Basisstrom $I_B$ bzw. von der Spannung $U_{BE}$ zwischen Basis und Emitter abhängt.

Beim Betrieb des Transistors sind die typspezifischen Grenzdaten zu beachten, um den Transistor nicht zu zerstören. Einige vom Hersteller angegebene Kenndaten des Transistors BC 108 sind in Tabelle 1 zusammengestellt.

Tabelle 1: Kenndaten des BC 108 (Herstellerangaben)

| | |
|---|---|
| maximaler Basisstrom | $I_{B,\,max}$ = 50 mA |
| maximaler Kollektorstrom | $I_{C,\,max}$ = 100 mA |
| maximale Verlustleistung | $P_{tot,\,max}$ = 300 mW |

Im Kollektorkreis gilt

$$(1) \quad U = U_{CE} + R \cdot I_C.$$

$U$: Betriebsspannung der Schaltung

$R$ muß mindestens so groß gewählt werden, daß bei gegebener Betriebsspannung $U$ und bei voll durchgeschaltetem Transistor ($U_{CE}$ = 0) der Kollektorstrom kleiner als $I_{C,\,max}$ ist. Die Betriebszustände, bei denen die maximal erlaubte Verlustleistung erreicht wird, liegen im Ausgangskennlinienfeld auf einer Hyperbel mit

$$(2) \quad U_{CE} \cdot I_C = P_{tot,\,max}.$$

Daraus ergibt sich für $R$ eine zweite Bedingung: sein Wert muß mindestens so groß gewählt werden, daß der Transistor nur unterhalb dieser Hyperbel betrieben wird.

Gleichung (1) beschreibt eine Gerade im Ausgangskennlinienfeld $I_C(U)$, deren negative Steigung der Kehrwert des Widerstandes $R$ ist. Bei dem minimal zulässigen Widerstand berührt die Gerade die Leistungshyperbel, für größere

Widerstände verläuft sie unterhalb der Hyperbel.

Den Wert von $R$ erhält man z. B. aus den Schnittpunkten der Geraden mit den Achsen. Physikalisch bedeutet dies, daß man einmal den Transistor in voll durchgeschaltetem Zustand und einmal in voll gesperrtem Zustand betrachtet.

Soll beispielsweise der Typ BC 108 in einer Schaltung mit 15 V Betriebsspannung verwendet werden, so schneidet die Widerstandsgerade, die die Leistungshyperbel berührt, die $I_C$-Achse bei 80 mA. Der minimal zulässige Kollektorwiderstand ist also 15 V/80 mA = 188 Ω. Mit diesem Kollektorwiderstand ist gleichzeitig sichergestellt, daß $I_{C, max}$ nicht überschritten werden kann.

## 2.4. Der Transistor als Verstärker

Über einen Transistor können mit kleinen Gleichströmen im Basisstromkreis erheblich größere Gleichströme im Kollektorstromkreis gesteuert werden. Legt man zwischen Basis und Emitter eine Wechselspannung an, so arbeitet der Transistor während der positiven Halbperiode genau wie bei einer Gleichspannung als Verstärker. Während der negativen Halb-

periode hingegen wird der pn-Übergang zwischen Basis und Emitter gesperrt, der Kollektorstrom ist also während der gesamten Halbperiode nahezu null.

Damit auch negative Halbwellen übertragen werden können, muß in die Basis zusätzlich zum Signalwechselstrom ein konstanter Gleichstrom eingespeist werden. Es ist meist zweckmäßig, diesen Gleichstrom so einzustellen, daß ohne Signalwechselstrom am Lastwiderstand im Kollektorkreis die halbe Betriebsspannung anliegt. Dieser sogenannte Arbeitspunkt des Transistors liegt dann in der Mitte der Widerstandsgeraden. Der Wechselstrom bewirkt Stromänderungen in der Basis und damit um den Faktor $B$ größere Stromänderungen im Kollektor. Am Lastwiderstand fällt also im Endeffekt eine durch Gleichspannung überlagerte Wechselspannung an. In Abbildung 3 ist die Verstärkungswirkung am Kennlinienfeld mit einem Arbeitswiderstand $R = 270\,\Omega$ und für die Betriebsspannung $U = 12$ V dargestellt. $U_{SS}$ ist jeweils die doppelte Amplitude der Eingangs- bzw. Ausgangs- Wechselspannung („Spitze-Spitze-Wert").

Es gibt 2 Möglichkeiten, wie der Arbeitspunkt des Transistors eingestellt werden kann: ent-

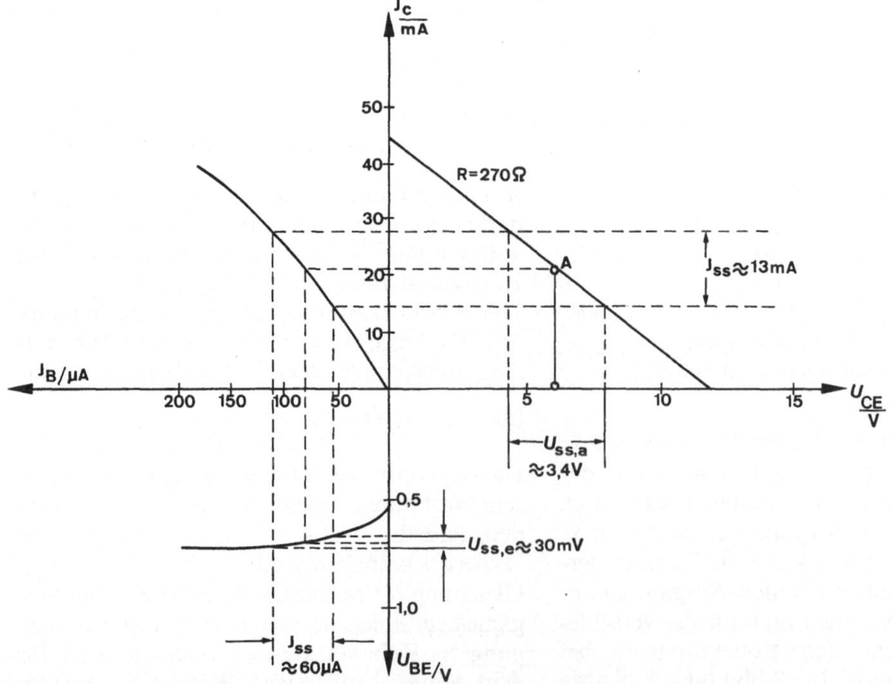


*Abb. V20–3. Spannungsverstärkung am Transistor.* A: *Arbeitspunkt*

weder wird die Basis über einen passenden Vorwiderstand an den Pluspol geschaltet oder aber es wird mit Hilfe eines Spannungsteilers die entsprechende Basisspannung erzeugt. Meist wird aus Stabilitätsgründen der zweiten Möglichkeit der Vorzug gegeben. Dabei sollte der Querstrom durch den Spannungsteiler 5 bis 10 mal größer als der Basisstrom sein.

Damit die Gleichstromverhältnisse durch die Signalspannungsquelle bzw. durch nachgeschaltete Verstärkerstufen nicht beeinflußt werden, schaltet man in den Eingang und Ausgang des Verstärkers je einen Kondensator, der Gleichstrom abblockt, den Signalwechselstrom jedoch passieren läßt.

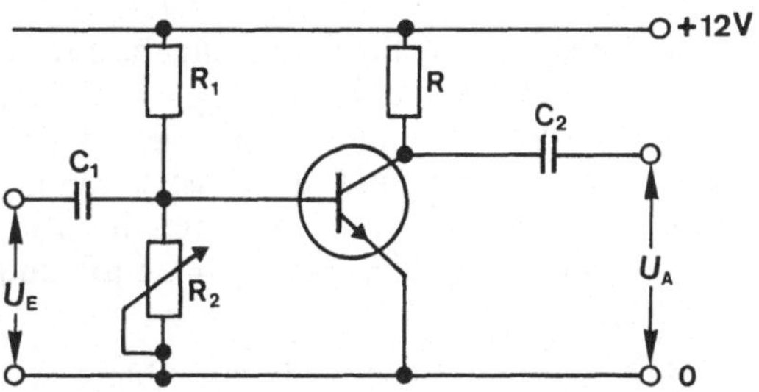

*Abb. V20−4. Schaltung eines einstufigen Transistorverstärkers*

## 2.5. Der Transistor als Schalter

Beim Einsatz als steuerbarer Schalter besitzt der Transistor zwei Arbeitspunkte, entweder er ist gesperrt oder durchgeschaltet. Die beiden Arbeitspunkte liegen also möglichst weit rechts bzw. links auf der Widerstandsgeraden. Wenn der Schaltvorgang schnell durchgeführt wird, darf die Widerstandsgerade die Leistungshyperbel schneiden, nur die beiden Arbeitspunkte müssen unterhalb der Hyperbel liegen.

Um den Transistor zu sperren, genügt es, die Basis offen zu lassen. Meist wird jedoch zusätzlich die Basis über einen Widerstand auf Emitterpotential gelegt. Zum Durchschalten wird die Basis über einen Widerstand, der den Basisstrom auf zulässige Werte begrenzt, auf positives Potential gelegt.

## 3. Versuch

### 3.1. Verwendete Geräte

− Netzgerät
− Funktionsgenerator
− Digitalzähler
− Oszilloskop
− Stoppuhr
− Vielfach-Meßgeräte
− npn-Transistor
− Widerstände, Kondensatoren

### 3.2. Aufgabenstellung

1. Aufgabe: Transistor-Kennlinien
Das Kennlinienfeld eines npn-Transistors in Emitterschaltung soll aufgenommen werden.

2. Aufgabe: Transistor als Verstärker
a) Es soll ein einstufiger NF-Verstärker für 12 V Betriebsspannung und 270 Ω Lastwiderstand aufgebaut werden. Welchen Wert müssen die Spannungsteiler-Widerstände haben?
b) Man messe die Spannungsverstärkung in Abhängigkeit von der Frequenz.
c) Durch Veränderung des Basisspannungsteilers soll ein falscher Arbeitspunkt eingestellt und bei sinusförmiger Eingangsspannung das Aussgangssignal oszillographiert werden. Die auftretenden Verzerrungen lassen sich auch mit einem Ohrhörer wahrnehmen.

3. Aufgabe: Transistor als Schalter
Mit einem Kondensator und einem Transistor soll eine einfache Einschaltverzögerung für eine Glühlampe aufgebaut werden. Man untersuche die Abhängigkeit der Verzögerungsdauer von der Kapazität des Kondensators.

### 3.3. Hinweise zur Versuchsdurchführung

Für die Kennlinienaufnahme wird eine Schaltung gemäß Abbildung 5 verwendet. Bei allen Messungen beachte man die Grenzdaten des Transistors!

Bei der Aufnahme der Eingangskennlinie wird $U_{CE}$ konstant gehalten. Erforderlichenfalls kann am Potentiometer $P_2$ nachgeregelt werden. Für $U_{CE}$ wird die Spannung am späteren Arbeits-

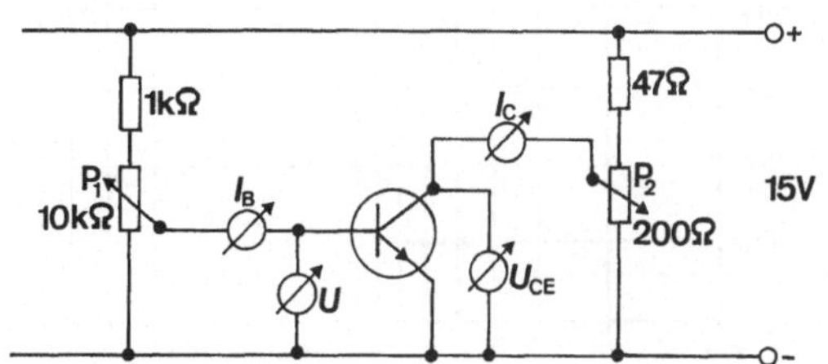

*Abb. V20−5. Schaltung zur Kennlinienaufnahme beim Transistor*

punkt des Transistors gewählt, also 6 V. Mit $P_1$ kann dann $U_{BE}$ variiert werden.

Die Stromsteuerkennlinie erhält man im gleichen Arbeitsgang, wenn man gleichzeitig mit $I_B$ auch $I_C$ mißt.

Zur Aufnahme der Ausgangskennlinien wird an $P_2$ die Kollektor-Emitter-Spannung $U_{CE}$ eingestellt. Der Parameter $I_B$ ist für jede einzelne Ausgangskennlinie konstant zu halten. $I_B$ wird nach jeder Änderung von $U$ kontrolliert und ggf. an $P_1$ nachgeregelt.

Die erhaltenen Kennlinien werden nun zu einem Diagramm nach Abbildung 2 zusammengefügt. Zur Kontrolle vergleiche man die gemessene Steuerkennlinie mit den Werten, die sich aus den Ausgangskennlinien ergeben.

Für Aufgabe 2 verwendet man die Schaltung nach Abbildung 4. Bei der Messung des Frequenzganges soll ein Frequenzbereich von etwa 3 Zehnerpotenzen überstrichen werden. Bei der grafischen Darstellung ist es deshalb zweckmäßig, eine logarithmische Frequenzachse zu wählen.

Bei der Einschaltverzögerung (Aufgabe 3) wird ein Elektrolyt-Kondensator $C$ über einen Widerstand $R$ aufgeladen. Sobald die Spannung an

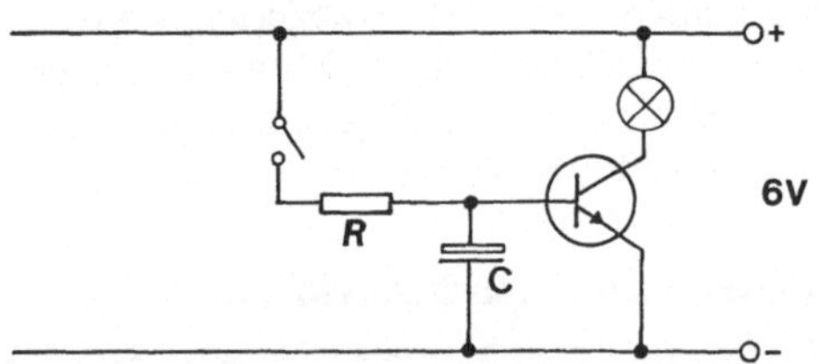

*Abb. V20–6. Einschaltverzögerung mit Transistor*

$C$ etwa 0,6 V beträgt, wird die Kollektor-Emitterstrecke des Transistors leitend und die Glühlampe leuchtet. Um eine möglichst lange Verzögerungsdauer zu erreichen, wird man $R$ und $C$ möglichst groß wählen. Der Wert für $R$ darf jedoch höchstens so groß sein, daß der Transistor noch voll durchgeschaltet werden kann. Man achte darauf, daß der Elektrolyt-Kondensator richtig gepolt und vor dem Einbau entladen ist.

### 3.4. Meßbeispiele

Das Kennlinienfeld des hier zugrunde gelegten Transistors BC 108 ist bereits in Abbildung 2 dargestellt.

Bei der Verstärkerschaltung zu Aufgabe 2 wählen wir den Arbeitspunkt bei $U_{CE} = 6$ V. Der Kollektorstrom ist dann 22 mA, der Basisstrom etwa 0,1 mA und die Basisspannung etwa 0,7 V. Für die Kondensatoren im Ein- und Ausgang verwenden wir $C_1 = 0,1$ µF und $C_2 = 10$ µF.

Im Basisspannungsteiler soll ein Querstrom von etwa $10 \cdot I_B \approx 1$ mA fließen. Wir wählen deshalb $R_1 = 10$ kΩ und $R_2 = 1$ kΩ. Die genaue Einstellung des Arbeitspunktes erfolgt an $R_2$.

In Abbildung 7 ist der Frequenzgang der Verstärkerstufe bei der genannten Dimensionierung gezeigt.

Bei der Schaltung zur Einschaltverzögerung erhält man eine lineare Abhängigkeit der Verzögerungsdauer von der Kapazität $C$.

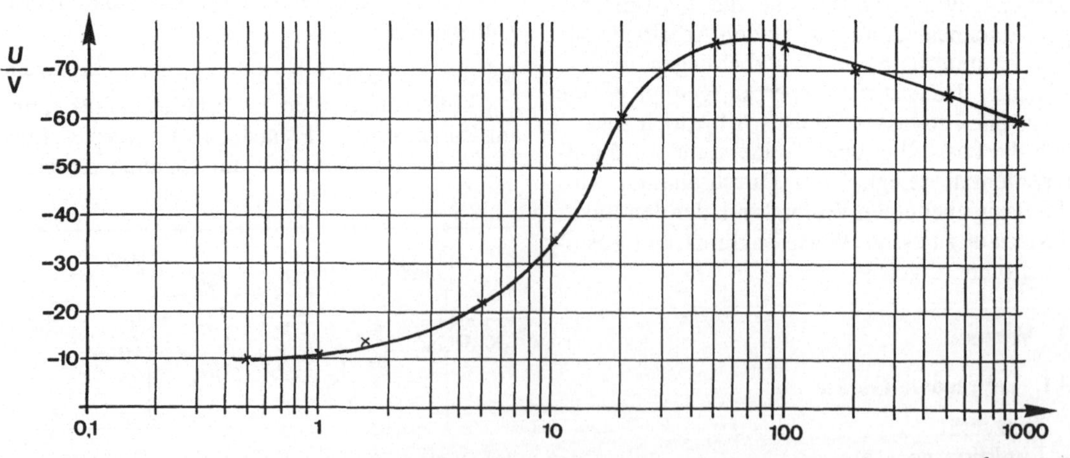

*Abb. V20–7. Gemessener Frequenzgang eines einstufigen Transistorverstärkers*

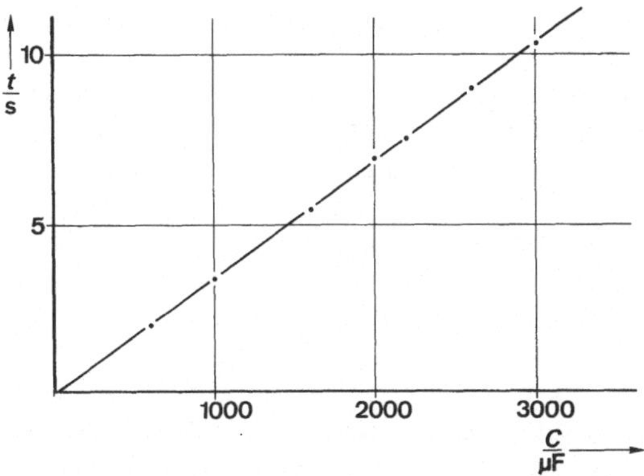

*Abb. V20–8. Verzögerungsdauer des Einschaltvorganges in Abhängigkeit von der Kapazität C ($R = 15\,\text{k}\Omega$)*

## 4. Ergänzungen

### 4.1. Vertiefende Fragen

Wodurch wird die in Abb. 7 erkennbare Abnahme der Verstärkung bei sehr hohen und sehr niedrigen Frequenzen verursacht?

Wie ist die Linearität in Abb. 8 zu erklären?

Wie ist die Schaltung nach Abbildung 5 für eine dynamische Kennlinienaufnahme mit dem Oszilloskop abzuändern?

### 4.2. Ergänzende Bemerkungen

Die Daten und Kennlinien eines Transistors sind z.T. stark temperaturabhängig. Um bei sich ändernder Betriebstemperatur den Arbeitspunkt stabil zu halten, müssen zusätzlich Maßnahmen ergriffen werden (z.B. Gegenkopplung durch RC-Glied in der Emitterleitung)[1].

Bei der Emitter-Schaltung dient der Emitter als gemeinsamer Anschluß für Ein- und Ausgang der Verstärkerstufe. Für spezielle Anwendungen können auch Basis oder Kollektor als gemeinsamer Anschluß verwendet werden (Basis- bzw. Kollektorschaltung).

Literatur:

1) U. Tietze, Ch. Schenk: Halbleiter-Schaltungstechnik. Springer 1986

# Versuch 21
# Digitale Grundschaltungen

## 1. Ziel des Versuches

Die digitale Schaltungstechnik stellt ein wichtiges Teilgebiet der modernen Elektronik dar. In diesem Versuch werden wesentliche Grundschaltungen dieses Teilgebietes, nämlich logische Gatter, Trigger sowie astabile, mono- und bistabile Kippstufen aufgebaut und in ihrer Funktion erklärt.

## 2. Grundlagen

### 2.1. Digitale Logik und NAND-Gatter

Die Informationsverarbeitung in Computern beruht wesentlich auf der Verknüpfung logischer Größen, die entweder den Wert „wahr" oder „falsch" annehmen können. Solche Größen mit zweielementiger Wertemenge heißen binäre Größen.

Die beiden möglichen Werte einer binären Größe können durch einen als Schalter betriebenen (npn-)Transistor dargestellt werden: entweder der Transistor leitet (Potential am Kollektor $\varphi = 0$), oder er sperrt ($\varphi = + U$). In der Digital-Elektronik ist üblicherweise $U = 5\,\text{V}$. Der Zustand $\varphi = 0$ wird als „low" (L) oder als „logisch null", der Zustand $\varphi = + 5\,\text{V}$ als „high" (H) oder „logisch eins" bezeichnet. Dabei wird „high" mit „wahr", „low" mit „falsch" identifiziert.

Für binäre Größen spielen drei logische Grundoperationen eine wesentliche Rolle. Neben der NOT-Funktion, deren Ergebnis gerade die Umkehrung des Argumentes ist, sind noch die AND- und die OR-Funktion von Bedeutung. Im Gegensatz zur NOT-Funktion sind diese beiden Funktionen mehrstellig, das heißt, sie besitzen mehrere Argumente. Das Ergebnis der AND-Funktion ist genau dann „wahr", wenn alle Argumente den Wert „wahr" besitzen. Die OR-Funktion hat als Ergebnis den Wert „wahr", wenn wenigstens ein Argument „wahr" ist. Abbildung 1 zeigt die Schaltsymbole und die Wahrheitstafeln für die genannten Verknüpfungen.

Die NOT-Funktion kann mit einer einfachen Transistor-Schaltstufe realisiert werden: liegt an der Basis ein „high"-Signal, so leitet der Transistor, der Kollektor ist also „low" und umgekehrt.

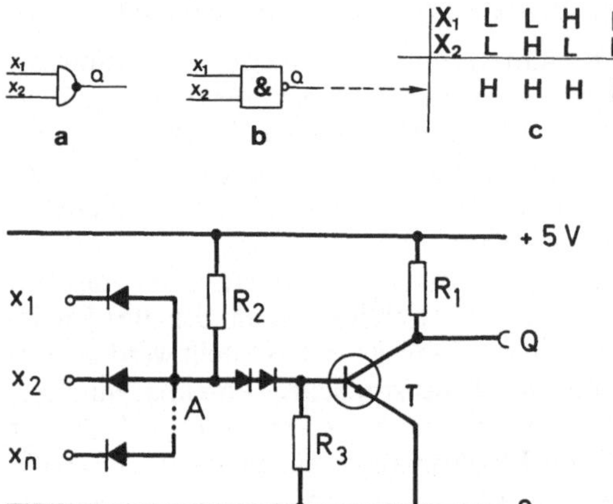

*Abb. V21 – 1. Logische Grundoperaionen: a) alte Schaltsymbole, b) neue Schaltsymbole, c) Wahrheitstafeln*

*Abb. V21 – 2. NAND-Gatter: a) altes Schaltsymbol, b) neues Schaltsymbol, c) Wahrheitstafel, d) Schaltskizze*

Abbildung 2d zeigt die Erweiterung einer solchen Schaltstufe zu einem NAND-Gatter.

Wir betrachten die Schaltung zunächst bei offenen Eingängen. Das Potential an der Basis reicht aus, um den Transistor durchzuschalten, und der Ausgang Q ist „low". Das gleiche gilt, wenn man einen oder mehrere der Eingänge auf „high" legt, da in diesem Fall die Dioden am Eingang der Schaltung sperren. Legt man nun wenigstens einen der Eingänge auf „low", so fließt über $R_2$ und die entsprechende Diode ein Strom. Das Potential am Punkt A ist dann wegen des Spannungsabfalls an der Eingangsdiode etwa 0,6 V. Wegen der beiden Dioden vor der Basis wäre an A mindestens das Potential $3 \cdot 0,6$ V nötig, um den Transistor zu öffnen.

Der Transistor sperrt deshalb, und der Ausgang Q ist „high".

Prinzipiell ist es möglich, jede gewünschte logische Verknüpfung binärer Größen nur mit NAND-Gattern aufzubauen. Beispielsweise ein NOT-Gatter erhält man, wenn man alle Eingänge außer einem auf „high" legt. Das AND-Gatter wird aus einem NAND-Glied mit anschließender Negation aufgebaut. Für ein OR-Gatter wird jeder Eingang des NAND-Gatters negiert. Um den notwendigen Schaltungsaufwand in Grenzen zu halten, sind alle wichtigen logischen Grundschaltungen fertig als integrierte Schaltung (IC) erhältlich.

## 2.2. Trigger-Stufen

Oft ist es notwendig, daß ein sich kontinuierlich änderndes Eingangssignal in ein binäres Ausgangssignal verwandelt wird. Die Umschaltung des Ausgangszustandes von „low" nach „high" bzw. umgekehrt soll bei einer bestimmten Größe des Eingangssignals erfolgen.

Als Beispiel betrachte man einen Schalter, der bei Unterschreiten einer bestimmten Helligkeit eine Glühlampe einschaltet, oder die Triggerung im Oszilloskop, wo die $x$-Ablenkung des Elektronenstrahls gestartet wird, wenn die $y$-Eingangsspannung einen bestimmten Wert über- oder unterschreitet.

Die Abbildung 3a zeigt das Schaltbild einer Trigger-Stufe.

Schaltungstechnisch handelt es sich dabei um einen zweistufigen Verstärker, bei dem eine phasenrichtige Rückkopplung des Ausgangs Q über $R_4$ auf den Eingang E vorliegt.

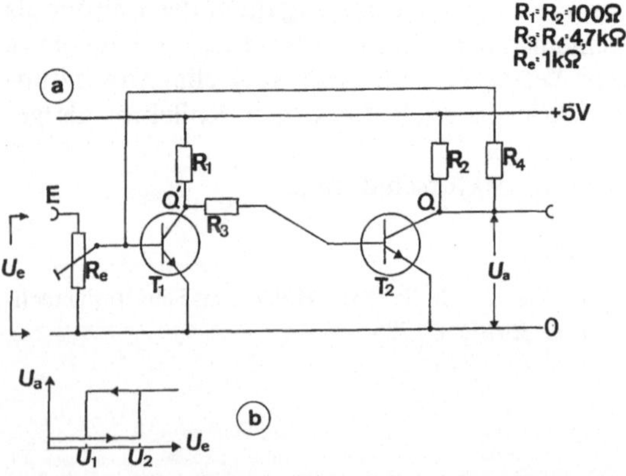

*Abb. V21 – 3. Trigger-Stufe: a) Schaltung, b) Hysterese-Verhalten*

Zur Erläuterung der Funktion nehmen wir zunächst an, der Eingang E liege auf 0 V. Dann sperrt der Transistor $T_1$. Über $R_1$ und $R_3$ fließt ein Basisstrom, der $T_2$ durchschaltet und damit Q auf „low" legt. Wird nun $U_e$ langsam vergrößert, so beginnt bei $T_1$ ein Basisstrom zu fließen, d.h. $T_1$ beginnt zu leiten. Der Spannungsteiler $R_e$ dient dabei zur Einstellung der Ansprech-Empfindlichkeit. Mit wachsender Eingangsspannung sinkt an Q' das Potential. $T_2$ leitet schlechter und an Q tritt eine Potentialerhöhung ein, die über $R_4$ den einsetzenden Basisstrom von $T_1$ weiter vergrößert. Dies setzt sich in kurzer Zeit fort, bis $T_1$ voll durchgeschaltet und $T_2$ voll gesperrt, der Ausgang Q also „high" ist.

Der umgekehrte Vorgang spielt sich ab, wenn $U_e$ von + 5 V ausgehend verkleinert wird. Erreicht $U_e$ einen bestimmten Schwellenwert, springt der Ausgangswert an Q von „high" auf „low".

Der Schwellenwert, bei dem der Wechsel von „high" nach „low" erfolgt, ist kleiner als der für den umgekehrten Wechsel. Die Trigger-Schaltung zeigt also eine Hysterese (Abb. 3b).

## 2.3. Bistabile Kippschaltungen (Flip-Flops)

Läßt man in Abbildung 3a den Widerstand $R_e$ und die Eingangsspannung $U_e$ weg, so erhält man eine Schaltung, deren Ausgang Q wieder nur die zwei stabilen Zustände „low" oder „high" annehmen kann (Abbildung 4). Ist $T_1$ durchgeschaltet, dann ist Q' auf niedrigem Potential, $T_2$ gesperrt und Q ist „high". Über $R_4$ wird der durchgeschaltete Zustand von $T_1$ aufrecht erhalten. Ohne äußere Einwirkung bleibt also der Zustand am Ausgang Q (und auch an Q') zeitlich stabil. Umgekehrt entsteht bei gesperrtem Transistor $T_1$ an Q ein stabiler Zustand „low'.

Legt man nun den Eingang R („reset") auf + 5 V, so wird $T_2$ leitend. Q ist dann „low" und über $R_4$ wird $T_1$ gesperrt. Dieser neue Zustand wird aufrecht erhalten, auch wenn die + 5 V am R-Eingang wieder weggenommen sind.

Wird der Eingang S („set") auf + 5 V gelegt, spielt sich der gleiche Vorgang am jeweils anderen Transistor ab und die Schaltung wird in den ursprüngliche Zustand (Ausgang Q wird „high") zurückversetzt.

Die beschriebene Schaltung kann durch kurzzeitige äußere Signale vom einem in den anderen stabilen Zustand „gekippt" werden und ist somit als Speicherelement für binäre Signale verwendbar. Sie wird als RS-Flip-Flop bezeichnet.

Abbildung 5 zeigt die Erweiterung eines RS-Flip-Flops zu einem Flip-Flop mit dynamischem Eingang x, der zum Umschalten des Flip-Flops dient (T-Flip-Flop). Jede abfallende Flanke an x ändert den Zustand des Flip-Flops. Zur Erklärung nehmen wir zunächst an, Q sei „high" und Q' damit „low". Solange das Taktsignal an x „low" ist, bleibt $C_1$ entladen, während $C_2$ mit der x zugewandten Seite über $R_6$ positiv geladen ist. Nach einer ansteigenden Flanke an x entlädt sich $C_2$, und $C_1$ wird mit der x zugewandten Seite positiv geladen. Der Zustand des Flip-Flops bleibt unverändert. Tritt nun an x eine abfallende Flanke auf, so wird über $D_1$ die Basis von $T_1$ negativ, d.h. $T_1$ sperrt und das Flip-Flop kippt um. Während des nächsten Taktes spielt sich der gleiche Vorgang in der jeweils anderen Schaltstufe des Flip-Flops ab.

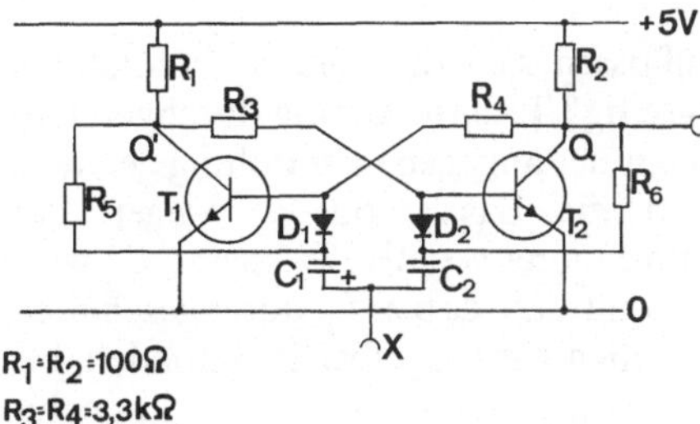


*Abb. V21–5. Flip-Flop mit dynamischem Eingang*

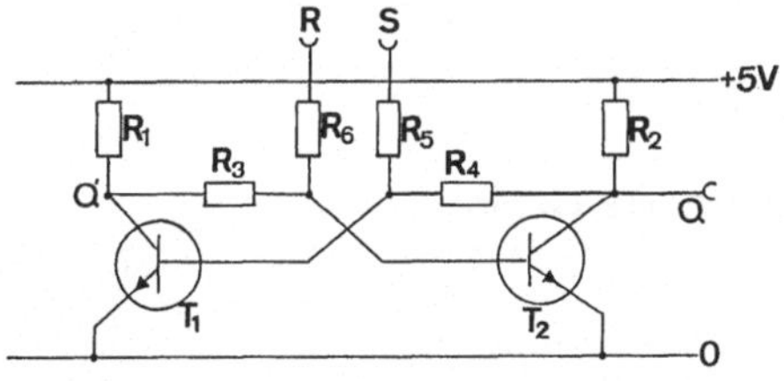


*Abb. V21–4. RS-Flip-Flop*

Liegt an x eine Rechteckspannung, so kippt während jeder Periode das Flip-Flop genau einmal. Die Frequenz der Rechteckspannung am Ausgang Q ist also halb so groß wie die der

Eingangsspannung, das Flip-Flop wirkt als Frequenzteiler. Durch Hintereinanderschalten von $n$ Flip-Flops erreicht man Teilverhältnissse bis $1:2^n$. Die Hintereinanderschaltung kann auch als Binärzähler benutzt werden, wobei das erste Flip-Flop am Zählereingang die niederwertigste Binärstelle ($2^0$) und das letzte Flip-Flop die höchstwertigste Stelle $2^{n-1}$ angibt.

### 2.4. Astabile und monostabile Kippschaltungen

Wir lassen in Abbildung 4 die beiden Eingänge R und S weg und ersetzen die Widerstände $R_3$ und $R_4$ durch RC-Glieder. Das Ausgangssignal an Q wechselt nun selbständig periodisch zwischen „low" und „high". Es werden also Rechteck-Impulse erzeugt.

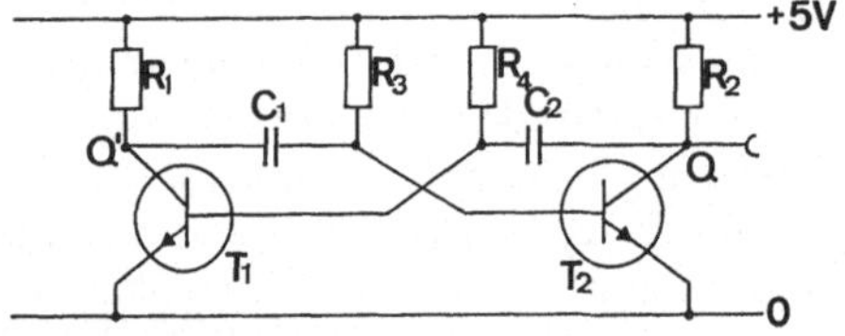

$R_1 = R_2 = 100 \Omega$

*Abb. V21–6. Astabile Kippschaltung*

Zur Erklärung der Funktion dieser Schaltung betrachten wir zunächst die Wirkung der RC-Glieder. Ist $T_1$ gesperrt, so lädt sich $C_1$ über $R_1$ mit der angegebenen Polung auf, da an der Basis von $T_2$ das Potential höchstens 0,6 V beträgt. In durchgeschaltetem Zustand von $T_1$ entlädt sich $C_1$ über $R_3$. Entsprechendes gilt für den Kondensator im rechten Teil der Schaltung.

Wie beeinflussen sich die beiden Schaltstufen nun gegenseitig? $T_1$ habe gerade durchgeschaltet. $C_1$ sei mit der angegebenen Polung geladen. Dann wird die Basis von $T_2$ wegen der Kondensatorladung negativ, $T_2$ sperrt, $C_2$ wird aufgeladen und hält dabei $T_1$ durchgeschaltet. Zwischenzeitlich wird $C_1$ über $R_3$ entladen, bis an der Basis von $T_2$ schließlich sogar ein positives Potential von + 0,6 V erreicht wird. Dann schaltet $T_2$ durch, $T_1$ wird über $C_2$ gesperrt und der gerade beschriebene Vorgang läuft in der jeweils anderen Schaltstufe erneut ab.
Die Zeit $t_h$, während der der Ausgang Q auf „high" liegt ($T_2$ also sperrt), wird wesentlich durch $C_1$ und $R_3$ festgelegt. Obwohl $t_h$ noch von anderen Parametern abhängt, gilt für hin-

reichend große Entladewiderstände die Näherung

(1)    $t_h = 0,7 \cdot R_3 C_1$.

Entsprechendes gilt für die Zeit $t_l$, während der der Ausgang Q auf „low" liegt:

(2)    $t_l = 0,7 \cdot R_4 C_2$.

Die Frequenz der erzeugten Rechteckspannung ist

(3)    $f = 1/(t_l + t_h)$.

Ersetzt man in Abbildung 4 nur $R_3$ durch ein RC-Glied, so erhält man eine monostabile Kippschaltung (Monoflop). Sie besitzt einen stabilen (Q = „low") und einen instabilen Ausgangszustand (Q = „high"). Ist $T_2$ gesperrt (Q = „high"), so wird $T_1$ durch den Basisstrom über $R_2$ und $R_4$ leitend, und über $C_1$ wird die Basis von $T_2$ zunächst auf negativem Potential gehalten. Durch die Entladung von $C_1$ nimmt die Basis 2 schließlich wieder positives Potential an, $T_2$ schaltet durch und $T_1$ sperrt. In diesem Zustand bleibt die Schaltung, bis durch Betätigen des Schalters S die Basis von $T_2$ über den ungeladenen Kondensator $C_2$ kurzzeitig auf Masse gelegt wird.
Für die Impulsdauer des Monoflops gilt wieder (1).

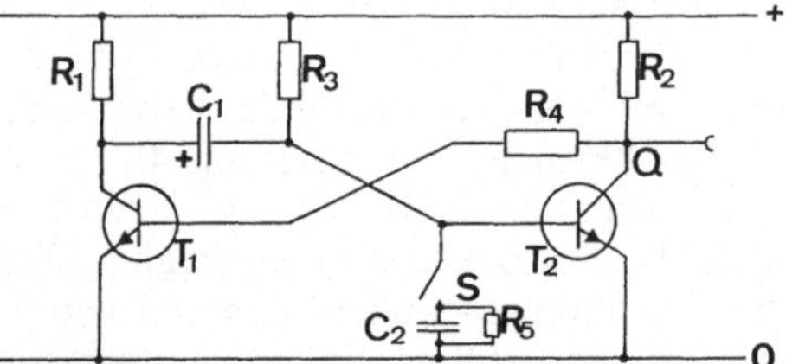

$R_1 = R_2 = 100 \Omega$
$R_3 = R_4 = 1 k\Omega$
$R_5 = 100 k\Omega$
$C_1 = 1000 \mu F$
$C_2 = 1 \mu F$

*Abb. V21–7. Monostabile Kippschaltung*

## 3. Versuch

### 3.1. Verwendete Geräte

- Netzgerät 5 V
- Zweistrahl-Oszilloskop
- Vielfach-Meßgerät
- Stoppuhr
- Transistoren (BD 135), Dioden
- Widerstände, Kondensatoren,

## 3.2. Aufgabenstellung

**1. Aufgabe**
Man baue ein NAND-Gatter mit 3 Eingängen auf und teste seine Funktion. Man realisiere auch ein AND-Gatter.

**2. Aufgabe**
Bei einer Triggerschaltung nach Abbildung 3 soll der Zusammenhang zwischen Eingangs- und Ausgangsspannung gemessen werden. Man wende die Triggerschaltung an, um über einen LDR („light dependend resistor") eine Glühlampe zu schalten.

**3. Aufgabe**
Ein RS-Flip-Flop nach Abbildung 4 soll aufgebaut und seine Funktion getestet werden. Man messe die Basis- und Kollektorspannungen der beiden Transistoren in den beiden möglichen Zuständen! Anschließend erweitere man das Flip-Flop um einen dynamischen Eingang und weise seine Frequenzteiler-Eigenschaft nach.

**4. Aufgabe**
An einer astabilen Kippschaltung soll die Abhängigkeit der Ausgangsfrequenz von den verwendeten RC-Gliedern experimentell bestimmt werden. Mit einem Zweistrahl-Oszilloskop beobachte man den Verlauf von Basis- und Kollektorspannung. Durch geeignete Dimensionierung der Kapazitäten und Widerstände in Abbildung 6 soll auch das „Tastverhältnis" $t_\mathrm{h} : t_\mathrm{l}$ verändert werden.

**5. Aufgabe**
Mit einem Monoflop sollen Impulse definierter Länge erzeugt werden.

### 3.3. Hinweise zur Versuchsdurchführung

Bei allen Versuchen ist zu beachten, daß die Versorgungspannung immer erst nach vollständigem Aufbau und Überprüfung der Schaltung angelegt wird. Bei jeder Änderung an der Schaltung ist diese von der Spannungsquelle zu trennen.
Zur optischen Zustandsanzeige kann bei sämtlichen Schaltungen der Kollektorwiderstand am Ausgang durch eine Glühlampe (3,8 V/ 0,07 A) ersetzt werden.
Zur Realisierung des AND-Gatters (Aufgabe 1) kann man statt eines kompletten zweiten NAND-Gatters auch nur einen zweiten Transistor mit 1 kΩ-Schutzwiderstand vor der Basis verwenden.

Bei Aufgabe 2 muß wegen der Hysterese die Ausgangsspannung sowohl bei wachsender als auch bei sinkender Eingangsspannung gemessen werden. Zur Steuerung der Glühlampe mit einem LDR wird das Potentiometer $R_\mathrm{e}$ in Abbildung 3 durch einen Basis-Spannungsteiler aus LDR und 1 kΩ-Potentiometer ersetzt. Mit dem gegen Masse gelegten Potentiometer kann der Arbeitspunkt des Transistors festgelegt werden.
Die Frequenzteiler-Eigenschaft von Flip-Flops (Aufgabe 3) kann am Zweistrahl-Oszilloskop unmittelbar dargestellt werden, wenn man eine Rechteckspannung (z. B. aus Aufgabe 4!) auf den dynamischen Eingang gibt und Ein- und Ausgangsspannung mit dem Oszilloskop aufzeichnet.
Bei symmetrischem Aufbau der astabilen Kippschaltung ergibt sich ein Tastverhältnis von 1 : 1. Eine Änderung dieses Verhältnisses erreicht man durch unterschiedliche RC-Werte in den beiden Schaltstufen. Durch Beobachtung des zeitlichen Verlaufs von Basis- und Kollektorspannung kann die in Abschnitt 2.4. gegebene Erklärung zur Funktionsweise der Schaltung bestätigt werden.

### 3.4. Meßbeispiele

Die Tabelle 1 zeigt Meßergebnisse zur Periodendauer der astabilen Kippschaltung. Die Schaltung war jeweils symmetrisch aufgebaut, d. h. beide RC-Glieder waren gleich dimensioniert. Für große Entladewiderstände stimmt die Näherungsformel (3) gut mit dem Meßergebnis überein. Für kleinere Widerstände hingegen verschiebt sich der Arbeitspunkt der Transistoren, so daß z. T. erhebliche Abweichungen von (3) auftreten.

Tabelle 1: Periodendauer der astabilen Kippschaltung

| $\dfrac{R}{\mathrm{k\Omega}}$ | $\dfrac{C}{\mathrm{\mu F}}$ | $\dfrac{f}{\mathrm{Hz}}$ | $\dfrac{(2 \cdot 0{,}7 \cdot RC)^{-1}}{\mathrm{Hz}}$ |
|---|---|---|---|
| 0,1 | 1,0 | 16 010 | 7 140 |
| 0,1 | 10 | 1 570 | 714 |
| 1,0 | 0,033 | 17 820 | 21 650 |
| 1,0 | 1,0 | 533 | 714 |
| 1,0 | 10 | 53 | 71,4 |
| 3,3 | 0,033 | 6 685 | 6 560 |
| 3,3 | 1,0 | 209 | 216 |
| 3,3 | 10 | 20 | 21,6 |

## 4. Ergänzungen

### 4.1. Vertiefende Fragen

Wie müßte man die Schaltung in Abbildung 5 ändern, damit das Flip-Flop auf die ansteigende Flanke getriggert wird? Was müßte man ändern oder ergänzen, damit das Flip-Flop bei abfallender Flanke an x einen an einem zweiten Eingang y anliegenden Zustand annimmt (unabhängig vom bisherigen Zustand).

Wozu dient bei dem Monoflop der Widerstand $R_5$? Warum ist $C_2$ nötig?

Wie muß man die Schaltung nach Abbildung 2d abändern, um ein NOR-Gatter zu realisieren?

### 4.2. Ergänzende Bemerkungen

Eine Rechteck-Schwingung ist sehr reich an harmonischen Oberschwingungen. Aus diesem Grund wird die astabile Kippschaltung auch als Multivibrator bezeichnet.

Zwei AND-Gatter werden gemäß Abbildung 8 zusammengeschaltet. Man überzeuge sich durch Betrachtung aller möglichen Zustände, daß dadurch ein RS-Flip-Flop realisiert ist.

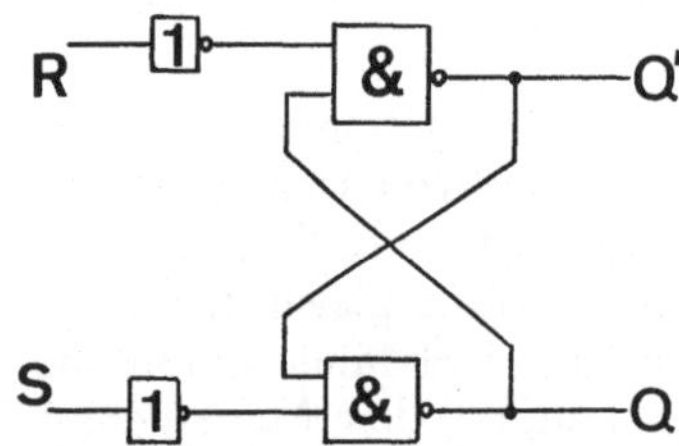

*Abb. V21–8. RS-Flip-Flop aus zwei AND-Gattern*

# Versuch 22
# Magnetisches Feld

## 1. Ziel des Versuches

Mit einer Hallsonde wird der Feldverlauf bei einem Helmholtz-Spulenpaar und im Inneren einer langen Spule gemessen. Die Meßergebnisse werden mit den theoretischen Voraussagen nach dem Biot-Savart-Gesetz verglichen.

## 2. Grundlagen

### 2.1. Das Biot-Savart-Gesetz

Die magnetische Feldstärke $\vec{H}$, die von einem beliebig geformten, drahtförmigen, stromdurchflossenen Leiter in einem Punkt $P$ erzeugt wird, kann man sich vorstellen als Superposition der Felder, die von den einzelnen Teilstücken des Leiters erzeugt werden. Ein von der Stromstärke $I$ durchflossenes Leiterstück der Länge $\vec{dl}$ erzeugt in $P$ ein magnetisches Feld $d\vec{H}$, dessen Feldstärke-Vektor senkrecht auf der durch $\vec{dl}$ und $P$ erzeugten Ebene steht.

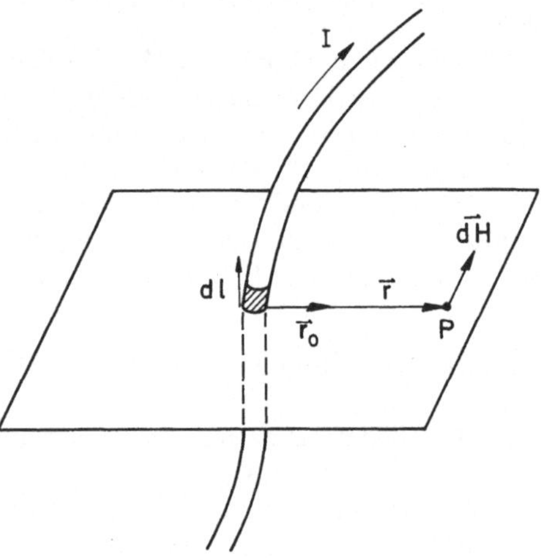

*Abb. V22–1. Zum magnetischen Feld bei beliebigen Leitern*

Nach dem Biot-Savart-Gesetz ist

$$(1) \quad d\vec{H} = \frac{1}{4\pi} \frac{I\,\vec{dl} \times \vec{r}_0}{r^2}$$

($\vec{r}_0$: Einheitsvektor zum Punkt $P$)

Um die Gesamtfeldstärke $\vec{H}$ im Raumpunkt $P$ zu erhalten, muß (1) längs des Leiters integriert werden:

$$(2) \quad \vec{H}(P) = \frac{1}{4\pi} \int\limits_{\text{Leiter}} \frac{I\,\vec{dl} \times \vec{r}_0}{r^2} \, .$$

Die magnetische Feldstärke $H$ wird definiert durch den feldverursachenden Strom $I$. Die Wirkung des magnetischen Feldes z.B. auf stromdurchflossene Leiter im Feld hängt zusätzlich noch davon ab, ob und welches Material sich im Feld befindet. Man definiert den Betrag der magnetischen Flußdichte $B$ durch die Kraft $F$ auf einen vom Strom $I'$ durchflossenen, geraden und senkrecht zu den Feldlinien stehenden Leiter der Länge $s$:

(3)  $B = F/(I' \cdot s)$.

Zwischen $B$ und $H$ gilt der Zusammenhang

(4)  $B = \mu_0\,\mu_r\,H$.

Wir betrachten in diesem Versuch nur Spulen ohne Eisenkern. Die Permeabilitätszahl für Luft ist $\mu_r = 1{,}0000004$. Der Faktor $\mu_r$ in (4) kann hier also weggelassen werden.

## 2.2. Magnetfeld eines kreisförmigen Leiters

Mit dem Biot-Savart-Gesetz soll nun die Flußdichte längs der Rotations-Symmetrieachse ($x$-Achse) eines kreisförmigen Leiters berechnet werden. In der Rechnung muß nur die $x$-Komponente von $\mathrm{d}\vec{B}$ berücksichtigt werden, für alle andere Richtungen heben sich die von zwei einander gegenüberliegenden Leiterstücken erzeugten Feldanteile gegenseitig auf.

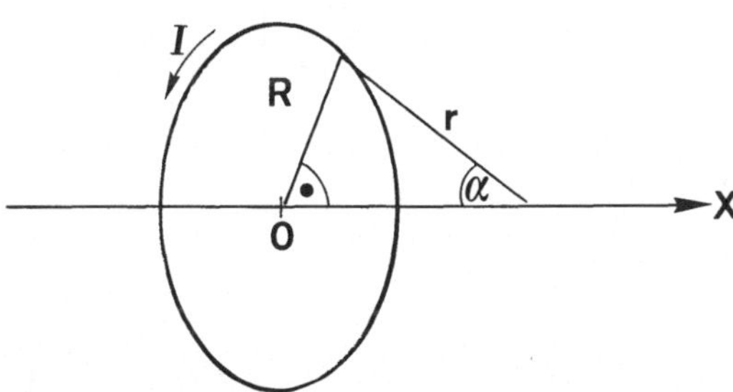

*Abb. V22–2. Zur Berechnnung der magnetischen Flußdichte eines Kreisstromes*

Da $\vec{r_0}$ senkrecht auf $\mathrm{d}\vec{l}$ steht, gilt

$$(5) \quad B(x) = \frac{\mu_0}{4\pi} \cdot I \int\limits_{\text{Leiter}} \frac{\mathrm{d}l \cdot \sin\alpha}{r^2}$$

$$= \frac{\mu_0}{4\pi} \cdot I \int\limits_{\text{Leiter}} \frac{\mathrm{d}l \cdot R}{r^3}.$$

Bei der Integration längs des kreisförmigen Leiters bleibt der Integrand konstant. Damit ist

$$(6) \quad B(x) = 2\pi R \cdot \frac{\mu_0}{4\pi} \cdot I \cdot \frac{R}{\sqrt{R^2 + x^2}^{\,3}}$$

$$= \frac{\mu_0 \cdot I \cdot R^2}{2\sqrt{R^2 + x^2}^{\,3}}.$$

## 2.3. Die Helmholtz-Spule

Die Abbildung 3 zeigt die Flußdichte bei der Überlagerung der magnetischen Felder von zwei Kreisströmen, die im Abstand $a$ parallel zueinander angeordnet sind.

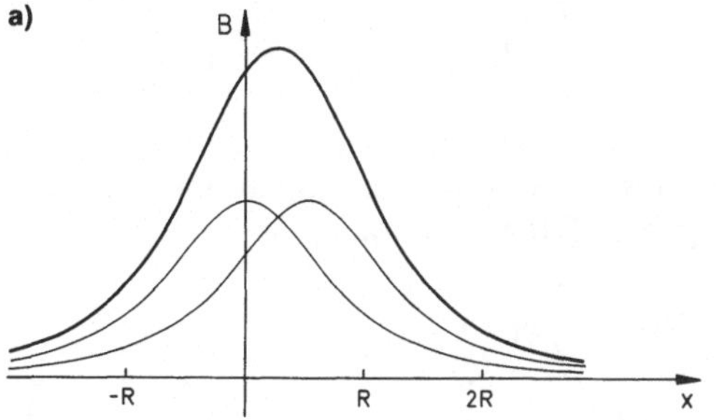

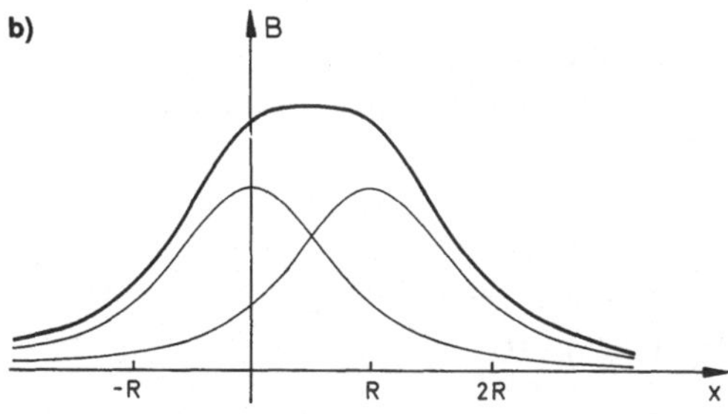

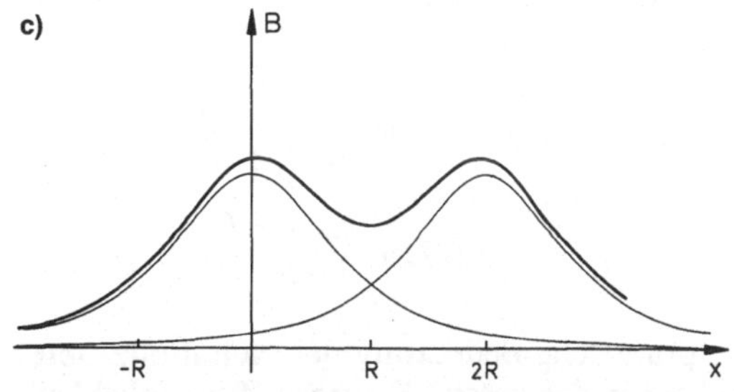

*Abb. V22–3. Überlagerung der magnetischen Felder zweier Kreisströme bei verschiedenen Abständen: a) $a = 0{,}5\,R$, b) $a = R$, c) $a = 2\,R$*

Man erkennt, daß bei geeignetem Abstand $a$ der Kreisströme sich zwischen den beiden Kreisströmen ein Gebiet ergibt, in dem sich die Flußdichte nur wenig ändert, in dem das Feld also näherungsweise homogen ist.

Dieser Abstand $a$ kann rechnerisch bestimmt werden aus der Forderung, daß die Änderung der Flußdichte bei $x = a/2$ minimal werden soll. Die hierfür notwendige Bedingung ist

(7)  $\mathrm{d}^2 B/\mathrm{d}x^2\big|_{x=a/2} = 0$.

Nach (6) gilt für die Flußdichte der beiden Kreisströme

$$(8) \quad B(x) = B_1(x) + B_2(x)$$

$$= \frac{1}{2}\mu_0 \cdot I$$

$$\cdot R^2\left(\frac{1}{\sqrt{R^2 + x^2}^{\,3}} + \frac{1}{\sqrt{R^2 + (x-a)^2}^{\,3}}\right)$$

Werden statt der einfachen Kreisströme zwei Spulen mit jeweils $n$ Windungen und vernachlässigbarer Länge benutzt, so ist

$$(9) \quad B(x) = \frac{1}{2}\mu_0 \cdot n \cdot I \cdot$$

$$\cdot R^2\left(\frac{1}{\sqrt{R^2 + x^2}^{\,3}} + \frac{1}{\sqrt{R^2 + (x-a)^2}^{\,3}}\right).$$

Die etwas mühsame, aber einfache Ausführung der zweifachen Differentiation zeigt, daß (7) erfüllt wird für

$$(10) \quad a = R.$$

Eine solche Anordnung mit $a = R$ heißt Helmholtz-Spulenpaar.

Durch Einsetzen von (10) in (9) erhält man die magnetische Flußdichte im Zentrum der Anordnung:

$$(11) \quad B\left(x = \frac{a}{2}\right) = \mu_0 \cdot n \cdot \frac{I}{R} \cdot \frac{1}{\sqrt{1 + (\frac{1}{2})^2}^{\,3}}$$

$$= 0{,}716 \cdot \frac{\mu_0 \cdot n \cdot I}{R}.$$

Die praktische Bedeutung der Helmholtz-Spulen liegt in der guten allseitigen Zugänglichkeit des homogenen Magnetfeldes.

## 2.4. Magnetfeld einer langen Spule

Den Verlauf der magnetischen Flußdichte längs der Achse einer Spule von nicht vernachlässigbarer Länge $L$ mit $n$ Windungen erhält man, indem man sich die Spule aus einzelnen Spulenstücken der infinitesimalen Länge d$a$ aufgebaut denkt.

Ein Spulenstück im Abstand $a$ vom Ursprung (Spulenmitte) erzeugt in $x$ die infinitesimale Flußdichte

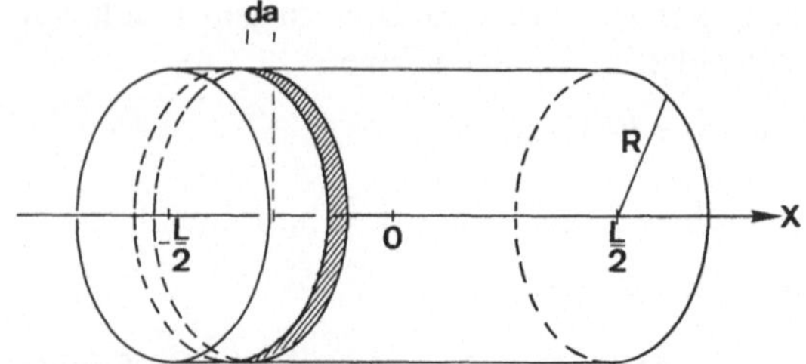

Abb. V22–4. *Zur Berechnung der Flußdichte im Inneren einer langen Spule*

$$(12) \quad \mathrm{d}B(\dot{x}) = \frac{1}{2}\mu_0 \cdot I \cdot$$

$$\cdot R^2 \frac{1}{\sqrt{R^2 + (x-a)^2}^{\,3}} \cdot \frac{n}{L}\,\mathrm{d}a.$$

Dabei ist $(n/L) \cdot \mathrm{d}a$ die Anzahl der Windungen, die auf das Spulenstück mit der Breite d$a$ entfallen. Die gesamte Flußdichte ergibt sich durch Integration über $a$:

$$(13) \quad B(x) = \frac{\mu_0 \cdot n \cdot I}{2R \cdot L} \int_{-L/2}^{L/2} \frac{\mathrm{d}a}{\sqrt{1 + \left(\frac{x-a}{R}\right)^2}^{\,3}}.$$

Die einfache Ausführung der Integration führt zu

$$(14) \quad B(x) = \frac{\mu_0 \cdot n \cdot I}{2L} \cdot$$

$$\cdot\left(\frac{x + \frac{L}{2}}{\sqrt{R^2 + \left(x + \frac{L}{2}\right)^2}} - \frac{x - \frac{L}{2}}{\sqrt{R^2 + \left(x - \frac{L}{2}\right)^2}}\right).$$

Für die Flußdichte in der Nähe der Spulenmitte ($|x| \ll L$) einer langen, schlanken Spule ($R \ll L$) folgt aus (14)

$$(15) \quad B_{\mathrm{Mitte}} = \mu_0 \cdot I \cdot n/L.$$

Im Rahmen der angegebenen Näherungen liegt in der Mitte einer langen Spule in einem begrenzten Bereich also ebenfalls ein homogenes magnetisches Feld vor.

Die Flußdichte am Spulenende ist gerade halb so groß wie in der Spulenmitte, denn mit $x = L/2$ folgt aus (14)

$$(16) \quad B_{\mathrm{Ende}} = \frac{1}{2}\mu_0 \cdot I \cdot n/L.$$

## 2.5. Die Hallsonde

Wird ein vom Strom $I$ durchflossenes Leiterplättchen senkrecht von den Feldlinien eines magnetischen Feldes durchsetzt (Abbildung 5), so werden zunächst die freien Ladungssträger durch die Lorentzkraft $\vec{F}_\mathrm{L}$ zum Punkt A hin abgelenkt (Hall-Effekt).

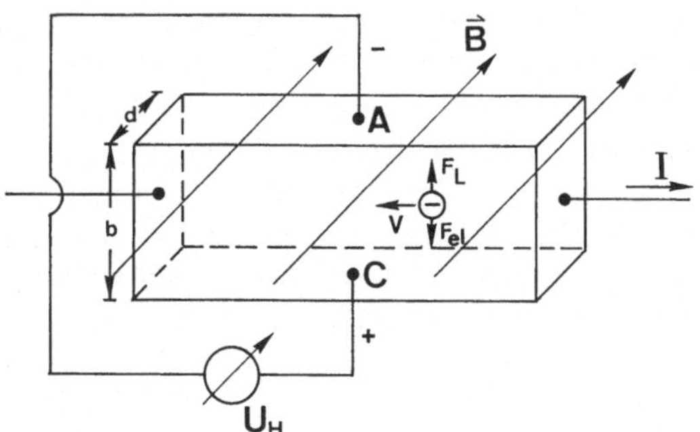


*Abb. V22–5. Der Hall-Effekt*

Dies geschieht solange, bis sich ein Kräftegleichgewicht zwischen der Lorentzkraft $\vec{F}_\mathrm{L}$ und der elektrischen Kraft $\vec{F}_\mathrm{el}$ einstellt:

$$(17) \quad \vec{F}_\mathrm{el} = -\,\vec{F}_\mathrm{L}.$$

Unter der Annahme eines homogenen elektrischen Feldes zwischen Ober- und Unterkante des Leiterplättchens gilt dann

$$(18) \quad e \cdot U_\mathrm{H}/b = e \cdot v \cdot B.$$

Die Geschwindigkeit der Ladungsträger wird durch die Ladungsträgerdichte $n$ und die Stromstärke $I$ bestimmt:

$$(19) \quad \begin{aligned} I &= \Delta Q/\Delta t \\ &= n \cdot e \cdot b \cdot d \cdot \Delta s/\Delta t \\ &= n \cdot e \cdot b \cdot d \cdot v. \end{aligned}$$

$\Delta s$ ist die Strecke, um die sich die Elektronen während $\Delta t$ bewegen. Löst man (19) nach $v$ auf und setzt in (18) ein, so erkennt man, daß bei konstanter Stromstärke $I$ die zwischen A und C entstehende Spannung $U_\mathrm{H}$ (Hall-Spannung) proportional ist zur magnetischen Flußdichte $B$:

$$(20) \quad U_\mathrm{H} = \frac{I}{n \cdot e \cdot d} \cdot B.$$

Durch Messung der Hall-Spannung kann folglich $B$ bestimmt werden. Um die Empfindlichkeit möglichst groß zu machen, verwendet man sehr dünne Leiterplättchen aus dotiertem Halbleiter-Material, bei dem die Dichte $n$ der freien Ladungsträger wesentlich geringer als bei Metallen ist. (Bei Kupfer ist $n \approx 10^{23}$ cm$^{-3}$; ein typischer Wert für dotierte Halbleiter ist $n \approx 10^{14}$ cm$^{-3}$.) Der exakte Wert für $n$ bei einer Hallsonde ist im allgemeinen nicht bekannt. Deshalb muß vor einer Messung eine Kalibrierung der Hallsonde vorgenommen werden, indem man bei einer bekannten Feldstärke die Hallspannung mißt.

## 3. Versuch

### 3.1. Verwendete Geräte

- Netzgerät
- Lange Spule
- Helmholtz-Spule
- Magnetfeld-Meßgerät mit Hall-Sonde
- Magnetnadel
- Maßstab

### 3.2. Aufgabenstellung

1. Aufgabe
Mit einer Magnetnadel untersuche man qualitativ den Feldlinienverlauf bei der Helmholtz-Spule.

2. Aufgabe
Der Betrag der magnetischen Flußdichte soll entlang der Rotations-Symmetrieachse einer Helmholtz-Spule gemessen und mit dem theoretisch zu erwartenden Feldverlauf verglichen werden.

3. Aufgabe
Man messe an einer Helmholtz-Spule die $x$-Komponente der magnetischen Flußdichte entlang mehrerer Geraden, die mit unterschiedlichen Abständen parallel zur Rotations-Symmetrieachse ($x$-Achse) verlaufen.

4. Aufgabe
Man messe die magnetische Flußdichte längs der Achse einer langen Spule.

### 3.3. Hinweise zur Versuchsdurchführung

Bei sämtlichen Messungen wird als Hallsonde eine stabförmige Axialfeldsonde benutzt. Bei ihr ist das Halbleiterplättchen so angebracht, daß seine Flächennormale mit der Stabrichtung übereinstimmt und damit die Feldkomponente in Stabrichtung gemessen wird.

Es ist zu beachten, daß vor der Messung durch Korrektur des Nullpunktes der Beitrag des Erdmagnetfeldes kompensiert wird.

### 3.4. Meßbeispiele

Abbildung 6 zeigt qualitativ den charakteristischen Verlauf der Magnetfeldlinien bei der Helmholtz-Spule. Die Dichte der Feldlinien soll keine Aussage machen über die relative Stärke des Magnetfeldes.

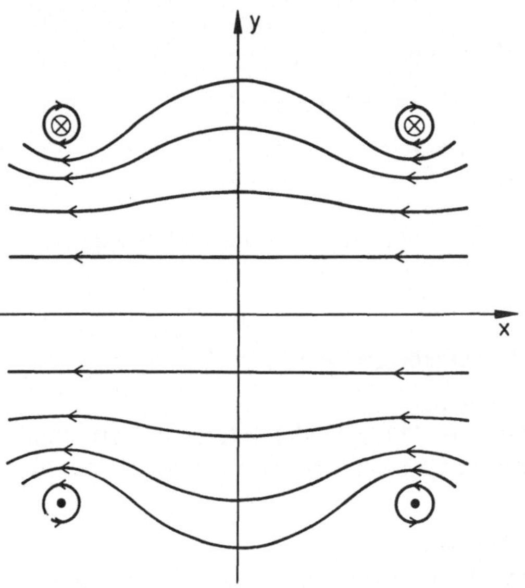

*Abb. V22–6. Qualitativer Verlauf der Magnetfeldlinien bei der Helmholtz-Spule*

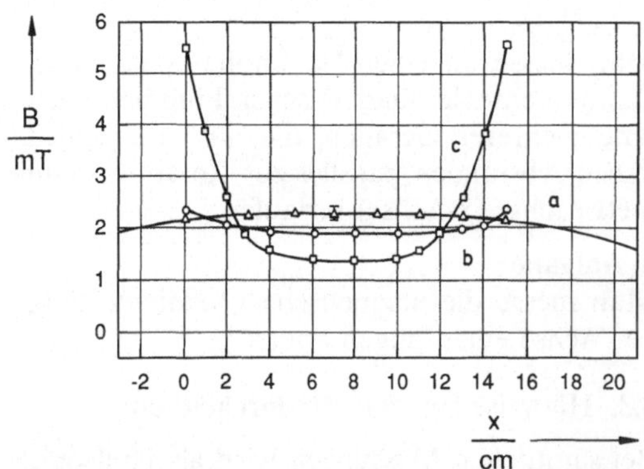

*Abb. V22–7. Magnetische Flußdichte (x-Komponente) bei der Helmholtz-Spule: a) längs der x-Achse, b) parallel zur x-Achse, Abstand y = 7,5 cm, c) parallel zur x-Achse, Abstand y = 14,5 cm, (R = 15 cm; I = 2,5 A; n = 150)*

In Abbildung 7 sind Ergebnisse von Messungen an der Helmholtz-Spule dargestellt. Die durchgezogene Kurve (a) gibt den nach (9) theoretisch zu erwartenden Verlauf der Flußdichte längs der Rotations-Symmetrieachse (x-Achse) an, die Kurven (b) und (c) sind Meßkurven.

Erwartungsgemäß ist in der Mitte zwischen den beiden Spulen die magnetische Flußdichte annähernd konstant. Bei der Annäherung an einen der Leiter (Kurve (c)) wächst die magnetische Flußdichte stark an.

Abbildung 8 zeigt den Verlauf der Flußdichte längs der Achse einer langen Spule. Auch hier werden die Messungen zusammen mit der für die gewählten Spulendaten resultierenden Theoriekurve dargestellt.

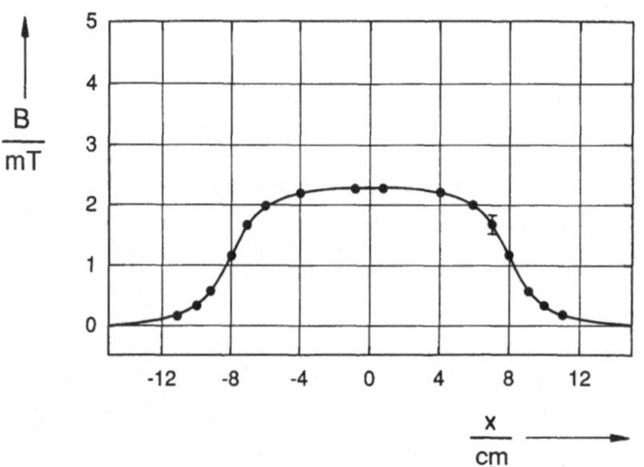

*Abb. V22–8. Magnetische Flußdichte längs der Achse einer langen Spule (L = 16 cm; R = 2,05 cm; I = 1 A; n = 300)*

## 4. Ergänzungen

### 4.1. Vertiefende Fragen

Man führe die Integration von (13) sowie die zweifache Ableitung von (9) aus.

Wie ist die Einheit Ampere definiert? Was folgt aus dieser Definition für den Wert von $\mu_0$?

### 4.2. Ergänzende Bemerkungen

Beim Gravitationsfeld versteht man unter der Feldstärke die Kraft je Probemasse, beim elektrischen Feld die Kraft je Probeladung. Es wäre konsequent, die magnetische Feldstärke als Kraft je Probestromelement zu definieren. Dabei ist ein Probestromelement ein Leiterstück der infinitesimalen Länge d$L$, das von einem Strom $I$ durchflossen wird. Nach dieser Definition müßte $B$ als magnetische Feldstärke aufgefaßt werden, und nicht $H$.

Um Experimente, die vom Erdmagnetfeld abgeschirmt werden müssen, werden drei Helmholtz-Spulenpaare angeordnet, deren Achsen paarweise zueinander senkrecht stehen. Mit jedem Spulenpaar kann dann eine Komponente des störenden Erdmagnetfeldes kompensiert werden.

Aus den Maxwell-Gleichungen folgt ein Zusammenhang zwischen elektrischer und magnetischer Feldkonstante und der Ausbreitungsgeschwindigkeit elektromagnetischer Wellen im Vakuum:

$$(21) \quad c = \sqrt{\varepsilon_0 \cdot \mu_0}.$$

Näherungsverfahren erlauben auch die Berechnung der Feldverteilung außerhalb der Achse des Helmholtz-Spulenpaares. Abbildung 9 zeigt das Ergebnis solcher Berechnungen [1]. Es wird eine Ebene durch die gemeinsame Achse der beiden Spulen ($S_1$ und $S_2$) betrachtet. In dieser Ebene sind die Bereiche dargestellt, in denen der Betrag der Differenz $B - B_0$ einen bestimmten Prozentsatz der Flußdichte $B_0$ im Mittelpunkt nicht übersteigt.

Literatur:

1) E. Ruprecht: Das Magnetfeld der Helmholtzspule. Physik und Didaktik 3 (1975)

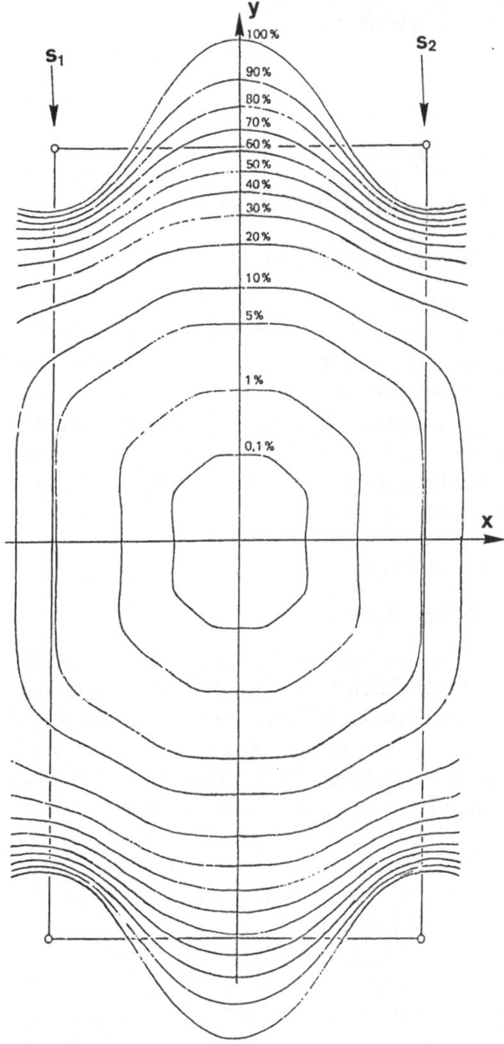


*Abb. V22–9. Zur Homogenität des Feldes einer Helmholtz-Spule (nach [1])*

# IV. Optik

## Versuch 23
## Linsen und Linsensysteme

### 1. Ziel des Versuches

Bei optischen Abbildungen spielen Linsen eine zentrale Rolle. In diesem Versuch werden Verfahren zur Bestimmung der Brennweiten und der Hauptebenen von Linsen und Linsensystemen vorgestellt. Die wichtigsten Linsenfehler werden untersucht. Als Anwendung wird ein Fernrohr aufgebaut und zu unterschiedlichen Zwecken eingesetzt.

### 2. Grundlagen

#### 2.1. Dünne Linsen

Jede Linse besitzt zwei brechende Grenzflächen, von denen höchstens eine plan sein kann. Bei den gekrümmten Flächen handelt es sich in der Regel um konvexe oder konkave Kugelflächen. Hier soll zunächst der Strahlengang bei einer dünnen Linse betrachtet werden. Wir beschränken uns dabei auf rotationssymmetrische Linsen bzw. Linsensysteme und stellen den Strahlengang in einer Schnittebene durch die optische Achse dar.

Für die Brechung eines Lichtstrahls beim Übergang zwischen zwei Medien mit verschiedenem Brechungsindex gilt das Brechungsgesetz

$$(1) \quad \frac{\sin \alpha}{\sin \beta} = \frac{n_1}{n_2}.$$

Dabei sind $\alpha$ bzw. $\beta$ die gegen das Lot zur Grenzfläche gemessenen Winkel im Medium mit Brechungsindex $n_1$ bzw. $n_2$.

Abbildung 1 zeigt den Durchgang eines Lichtstrahles durch eine Linse mit zwei konvexen Oberflächen. Bei dünnen Linsen und für Strahlen, die unter kleinem Winkel (paraxiale Strahlen, $\varphi \leq 5°$) die optische Achse schneiden, ist die Lage von Q in erster Näherung unabhängig von $\varphi$. Alle von P ausgehenden und durch die Linse tretenden Strahlen schneiden sich im Punkt Q, der deshalb als Bildpunkt von P aufgefaßt werden kann. Die Strecken $b$ und $g$ sind die von der Mittelebene der Linse aus gemessene Bild- bzw. Gegenstandsweite.

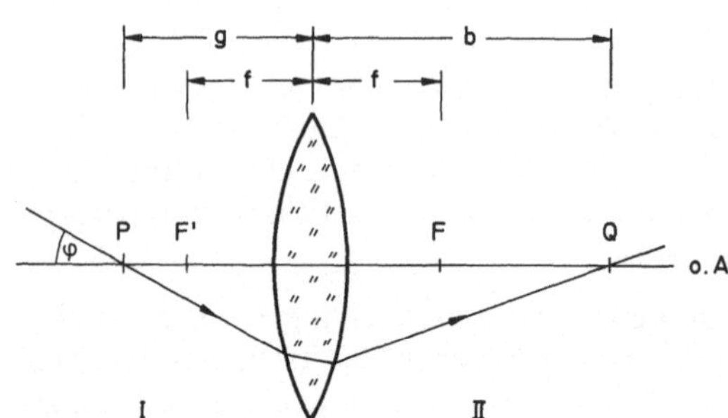

Abb. V23−1. *Strahlengang an dünnen Konvex-Linsen: f: Brennweite, g: Gegenstandsweite, b: Bildweite, I: Gegenstands-Raum, II: Bildraum*

Der Zusammenhang zwischen $g$ und $b$ ist durch den Brechungsindex $n$ des Linsenmaterials und die Radien $r_1$ und $r_2$ der Grenzflächen gegeben:

$$(2) \quad \frac{1}{g} + \frac{1}{b} = (n-1)\left(\frac{1}{r_1} + \frac{1}{r_2}\right).$$

Bei den Radien $r_1$ und $r_2$ ist das Vorzeichen zu beachten: konvexe Linsenoberflächen haben positiven Krümmungsradius, bei konkaven Oberflächen muß der Krümmungsradius negativ eingesetzt werden. Für plane Grenzflächen ist $r = \infty$. Bei Berücksichtigung dieser Vereinbarung gilt (2) sowohl für Sammellinsen (konvex) als auch für Zerstreuungslinsen (konkav). Für letztere erhält man aus (2) negative Bildweiten. Das Bild liegt dann im Gegenstandsraum und ist virtuell.

Das Verhalten eines achsenparallel auf die Linse fallenden Lichtbündels erhält man aus (2) für $g = \infty$. Hinter der Linse schneiden sich die Strahlen im Punkt F, dem Brennpunkt der Linse. Aus (2) folgt für die Brennweite $f$ (Abstand des Brennpunktes zur Mittelebene)

$$(3) \quad \frac{1}{f} = (n-1)\left(\frac{1}{r_1} + \frac{1}{r_2}\right).$$

Die gleichen Überlegungen gelten für ein Lichtbündel, das vom Bildraum her auf die Linse fällt. Die Linse besitzt folglich sowohl einen gegenstandseitigen als auch einen bildseitigen Brennpunkt mit gleicher Brennweite $f$.

Mit $g = f$ folgt aus (2), daß vom Brennpunkt ausgehende Lichtstrahlen nach dem Durchgang durch die Linse achsenparallel verlaufen. Eine Linse bildet auch Punkte, die nicht auf der optischen Achse liegen, näherungsweise wieder auf Punkte ab. Zur geometrischen Konstruktion des Bildpunktes genügt die Betrachtung zweier Strahlen, z. B. des achsenparallelen Strahls und des Strahls durch den gegenstandseitigen Brennpunkt. Ein dritter Strahl, der zur Bildkonstruktion genutzt werden kann, ist der Mittelpunktstrahl. Für ihn ist an der Ein- und Austrittsstelle die Linsenoberfläche parallel. Damit erfährt er keine Richtungsänderung, sondern nur eine Parallelverschiebung, die bei dünnen Linsen vernachlässigbar ist.

Zur Vereinfachung der geometrischen Konstruktion denkt man sich die zweimalige Brechung an beiden Grenzflächen ersetzt durch eine einzige (fiktive) Brechung an der Mittelebene der Linse (Abbildung 2).

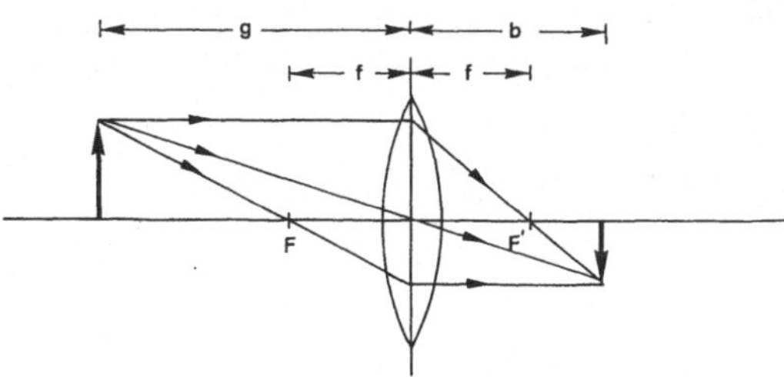

*Abb. V23−2. Geometrische Konstruktion der Abbildung bei der Sammellinse*

Ein sehr weit entfernter Gegenstand außerhalb der optischen Achse wirft ein nahezu paralleles Lichtbündel auf die Linse. Das Bild des Gegenstandes entsteht dann nahezu in der Brennebene.

## 2.2. Dicke Linsen und Linsensysteme

Bei dicken Linsen und bei Linsensystemen genügt die Annahme, alle Lichtstrahlen werden an der Mittelebene der Linse gebrochen, nicht mehr. Vielmehr muß man zur Konstruktion des Strahlenganges nun zwei zur optischen Achse senkrechte Hauptebenen H und H′ annehmen (Abbildung 3). Die Lage der Hauptebene H ist festgelegt durch den Schnittpunkt D der Verlängerungen des Brennstrahles AB und des Parallelstrahles A′C. Entsprechendes gilt für die Hauptebene H′.

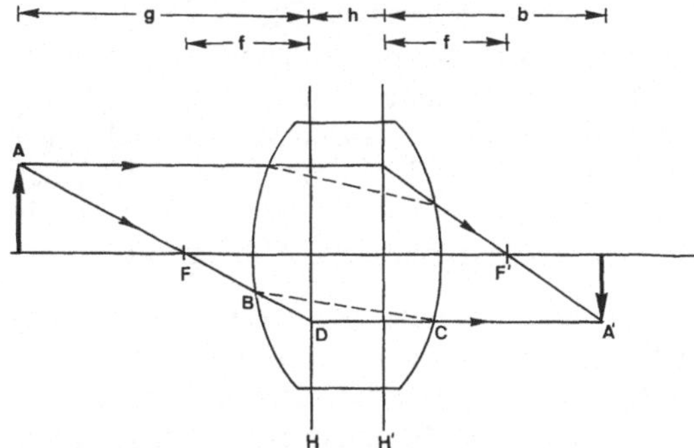

*Abb. V23−3. Realer (gestrichelt) und idealisierter Strahlengang an einer dicken Konvex-Linse*

Bei dem vereinfachten Strahlengang wird wieder zugrunde gelegt, daß nur eine einzige Brechung erfolgt. Ein Strahl, der durch den gegenstandsseitigen Brennpunkt F verläuft, wird an der gegenstandsseitigen Hauptebene H so gebrochen, daß er im Bildraum parallel zur optischen Achse verläuft. Ein im Gegenstandsraum achsenparalleler Strahl wird an der bildseitigen Hauptebene H′ so gebrochen, daß er durch den bildseitigen Brennpunkt F′ verläuft.

Aus Abbildung 3 liest man durch zweifache Anwendung des Strahlensatzes ab:

$$(4) \quad \frac{f}{g - f} = \frac{b - f}{f}$$

woraus man nach Umformung

$$(5) \quad \frac{1}{b} + \frac{1}{g} = \frac{1}{f}$$

erhält. Die aus (2) und (3) folgenden Linsengleichung für dünne Linsen trifft also auch auf dicke Linsen zu, wenn man berücksichtigt, daß $b$ und $g$ nur bis zur jeweiligen Hauptebene gemessen werden.

## 2.3. Linsenfehler

Die Aussage, daß sich achsenparallele Strahlen in einem Punkt, dem Brennpunkt der Linse, schneiden, ist nur für Strahlen mit kleinem Abstand zur optischen Achse in guter Näherung erfüllt. Je achsenferner der Strahl im Gegenstandsraum verläuft, umso näher rückt im Bildraum sein Schnittpunkt mit der optischen Achse an die Linse. Die Brennweite für achsenferne Strahlen ist also geringer als diejenige für achsennahe Strahlen (sphärische Abberation).

Die Ausbreitungsgeschwindigkeit von Licht in Medien und damit der Brechungsindex $n$ ist wellenlängenabhängig (Dispersion). Rotes Licht wird an den Grenzflächen schwächer gebrochen als blaues Licht, die Brennweite einer Linse ist also für rotes Licht größer als für blaues Licht (chromatische Abberation).

Ein weiterer Abbildungsfehler macht sich bemerkbar bei parallelen Lichtbündeln, die unter großem Winkel gegen die optische Achse einfallen. Als „Bild" ergibt sich in zwei verschiedenen Entfernungen von der Linse je ein Strich. Die beiden Striche sind zueinander senkrecht (Astigmatismus schiefer Bündel).

Neben den genannten gibt es weitere Linsenfehler (z. B. Koma, Bildwölbung, Verzeichnung), auf die hier nicht eingegangen werden soll. Linsenfehler können weitgehend kompensiert werden durch geeignete Kombination mehrerer Linsen mit verschiedenen Krümmungsradien und aus verschiedenen Glassorten mit unterschiedlicher Dispersion. Eine Korrektur der chromatischen Abberation zumindest für zwei Farben erreicht man durch Kombination einer Sammellinse mit einer Zerstreuungslinse aus 2 Glassorten mit geeignetem Brechungsindex (Achromat). Weitergehende Korrekturen machen kompliziertere Linsensysteme mit mehreren Linsen erforderlich.

## 2.4. Experimentelle Verfahren zur Brennweitenbestimmung

Eine einfache Methode zur groben Bestimmung der Brennweite einer Sammellinse ist die Abbildung eines weit entfernten Gegenstandes auf einen Schirm. Die Brennweite ist dann etwa gleich der Bildweite.

Zur genaueren experimentellen Bestimmung der Brennweite dient das Besselverfahren. Es beruht darauf, daß es bei fest vorgegebener Gegenstands- und Bildebene mit genügend großem Abstand $d$ genau zwei Stellungen einer Sammellinse gibt, die ein scharfes, reelles Bild erzeugen.

Bei beiden Stellungen muß sowohl (5) als auch

$$(6) \quad d = b + g + h$$

erfüllt sein. Man bestimmt z. B. die Bildweiten bei beiden Stellungen, indem man (6) nach $g$

auflöst und in (5) einsetzt. Dies führt zu einer quadratischen Gleichung für $b$:

$$(7) \quad b^2 - (d - h) \cdot b + (d - h) \cdot f = 0.$$

Die Lösungen von (7) sind

$$(8) \quad b_{1,2} = \frac{d-h}{2}\left(1 \pm \sqrt{1 - \frac{4f}{d-h}}\right).$$

Aus (6) ergibt sich dann

$$(9) \quad g_2 = b_1 \quad \text{und} \quad g_1 = b_2,$$

d. h. bei den beiden Linsenstellungen sind Bild- und Gegenstandsweite gerade vertauscht. Aus (8) folgt

$$(10) \quad b_1 - b_2 = (d - h)\sqrt{1 - \frac{4f}{d-h}}$$

und damit

$$(11) \quad f = \frac{1}{4}\left[(d-h) - \frac{(b_1 - b_2)^2}{d-h}\right].$$

Die Verschiebung $b_1 - b_2$ kann an einer beliebigen an der Linse fixierten Marke abgelesen werden. Bei dünnen Linsen ($h = 0$) kann mit (11) also aus dem Abstand zwischen Gegenstands- und Bildebene sowie der Verschiebungsstrecke der Linse unmittelbar die Brennweite ermittelt werden.

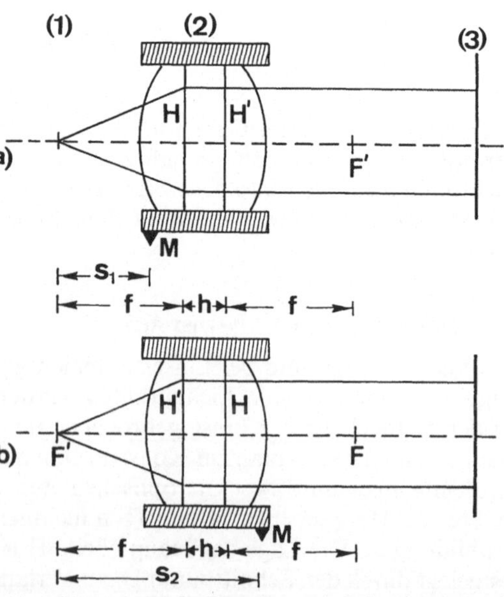


*Abb. V23-4. Autokollimation: 1) Beleuchtete Lochblende als punktförmige Lichtquelle, 2) Linse oder Objektiv mit Markierung M, 3) Ebener Spiegel*

Ein zweites Verfahren zur Brennweitenbestimmung ist die Autokollimation. Dabei wird ein Gegenstand mit Hilfe einer Sammellinse und eines Planspiegels wieder in die Gegenstandsebene abgebildet.

Verwendet man als Gegenstand eine nahezu punktförmige Lichtquelle im Brennpunkt der Linse, so entsteht hinter der Linse ein achsenparalleles Lichtbündel. Unabhängig vom Abstand des Spiegels wird dieses in sich reflektiert und erzeugt ein umgekehrtes, gleichgroßes Bild, das wieder im Brennpunkt liegt (Abbildung 4a). Ist diese Einstellung erreicht, so wird die Linse um 180° gedreht und die gleiche Einstellung nochmals vorgenommen (Abbildung 4b). Dann ist

$$(12) \quad s = s_1 + s_2 = 2 \cdot f + h.$$

Bei dünnen Linsen ($h \approx 0$) läßt sich mit diesem Verfahren die Brennweite wieder unmittelbar bestimmen.

Bei dicken Linsen oder Linsenkombinationen kann $h$ nicht vernachlässigt werden. Die Brennweitenbestimmung ist dennoch möglich, wenn man beide Verfahren anwendet. Löst man nämlich (12) nach $h$ auf und setzt in (11) ein, so erhält man

$$(13) \quad f = \tfrac{1}{2} \sqrt{(d - s)^2 - (b_1 - b_2)^2}.$$

Sämtliche auf der rechten Seite dieser Gleichung auftretenden Größen können direkt gemessen werden.

## 2.5. Das Fernrohr

Bei einem astronomischen Fernrohr wird durch ein Objektiv in der Brennebene ein reelles Zwischenbild eines weit entfernten Gegenstandes entworfen. Dieses reelle Zwischenbild wird durch ein Okular, das als Lupe verwendet wird, betrachtet. Im einfachsten Fall verwendet man als Objektiv und Okular jeweils eine Sammellinse.

Abbildung 5 zeigt den Strahlengang des astronomischen Fernrohres.

Die Vergrößerung $V$ ist der Quotient der Sehwinkel mit und ohne Fernrohr. Aus der Abbildung liest man für hinreichend kleine Winkel ab

$$(14) \quad V = \frac{\varphi_2}{\varphi_1} = \frac{f_1}{f_2}.$$

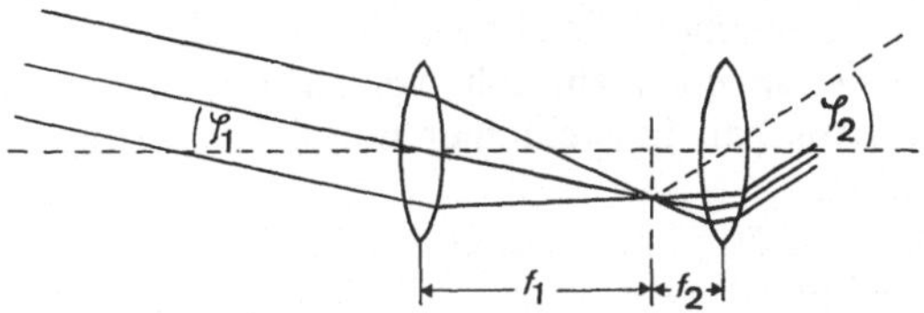

*Abb. V23–5. Strahlengang am Fernrohr*

Neben der Vergrößerung des Sehwinkels bewirkt das Fernrohr auch eine Verkleinerung des Durchmessers eines Strahlenbündels. Bei umgekehrter Durchstrahlung des Fernrohres kann man es zur Strahlaufweitung eines parallelen Lichtbündels und zur Fokussierung auf einen entfernten Punkt verwenden.

## 3. Versuch

### 3.1. Verwendete Geräte

- optische Bank mit Reitern
- Lampe
- Lochblende mit Mattscheibe
- Ringblenden, Farbfilter
- Linsen, Objektiv
- Schirm
- Laser

### 3.2. Aufgabenstellung

1. Aufgabe
Die Brennweite einer dünnen Sammellinse soll bestimmt werden. Weiterhin soll die chromatische und die sphärische Aberration der Linse sowie der Astigmatismus schiefer Bündel beobachtet werden.

2. Aufgabe
Ein mehrlinsiges Objektiv (Foto-Objektiv) soll auf Abbildungsfehler untersucht werden. Die Brennweite und die Lage der Haupt- und Brennebenen des Objektivs sind zu bestimmen.

3. Aufgabe
Man baue aus zwei Bikonvex-Linsen ein Fernrohr und messe seine Vergrößerung. Dann wende man es an zur Aufweitung eines Laserstrahles und zur Fokussierung des Laserstrahles auf einen weit entfernten Punkt.

### 3.3. Hinweise zur Versuchsdurchführung

Die Versuche werden zweckmäßigerweise auf einer optischen Bank durchgeführt. Befindet sich an den Reitern keine Ablesemarke, so wird eine Kante des Reiters als Marke verwendet.

Bei sämtlichen Messungen werden die Linseneinstellungen mehrfach wiederholt, um den statistischen Einstellfehler möglichst gering zu halten.

Als nahezu punktförmige Lichtquelle wird eine Lochblende verwendet, die mit einer Mattscheibe versehen und von hinten beleuchtet ist. Bei Anwendung der Autokollimation zur Brennweitenbestimmung wird man den Spiegel nicht genau senkrecht zur optischen Achse stellen, damit das Bild etwas neben der punktförmigen Lichtquelle erscheint.

Zur Untersuchung der Linsenfehler wird mit Farbfiltern jeweils einfarbiges Licht erzeugt. (Das Licht ist nicht im strengen Sinn monochromatisch, da Farbfilter im allgemeinen einen relativ breiten Ausschnitt aus dem Spektrum des weißen Lichtes durchlassen.)

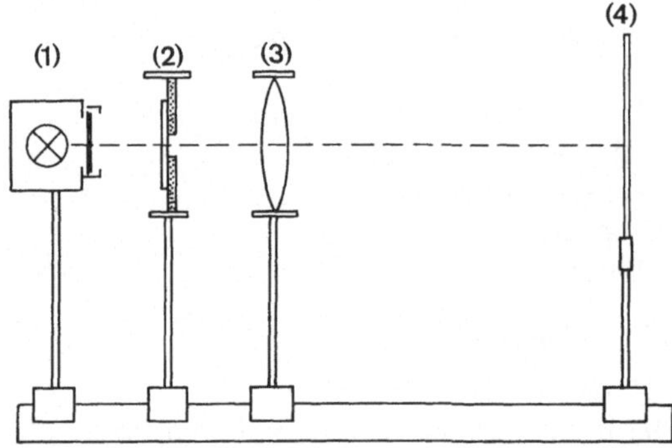


Abb. V23–6. *Versuchsaufbau: (1) Lampe mit Farbfilter, (2) Lochblende mit Mattscheibe, (3) Linse, (4) Schirm*

Für die Brennweitenbestimmung genügt hierbei ein vereinfachtes Autokollimationsverfahren. Will man nur bestimmen, welchen Abstand z. B. die Brennpunkte für rotes und blaues Licht haben, braucht die Linse nicht umgedreht zu werden. Es genügt, nur einmal den Brennpunkt für rotes und blaues Licht aufzusuchen. Um dabei sphärische Aberration auszuschalten, wird der wirksame Linsendurchmesser mit einer Lochblende verkleinert.

Die sphärische Aberration wird mit Ringblenden, die vor der Linse angebracht werden, untersucht. Jede Ringblende läßt nur Strahlen mit einem bestimmten Abstand zur optischen Achse durch.

Der Astigmatismus schiefer Bündel kann einfach beobachtet werden, indem man die Linse

um etwa 30° gegen die optische Achse verdreht und den Schirm zum Aufsuchen der beiden Bilder verschiebt.

Zur Messung der Vergrößerung des Fernrohres beobachtet man gleichzeitig mit einem Auge durch das Fernrohr und mit dem anderen Auge direkt ein weit entfernt angebrachtes Muster äquidistanter Linien. Man zählt, wieviele Linienabstände bei dem einen Auge in einen Linienabstand bei dem anderen Auge passen.

Bei der Anwendung des Fernrohres zur Aufweitung eines Laserstrahls wird dieser zunächst genau parallel zur optischen Bank justiert. Er definiert die optische Achse. Dann werden die beiden Linsen so eingebaut, daß ihre Achse mit der optischen Achse zusammenfällt (Wie erkennt man das?).

### 3.4. Meßbeispiele

Zu Aufgabe 1:

Bei der Anwendung des Besselverfahrens zur Brennweitenbestimmung der Linse in Aufgabe 1 wurde, um mehrfache unabhängige Einstellung zu gewährleisten, auch der Abstand d zwischen Lichtquelle und Schirm variiert. Zur Vermeidung von Linsenfehlern wird bei abgeblendeter Linse und mit monochromatischem Licht (grünes Farbfilter) gearbeitet. Bei jedem Teilexperiment kann $f$ aus (11) mit $h = 0$ errechnet werden.

Tabelle 1

| $d$/cm | $b_1$/cm | $b_2$/cm | $f$/cm |
|---|---|---|---|
| 110 | 56,9 | 92,2 | 24,67 |
| 112 | 56,5 | 95,0 | 24,69 |
| 114 | 55,8 | 97,3 | 24,72 |
| 116 | 55,1 | 99,9 | 24,67 |
| 118 | 54,7 | 102,4 | 24,68 |
| 120 | 54,5 | 104,9 | 24,71 |
| | | | $\bar{f} = 24,69$ cm |

Fehlerabschätzung:

Die Standardabweichung bei dieser Messung ist vernachlässigbar gegen die durch Messungenauigkeit erzeugten Fehler. Der Abstand $d$ zwischen Lichtquelle und Schirm kann auf etwa 2 mm genau bestimmt werden, die Verschiebung $b = b_1 - b_2$ zwischen beiden Scharfstellungen auf etwa 1 mm. Wir berechnen in (11) die partiellen Ableitungen von $f$ nach $d$

und $b$ und verwenden der Einfachheit halber zur Fehlerrechnung mittlere Werte von $d$ und $b$. Aus (Gl. 0.2.8) erhält man dann

$$\Delta f = \sqrt{(0,3)^2 \cdot (\Delta d)^2 + (0,2)^2 \cdot (\Delta b)^2} = 0,7 \text{ mm.}$$

Die Brennweite der betrachteten Linse für achsennahe Strahlen und grünes Licht kann angegeben werden als $f = (246,9 \pm 0,7)$ mm.
Messungen zur chromatischen Aberration der Linse ergaben, daß sich die Brennweiten für rotes und blaues Licht um $(5 \pm 1)$ mm unterschieden. Für achsenferne Strahlen wurde die Brennweite um bis zu $(3 \pm 1)$ mm größer gemessen als für achsennahe Strahlen. Die Brennweite der Linse liegt zwischen 245 mm (rotes Licht, achsennahe Strahlen) und 253 mm (blaues Licht, achsenferne Strahlen). Für die nicht abgeblendete Linse und für weißes Licht ist die Brennweite also $f = (248 \pm 4)$ mm.
Die relative Brennweitenänderung durch die Linsenfehler liegt somit bei 1,6%.
Bei Aufgabe 2 wurde ein Foto-Objektiv verwendet, dessen Brennweite mit $f = 85$ mm angegeben war. Chromatische und sphärische Aberration konnten mit der Autokollimation im Rahmen der Meßgenauigkeit nicht festgestellt werden. Zur Messung der Brennweite wurden wiederholt zwei Linsenstellungen bei der Autokollimation und zwei Stellungen beim Besselverfahren bestimmt.
Das Meßergebnis ist in Tabelle 2 dargestellt. Bei der Linsenstellung ist der Mittelwert angegeben, der sich bei 10 Einstellungen der Linse auf der optischen Bank ergeben hat.

Tabelle 2: Meßergebnisse bei der Brennweitenbestimmung eines Foto-Objektives ( Positionen auf der optischen Bank)

| Lichtquelle (Lochblende) | | 25,0 cm |
|---|---|---|
| Autokollimation | 1. Stellung | 29,8 cm |
| | 2. Stellung | 38,2 cm |
| Besselverfahren | 1. Stellung | 31,5 cm |
| | 2. Stellung | 86,1 cm |
| Schirm | | 100,0 cm |

Aus den Stellungen bei der Autokollimation erhält man

$$s_1 = 4,8 \text{ cm}$$
$$s_2 = 13,2 \text{ cm}$$
$$s = 18,0 \text{ cm.}$$

Die Verschiebung beim Besselverfahren betrug $b_1 - b_2 = 54,6$ cm, der Abstand Lichtquelle–Schirm war $d = 75,0$ cm.
Mit (10) ergibt sich für die Brennweite $f = 8,2$ cm. Für den Hauptebenenabstand $h$ liefert (12) $h = 1,6$ cm.
Aus Abbildung 4 entnimmt man, daß die Hauptebene H von der Marke M den Abstand $f - s_1$ besitzt. Die Abbildung 7 gibt einen Überblick über die Lage der Brennpunkte und Hauptebenen des benutzten Objektivs relativ zur Reitermarke.

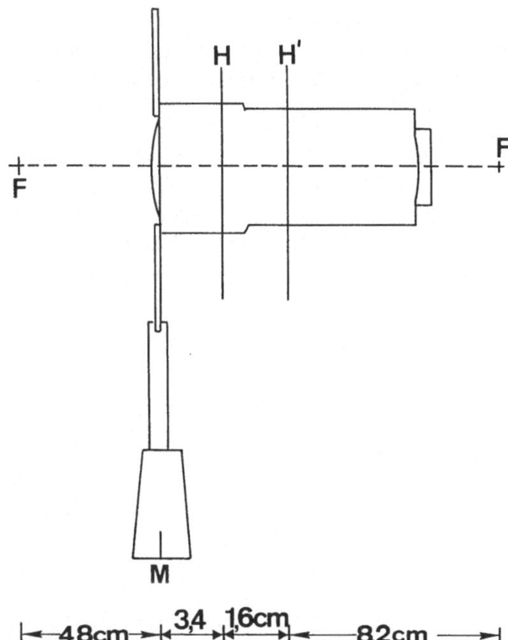


*Abb. V23–7. Lage der Hauptebenen bei einem Foto-Objektiv*

## 4. Ergänzungen

### 4.1. Vertiefende Fragen

Warum weitet man einen Laserstrahl, der über längere Strecken laufen soll, mit einem Fernrohr auf?

Welchen einfachen Zusammenhang zwischen dem Krümmungsradius und der Brennweite einer plankonvexen (bikonvexen) Sammellinse erhält man für Glas mit $n = 1,5$. Wie kann man für eine am Rand nicht abgeschliffene Linse aus dem Durchmesser und der Dicke die Brennweite bestimmen?

## 4.2. Ergänzende Bemerkungen

Die in diesem Versuch zugrunde gelegte geometrische Optik ergibt sich als Spezialfall der Wellenoptik, wenn die beugenden Öffnungen groß sind gegen die Wellenlänge des Lichtes. Eine Begründung z. B. für das endliche Auflösungsvermögen eines Fernrohres ist mit der geometrischen Optik nicht möglich.

Bei der Herstellung optischer Geräte wird statt der Brennweite oft die Brechkraft der Linse betrachtet. Man versteht darunter den Kehrwert der Brennweite. Die Einheit der Brechkraft ist 1 Dioptrie (Kurzzeichen: 1 dpt). Es ist 1 dpt = $1 \text{ m}^{-1}$. Für kleine Abstände der brechenden Flächen können die Brechkräfte der Flächen einfach addiert werden.

Nimmt man auf der optischen Achse einen festen Punkt P an, so wird jeder Lichtstrahl durch Angabe der Strecke $d$ und des Winkels $\varphi$ vollständig beschrieben. Diese beiden Größen können als ein Vektor aufgefaßt werden.

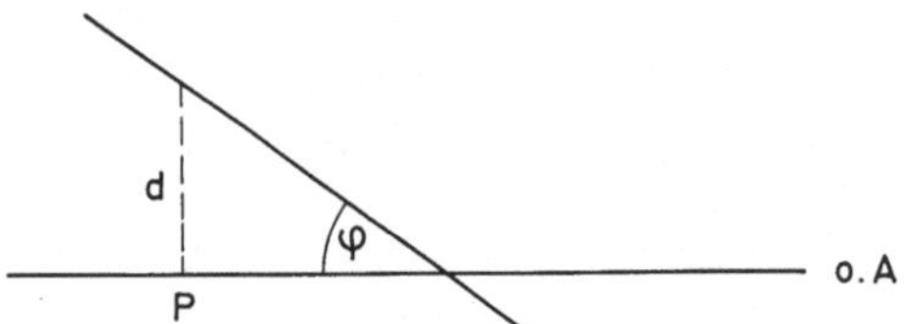

*Abb. V23−8. Zur Berechnung von Strahlengängen mit der Matrix-Methode*

Optische Elemente (Sammel- und Zerstreuungslinsen, ebene und sphärische Spiegel, Planplatten) verändern diesen Vektor. Bei Beschränkung auf paraxiale Strahlen sind diese Veränderungen lineare Transformationen, die durch $2 \times 2$-Matrizen beschrieben werden können.

Beispielsweise erhält man den Vektor $\begin{pmatrix} d_1 \\ \varphi_1 \end{pmatrix}$ für

den Strahlverlauf hinter einer dünnen Linse mit

der Brennweite $f$ aus den Strahlverlauf $\begin{pmatrix} d_0 \\ \varphi_0 \end{pmatrix}$ vor

der Linse durch die Transformation

$$(15) \quad \begin{pmatrix} d_1 \\ \varphi_1 \end{pmatrix} = \begin{pmatrix} 1 & 0 \\ -1/f & 1 \end{pmatrix} \cdot \begin{pmatrix} d_0 \\ \varphi_0 \end{pmatrix}$$

Die Ausbreitung eines Strahles zwischen zwei optischen Elementen mit dem Abstand $L$ wird beschrieben durch die Matrix

$$\begin{pmatrix} 1 & L \\ 0 & 1 \end{pmatrix}.$$

Der Verlauf eines Lichtstrahls durch eine Kombination optischer Elemente wird durch Multiplikation der entsprechenden Matrizen berechnet [1].

Literatur:

1) A. Gerrard, J. M. Burch: Introduction to Matrix Methods in Optics. John Wiley and Sons, 1975

# Versuch 24
# Polarisation von Licht

## 1. Ziel des Versuches

Die Polarisation von Licht ist neben ihrer prinzipiellen Bedeutung als Hinweis auf die Transversalwellennatur von Licht auch von Interesse für viele Anwendungen. Dieser Versuch soll mit der Erzeugung und mit wichtigen Eigenschaften von polarisiertem Licht vertraut machen. Als Anwendung wird polarimetrisch die Konzentration einer Zuckerlösung bestimmt.

## 2. Grundlagen

### 2.1. Verschiedene Arten der Polarisation

Licht kann beschrieben werden als eine elektromagnetische Transversalwelle. Die beiden Vektoren der elektrischen und der magnetischen Feldstärke sowie die Ausbreitungsrichtung stehen dabei paarweise senkrecht zueinander. Die Ebene, die durch den $\vec{E}$-Vektor und die Ausbreitungsrichtung festgelegt wird, heißt Schwingungsebene des Lichtes. Die dazu senkrechte, durch den $\vec{H}$-Vektor und die Ausbreitungsrichtung definierte Ebene heißt Polarisationsebene.
Bei natürlichem Licht verändert sich die Schwingungsebene statistisch. Im zeitlichen Mittel kommen alle möglichen Schwingungsebenen gleich oft vor. Solches Licht wird als unpolarisiert bezeichnet. Ist die Schwingungsebene zeitlich und räumlich konstant, so spricht man von linear polarisiertem Licht.
Bei der Überlagerung zweier linear polarisierter Wellen mit gleicher Wellenlänge und gleicher Ausbreitungsrichtung erhält man wiederum

eine polarisierte Welle. Die Verhältnisse macht man sich am einfachsten klar, indem man die Projektion zweier zueinander senkrecht schwingender $E$-Vektoren in eine Ebene senkrecht zur Ausbreitungsrichtung betrachtet. Die zweidimensionale Überlagerung der beiden Wellen erzeugt dann in der Projektion eine Lissajous-Figur.

Sind beide Wellen phasengleich, so ist die Lissajous-Figur eine Gerade, die Überlagerungswelle also wieder linear polarisiert. Die Lage der Polarisationsebene hängt in diesem Fall vom Verhältnis der beiden Amplituden ab.

Bei beliebiger Phasendifferenz ist die Überlagerungswelle elliptisch polarisiert, d. h. der $\vec{E}$-Vektor umläuft die Achse der Ausbreitungsrichtung auf einer Ellipse.

Bei dem Sonderfall, daß beide Amplituden gleich groß sind und die Phasendifferenz genau $\pi/2$ ist, wird die Ellipse zum Kreis. Man spricht dann von zirkular polarisiertem Licht.

## 2.2. Doppelbrechung

In Gasen, Flüssigkeiten und amorphen festen Stoffen (z. B. Glas) ist die Lichtgeschwindigkeit unabhängig von der Ausbreitungs- und Polarisationsrichtung. Diese Stoffe sind optisch isotrop. Viele Kristalle hingegen zeigen aufgrund der Symmetrie des Kristallgitters eine optische Anisotropie.

Wir beschränken die folgenden Betrachtungen auf Kristalle, die genau eine Kristall-Symmetrieachse besitzen (z. B. Kalkspat $CaCO_3$). Die Richtung dieser Achse wird dann als optische Achse (o.A.) des Kristalls bezeichnet. Man beachte, daß es sich dabei tatsächlich um eine Richtung, nicht aber um eine ausgezeichnete Gerade durch den Kristall handelt.

Ein Lichtstrahl, der auf einen optisch einachsigen Kristall trifft, spaltet sich im Inneren des Kristalls in zwei zueinander senkrecht linear polarisierte Teilstrahlen auf. Bei dem sogenannten ordentlichen Teilstrahl ist die Ausbreitungsgeschwindigkeit $c_0$ richtungsunabhängig. Die Ausbreitungsgeschwindigkeit des zweiten Teilstrahls beträgt längs der optischen Achse ebenfalls $c_0$, in allen anderen Richtungen ist seine Geschwindigkeit jedoch von $c_0$ verschieden. Er wird als außerordentlicher Strahl bezeichnet.

Trägt man von einem festen Punkt aus die Geschwindigkeitsvektoren für alle Kristallrichtun-

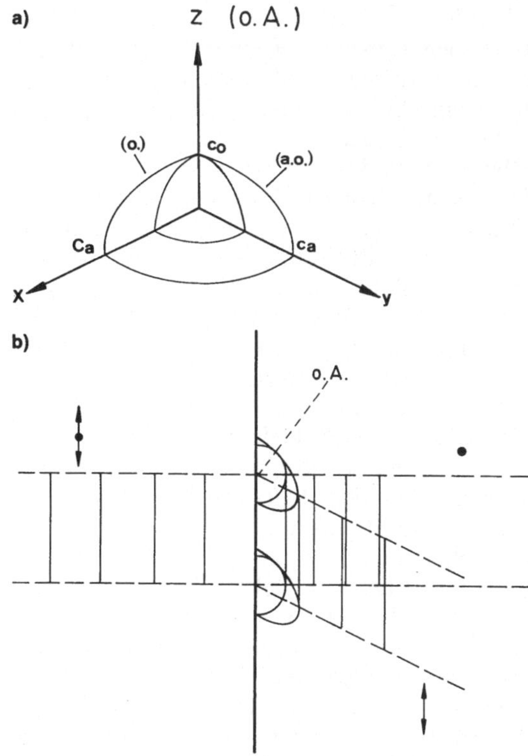

Abb. V24–1. a) Richtungsabhängige Ausbreitungsgeschwindigkeit des ordentlichen (o.) und des außerordentlichen (a.o.) Strahls; b) Ausbreitung des ordentlichen und des außerordentlichen Strahls im Kristall o.A.: opische Achse des Kristalls

gen ab, so liegen die Spitzen der Vektoren beim ordentlichen Strahl auf einer Kugel mit Radius $c_0$, beim außerordentlichen Strahl auf einem Rotationsellipsoid, dessen eine Halbachse (in Richtung der optischen Kristallachse) ebenfalls $c_0$ ist. Die beiden anderen Halbachsen des Ellipsoids haben die Länge $c_a$ (Abbildung 1a). Man unterscheidet optisch positive ($c_a < c_0$) und optisch negative Kristalle ($c_a > c_0$).

Die räumliche Trennung von ordentlichem und außerordentlichen Strahl ist mit dem Huygensschen Prinzip zu erklären. Danach kann jeder Punkt des Kristalls, der von einer Lichtwelle getroffen wird, als Ausgangspunkt einer Elementarwelle angesehen werden. Die nachfolgenden Wellenfronten ergeben sich als Einhüllende der Elementarwellen. Damit bekommen die Kugel und das Ellipsoid um die Geschwindigkeitsvektoren eine neue Bedeutung: sie können als Wellenfronten des ordentlichen bzw. außerordentlichen Strahls aufgefaßt werden.

Abbildung 1b zeigt die Anwendung des Huygensschen Prinzips auf einen Lichtstrahl, der senkrecht auf die Oberfläche eines optisch negativen einachsigen Kristalls fällt. Die optische Achse des Kristalls verläuft schräg zu seiner Oberfläche und in der Zeichenebene.

Die Elementarwellen des ordentlichen Strahls sind Kugelwellen. Ihre Einhüllende und damit die neuen Wellenfronten sind jeweils parallel zur Kristalloberfläche, und der ordentliche Strahl verläuft ohne Brechung durch den Kristall. Beim außerordentlichen Strahl sind die Elementarwellen Ellipsoidwellen. Deren Einhüllende verläuft zwar wieder parallel zur Grenzfläche, die Wellenfronten werden jedoch seitlich versetzt. Die Richtung des außerordentlichen Strahl weicht daher von der Richtung des ordentlichen Strahls ab.

In Abbildung 1b ist zusätzlich die Schwingungsebene bei den Teilstrahlen durch einen Doppelpfeil bzw. einen Punkt angedeutet. Die Schwingungsebene beim außerordentlichen Strahl ist festgelegt durch die Ausbreitungsrichtung und die optische Achse, liegt also in der Zeichenebene. Die Schwingungsebene beim ordentlichen Strahl ist senkrecht dazu.

## 2.3. Erzeugung von polarisiertem Licht

Die einfachste Möglichkeit zur Erzeugung von linear polarisiertem Licht besteht in der Reflexion von natürlichem Licht an einer Glasplatte unter dem Brewster-Winkel $\alpha_{Br}$. Bei diesem Einfallswinkel ist die Schwingungsebene des reflektierten Lichts senkrecht zur Einfallsebene. Aus der Maxwellschen Theorie ergibt sich, daß dies genau dann der Fall ist, wenn reflektierter und gebrochener Strahl aufeinander senkrecht stehen.

Setzt man

$$(2) \quad \beta = 90° - \alpha_{Br}$$

in das Brechungsgesetz (Gl. 23.1) ein, so erhält man für den Brewster-Winkel

$$(3) \quad \tan\alpha_{Br} = n_2/n_1.$$

Bei einem Übergang von Luft ($n_1 = 1$) nach Kronglas ($n_2 = 1,51$) ist $\alpha_{Br} = 56,5°$.

Weitere Verfahren zur Erzeugung linear polarisierten Lichtes nutzen die Doppelbrechung einachsiger Kristalle und blenden entweder den ordentlichen oder den außerordentlichen Strahl aus.

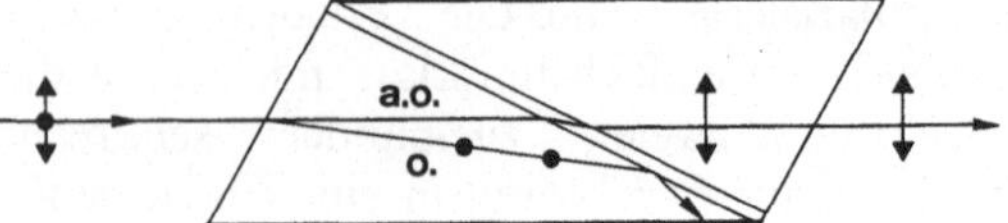


*Abb. V24-2. Nicol-Prisma zur Erzeugung von linear polarisiertem Licht*

Dies gelingt z. B. mit einem Nicol-Prisma, wie es in Abbildung 2 gezeigt ist. Der unpolariserte Lichtstrahl trifft auf die Oberfläche eines Kalkspat-Stückes mit geeigneten geometrischen Abmessungen. Der Kristall wurde diagonal zerschnitten und dann mit einem besonderen Kitt, dessen Brechungsindex kleiner ist als der des Kristalls, wieder zusammengesetzt.

Trotz des schrägen Einfalls beobachtet man prinzipiell die gleiche Aufspaltung wie in Abbildung 1. Der ordentliche Strahl erleidet an der Schnittfläche Totalreflexion und wird an der geschwärzten Wand des Kristalls absorbiert. Der außerordentliche Strahl wird schwächer gebrochen, trifft deshalb unter kleinerem Winkel auf die Schnittfläche, geht durch diese hindurch und tritt wieder aus dem Kristall aus.

Bei einigen Kristallen (z. B. Turmalin) werden ordentlicher und außerordentlicher Teilstrahl sehr stark unterschiedlich absorbiert (Dichroismus). Schickt man unpolarisiertes Licht durch einen solchen Kristall, so ist bei passender Kristalldicke der eine Anteil des Lichts hinter dem Kristall praktisch ganz verschwunden, während der andere nur wenig geschwächt wurde. Das austretende Licht ist dann linear polarisiert.

Zur Erzeugung von zirkular und elliptisch polarisiertem Licht wird ebenfalls die Doppelbrechung ausgenutzt. Aus einem einachsigen Kristall wird eine dünne Scheibe geschnitten, so daß die optische Achse in der Schnittebene liegt. Bei einen linear polarisierten Lichtstrahl, der senkrecht auf dieses Plättchen fällt, breiten sich ordentlicher und außerordentlicher Strahl zwar mit unterschiedlicher Geschwindigkeit, jedoch mit gleicher Richtung aus. Wählt man die Polarisationsrichtung des einfallenden Lichtes so, daß sie mit der optischen Achse des Kristalls einen 45°-Winkel einschließt, so haben ordentlicher und außerordentlicher Strahl gleiche Amplitude. Durch geeignete Dicke des Plättchens erreicht man, daß die Phasendifferenz zwischen beiden Teilstrahlen beim Austritt aus dem Plättchen $\pi/2$ ist ( d.h. Gangunterschied $\lambda/4$). Das austretende Licht ist dann nach Abschnitt 2.1. zirkular polarisiert. Ein solches Kristall-Plättchen wird als $\lambda/4$-Plättchen bezeichnet.

## 2.4. Das cos²-Gesetz von Malus

Linear polarisiertes Licht, dessen $\vec{E}$-Vektor die Amplitude $\vec{E}_0$ hat, treffe auf ein Polarisationsfilter, das Polarisation in $x$-Richtung erzeugt. Die durchgelassene Komponente der Welle hat dann die Amplitude

$$(4) \quad E_{0,x} = E_0 \cos \vartheta,$$

wobei $\vartheta$ der Winkel zwischen $E_0$ und der $x$-Richtung ist. Die Energiedichte des Feldes ist proportional zum Quadrat der Feldstärke. Deshalb gilt für den Zusammenhang zwischen einfallender Intensität $I$ und durchgelassener Intensität $I_x$:

$$(5) \quad I_x = I \cos^2 \vartheta.$$

(Gesetz von Malus)

## 2.5. Zirkular-Doppelbrechung

Bei manchen Stoffen hat rechts- und linkszirkular polarisiertes Licht unterschiedliche Ausbreitungsgeschwindigkeit. Diese Eigenschaft heißt Zirkular-Doppelbrechung. Sie hat zur Folge, daß die Polarisationsebene von durchgehendem linear polarisiertem Licht gedreht wird. Solche Stoffe werden als „optisch aktiv" bezeichnet.

Zur Erklärung der optische Aktivität wird eine einfallende linear polarisierte Welle aufgefaßt als Überlagerung zweier entgegengesetzt zirkular polarisierter Wellen mit den $\vec{E}$-Vektoren $\vec{E}_r$ und $\vec{E}_l$. Angenommen, die linkszirkular polarisierte Welle habe die höhere Geschwindigkeit. $\vec{E}_l$ erreicht nach einem Umlauf seine Ausgangslage früher als $\vec{E}_r$. Nach dem Zusammensetzen der beiden Teilwellen ergibt sich wieder eine linear polarisierte Welle, deren Ebene um den Winkel $\alpha$ nach links gedreht ist.

Der Drehwinkel $\alpha$ ist proportional zur Weglänge $d$ des Lichts in dem Medium sowie bei Lösungen zur Konzentration $q$ der Lösung:

$$(6) \quad \alpha = [\alpha] \cdot q \cdot d.$$

Das spezifische Drehvermögen $[\alpha]$ ist eine sowohl von der Temperatur als auch von der Wellenlänge des verwendeten Lichts abhängige Stoffkonstante.

# 3. Versuch

## 3.1. Verwendete Geräte

- optische Bank
- HeNe-Laser
- Mattscheibe, Linse
- Polarisationsfilter
- $\lambda/4$-Plättchen
- Fotozelle mit µA-Meter
- Satz Graufilter

## 3.2. Aufgabenstellung

1. Aufgabe
Mit einem Satz Graufilter nehme man den Zusammenhang einfallender Lichtintensität und Kurzschlußstrom der Fotozelle auf.

2. Aufgabe
Man messe in Abhängigkeit von der Winkelstellung $\vartheta$ die Intensität hinter dem Analysator und bestätige damit, daß das Licht des verwendeten Lasers linear polarisiert ist. Durch Reflexion an einer Glasplatte bestimme man die Schwingungsebene des Lichts.

3. Aufgabe
Mit einem Polarisationsfilter als Analysator untersuche man das durch ein $\lambda/4$-Plättchen

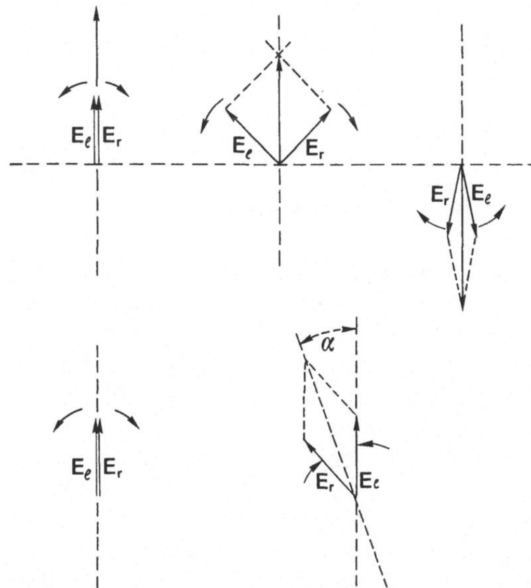

*Abb. V24–3. a) Zerlegung einer linear polarisierten Welle in zwei entgegengesetzt zirkular polarisierte Anteile*
*b) Zur Drehung der Polarisationsebene bei optisch aktiven Medien*

hindurchtretende Licht in Abhängigkeit von der Winkelstellung des $\lambda/4$-Plättchens.

**4. Aufgabe**
Man bestimme die Konzentration einer Rohrzuckerlösung aus der Drehung der Polarisationsebene.

### 3.3. Hinweise zur Versuchsdurchführung

Der Laserstrahl wird zunächst parallel zur optischen Bank justiert. Zur Erzeugung eines breiten parallelen Lichtbündels wird die Mattscheibe vor den Laser gestellt. Der entstehende Lichtfleck wirkt als nahezu punktförmige Lichtquelle. Mit einer Sammellinse wird dann ein paralleles Lichtbündel erzeugt.

Vor den Messungen muß der Laser einige Minuten in Betrieb gewesen sein, da sich sonst Intensitätsschwankungen störend auswirken können.

Aufgabe 1 dient zur Überprüfung, in welchem Bereich die Stromstärke der Fotozelle linear zur Lichtintensität wächst. Eine definierte Reduzierung der Lichtintensität erreicht man mit Graufiltern bekannter Transparenz $T$.

Bei Aufgabe 2 wird zunächst die Winkelstellung des Analysators aufgesucht, bei der maximale Intensität auf die Fotozelle fällt. Alle weiteren Winkel werden relativ zu dieser Einstellung angegeben.

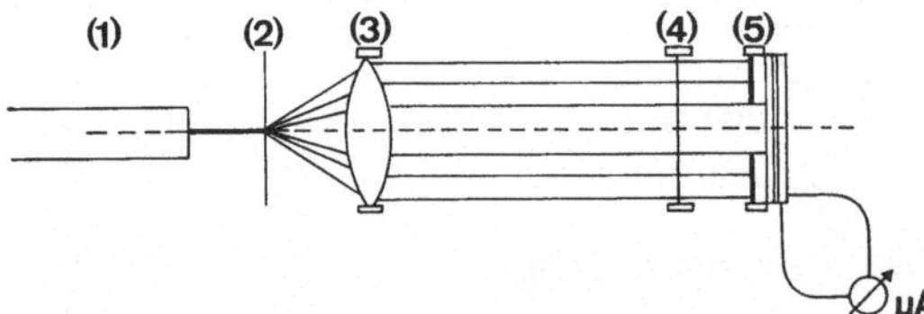

Abb. V24–4. Versuchsaufbau: 1) Laser, 2) Mattscheibe, 3) Linse, 4) Analysator, 5) Fotozelle mit Irisblende

Für die Aufgabe 3 wird das $\lambda/4$-Plättchen zwischen Linse und Analysator angeordnet.
Bei Aufgabe 4 ersetzt man das $\lambda/4$-Plättchen durch eine Glaswanne mit einer Rohrzuckerlösung.

### 3.4. Meßbeispiele

Die Abbildung 5 zeigt, daß der Fotostrom im gesamten Bereich proportional zur Lichtintensität wächst.

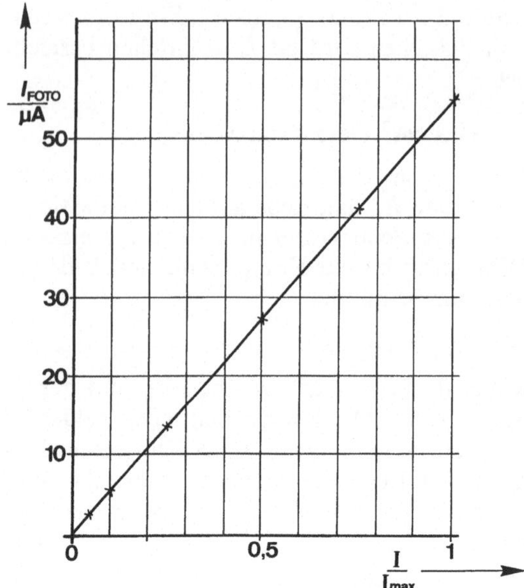

Abb. V24–5. Zusammenhang zwischen Lichtintensität und Kurzschlußstrom der Fotozelle

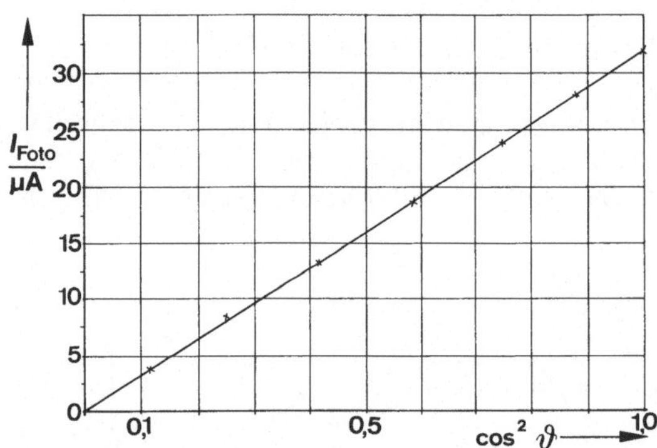

Abb. V24–6. Zum Gesetz von Malus

Zum Nachweis des Gesetzes von Malus wird der Fotostrom über $\cos^2 \vartheta$ abgetragen. Als Schaubild ergibt sich dann eine Gerade.
Bei Aufgabe 3 stellt man bei einer bestimmten Winkeleinstellung $\beta = \beta_0$ des $\lambda/4$-Plättchens fest, daß die auf die Fotozelle treffende Intensität unabhängig von der Analysator-Stellung ist. In diesem Fall ist das Licht, das das $\lambda/4$-Plättchen verläßt, zirkular polarisiert. Wird $\beta$ etwas vergrößert, so ändert sich die Intensität, wenn der Analysator gedreht wird. Das Licht ist elliptisch polarisiert. Bei einer Winkelstellung $\beta = \beta_0 + 45°$ gibt es zwei Analysatorstellungen, bei denen das Licht ausgelöscht wird. Das Licht vom $\lambda/4$-Plättchen bleibt bei dieser Stellung also linear polarisiert.

Bei mehrfacher Messung zu Aufgabe 4 wird als Drehwinkel der Lösung in einem Glaskolben $\alpha = (17,3 \pm 0,5)°$ festgestellt. Die Länge des Lichtweges durch die Lösung war

$$d = (20,0 \pm 0,1)\ \text{cm}.$$

Der Literaturwert für die spezifische Drehung von Rohrzucker bei der Wellenlänge des He–Ne-Lasers ($\lambda = 632,8$ nm) beträgt $[\alpha] = (5,172 \pm 0,005)°\ \text{g}^{-1}\ \text{cm}^2$. Aus (7) ergibt sich die Konzentration der untersuchten Lösung:

$$q = 0,167\ \text{g/cm}^3.$$

Zur Fehlerrechung kann (Gl. 0.2.10) angewendet werden. Man erhält $\Delta q = 0,005\ \text{g/cm}^3$, und damit als Endergebnis

$$q = (0,167 \pm 0,005)\ \text{g/cm}^3.$$

## 4. Ergänzungen

### 4.1. Vertiefende Fragen

Was passiert, wenn man linear oder zirkular polarisiertes Licht auf ein $\lambda/2$-Plättchen fallen läßt?

Zwischen zwei gekreuzte Polarisationsfilter wird ein weiterer Polarisationsfilter gehalten, der zu keinem der beiden anderen parallel steht. Was erwartet man?

### 4.2. Ergänzende Bemerkungen

Das Auftreten von Doppelbrechung beruht prinzipiell auf der inneren Symmetrie der durchstrahlten Medien. Optisch isotrope Stoffe können ebenfalls doppelbrechend werden, wenn symmetrieverringernde äußere Einflüsse auftreten. Dies können z.B. elastische Deformationen (durch Biegung, Torsion, Zug oder Druck), elektrische oder magnetische Felder sein.
Das vorliegende Experiment kann einfach ergänzt werden zur Demonstration mechanischer Belastungen im Inneren von Werkstücken. Dazu wird das Werkstück aus Glas oder Plexiglas nachgebildet und mit polarisiertem Licht durchleuchtet. Je nach Stärke der mechanischen Belastung werden diese Stoffe doppelbrechend und drehen die Polarisationsebene des eingestrahlten Lichts. Das Plexiglas-„Werkstück" wird beleuchtet, mit einer Linse auf einen Schirm abgebildet und dann zwischen zwei gekreuzte Polarisatoren gebracht.

Im elektrischen Feld wird besonders Nitrobenzol stark doppelbrechend (Kerr-Effekt). Magnetische Felder können eine zirkulare Doppelbrechung hervorrufen (Faraday-Effekt, Magnetorotation).

Die Fenster von Laserrohren werden meist unter dem Brewster-Winkel angebracht. Das an dem Fenster reflektierte Licht ist linear polarisiert. Licht mit dazu senkrechter Polarisationsrichtung erfährt keine Reflexion und tritt vollständig durch das Fenster hindurch. Nur für Licht mit dieser Polarisationsrichtung sind die Verluste für den Betrieb des Lasers hinreichend klein. Das Laserlicht ist dann linear polarisiert.

# Versuch 25
# Interferometer

## 1. Ziel des Versuches

In diesem Versuch werden zwei Typen von Zweistrahl-Interferometern aufgebaut und justiert: das Michelson- und das Jamin-Interferometer. Beide werden als hochpräzise Meßinstrumente eingesetzt, das eine zur Bestimmung der Wellenlänge von Laserlicht, das andere zur druckabhängigen Messung des Brechungsindex von Luft.

## 2. Grundlagen

### 2.1. Interferenz von Licht

Treffen zwei Wellen gleicher Frequenz und (bei Transversalwellen) gleicher Polarisationsebene in einem Raumpunkt aufeinander, so addieren sich ihre Elongationen. Die Intensität der Überlagerungswelle in diesem Raumpunkt hängt vom Gangunterschied $\Delta s$ der beiden Teilwellen ab. Für

$$(1) \quad \Delta s = k \cdot \lambda \quad (k \in \mathbb{Z})$$

ergibt sich maximale Verstärkung (konstruktive Interferenz), für

$$(2) \quad \Delta s = \frac{2k + 1}{2} \cdot \lambda \quad (k \in \mathbb{Z})$$

maximale Abschwächung (destruktive Interferenz). Bei gleicher Amplitude der Teilwellen tritt im Fall (2) vollständige Auslöschung ein. Das Auftreten solcher Interferenzerscheinungen auch bei Licht ist neben der Polarisierbarkeit der entscheidende experimentelle Hinweis für die Annahme einer Wellennatur des Lichtes.

### 2.2. Kohärenz von Licht

Zeitlich stabile Interferenzmuster können nur beobachtet werden, wenn die Phasendifferenz zwischen beiden Teilwellen in jedem Raumpunkt zeitlich konstant ist. In diesem Fall werden die Teilwellen als räumlich kohärent bezeichnet.

Ist die Phasendifferenz in je zwei verschiedenen Raumpunkten, die von einer Welle getroffen werden, zeitlich konstant, so heißt die Welle zeitlich kohärent. Zeitliche Kohärenz liegt vor bei einem kontinuierlichen, unendlich langen Wellenzug mit konstanter Frequenz. Eine zeitlich und räumlich annähernd kohärente Lichtquelle ist der Laser, der ähnlich wie ein elektrischer Sender praktisch kontinuierliche Lichtwellen aussendet. Natürliches Licht hingegen ist sowohl zeitlich als auch räumlich inkohärent, denn das von den verschiedenen Atomen einer Lichtquelle ausgesandte Licht besteht aus einzelnen Wellenzügen endlicher Länge und ohne feste Phasenbeziehung untereinander. Ihre typische Dauer ist von der Größenordnung $10^{-8}$ s. Aus der Größe der Lichtgeschwindigkeit erhält man als typische Länge eines solchen Wellenzuges 3 m (Kohärenzlänge).

Bei natürlichem Licht können deshalb nur dann Interferenzerscheinungen beobachtet werden, wenn jeder einzelne Wellenzug z. B. durch teilweise Reflexion aufgespalten wird und nach verschiedenen Laufstrecken die entstandenen Teilstrahlen wieder überlagert werden. Ein Interferenzmuster entsteht, wenn der Wegunterschied $\Delta s$ der Teilstrahlen klein gegen die Kohärenzlänge ist. Der Kontrast in dem Interferenzmuster wird umso kleiner, je größer der Wegunterschied wird.

### 2.3. Interferometer

Variiert man den Wegunterschied $\Delta s$ bei der Interferenz zweier Teilstrahlen, so verändert sich auch das Interferenzmuster. Nach einer Änderung $\Delta s = \lambda$ ergibt sich wieder das ursprüngliche Muster. Damit ist es prinzipiell möglich, durch Änderung von $\Delta s$ um eine be-

kannte Strecke die Wellenlänge des verwendeten Lichts aus der Anzahl der Helligkeitswechsel zu bestimmen. Umgekehrt kann man bei bekannter Wellenlänge Änderungen des Lichtweges oder des Brechungsindex bestimmen. Zu solchen Messungen werden Interferometer verwendet.

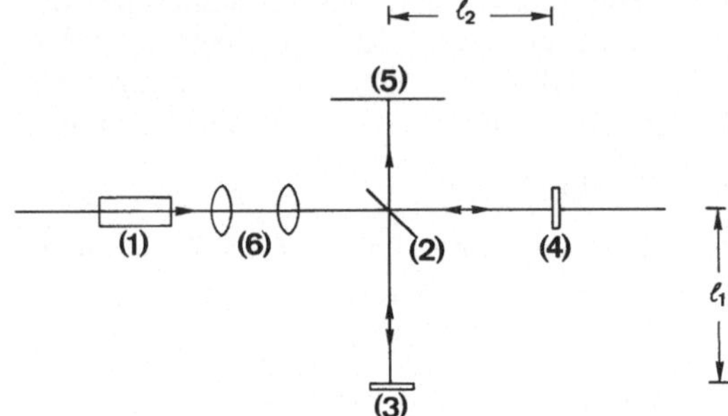

Abb. V25–1. *Strahlengang beim Michelson-Interferometer: 1) Laser, 2) Strahlteiler, 3), 4) Planspiegel $S_1$ bzw. $S_2$, 5) Schirm, 6) Teleskop zur Strahlaufweitung*

Die Abbildung 1 zeigt den Strahlengang bei einem Michelson-Interferometer. Der Strahlteiler spaltet den einfallenden Lichtstrahl in zwei Teilstrahlen auf. Nach der Reflexion der Teilstrahlen an den Spiegeln $S_1$ bzw. $S_2$ treffen beide wieder auf den Strahlteiler und werden von diesem (teilweise) auf den Schirm reflektiert. Der Gangunterschied $\Delta s$ zwischen den beiden auf den Schirm treffenden Teilstrahlen hängt von den Abständen der beiden Spiegel zum Strahlteiler ab:

$$(3) \quad \Delta s = 2 \cdot (l_1 - l_2).$$

Der Faktor 2 kommt hinzu, weil jeder Weg doppelt durchlaufen wird.

Bei einer ebenen einfallenden Welle und vollkommen senkrecht zueinander justierten Spiegeln erwartet man auf dem Schirm je nach Phasendifferenz gleichmäßig Helligkeit oder Dunkelheit. Tatsächlich beobachtet man ein Streifensystem oder ein System konzentrischer Ringe. Die Erklärung hierfür folgt im Abschnitt 2.4.

Bei der Verschiebung eines Spiegels um ein Viertel der Wellenlänge ändert sich der Gangunterschied um $\lambda/2$, aus maximaler Dunkelheit auf dem Schirm wird maximale Helligkeit bzw. umgekehrt. Wird der verschiebbare Spiegel $S_1$ auf einen Feinstelltrieb montiert und der Spiegel über eine Strecke von mehreren Wellenlängen bewegt, so kann aus der Verschiebungsstrecke $\Delta l$ und der Anzahl $m$ der auf dem Schirm aufgetretenen Helligkeitsmaxima (oder -minima) die Wellenlänge bestimmt werden:

$$(4) \quad m \cdot \lambda = 2 \cdot \Delta l.$$

Bei dem in Abbildung 2 dargestellten Jamin-Interferometer erfolgt die Aufspaltung in Teilstrahlen sowie deren Wiedervereinigung mit planparallelen Glasplatten.

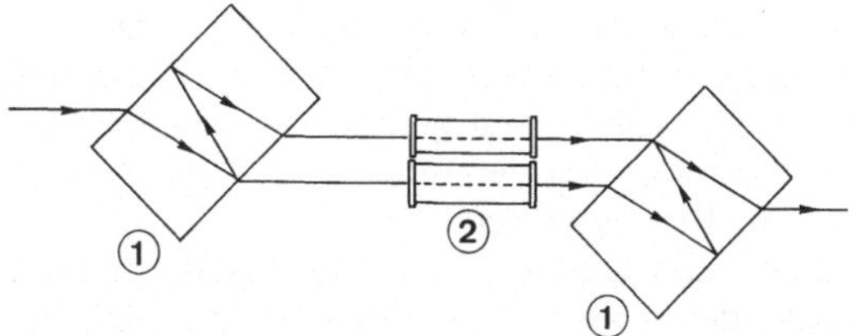

Abb. V25–2. *Strahlengang beim Jamin-Interferometer: (1) planparallele Glasplatte als Strahlteiler, (2) evakuierbare Glasröhre*

Bringt man in die beiden Teilstrahlen je ein verschlossenes, evakuiertes Glasrohr der Länge $l$ ein, so ändert sich an dem Interferenzmuster nichts, wenn die Endfenster der Rohre gleiche optische Weglänge besitzen. Wird dann jedoch eines der Glasrohre mit einem Gas mit Brechungsindex $n$ gefüllt, dann entsteht aufgrund der unterschiedlichen Lichtgeschwindigkeit in beiden Rohren der Gangunterschied

$$(5) \quad \Delta s = nl - l = (n - 1)\, l.$$

Bei kontinuierlichem Anwachsen des Brechungsindex von 1 (Vakuum) bis zum Wert $n > 1$ ergeben sich damit

$$(6) \quad m = \frac{\Delta s}{\lambda} = \frac{(n - 1) \cdot l}{\lambda}$$

Helligkeitswechsel auf dem Schirm.

## 2.4. Interferenzstreifen und -ringe

Bei den bisherigen Betrachtungen gingen wir von ideal ebenen Wellen und ideal justierten optische Komponenten aus. In der Praxis ist dies jedoch nicht realisierbar.

Zwei Teilstrahlen, die auf dem Schirm ($xy$-Ebene) in Abbildung 3 interferieren, mögen in der $xz$-Ebene jeweils unter dem kleinen Winkel $\alpha$ gegen die $z$-Achse verlaufen. Beide Wellen haben gleiche Amplitude $E_0$, gleiche Wellenlänge, gleiche Polarisation und die Phasendifferenz

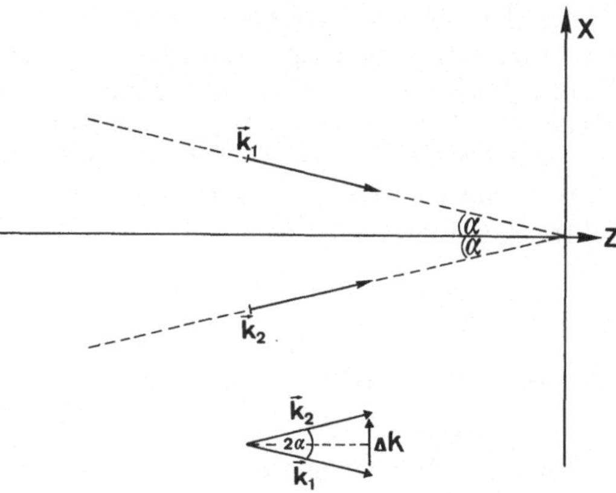

Abb. V25–3. *Zur Entstehung der Interferenzstreifen*

$\Delta\varphi$. Die Beträge der zugehörigen Wellenvektoren $k_i$ ($i = 1, 2$) sind:

$$(7) \quad |\vec{k}_i| = \frac{2\pi}{\lambda}.$$

In einem beliebigen Raumpunkt mit Ortsvektor $\vec{r}$ ist dann

$$(8) \quad E_1 = E_0 \sin(wt - \vec{k}_1\vec{r})$$
$$E_2 = E_0 \sin(wt - \vec{k}_2\vec{r} + \Delta\varphi).$$

Die Intensität $I$ auf dem Schirm ist die auftreffende Energie je Flächen- und Zeiteinheit. Mit (Gl. 8.2) gilt dann

$$(9) \quad I(\vec{r}) = c\varepsilon_0 E^2$$
$$= c\varepsilon_0(E_1 + E_2)^2$$
$$= c\varepsilon_0 \cdot 2E_0^2$$
$$\cdot \sin\left(wt - \frac{\vec{k}_1 + \vec{k}_2}{2}\vec{r} + \frac{\Delta\varphi}{2}\right)$$
$$\cdot \cos\left(\frac{\vec{k}_2 - \vec{k}_1}{2}\vec{r} - \frac{\Delta\varphi}{2}\right).$$

Der Differenzvektor $\Delta\vec{k} = \vec{k}_2 - \vec{k}_1$ ist parallel zur $x$-Achse. Bei kleinem $\alpha$ ist

$$(10) \quad |\Delta\vec{k}| = 2\,|\vec{k}_1| \cdot \alpha.$$

Außerdem beobachtet man auf dem Schirm nur einen zeitlichen Mittelwert der Intensität. Da der sin-Term in (9) im zeitlichen Mittel den Wert $\frac{1}{2}$ besitzt, erhält man

$$(11) \quad I(x) = c\varepsilon_0 E_0^2 \cdot \cos\left(\Delta k \cdot x - \frac{\Delta\varphi}{2}\right).$$

Längs der $x$-Achse ist wegen des cos-Faktors die Intensität periodisch moduliert. Auf dem Schirm beobachtet man ein Streifenmuster. Handelt es sich bei den beiden Teilwellen nicht um ebene Wellen, sondern um Kugelwellen, so entsteht auf dem Schirm ein Muster aus konzentrischen Interferenzringen.

## 3. Versuch

### 3.1. Verwendete Geräte

- HeNe-Laser
- Michelson-Interferometer
- Jamin-Interferometer
- 2 evakuierbare Glasrohre
- Fotodetektor auf Verschiebeschlitten

### 3.2. Aufgabenstellung

1. Aufgabe
Mit einem Michelson-Interferometer soll die Wellenlänge des Lichts eines HeNe-Lasers gemessen werden.

2. Aufgabe
Der Kontrast des Interferenzmusters beim Michelson-Interferometer soll einmal bei annähernd gleichem Spiegelabstand und dann bei etwa 10 cm Gangunterschied verglichen werden.

3. Aufgabe
Man messe den Zusammenhang zwischen Druck und Brechungsindex von Luft mit Hilfe eines Jamin-Interferometers.

### 3.3. Hinweise zur Versuchsdurchführung

Zur Justierung des Michelson-Interferometers wird zunächst der Laser genau parallel zur horizontalen Grundplatte eingerichtet. Anschließend werden der Strahlteiler und die Spiegel aufgebaut. Die Spiegel müssen zentral vom jeweiligen Teilstrahl getroffen werden. Dann wird jeweils ein Spiegel abgedeckt und der andere so justiert, daß der Laserstrahl in sich reflektiert wird. Auf dem Schirm erscheinen zwei eng benachbarte Reflexe, die durch weitere Justierung der Spiegel vollständig zur Deckung zu bringen sind. Man erkennt dann auf dem Schirm bereits undeutliche, stark fluktuierende Interferenzerscheinungen.
Zur Aufweitung des Laserstrahls wird nun das Teleskop eingebaut und seitlich und in der Höhe so justiert, daß die Spiegel nach wie vor

zentral getroffen werden. Bei richtiger Justierung sind die austretenden Strahlen schwach divergent, und auf dem Schirm wird ein Ringsystem sichtbar. Der Ringabstand wird nach (11) umso kleiner, je gößer die Divergenz ist. Erscheint lediglich ein Streifensystem bzw. ein Ausschnitt aus dem Ringsystem, so werden Laser oder Linsen vorsichtig so verschoben, daß der auf dem Schirm sichtbare Bildausschnitt zum vermuteten Kreismittelpunkt hinrückt.

Vor der Aufnahme von Meßwerten mit dem Michelson-Interferometer muß der Feinstelltrieb zunächst soweit gedreht werden, daß der „tote Gang" überwunden ist und der Spiegel sich in Bewegung setzt.
Auch beim Aufbau des Jamin-Interferometers muß der Laserstrahl zunächst parallel zur Grundplatte eingerichtet werden. Dann ist die erste Strahlteilerplatte so zu justieren, daß die beiden Teilstrahlen durch je eine Glasröhre durchtreten. Mit der zweiten Strahlteilerplatte werden die Teilstrahlen wieder vereinigt. Sobald wieder erste undeutliche Interferenzerscheinungen auftreten, wird das Teleskop eingebaut und so justiert, daß wieder ein Ring- bzw. Streifensystem auf dem Schirm entsteht.

Ist dies erreicht, werden beide Glasröhren evakuiert. Durch langsames Öffnen des Belüftungsventils wird Luft in das eine Glasrohr eingelassen. Die Änderung des Interferenzmusters wird auf einem Schirm mit einer Markierung beobachtet. Nach jeweils 5 Streifen, die über die Markierung gelaufen sind, wird der Druck abgelesen. Der Zusammenhang zwischen Brechungsindex und Anzahl der durchgelaufenen Streifen ergibt sich bei bekannter Wellenlänge aus (6).

### 3.4. Meßbeispiele

Der bei Aufgabe 1 verwendete Feinstelltrieb mit zusätzlichem Untersetzungsgetriebe hatte einen Vorschub von $5 \cdot 10^{-3}$ mm je Umdrehung. Bei 10 Umdrehungen ($\Delta l = 0{,}05$ mm) wurden $159 +/- 1$ Helligkeitswechsel registriert. (4) liefert für die Wellenlänge des Laserlichtes $\lambda = 629$ nm.

Die Genauigkeit wird im wesentlichen bestimmt durch den Fehler in der Anzahl der Helligkeitswechsel (0,6 %). Rundet man den Fehler wegen der nur zu schätzenden Genauigkeit des Feinstelltriebes den Fehler etwas auf, so erhält $\lambda = (629 +/- 5)$ nm. Der Literaturwert beträgt 632,8 nm.

Die Abbildung 4 zeigt den Intensitätsverlauf des Ringsystems für $l_1 \approx l_2$ und für einen Gangunterschied von etwa 10 cm. Wie zu erwarten, sind die Minima bei größerem Gangunterschied weniger stark ausgeprägt. Definiert man als Kontrast des Ringsystems die Größe

$$(12) \quad K := (I_{max} - I_{min})/(I_{max} + I_{min}),$$

so erhält man bei Abbildung 4a Werte um $K \approx 0,7$, hingegen bei Abbildung 4b $K \approx 0,5$. Der Kontrast sinkt also erwartungsgemäß mit wachsendem Gangunterschied zwischen den Teilstrahlen.

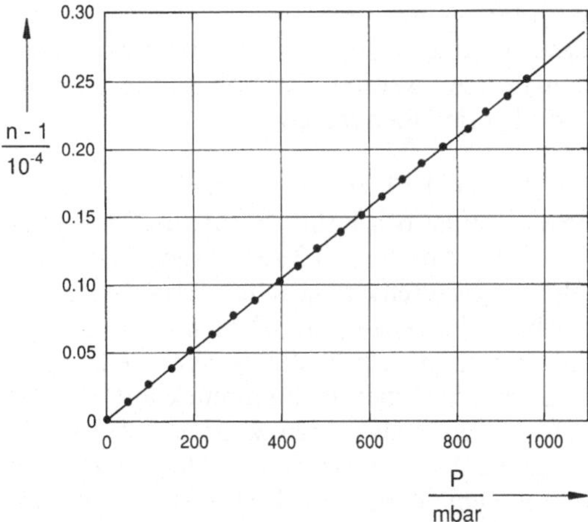

Abb. V25−5. Zusammenhang zwischen Brechungsindex und Druck bei Luft

Der Fehler im Steigungsfaktor ist vernachlässigbar gegen die Ungenauigkeit in der Druckmessung (1 %). Für den Brechungsindex von Luft bei Normaldruck ($p = 1\,013$ mbar) ergibt sich dann

$$n_{Luft} - 1 = (2,67 \pm 0,03) \cdot 10^{-4} \text{ bzw.}$$
$$n_{Luft} = 1,000267 \pm 0,000003.$$

In der Literatur findet man $n_{Luft} = 1,00027$. Dieser Wert bezieht sich allerdings nicht auf die Wellenlänge von Laserlicht, sondern von Natrium-D-Licht.

## 4. Ergänzungen

### 4.1. Vertiefende Fragen

Welche Interferenzerscheinungen zeigen sich an einer planparallelen und an einer keilförmigen Glasplatte? Wie kann man damit die Dicke von dünnen Schichten bestimmen?

### 4.2. Ergänzende Bemerkungen

Der Versuch von Michelson und Morley ist eine der frühen experimentellen Stützen der speziellen Relativitätstheorie. Er widerlegte die Existenz eines „Lichtäthers" als materieller Träger der Lichtwellen. Wegen der Bewegung der Erde durch den vermuteten Äther sollten nämlich in den verschiedenen Teilwegen eines Michelson-Interferometers richtungsabhängige Laufzeiten auftreten. (Als Vergleich betrachte man die richtungsabhängige Geschwindigkeit eines Bootes, das in strömendem Wasser fährt!). Durch Drehung des Interferometers müßte sich dann eine

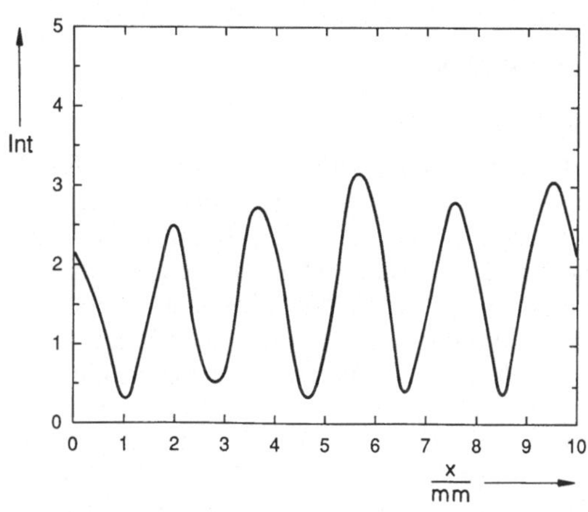

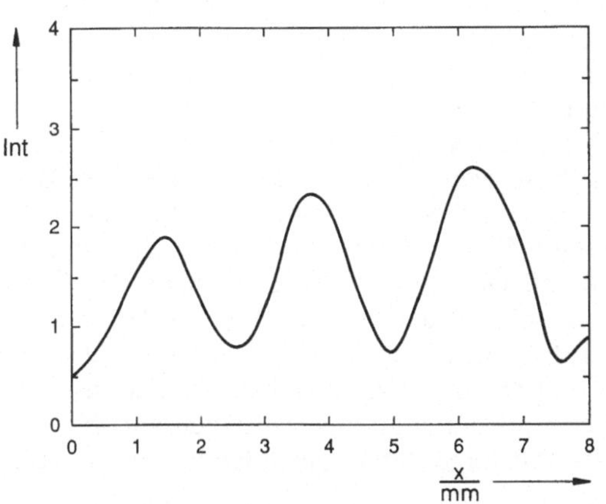

Abb. V25−4. Intensität der Interferenzringe: a) $l_1 \approx l_2$, b) $l_1 - l_2 \approx 10$ cm

Die Abbildung 5 stellt den bei Aufgabe 3 gemessenen Zusammenhang zwischen Brechungsindex $n$ und Druck $p$ bei Luft dar. Als Steigungsfaktor der Regressionsgeraden ermittelt man $(2,632 \pm 0,007) \cdot 10^{-4}$ bar$^{-1}$.

Veränderung des Interferenzmusters ergeben. Diese konnte jedoch im Experiment nicht nachgewiesen werden. Deshalb mußte man die Äthertheorie fallen lassen.

Von großer Bedeutung für spektroskopische Messungen ist das Fabry-Perot-Interferometer (siehe auch Abschnitt 4.2 zu Versuch 27). Es besteht aus zwei teilverspiegelten Glasplatten, die im Abstand $d$ genau parallel zueinander justiert sind. Ein unter dem Einfallswinkel $\alpha$ eintretender Strahl wird mehrfach teilreflektiert und die austretenden Teilstrahlen werden zur Interferenz gebracht. Im Gegensatz zu den im Versuch betrachteten Zweistrahl-Interferometern handelt es sich hierbei also um Vielstrahl-Interferenz. Sämtliche Teilstrahlen interferieren konstruktiv, falls

$$(13) \quad \cos\alpha = \frac{2d}{m \cdot \lambda}$$

Divergent einfallendes monochromatisches Licht erzeugt hinter dem Interferometer ein Ringsystem.

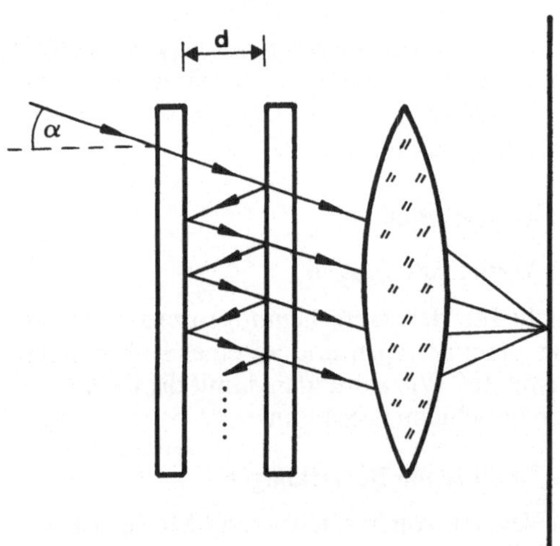

Abb. V25–6. *Fabry-Perot-Interferometer*

Eine experimentelle Alternative zu dem Feinstelltrieb ist die Verwendung eines Piezo-Kristalls. Durch Anlegen einer Spannung an einen solchen Kristall kann dessen Länge geändert werden, so daß die Verschiebung des Spiegels beim Michelson-Interferometer auf elektrischem Weg erfolgen kann.

# Versuch 26
# Beugung am Einfach- und Mehrfachspalt

## 1. Ziel des Versuches

Die Beugungsbilder von Einzel- und Mehrfachspalten werden in Fraunhoferscher Anordnung aufgenommen und ausgewertet. Dabei soll insbesondere die qualitative Abhängigkeit des Beugungsbildes von der Spaltbreite, den Spaltabständen und der Anzahl der Spalte verdeutlicht werden. Die Anwendungen der hier entwickelten Grundlagen sind Gegenstand von Versuch 27.

## 2. Grundlagen

### 2.1. Beugung am Einzelspalt

Auf einen Spalt mit der Öffnungsbreite $b$ falle kohärentes Licht der Wellenlänge $\lambda$. Die Ausbreitungsrichtung sei senkrecht zur Spaltebene. Die Höhe des Spaltes soll groß sein gegen $b$, so daß es genügt, die Verhältnisse in einer Ebene in halber Höhe des Spaltes zu untersuchen.

Nach dem Huygensschen Prinzip sind alle Punkte der Spaltöffnung Zentren von kreisförmigen Elementarwellen. Der Übersichtlichkeit wegen sollen nicht die Wellenfronten selbst, sondern nur die Ausbreitungsrichtungen („Strahlen"), die ja senkrecht auf den Wellenfronten stehen, betrachtet werden (Abbildung 1).

Durch eine hinter dem Spalt angeordete Sammellinse werden alle unter dem gleichen Beugungswinkel $\vartheta$ ausgehenden Strahlen in einem Punkt P der Brennebene zur Interferenz gebracht. Der optische Weg zwischen der Geraden $AC$ und dem Punkt P ist dabei für jeden Strahl gleich lang. Um eine Aussage über die Intensität in P zu machen, genügt also die Kenntnis der Phasenbeziehungen auf $AC$.

Um die Lage der Intensitätsminima zu erklären, denkt man sich die Spaltbreite in eine gerade Anzahl $2n$ gleich breiter Streifen zerlegt. Gilt nun in der durch $\vartheta$ festgelegten Richtung

$$(1) \quad \overline{D_1 E_1} = \lambda/2,$$

dann hat jedes Teilbündel gegenüber seinem Nachbarn einen Gangunterschied von $\lambda/2$. Jeweils zwei benachbarte Teilbündel löschen sich gegenseitig aus, und wegen der geraden Anzahl

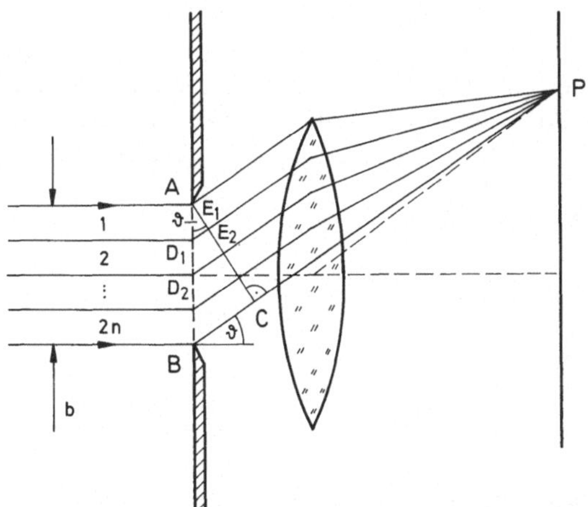

*Abb. V26–1. Zur Lage der Intensitätsminima*

von Teilbündeln erhält man in P vollständige Dunkelheit.

Mit $\overline{BC} = 2\,n \cdot \overline{D_1 E_1}$ und (1) erhält man die Bedingung für das Beugungsminimum $n$-ter Ordnung:

(2)  $b \cdot \sin\vartheta = n \cdot \lambda \quad (n = 1, 2, 3, \ldots).$

Zerlegt man die Spaltbreite in eine ungerade Anzahl $(2n + 1)$ gleich breiter Streifen, dann bleibt, wenn wieder die Bedingung (1) erfüllt ist, bei obiger Überlegung ein Teilbündel übrig, das nicht durch ein benachbartes Teilbündel ausgelöscht wird. Im Punkt P entsteht somit Helligkeit.

Als Bedingung hierfür erhält man

(3)  $b \cdot \sin\vartheta = (2n + 1) \cdot \lambda/2.$

Die Beziehung (3) beschreibt für kleine Winkel in guter Näherung die Lage des Beugungsmaximums $n$-ter Ordnung. Das Maximum nullter Ordnung, das durch die ungebeugten Strahlen entsteht, heißt auch Hauptmaximum. Die tatsächliche Lage der Maxima höherer Ordnung ist bei geringfügig kleineren Winkeln als durch die Näherung (3) angegeben wird.

Zur exakten Berechnung des Intensitätsverteilung auf dem Schirm zerlegt man die Spaltbreite in Streifen der infinitesimalen Breite d$x$. Jeder Streifen sendet eine Elementarwelle aus, die zur Amplitude auf dem Schirm einen infinitesimalen Anteil beiträgt. Durch phasenrichtige Addition dieser Beiträge erhält man für die Intensität [1]

(4)  $I = I_0 \cdot \left(\dfrac{\sin u}{u}\right)^2 \quad \text{mit} \quad u = \dfrac{\pi \cdot b \cdot \sin\vartheta}{\lambda}.$

## 2.2. Beugung am Doppelspalt

Der Doppelspalt bestehe aus zwei parallelen Spalten gleicher Breite $b$ und mit dem Mittenabstand $g$. Jedes der beiden durch die Spalte tretenden Teilbündel erfährt dabei eine Beugung, wie sie in 2.1 beschrieben ist.

Es ist jetzt jedoch noch die Interferenz der beiden Teilbündel zu berücksichtigen, die von jedem der beiden Spalte unter dem gleichen Winkel ausgehen. Dabei kommt es zu zusätzlichen Auslöschungen, wenn ihr Gangunterschied ein ungeradzahliges Vielfaches von $\lambda/2$ ist:

(5)  $g \cdot \sin\vartheta = (2k - 1) \cdot \dfrac{\lambda}{2} \quad (k = 1, 2, 3, \ldots).$

Bei kleinen Beugungswinkeln $\vartheta$ gilt für das Hauptmaximum der Beugungsfigur eines Einzelspaltes

(6)  $-\dfrac{\lambda}{b} \le \vartheta \le \dfrac{\lambda}{b}.$

In diesem Winkelbereich treten nach (5) weitere Minima auf unter den Winkeln

(7)  $\vartheta = \dfrac{(2k - 1)\lambda}{2g}.$

Ist beispielsweise $g = 3 \cdot b$, so erhält man aus (6) und (7), daß in dem Hauptmaximum des Einzelspaltes 6 dunkle Linien auftreten. Bei Vergrößerung von $g$ erhöht sich diese Anzahl entsprechend.

Die ausführliche Berechnung des Intensitätsverlaufes erfolgt wie schon beim Einzelspalt beschrieben und ergibt [1]

(8)  $I = 4I_0 \cdot \left(\dfrac{\sin u}{u}\right)^2 \cdot \cos^2 \dfrac{\pi \cdot g \cdot \sin\vartheta}{\lambda}$

mit

$u = \dfrac{\pi \cdot b \cdot \sin\vartheta}{\lambda}.$

Man erkennt, daß gegenüber dem Intensitätsverlauf (4) des Einzelspaltes in (8) zusätzlich ein $\cos^2$-Faktor auftritt. Dieser beschreibt den Intensitätsverlauf, den man bei der Interferenz zweier punktförmiger kohärenter Erreger mit dem Abstand $g$ erhielte. Die Gleichung (8) kann also so interpretiert werden, daß der bei punktförmigen Erregern zu erwartende Intensitätsverlauf moduliert wird durch die Funktion, die die Beugung am Einzelspalt beschreibt.

Weiterhin zeigt (8), daß die Intensität bei $\vartheta = 0$ gegenüber dem Einzelspalt vervierfacht ist. Dies ist unmittelbar plausibel, wenn man bedenkt, daß bei $\vartheta = 0$ die Anteile der beiden Einzelspalte konstruktiv interferieren und sich damit die Amplitude verdoppelt, die Intensität also um den Faktor 4 größer wird.

Abbildung 2 vergleicht den Intensitätsverlauf bei einem Einzel- und Doppelspalt gleicher Spaltbreite. Beide Darstellungen sind auf die jeweilige Maximalintensität normiert.

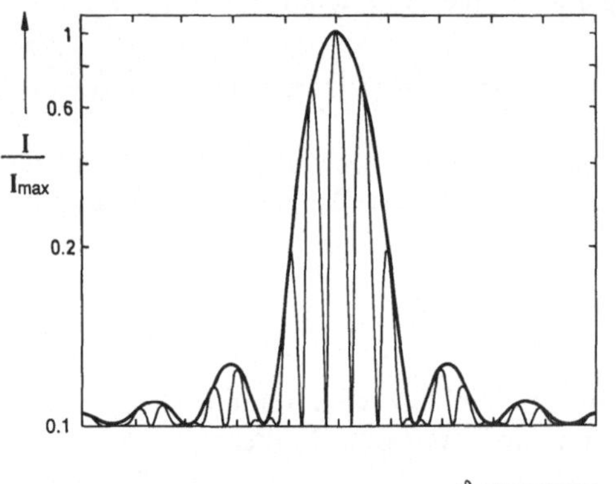

Abb. V26−2. Vergleich des Intensitätsverlaufes beim Einzel- und Doppelspalt ($g = 3 \cdot b$)

Die Intensität im ersten Nebenmaximum des Einzelspaltes beträgt nur noch rund 5 % der Maximalintensität. In der Abbildung wurde deshalb für die Intensität eine logarithmische Skala gewählt, um geringe Intensitäten „anzuheben".

### 2.3. Beugung am Gitter

Ein optisches Gitter besteht aus $N > 2$ äquidistanten Einzelspalten („Gitterstrichen") der Breite $b$ und mit dem Mittenabstand $g$. Der Abstand $g$ heißt Gitterkonstante. Oft wird beim Gitter statt $g$ der Kehrwert $1/g$ angegeben, also die Anzahl der Striche je Millimeter.

Bei der Interferenz vieler äquidistanter Einzelspalte kommt es unter dem Winkel $\vartheta$ zu konstruktiver Interferenz aller in diese Richtung laufenden Teilstrahlen, wenn je zwei benachbarte Teilstrahlen den Gangunterschied $n \cdot \lambda$ haben:

$$(9) \quad g \cdot \sin \vartheta = n \cdot \lambda.$$

In diesem Fall ergeben sich Maxima, die umso schärfer ausgeprägt sind, je größer die Anzahl

der beleuchteten Spalte ist. Falls der Winkel nämlich nur geringfügig von dem durch (9) definierten Winkel abweicht, addieren sich die Gangunterschiede von Teilstrahl zu Teilstrahl, so daß sehr bald Auslöschung anstatt Verstärkung auftritt.

Die Gleichung

$$(10) \quad I = I_0 \cdot \left(\frac{\sin u}{u}\right)^2 \cdot \left(\frac{\sin (N \cdot v)}{\sin v}\right)^2$$

mit

$$u = \frac{\pi \cdot b \cdot \sin \vartheta}{\lambda} \quad \text{und} \quad v = \frac{\pi \cdot g \cdot \sin \vartheta}{\lambda}$$

beschreibt den Intensitätsverlauf hinter einem Gitter, das von parallelem, senkrecht zur Gitterebene einfallendem Licht beleuchtet wird. Sie besitzt die gleiche Struktur wie (8): die erste Klammer ist wieder die Funktion, die die Beugung an einem Einzelspalt der Breite $b$ beschreibt, während man den letzten Faktor aus der phasenrichtigen Überlagerung von $N$ punktförmigen Erregern mit Abstand $g$ erhält.

Nach der Regel von l'Hospital geht der letzte Faktor für kleine Winkel $\vartheta$ gegen $N^2$. Die Intensität der Hauptmaxima wächst also quadratisch mit der Anzahl der Gitterstriche.

Abbildung 3 zeigt den berechneten Intensitätsverlauf für $N = 8$ wieder im Vergleich mit der Spaltbeugungs-Funktion. Auch hier sind beide Funktionen wieder auf gleiche Maximalintensität normiert, und die Intensität ist logarithmisch dargestellt.

Zwischen den Hauptmaxima, bei denen alle $N$ Teilbündel konstruktiv interferieren, treten $N - 2$ durch teilweise konstruktive Interferenz

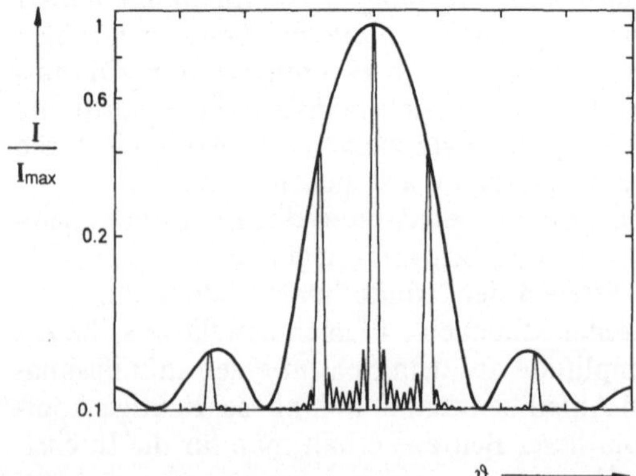

Abb. V26−3. Vergleich des Intensitätsverlaufes beim Einzelspalt und am Gitter ($N = 8$)

verursachte Nebenmaxima auf. Die Intensität dieser Nebenmaxima nimmt mit wachsendem $N$ immer mehr ab und ist bei Gittern mit hoher Spaltzahl praktisch nicht mehr zu beobachten. Man bemerke in Abbilung 3, daß die Hauptmaxima zweiter und dritter Ordnung nicht auftreten, da sie genau mit den Minima der Spaltbeugungs-Funktion zusammenfallen.

## 3. Versuch

### 3.1. Verwendete Geräte

- optische Bank
- HeNe-Laser
- Teleskop
- Einfach- und Mehrfachspalte
- Fotozelle
- $ty$-Schreiber

### 3.2. Aufgabenstellung

1. Aufgabe: Beugung am Einzelspalt
Für mehrere verschieden breite, mit einem HeNe-Laser beleuchtete Spalte ist jeweils die Intensitätsverteilung des Beugungsbildes aufzunehmen. Für einen Spalt bestimme man daraus die Spaltbreite.

2. Aufgabe: Beugung am Doppelspalt
Die Intensitätsverteilung des Beugungsbildes eines Doppelspaltes soll aufgenommen werden. Die Breite der beiden Einzelspalte und ihr Abstand ist zu bestimmen.

3. Aufgabe: Beugung am Gitter
Man nehme die Beugungsfigur eines Gitters auf und variiere dabei die Anzahl der beleuchteten Gitterspalte.

### 3.3. Hinweise zur Versuchsdurchführung

Zur Registrierung der Intensitätskurven wird das Signal einer Fotozelle mit einem $ty$-Schreiber aufgenommen. Wird bei dem Schreiber das Papier unter dem nur in $y$-Richtung beweglichen Schreibstift transportiert, so setzt man die Fotozelle auf einen Wagen und bewegt diesen durch eine mit dem Papiertransport verbundene Zugschnur langsam durch das Beugungsbild. Wenn der Schreibstift an einem gleichförmig in $t$-Richtung bewegten Bügel über das Papier bewegt wird, ist es einfacher, die Fotozelle direkt an diesem Bügel zu befestigen. In jedem Fall ist zu beachten, daß die Bewe-

gungsrichtung der Fotozelle senkrecht zur optischen Achse verläuft.
Der Spannungsabfall, den der Fotostrom an einem Widerstand verursacht, ist proportional zur auftreffenden Lichtintensität. Er wird auf den $y$-Eingang des Schreibers gegeben. Je nach Schreiberempfindlichkeit muß eventuell noch ein Spannungsverstärker vorgeschaltet werden. Zur homogenen Ausleuchtung der Beugungsobjekte (Spalte, Gitter) wird der Laserstrahl mit einem Teleskop aufgeweitet und auf die in Mittelstellung gebrachte Fotozelle fokussiert. Bei hinreichender Entfernung ($L \geq 2$ m) der Bildebene macht sich die durch die Fokussierung verursachte Abweichung von der Parallelität bei der Beugung praktisch nicht bemerkbar. Die in Abbildung 1 gezeichnete Abbildungslinse kann dann entfallen.
Die Linsen des Teleskops verursachen im allgemeinen unerwünschte Reflexe, die durch eine unmittelbar hinter dem Teleskop angeordnete Irisblende ausgeblendet werden.

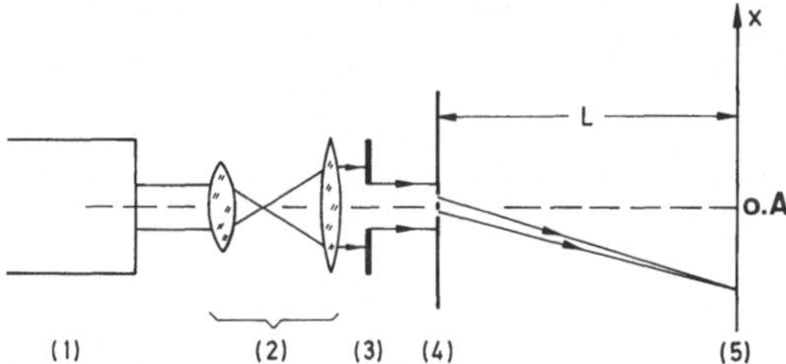


*Abb. V26–4. Versuchsaufbau: 1) Laser, 2) Teleskop zur Strahlaufweitung, 3) Irisblende, 4) Spalt, Doppelspalt oder Gitter, 5) Abbildungsebene (Detektorebene)*

Bei Aufgabe 3 wird das Gitter mit Klebestreifen auf einem verstellbaren Spalt fixiert. Dabei ist darauf zu achten, daß Spalt und Gitterstriche exakt parallel verlaufen. Um die Anzahl der beleuchteten Gitterstriche festzustellen, wird das Gitter beleuchtet und mit einer Linse stark vergrößert auf einen weit entfernten Schirm abgebildet.

### 3.4. Meßbeispiele

Die Abbildung 5 zeigt nach dem beschriebenen Verfahren aufgenommene Beugungsbilder von Einzelspalten verschiedener Breite. Zur Auswertung wird die Lage der Minima und Maxima bestimmt, indem der Abstand zwischen den Extrema gleicher Ordnung links und rechts des Hauptmaximums gemessen und halbiert wird.

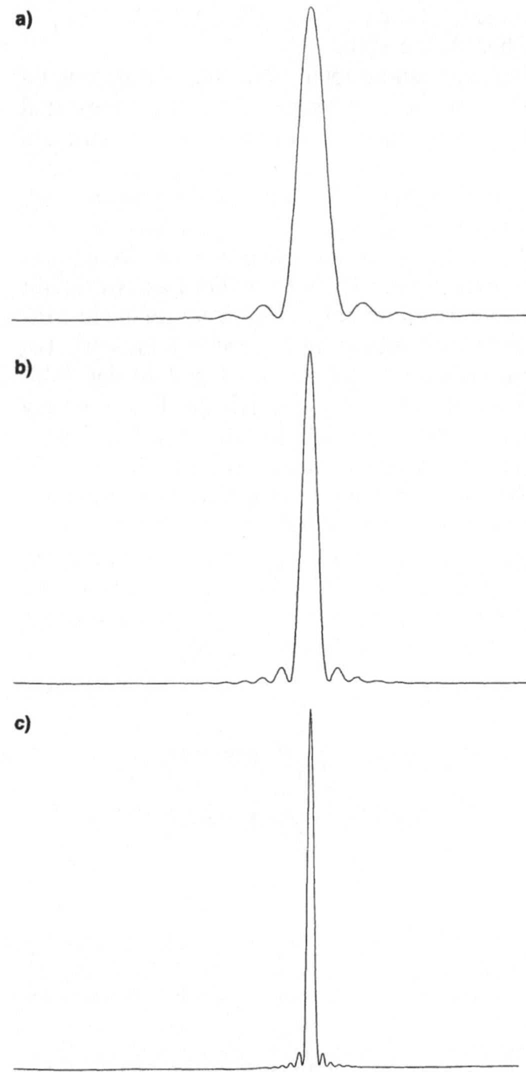

Abb. V26–5. *Beugungsbilder    von    Einzelspalten* ($L = 2{,}80$ m): *a)* $b = 0{,}12$ mm, *b)* $b = 0{,}24$ mm, *c)* $b = 0{,}48$ mm *(Herstellerangaben)*

Unter der Voraussetzung kleiner Beugungswinkel berechnet man aus (2) und (3) für die Lage $x$ der Extrema beim Einzelspalt

$$(11) \quad x = m \cdot \frac{\lambda \cdot L}{b}.$$

Für ganzzahliges $m$ handelt es sich um ein Minimum, bei halbzahligem $m$ annähernd um ein Maximum. Trägt man $x$ über $m$ auf, erhält man eine Gerade. Aus deren Steigung, dem Abstand $L$ und der Wellenlänge des Lasers kann die Spaltbreite $b$ bestimmt werden.

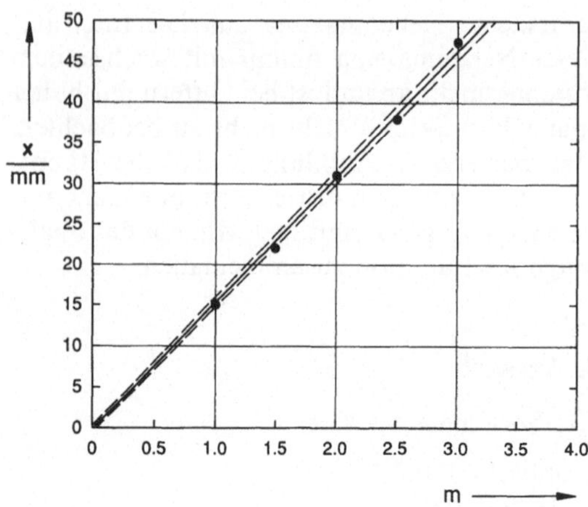

Abb. V26–6. *Lage der Extrema in Abb. V26–5a*

Die Steigung der Regressionsgeraden ist $a = (15{,}7 \pm 0{,}4)$ mm.

Mit $\lambda = 633$ nm und $L = 2{,}80$ m erhält man aus (11) $b = (0{,}113 \pm 0{,}003)$ mm, wobei Fehler in $L$ und $\lambda$ vernachlässigt werden konnten.

Beim Doppelspalt wird aus der Einhüllenden der Intensitätskurve auf die Spaltbreite geschlossen, den Spaltabstand erhält man aus der Intensitätskurve selbst.

Bei der Einhüllenden in Abbildung 7a kann nur die Lage der Minima erster Ordnung mit hinreichender Genauigkeit angegeben werden:

$$x = (15 \pm 0{,}5) \text{ mm}.$$

Daraus folgt für die Breite der Einzelspalte $b = (0{,}118 \pm 0{,}004)$ mm.

Die Auswertung der Intensitätskurve erfolgt ähnlich wie beim Einzelspalt. Nach (5) ist in (11) die Spaltbreite $b$ durch den Spaltabstand $g$ zu ersetzen. Weiterhin ist zu berücksichtigen, daß jetzt zu den Maxima ganzzahlige $m$ und zu den Minima halbzahlige $m$ gehören. Die Auswertung der Intensitätskurve ergibt eine Regressionsgerade mit der Steigung $a = (2{,}91 \pm 0{,}05)$ mm.

Für den Spaltabstand folgt somit $g = (0{,}61 \pm 0{,}01)$ mm.

Abbildung 8 zeigt, wie das Beugungsbild hinter einem Gitter von der Anzahl der beleuchteten Gitterstriche abhängt. Die Abstände der Hauptmaxima bleiben unverändert, jedoch ihre Breite nimmt mit wachsender Spaltzahl ab. Weiterhin werden die Nebenmaxima immer schwächer ausgeprägt.

a)

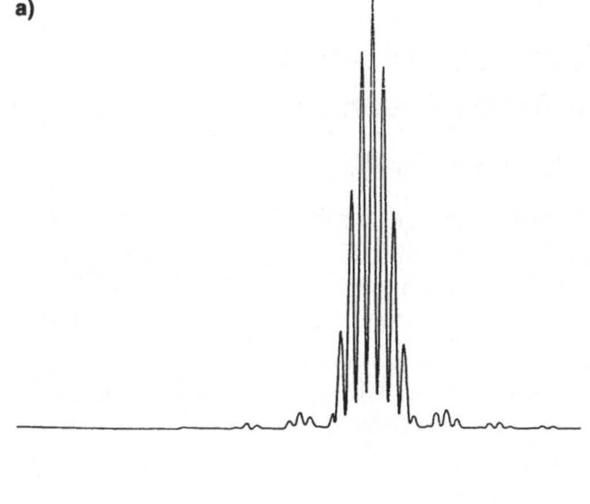

b)

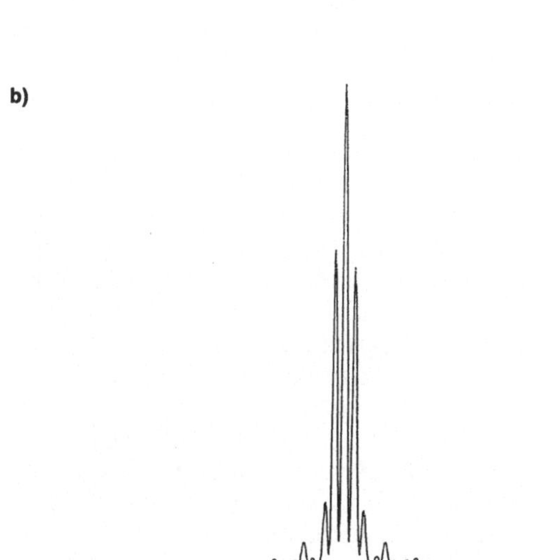

c)

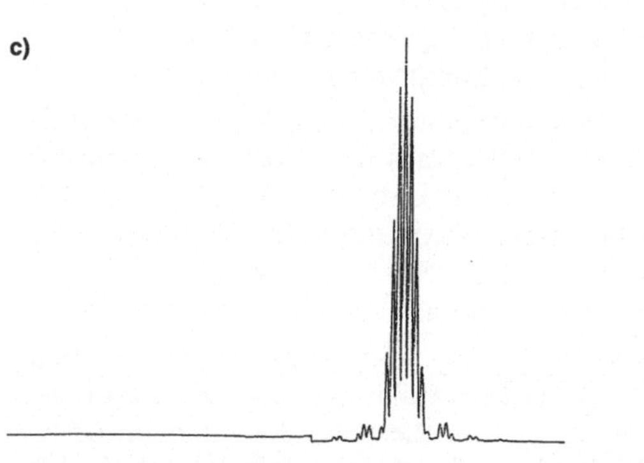

*Abb. V26–7. Intensitätsverlauf am Doppelspalt ($L = 2{,}80$ m):   a)   $b = 0{,}12$ mm,   $g = 0{,}6$ mm,   b) $b = 0{,}24$ mm,   $g = 0{,}6$ mm,   c)   $b = 0{,}24$ mm, $g = 1{,}2$ mm (Herstellerangaben)*

a)

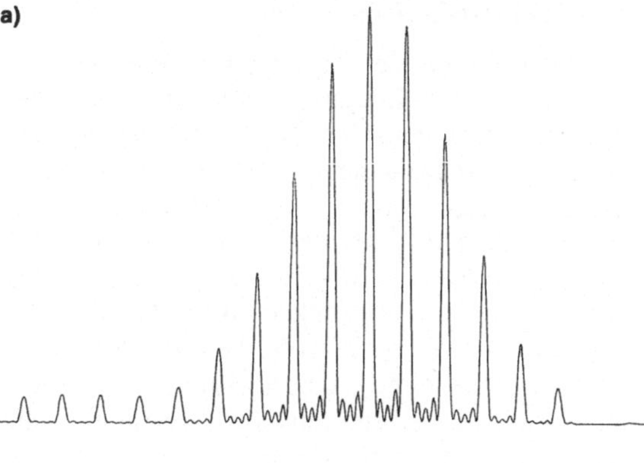

b)

c)

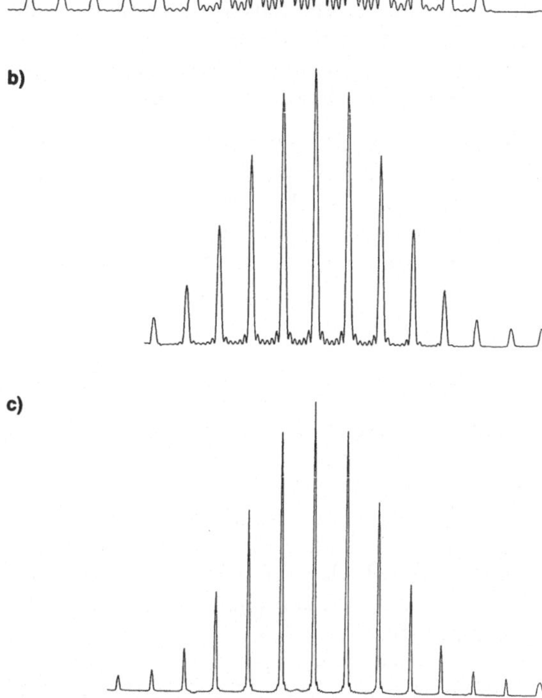

*Abb. V26–8. Intensitätsverlauf am optischen Gitter ($L = 2{,}82$ m, $g = 0{,}125$ mm): a) $N = 5$, b) $N = 7$, c) $N = 14$*

## 4. Ergänzungen

### 4.1. Vertiefende Fragen

Wie sieht das Beugungsbild des Einfachspaltes aus für $b \gg \lambda$ und für $b \ll \lambda$?

Wenn beim Doppelspalt die Bedingung $b \ll \lambda$ gilt, so wirkt jeder Einzelspalt als punktförmiger Erreger. Wie zeigt sich das im Beugungsbild und in (8)?

Man zeige, daß (8) als Sonderfall von (10) aufgefaßt werden kann.

## 4.2. Ergänzende Bemerkungen

Wird das beugende Objekt nicht, wie bei der Fraunhoferschen Beugungsanordnung, von parallelem Licht getroffen oder wird die Abbildungslinse weggelassen, so ergibt sich ein verändertes Beugungsbild. Dieses nähert sich um so mehr dem Bild bei der Fraunhofer-Anordnung, je weiter der Schirm vom Beugungsobjekt entfernt und je weniger divergent das einfallende Licht wird. Obwohl die Grundidee der Beschreibung durch Überlagerung von Elementarwellen beibehalten wird, gestaltet sich die quantitative Behandlung des Beugungsbildes bei der sogenannten Fresnelschen Beugungsanordnung als wesentlich schwieriger.

Verwendet man statt einer rechteckigen Spaltöffnung eine kreisförmige Blende mit dem Durchmesser $d$, so erhält man als Beugungsfigur konzentrische helle und dunkle Ringe. Das erste Minimum tritt unter dem Winkel

$$(11) \quad \vartheta \approx \sin \vartheta = 1{,}22 \cdot \lambda/d$$

auf.

Durch die Beugung z. B. an der Eintrittsöffnung ist eine prinzipielle Grenze für das räumliche Auflösungsvermögen optischer Instrumente gegeben. Punktförmige Lichtquellen werden nicht mehr als Punkte, sondern als Beugungsscheibchen abgebildet. Bei eng benachbarten Lichtquellen überlappen sich die Beugungsscheibchen und können somit nicht mehr getrennt werden.

Literatur:

1) M. Alonso, E. J. Finn: Fundamental University Physics. Addison-Wesley 1977

# Versuch 27
# Gitter-Spektralapparat und Monochromator

## 1. Ziel des Versuches

Es werden einige einfache spektroskopische Messungen durchgeführt. Nach Eichung eines Gitter-Spektralapparates werden die Wellenlängen der sichtbaren Linien einer Quecksilber-Dampflampe vermessen. Als weiteres wichtiges spektroskopisches Instrument wird der Monochromator vorgestellt. Ein wesentlicher Aspekt dieses Versuches ist das Auflösungsvermögen der genannten Geräte.

## 2. Grundlagen

### 2.1. Spektralapparate

Bei Spektralapparaten wird entweder die Dispersion bei der Brechung (Prismen-Spektralapparat) oder die Beugung am Gitter (Gitter-Spektralapparat) ausgenutzt, um optische Spektren aufzunehmen und zu vermessen. Wir beschränken uns hier auf Betrachtungen zum Gitter-Spektralapparat, der einen wesentlichen Vorteil besitzt: bei bekannter Gitterkonstante kann die Wellenlänge nach (Gl. 26.9) unmittelbar aus geometrischen Größen (Winkeln bzw. Streckenverhältnissen) bestimmt werden. Beim Prismen-Spektralapparat hingegen muß zunächst in einer Eichmessung die Dispersion des Prismas in Abhängigkeit von der Wellenlänge ermittelt werden. Weiterhin wächst der Ablenkwinkel beim Gitter-Spektralapparat annähernd linear mit der Wellenlänge, während beim Prismen-Spektralapparat der rote Bereich des sichtbaren Lichts „gespreizt" und der blau-violette Bereich „komprimiert" wird.

Ein Nachteil gegenüber dem Prismen-Spektralapparat ist allerdings die wesentlich geringere Lichtstärke, da ein Großteil der einfallenden Intensität in das Maximum nullter Ordnung geht und zu spektroskopischen Zwecken nicht genutzt werden kann.

Abbildung 1 zeigt den prinzipiellen Aufbau eines Gitter-Spektralapparates. Die zu untersuchende Lichtquelle beleuchtet den Eintrittsspalt, der dann als scheinbare, kohärente Lichtquelle wirkt. Über eine Linse wird das Gitter mit parallelem Licht beleuchtet. Das Fernrohr ist um eine Achse parallel zu den Gitterstrichen

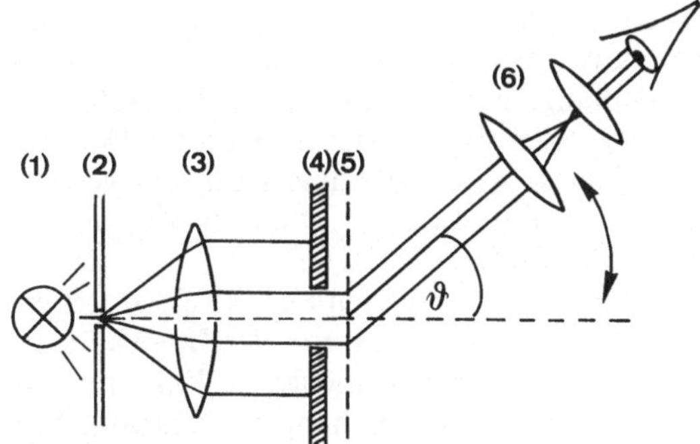

*Abb. V27−1. Gitter-Spektralapparat: 1) Lichtquelle, 2) Eintrittsspalt, 3) Linse, 4) verstellbarer Spalt, 5) Gitter, 6) Fernrohr mit Fadenkreuz*

schwenkbar, die Winkelstellung wird an einer meist mit Noniuseinteilung versehenen Skala abgelesen. Ein in dem Fernrohr angebrachtes Fadenkreuz ermöglicht die exakte Winkeleinstellung auf eine Spektrallinie.

## 2.2. Auflösungsvermögen eines Gitters

Mit wachsender Anzahl $m$ der beleuchteten Gitterstriche werden die Hauptmaxima der Beugungsfigur beim Gitter immer schärfer (siehe Versuch 26) und damit das Auflösungsvermögen für eng benachbarte Wellenlängen besser.
Als Auflösungsvermögen definiert man den Quotienten

$$(1) \quad A = \frac{\lambda}{\Delta\lambda},$$

wenn $\Delta\lambda$ die Differenz zweier Wellenlängen $\lambda_1$ und $\lambda_2$ ist ($\lambda_1 \approx \lambda_2 \approx \lambda$), die gerade noch getrennt werden können. Es ist zweckmäßig zu vereinbaren, daß dies genau dann der Fall ist, wenn das Hauptmaximum für $\lambda_1$ in das benachbarte Beugungsminimum für $\lambda_2$ fällt.

Bei einem Maximum $n$-ter Ordnung und $m$ beleuchteten Gitterstrichen ist der Gangunterschied zwischen je zwei benachbarten Teilbündeln $n \cdot \lambda$. Der Gangunterschied zwischen dem ersten und dem $m$-ten Teilbündel ist folglich

$$(2) \quad \Delta s = mn\lambda.$$

Für das benachbarte Minimum gilt

$$(3) \quad \Delta s = mn\lambda + \lambda.$$

Wird nämlich der Gangunterschied zwischen erstem und $m$-tem Teilbündel zusätzlich um eine Wellenlänge vergrößert, so beträgt der Gangunterschied beim $m/2$-ten Gitterstrich zusätzlich $\lambda/2$. Jedes der ersten $m/2$ Teilbündel besitzt also in der zweiten Gitterhälfte einen Partner, mit dem es destruktiv interferiert.
Mit (2) und (3) kann die Grenze der Trennung zweier benachbarter Wellenlängen $\lambda_1$ und $\lambda_2$ formuliert werden:

$$(4) \quad nm\lambda_1 = (nm + 1)\lambda_2,$$

und mit $\Delta\lambda = \lambda_1 - \lambda_2$

$$(5) \quad nm\,\Delta\lambda = \lambda_2.$$

Wegen $\lambda \approx \lambda_2$ folgt dann

$$(6) \quad A = nm.$$

Das Auflösungsvermögen steigt nicht nur mit wachsender Zahl der beleuchteten Gitterstriche, sondern auch mit wachsender Beugungsordnung.

## 2.2. Der Monochromator

Im Unterschied zum Spektralapparat, bei dem das Spektrum durch ein schwenkbares Fernrohr mit dem Auge oder auch durch eine Fotoplatte registriert wird, besitzt ein Monochromator ein drehbares Gitter und einen ortsfesten Austrittsspalt. Beim Drehen des Gitters werden

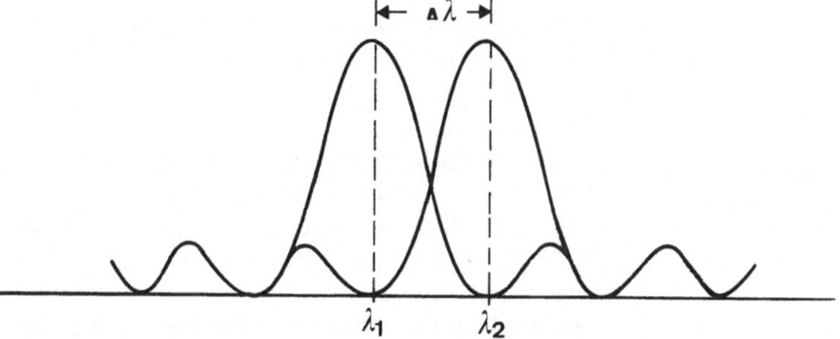

*Abb. V27−2. Zur Auflösung zweier benachbarter Spektrallinien*

die verschiedenen Wellenlängenbereiche über den Austrittsspalt hinweg bewegt.

In Monochromatoren werden fast ausschließlich Reflexionsgitter verwendet. Abbildung 3 zeigt den Querschnitt eines solchen Reflexionsgitters. Jede „Stufe" wirkt als Erregerzentrum einer Elementarwelle. Konstruktive Interferenz tritt auf, wenn gilt

$$(7) \quad g \cdot (\sin\alpha \pm \sin\beta) = n \cdot \lambda.$$

Dabei gilt in (7) das Pluszeichen, falls $\alpha$ und $\beta$ auf der gleichen Seite des Einfallslots liegen. Bei dem in Abbildung 3 dargestellten Fall ist das Minuszeichen zu verwenden.

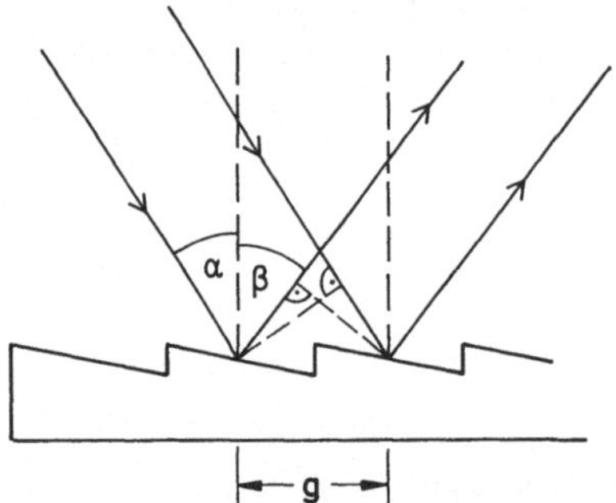

*Abb. V27−3. Beugung am Reflexionsgitter*

Abbildung 4 zeigt schematisch den Strahlengang in einem Monochromator mit Reflexionsgitter. Der Eintrittsspalt liegt in der Brennebene des ersten Hohlspiegels. Auf das Gitter trifft somit paralleles, kohärentes Licht. Das vom Gitter reflektierte (ebenfalls parallele) Licht wird durch den zweiten Hohlspiegel auf den

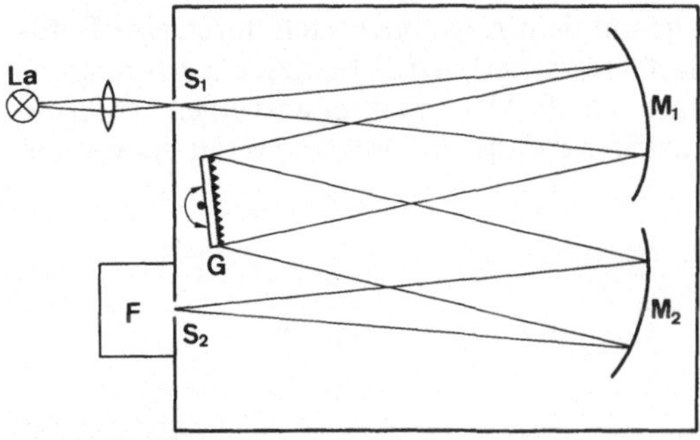

*Abb. V27−4. Strahlengang am Monochromator*
L: *Lichtquelle*
$S_1$, $S_2$: *Ein- und Austrittsspalt*
$M_1$, $M_2$: *Hohlspiegel*
G: *drehbares Reflexionsgitter*
F: *Fotodetektor*

Austrittsspalt abgebildet. Zur Durchstimmung der aus dem Monochromator austretenden Wellenlänge wird das Gitter um eine Achse parallel zu den Gitterstrichen gedreht. Der Antrieb hierfür wird mit einem Zählwerk verbunden, das mit Licht bekannter Wellenlänge kalibriert wird.

Die Intensität des auf den Fotodetektor treffenden Lichts hängt außer von der Intensität der Lichtquelle noch von mehreren Faktoren ab: von der wellenlängenabhängigen Transmission $T(\lambda)$ des Monochromators, von der Fläche der beiden Spalte und von der Lichtstärke des Gerätes. Die Lichtstärke wird bestimmt durch den Raumwinkel $\Omega$, aus dem überhaupt Licht durch den Spalt auf den ersten Spiegel gelangen kann (Akzeptanzwinkel). Es ist

$$(8) \quad \Omega = a^2/f^2.$$
$$a, f: \text{Durchmesser bzw. Brennweite}$$
$$\text{des Spiegels}$$

Durch möglichst große Fläche der Spalte könnte zwar die Intensität am Detektor erhöht werden, darunter würde aber eine andere wichtige Eigenschaft des Monochromators leiden, nämlich die spektrale Auflösung. Bei der Wahl der Spaltbreite muß also ein Kompromiß zwischen Empfindlichkeit und spektraler Auflösung gefunden werden. In jedem Fall ist ein empfindlicher Nachweis der Intensität von Vorteil.

## 2.3. Fotomultiplier

Als hochempfindlichen Fotodetektor benutzt man meist einen Fotomultiplier. Er besteht aus einer Fotokatode und mehreren nachgeschalteten Elektroden (Dynoden), von denen jede auf höherem Potential als die vorhergehenden liegt (Sekundärelektronenverstärker). Ein Elektron, das von einem einzelnen Photon aus der Fotokatode ausgelöst wird, wird auf die erste Dynode zu beschleunigt und löst dort, abhängig von der Beschleunigungsspanung, rund 3 bis 5 Sekundärelektronen aus. Diese werden auf die nächste Dynode zu beschleunigt, und der Vorgang wiederholt sich dort mit höherer Elektronenzahl. Nach einer Anzahl von Dynoden ist die „Elektronenlawine" soweit angewachsen, daß sie mit einem empfindlichen Strommeßgerät nachgewiesen werden kann. Prinzipiell ist es sogar möglich, mit geeigneten Fotomultipliern einzelne Photonen nachzuweisen.

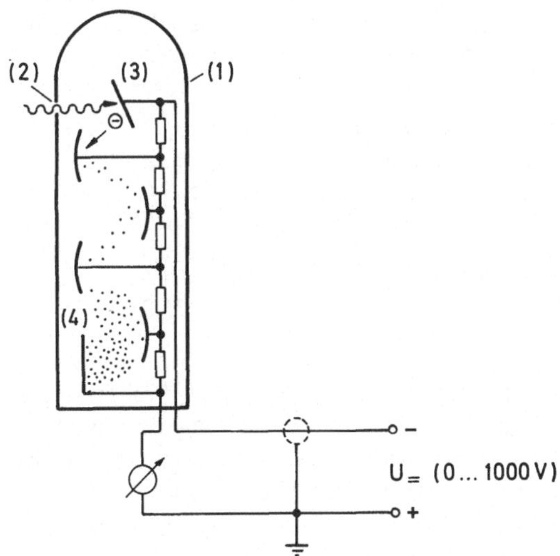



*Abb. V27–5. Fotomultiplier: 1) evakuiertes Gehäuse, 2) Eintrittsfenster, 3) Fotokatode, 4) Anode*

## 3. Versuch

### 3.1. Verwendete Geräte

- Na-Dampflampe
- Hg-Dampflampe
- Gitter-Spektralapparat
- Monochromator mit Fotomultiplier
- Schreiber
- verstellbarer Spalt

### 3.2. Aufgabenstellung

1. Aufgabe

Man bestimme die Gitterkonstante eines Spektralapparats durch Vermessung der gelben Spektrallinien einer Na-Dampflampe (Na-D-Linien).

2. Aufgabe

Man weise die Abhängigkeit des Auflösungsvermögens von der Beugungsordnung und von der Anzahl der beleuchteten Spalte nach.

3. Aufgabe

Die Wellenlängen der intensivsten sichtbaren Spektrallinien einer Hg-Dampflampe sollen mit dem Gitter-Spektralapparat gemessen werden.

4. Aufgabe

Das Spektrum der Hg-Dampflampe soll mit dem Monochromator und einem Schreiber aufgenommen werden.

### 3.3. Hinweise zur Versuchsdurchführung

Bevor man mit den Messungen beginnt, sollten die Dampflampen einige Minuten in Betrieb ge-

wesen sein, damit sich ein konstanter Dampfdruck in den Lampen eingestellt hat.

Bei allen Winkelmessungen am Gitter-Spektralapparat werden zur Erhöhung der Genauigkeit die Maxima gleicher Ordnung links und rechts des Hauptmaximums gemessen. Der Beugungswinkel ist dann die halbe Differenz der beiden eingestellten Winkel.

Die Gitterkonstante des Spektralapparates wird bestimmt, indem man die Beugungswinkel der beiden Na-D-Linien in den 5 höchsten noch sichtbaren Ordnungen mißt.

Wellenlängen der Na-D-Linien:

$D_1$-Linie: 589,59 nm

$D_2$-Linie: 589,00 nm.

Zur Untersuchung des Auflösungsvermögens wird unmittelbar vor das Gitter ein verstellbarer Spalt angeordnet. Damit wird die Zahl der beleuchteten Gitterstriche gerade soweit eingeschränkt, daß die beiden Na-D-Linien noch getrennt werden können. Mit einer Fühlerblattlehre kann für jede Beugungsordnung die Breite des Spaltes gemessen werden.

Um statistische Fehler bei der Winkeleinstellung möglichst klein zu halten, werden die Messungen der Wellenlängen in Aufgabe 3 mehrmals hintereinander durchgeführt.

Zur optimalen Ausleuchtung des Gitters bei Aufgabe 4 muß die Abbildungslinse so aufgestellt werden, daß die Verhältnisse aus Durchmesser und Abstand zum Eintrittsspalt für die Abildungslinse und den ersten Hohlspiegel gleich groß sind.

### 3.4. Meßbeispiele

Tabelle 1 zeigt das Meßergebnis zu Aufgabe 1. $\vartheta_{n,1}$ und $\vartheta_{n,2}$ sind die Winkel, unter denen die $D_1$- bzw. $D_2$-Linien in $n$-ter Ordnung beobachtet wurden. Die Gitterkonstante $g$ wurde jeweils aus (Gl. 26.9) berechnet.

Tabelle 1: Eichung mit Na-D-Linien

| $n$ | $\dfrac{\vartheta_{n,1}}{\text{Grad}}$ | $\dfrac{g}{10^{-5}\,\text{m}}$ | $\dfrac{\vartheta_{n,2}}{\text{Grad}}$ | $\dfrac{g}{10^{-5}\,\text{m}}$ |
|---|---|---|---|---|
| 8 | 28,05 | 1,002 | 28,15 | 1,000 |
| 9 | 31,95 | 1,002 | 32,05 | 1,000 |
| 10 | 36,1 | 1,000 | 36,2 | 0,998 |
| 11 | 40,35 | 1,000 | 40,45 | 1,000 |
| 12 | 44,9 | 1,001 | 45,0 | 1,000 |

Der Mittelwert der berechneten Gitterkonstanten ist $g = 1{,}0003 \cdot 10^{-5}$ m.

Der durch Ableseungenauigkeit verursachte Fehler in den Winkeln ist bei allen Messungen $\pm\, 0{,}1°$. In dem verwendeten Winkelbereich bewirkt dies einen relativen Fehler bei $g$ von etwa $0{,}2\,\%$. Als Gitterkonstante haben wir damit $g = (1{,}000 \pm 0{,}002)\,10^{-5}$ m. Das Gitter besitzt also $1/g = 100{,}0$ Striche je Millimeter.

Zur getrennten Beobachtung der beiden Na-Linien muß das Auflösungsvermögen des Spektralapparates größer als etwa 1 000 sein.

Durch den Spalt mit Breite $b$ werden $m = b/g$ Gitterstriche beleuchtet. Nach (6) gilt dann für die Mindestbreite des Spaltes $1/b \approx n/(1\,000 \cdot g)$.

In Abbildung 6 ist die reziproke Anzahl der beleuchteten Spalte über der zugehörigen Beugungsordnung abgetragen. Die Fehlerbalken ergeben sich aus der Einstellgenauigkeit der Spaltbreite. Zum Vergleich wurde die Gerade eingetragen, die man bei einer Auflösung $A = 1\,000$ erwarten würde. Die Übereinstimmung zwischen Experiment und Theorie ist nicht sehr gut, da die endliche Breite des Eintrittsspaltes einen systematischen Fehler verursacht.

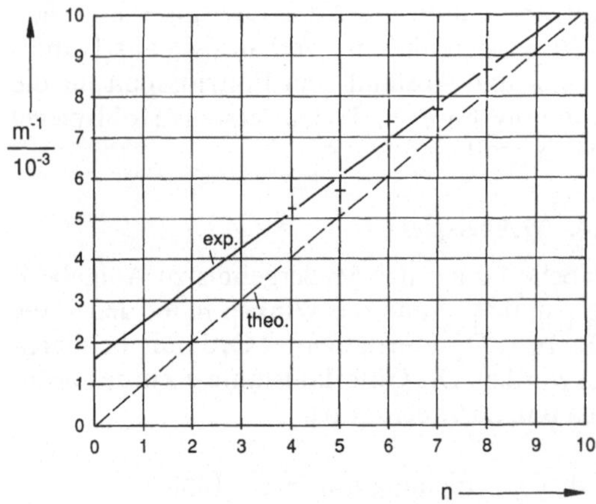



*Abb. V27–6. Zusammenhang zwischen Beugungsordnung und Anzahl beleuchteter Gitterstriche*

Tabelle 2 zeigt das Ergebnis der Wellenlängenmessung zu Aufgabe 3. Wegen der unterschiedlichen Intensität der Hg-Linien wurde in verschiedenen Beugungsordnungen gemessen.

Tabelle 2: Wellenlänge der intensivsten sichtbaren Hg-Linien ($\lambda_{\mathrm{Tab}}$: Tabellenwerte)

| Farbe | $n$ | $\dfrac{\vartheta_{n,1}}{\text{Grad}}$ | $\dfrac{\lambda}{\text{nm}}$ | $\dfrac{\lambda_{\mathrm{Tab}}}{\text{nm}}$ | $\dfrac{\lambda - \lambda_{\mathrm{Tab}}}{\text{nm}}$ |
|---|---|---|---|---|---|
| gelb 1 | 15 | 60,25 | 578,8 | 579,07 | $-0{,}27$ |
| gelb 2 | 15 | 59,85 | 576,5 | 576,96 | $-0{,}46$ |
| grün | 17 | 68,3 | 546,4 | 546,07 | 0,33 |
| blaugrün | 3 | 8,45 | 489,8 | 491,60 | $-1{,}80$ |
| blau | 17 | 47,9 | 436,4 | 435,84 | 0,56 |

Der Fehler in den gemessenen Wellenlängen wird bestimmt durch die Ablesegenauigkeit für den Winkel und durch die Genauigkeit der oben bestimmten Gitterkonstanten. Es ist

$$(9)\quad \Delta R = \sqrt{\left(\frac{\sin\vartheta}{n}\right)^{2}\cdot(\Delta g)^{2} + \left(\frac{g}{n}\cdot\cos\vartheta\right)^{2}\cdot(\Delta\vartheta)^{2}}.$$

Für die in hohen Beugungsordnungen gemessenen Linien errechnet man Absolutfehler von etwa 1,2 nm, für die nur in 3. Ordnung gemessene blaugrüne Linie 5,7 nm. Die im Experiment beobachtete Abweichung ist deutlich geringer. Das läßt darauf schließen, daß die Genauigkeit der Gitterkonstante besser ist als sie oben aufgrund der begrenzten Ablesegenauigkeit für die Winkel bestimmt werden konnte.

Abbildung 7 zeigt einen Ausschnitt aus dem Spektrum einer Hg-Dampflampe, aufgenommen mit einem Monochromator bei 50 µm Spaltöffnung (Ein- und Austrittsspalt). Die Linie bei 407 nm ist an der Grenze, die bei 365 nm weit außerhalb des sichtbaren Bereiches im Ultraviolett.

## 4. Ergänzungen

### 4.1. Vertiefende Fragen

Die Beziehung (6) kann auch aus (Gl. 26.10) hergeleitet werden, wenn man zunächst $\Delta\vartheta/\vartheta$ berechnet und dann $\lambda/\Delta\lambda = \vartheta/\Delta\vartheta$ einsetzt.

Wie muß ein Reflexionsgitter aussehen, bei dem das erste Hauptmaximum genau in der Einfalls-

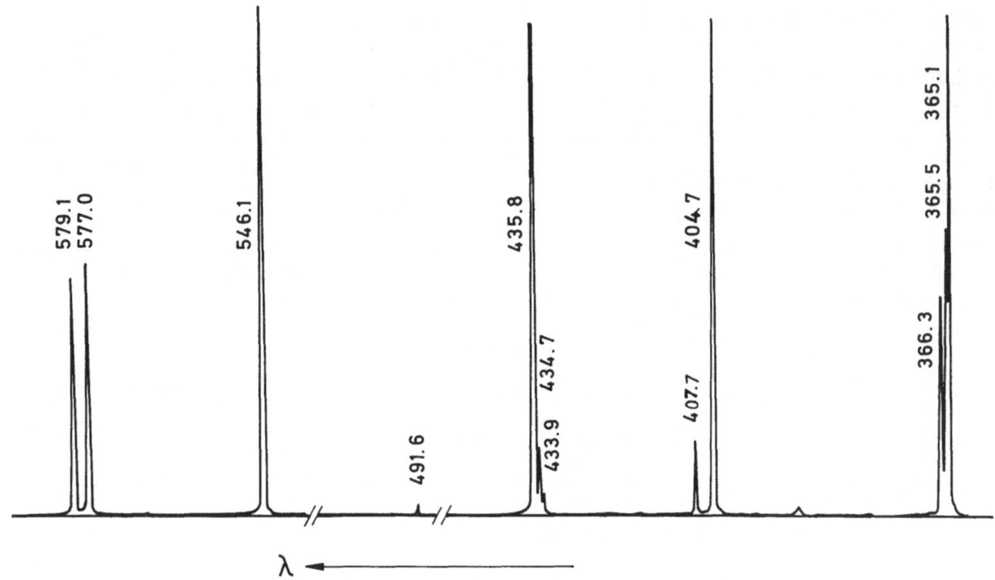

*Abb. V27−7. Ausschnitt aus dem Spektrum einer Hg-Dampflampe (Wellenlängen in nm)*

richtung entsteht? Ein solches Gitter, das als wellenlängenselektiver Reflektor wirkt, heißt Littrow-Gitter.

### 4.2. Ergänzende Bemerkungen

Die Gleichung (6) gilt auch für die Vielstrahlinterferenz bei Interferometern (z.B. Fabry-Perot-Interferometer, siehe Versuch 25, Abschnitt 4.2).

Bei Verwendung zweier dielektrischer Spiegel mit 98% Reflexionsvermögen und 2% Transmission kommen rund $m = 50$ Teilbündel zur Interferenz. Bei einem Spiegelabstand $d = 1$ cm ist die Ordnung für Licht mit $\lambda = 500$ nm $n = 2d/\lambda = 4 \cdot 10^4$ und nach (6) das Auflösungsvermögen $A = 2 \cdot 10^6$.

Damit ist eine Trennung von zwei Linien mit $2{,}5 \cdot 10^{-4}$ nm möglich! Man beachte jedoch, daß man beim Fabry-Perot-Interferometer die Ordnung ohne zusätzliche Messungen nicht genau kennt und somit eine absolute Wellenlängenmessung nicht möglich ist.

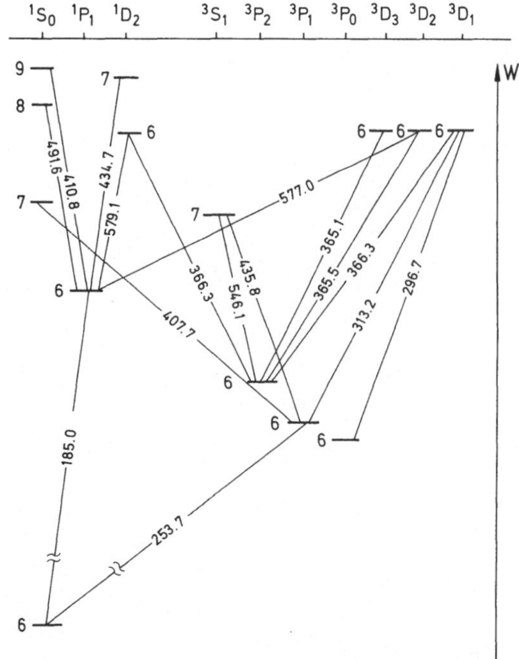

*Abb. V27−8. Vereinfachtes Energieniveau-Schema von Hg (Wellenlängen in nm)*

Die Ursache der Spektrallinien ist die Energie-abgabe von angeregten Atomen in Form von Photonen. Da im Atom nur diskrete Energieni-veaus auftreten, enthält das Spektrum des emit-tierten Lichts auch nur diskrete Wellenlängen.

Abbildung 8 zeigt ein vereinfachtes Energie-niveauschema des Quecksilberatoms. Jedes Energieniveau entspricht einer bestimmten Konfiguration der Valenzelektronen. Die an jedem Energieniveau angegebene Ziffer ist die Hauptquantenzahl für das angeregte Elek-tron, die Angaben wie z. B. $^3P_1$ beschreiben den Eigen-, Bahn- und Gesamtdrehimpuls der Va-lenzelektronen. Aufgrund sogenannter Aus-wahlregeln sind optische Übergänge nur zwi-schen bestimmten Energieniveaus möglich.

Für weitere Einzelheiten hierzu und zur Be-zeichnung der Energieniveaus wird auf die Lehrbücher zur Atomphysik verwiesen.

# V. Atom- und Kernphysik

## Versuch 28
## Spezifische Elektronenladung

### 1. Ziel des Versuches

Die spezifische Elektronenladung $e/m_e$ soll aus der Bahnkurve eines Elektronenstrahls im homogenen magnetischen Feld bestimmt werden.

### 2. Grundlagen

#### 2.1. Elektronen im homogenen magnetischen Feld

Ein Teilchen der Masse $m$ trage die Ladung $q$. Es wird mit der Geschwindigkeit $\vec{v}$ in ein homogenes Magnetfeld $\vec{B}$ eingeschossen, dessen Richtung senkrecht auf der Bewegungsrichtung des Teilchens steht. Die auf das Teilchen wirkende Lorentzkraft

$$(1) \quad \vec{F}_L = q \cdot (\vec{v} \times \vec{B})$$

steht immer sowohl senkrecht auf $\vec{B}$ als auch auf der Momentangeschwindigkeit $\vec{v}$. Sie verändert demzufolge die kinetische Energie des Teilchens nicht, sondern zwingt es auf eine Kreisbahn mit Radius $r$ in einer Ebene senkrecht zu $\vec{B}$. Wegen der Orthogonalität ist

$$(2) \quad |\vec{F}_L| = |q \cdot v \cdot B| \,.$$

Auf der Kreisbahn wirkt die Lorentzkraft als Zentripetalkraft, und für Elektronen mit der Ladung $e$ und der Masse $m_e$ folgt

$$(3) \quad e \cdot v \cdot B = \frac{m_e v^2}{r} \,.$$

Die spezifische Ladung der Elektronen ist

$$(4) \quad \frac{e}{m_e} = \frac{v}{B \cdot r} \,.$$

Die Einschußgeschwindigkeit $v$ der Elektronen wird durch die Beschleunigungsspannung $U$ bestimmt, wenn man die Anfangsgeschwindigkeit der Elektronen vernachlässigen kann (thermische Elektronen). Man setzt die Energiebilanz

$$(5) \quad eU = \tfrac{1}{2} m_e v^2$$

in (4) ein und erhält

$$(6) \quad \frac{e}{m_e} = \frac{2U}{B^2 r^2} \,.$$

### 2.2. Experimentelle Ausführung

Der Elektronenstrahl wird mit einem Elektrodensystem erzeugt, bestehend aus einer Katode mit indirekter Heizung, einem Wehneltzylinder und einer durchbohrten, kegelförmigen Anode. Der Wehneltzylinder dient zur Bündelung des erzeugten Elektronenstrahls.

Die Anordnung befindet sich in einem Glaskolben, der eine Wasserstoff-Atmosphäre enthält. Bei Stößen mit Elektronen werden die Gasatome zum Leuchten angeregt. Die Elektronenbahn zeichnet sich dann als bläulicher „Faden" ab, weshalb der Glaskolben als Fadenstrahlrohr bezeichnet wird. Der Druck des Gases darf nur gering sein ($p \approx 10^{-2}$ mbar), damit die mittlere freie Weglänge der Elektronen hinreichend groß ist, also nur relativ wenige Elektronen mit Gasatomn stoßen und dabei Energie abgeben.

Zur Erzeugung des homogenen Magnetfeldes wird ein Helmholtz-Spulenpaar (siehe Versuch 22) verwendet.

### 3. Versuch

#### 3.1. Verwendete Geräte

- Fadenstrahlrohr
- Netzgerät
- Vielfachmeßgerät
- Magnetfeld-Meßgerät
- Maßstab
- Spiegel

#### 3.2. Aufgabenstellung

Aufgabe 1
Man messe die Abhängigkeit der Magnetfeldstärke $B$ im Inneren der Helmholtz-Spule vom Erregerstrom $I_{err}$.

Aufgabe 2
Bei konstantem Bahnradius der Elektronen soll die Beschleunigungsspannung $U$ in Abhängig-

keit von der Magnetfeldstärke $B$ gemessen und daraus die spezifische Elektronenladung $e/m_e$ bestimmt werden.

### 3.3. Hinweise zur Versuchsdurchführung

Für Aufgabe 1 wird das Fadenstrahlrohr aus seiner Halterung entfernt und vorsichtig abgelegt (Implosionsgefahr!). Die Messung der Magnetfeldstärke in Abhängigkeit vom Erregerstrom erfolgt über eine Hallsonde.

Abbildung 1 zeigt die Beschaltung des Elektrodensystems. Wenn sich nach dem Anlegen der Heizspannung (6,3 V) und der Beschleunigungsspannung (ca. 200 V bis 300 V) das Elektronenbündel ausgebildet hat, wird die Spannung am Wehneltzylinder ($-10$ V bis 0 V) soweit verändert, daß das Elektronenbündel möglichst fein und scharf begrenzt ist.

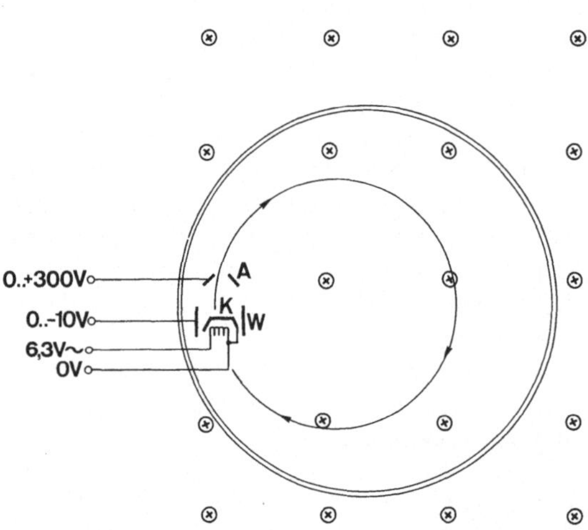


*Abb. V28–1. Versuchsaufbau:* A: *Anode,* K: *Katode,* W: *Wehneltzylinder*

Die Stromstärke durch die Helmholtz-Spulen wird so eingestellt, daß die Elektronen auf einer geschlossenen Kreisbahn laufen. Erfolgt die Ablenkung in die falsche Richtung zum Glaskolben hin, muß die Stromrichtung in der Helmholtz-Spule geändert werden. Falls sich statt der Kreisbahn eine Schraubenbahn ergibt, so steht die Anfangsgeschwindigkeit $\vec{v}$ der Elektronen nicht senkrecht auf $\vec{B}$. Dies kann durch vorsichtiges Drehen des Fadenstrahlrohres um seine Längsachse korrigiert werden.

Der Bahnradius $r$ geht bei der Bestimmung von $e/m_e$ quadratisch ein. Um den relativen Fehler

in $r$ klein zu halten, wird $r$ möglichst groß gewählt.

Zur parallaxefreien Messung von $r$ wird hinter dem Fadenstrahlrohr ein ebener Spiegel und ein Paar auf einem Maßstab beweglicher Schieber angebracht. Mit einem Auge peilt man dann so auf den Spiegel Sp, daß der am weitesten links außen liegende Punkt A des Elektronenstrahls E mit seinem Spiegelbild A' zur Deckung kommt. Der Schieber wird so eingestellt, daß seine Innenkante die Visierlinie gerade berührt (d. h. gerade beginnt, den Elektronenstrahl zu verdecken). Gleichermaßen verfährt man mit dem rechts außen gelegenen Punkt C des Elektronenstrahls und dem zweiten Schieber.

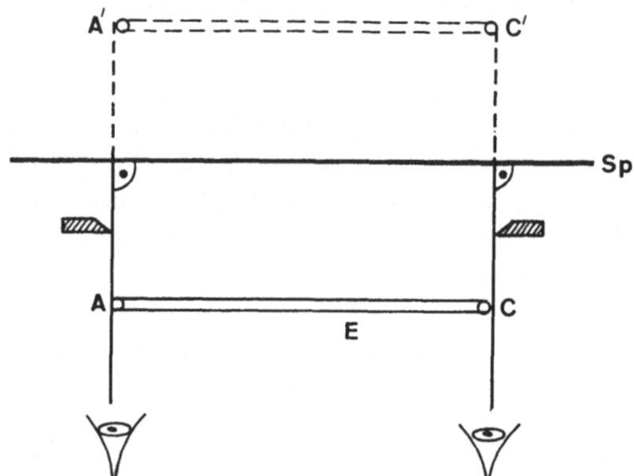


*Abb. V28–2. Parallaxefreie Ablesung des Bahndurchmessers*

Es ist zweckmäßig, die Schieber schwach zu beleuchten, um in der Dunkelheit die Einstellgenauigkeit zu erhöhen. Um ein Maß für die Einstellgenauigkeit zu erhalten, wird bei festem Bahnradius die Einstellung mehrfach wiederholt.

Nach jeder Änderung der Beschleunigungsspannung wird auch der Spulenstrom soweit verändert, bis der durch die Schieber vorgegebene Bahndurchmesser wieder erreicht ist.

### 3.4. Meßbeispiele

Die Abbildung 3 zeigt das Ergebnis der Kalibrierung (Aufgabe 1). Die Geradensteigung

$$(7) \quad \frac{\Delta B}{\Delta I_{err}} = k = 0{,}67 \ \mathrm{mT\,A^{-1}}$$

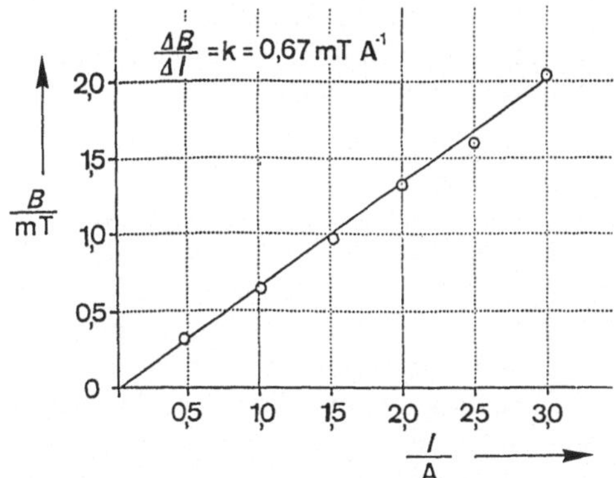



*Abb. V28–3. Kalibrierungskurve $B(I_{\mathrm{err}})$*

ist in guter Übereinstimmung mit dem theoretisch aus den Spulendaten zu erwartenden Wert (Gl. 22.11)

$$k_{\mathrm{theo}} = 0,691 \text{ mT A}^{-1}.$$

Innerhalb des Bereichs, in dem die Elektronenbahn liegt, sind die gemessenen Änderungen des Magnetfeldes gegenüber dem Wert in der Mitte kleiner als 2 % (vgl. auch Versuch 22).
Bei Aufgabe 2 wurde ein konstanter Bahnradius von $r = 4$ cm gewählt. Die Abbildung 4 zeigt die Abhängigkeit der notwendigen Magnetfeldstärke $B$ von der eingestellten Beschleunigungsspannung $U$. Dabei wurde $B$ anhand (7) aus der gemessenen Erregerstromstärke $I_{\mathrm{err}}$ berechnet.
Aus dem Diagramm liest man für die Steigung der Geraden ab $\Delta U/\Delta B^2 = 1,43 \cdot 10^8 \text{ V/T}^2$. Für die spezifische Elektronenladung ergibt sich mit (6)

$$e/m_{\mathrm{e}} = 1,79 \cdot 10^{11} \text{ As kg}^{-1}.$$

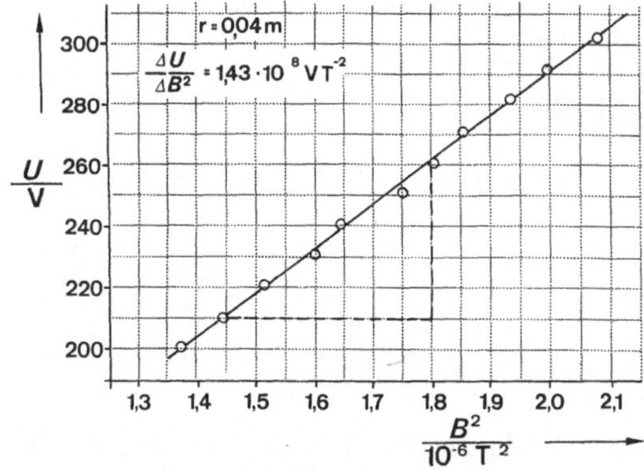



*Abb. V28–4. Zusammenhang zwischen Beschleunigungsspannung und Feldstärke bei $r = $ const.*

Der typische Fehler bei der Bestimmung des Bahnradius war $\Delta r = 0,2$ cm mit $\Delta r/r = 5 \%$. Die Meßunsicherheit bei der Bestimmung der Magnetfeldstärke ist ebenfalls etwa 5 % (Ungenauigkeit des Meßgerätes und räumliche Änderung von $B$).
Das Meßgerät für die Beschleunigungsspannung hat den relativen Fehler $\Delta U/U = 2 \%$. Damit ergibt sich für den relativen Fehler der spezifischen Elektronenladung

$$\frac{\Delta (e/m_{\mathrm{e}})}{(e/m_{\mathrm{e}})} = 10 \%$$

und als Meßergebnis

$$e/m_{\mathrm{e}} = (1,79 \pm 0,18) \cdot 10^{11} \text{ As kg}^{-1}.$$

Der Tabellenwert ist $e/m_{\mathrm{e}} = 1,76 \cdot 10^{11} \text{ As kg}^{-1}$.

## 4. Ergänzungen

### 4.1. Vertiefende Fragen

Wie wirkt es sich auf das Meßergebnis aus, wenn die Spiegelebene nicht genau parallel zur Ebene des Elektronenstrahls verläuft. Man schätze den resultierenden Fehler ab!

Welchen quantitativen Einfluß auf die Messung hat die thermische Energie der Elektronen?

Die Gleichung (5) gilt nur für $v \ll c$. Für eine höhere Geschwindigkeit $v$ ist die relativistische Massenzunahme

$$(8) \qquad m_{\mathrm{v}} = \frac{m_0}{\sqrt{1 - \dfrac{v^2}{c^2}}}$$

der Elektronen mit zu berücksichtigen. Für welche Spannungen bleibt diese Zunahme kleiner als 1 %?

### 4.2. Ergänzende Bemerkungen

Im homogenen Magnetfeld beschreiben Elektronen im allgemeinen eine Schraubenbahn um die Magnetfeldlinien. Die Winkelgeschwindigkeit auf dieser Bahn ist

$$(9) \qquad \omega = \frac{e}{m_{\mathrm{e}}} \cdot B$$

und damit unabhängig vom Winkel der Bahn gegen die Feldlinien. Es läßt sich einfach zeigen, daß alle Elektronen, die gleichzeitig von einem

Punkt P unter kleinem Winkel $\alpha$ ($\cos\alpha \approx 1$) gegen die Feldlinien ausgehen, sich nach einem Umlauf in einem Punkt P' wieder treffen. P' liegt auf der gleichen Feldlinie wie P und kann als „Bildpunkt" von P aufgefaßt werden. Das homogene Magnetfeld wirkt als „Elektronenlinse".

# Versuch 29
# Das Milikan-Experiment

## 1. Ziel des Versuches

Mit dem Versuchsaufbau nach Millikan soll die Quantisierung der elektrischen Ladung nachgewiesen und die Größe der Elementarladung bestimmt werden.

## 2. Grundlagen

### 2.1. Grundsätzliche Idee des Experimentes

Bei dem von R. A. Millikan 1910 entwickelten Experiment zur Bestimmung der Elementarladung wird das Verhalten geladener Öltröpfchen in einem vertikalen elektrischen Feld beobachtet.

Mit einem Zerstäuber werden die Öltröpfchen in einen Kondensator geblasen, dessen horizontale Platten den Abstand d haben. Die durch das Zerstäuben entstehenden Tröpfen sind im allgemeinen schwach elektrisch geladen. Im Originalversuch konnte die Ladung der Tröpfchen durch ionisierende Strahlung (Röntgen- oder Gammastrahlung) geändert werden.

Mit einer an den Kondensator angelegten passenden Spannung $U$ ist es somit möglich, ein Tröpfchen zum Schweben zu bringen. In diesem Fall herrscht Gleichgewicht zwischen der elektrischen Kraft, der Gewichtskraft des Tröpfchens und dem Auftrieb in der umgebenden Luft:

$$(1) \quad m_{\ddot{O}l} \cdot g - m_L \cdot g - \frac{q \cdot U}{d} = 0$$

$m_{\ddot{O}l}$: Masse des Öltröpfchens
$m_L$: Masse der verdrängten Luft

Um aus (1) die Ladung $q$ bestimmen zu können, muß man die Masse des Öltröpfchens und der verdrängten Luft kennen. Bei einem als kugel-

förmig angenommenen Tröpfchen genügt es, dessen Radius zu ermitteln. Dazu ist ein separates Teilexperiment nötig.

### 2.2. Bestimmung des Tröpfchenradius

Im feldfreien Kondensator ($U = 0$) sinken die Tröpfchen nach unten. Die umgebende Luft bewirkt zusätzlich zur Gewichtskraft eine Auftriebskraft und eine zur Geschwindigkeit proportionale Stokessche Reibungskraft (Gl. 6.5). Die Sinkgeschwindigkeit $v_1$ der Tröpfchen wächst in kurzer Zeit soweit an, daß ein Kräftegleichgewicht zwischen der Gewichtskraft des Tröpfchens, seinem Auftrieb in der umgebenden Luft und der Stokesschen Reibungskraft besteht. Im stationären Zustand (konstante Sinkgeschwindigkeit) gilt

$$(2) \quad m_{\ddot{O}l} \cdot g - m_L \cdot g - 6\pi r v_1 \eta = 0.$$

$\eta$: Viskosität von Luft

Durch Einsetzen des Tröpfchen-Volumens erhält man

$$(3) \quad \tfrac{4}{3}\pi r^3 \cdot g \cdot \Delta\varrho - 6\pi r v_1 \eta = 0.$$

$$(\Delta\varrho = \varrho_{\ddot{O}l} - \varrho_{Luft}).$$

Aus der stationären Sinkgeschwindigkeit $v_1$ kann also der Tröpfchenradius $r$ bestimmt werden:

$$(4) \quad r = \sqrt{\frac{9\,\eta\,v_1}{2\,\Delta\varrho \cdot g}}.$$

### 2.3. Bestimmung der Ladung

Zur Bestimmung der Ladung können zwei Methoden angewandt werden: die Gleichgewichtsmethode, die in Abschnitt 2.1. beschrieben ist, und eine dynamische Methode, bei der sich das Tröpfchen im elektrischen Feld nach oben bewegt.

Aus (1) erhält man bei der Gleichgewichtsmethode

$$(5) \quad \tfrac{4}{3}\pi r^3 \cdot g \cdot \Delta\varrho - \frac{q \cdot U}{d} = 0.$$

Wir setzen (4) in (5) ein, lösen nach $q$ auf und erhalten

$$(6) \quad q = 18\pi \cdot \frac{d}{U}\sqrt{\frac{v_1^3 \eta^3}{2\,\Delta\varrho \cdot g}}.$$

Die Gleichgewichtsmethode hat den experimentellen Nachteil, daß die Schwebespannung $U$ aufgrund der merklichen Brownschen Bewegung des Tröpfchens nur schwer einzustellen ist. Dieser Nachteil wird durch die dynamische Methode umgangen. Dabei wird die Spannung $U$ so groß gewählt, daß das betrachtete Tröpfchen in dem Kondensator aufsteigt. Wie im feldfreien Fall stellt sich auch hier nach kurzer Zeit eine konstante Geschwindigkeit $v_2$ ein. Es gilt dann

$$(7) \quad \frac{4}{3}\pi r^3 \cdot g \cdot \Delta\varrho - \frac{q \cdot U}{d} + 6\pi r v_2 \eta = 0.$$

Wieder setzen wir (4) ein, lösen nach $q$ auf und erhalten

$$(8) \quad q = 18\pi \cdot \frac{d}{U}(v_1 + v_2)\sqrt{\frac{v_1 \eta^3}{2\,\Delta\varrho \cdot g}}.$$

### 2.4. Korrektur der Viskosität

Die Gleichung für die Stokessche Reibungskraft setzt voraus, daß sich die Kugel in einem homogenen Medium bewegt. Diese Voraussetzung ist aber bei dem vorliegenden Experiment nur schlecht erfüllt, denn die Radien der Tröpfchen ($10^{-6}$ m bis $10^{-7}$ m) liegen in der Größenordnung der mittleren freien Weglänge in Luft bei Normaldruck. Diese Tatsache wird durch eine Korrektur der dynamischen Viskosität der Luft berücksichtigt (Cunningham-Korrektur):

$$(9) \quad \eta_{\text{Korr}} = \eta \cdot \left(1 + \frac{b}{r \cdot p}\right)^{-1}.$$

$p$: Luftdruck

Der korrigierte Wert der Viskosität nimmt also mit kleiner werdendem Tröpfchenradius $r$ ab. Die Konstante $b$ wurde empirisch bestimmt: $b = 6 \cdot 10^{-3}$ N/m.

## 3. Versuch

### 3.1. Verwendete Geräte

– Millikan-Gerät
– Netzgerät
– elektronische Stoppuhr

### 3.2. Aufgabenstellung

An möglichst vielen Öltröpfchen soll die Ladung gemessen werden. Anhand der Meßergebnisse ist der Wert der Elementarladung zu bestimmen.

### 3.3. Hinweise zur Versuchsdurchführung

Unabhängig davon, ob die Messung nach der Gleichgewichtsmethode oder nach der dynamischen Methode erfolgt, müssen Geschwindigkeiten bestimmt werden. Dazu werden die Tröpfchen seitlich durch eine Lichtquelle beleuchtet und von vorne durch ein Mikroskop mit Okularmikrometer beobachtet. Durch einen Glasmaßstab, der anstelle der Tröpfchen durch das Mikroskop betrachtet wird, kann das Okularmikrometer kalibriert werden.

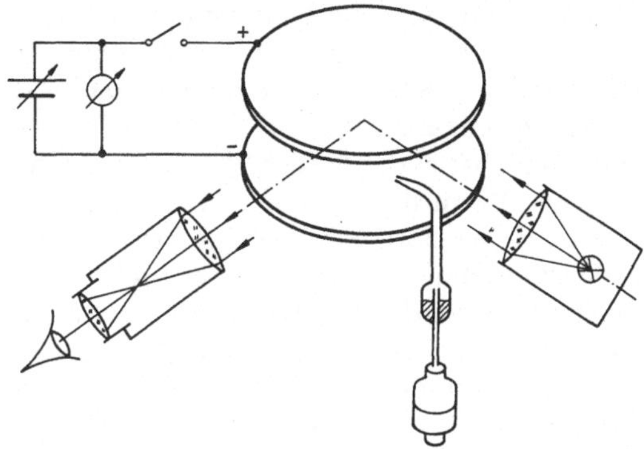

*Abb. V29–1. Versuchsaufbau*

Bei der verwendeten Lichtquelle ist auf eine möglichst geringe Wärmeabstrahlung zu achten, um Turbulenzen der Luft im Kondensator soweit wie möglich zu vermeiden.
Die Messung der Geschwindigkeiten geschieht am einfachsten, indem man die Zeit mißt, die das Tröpfchen für eine feste Zahl $x$ von Mikrometer-Skalenteilen benötigt.
Man beachte beim weiteren Experimentieren, daß das Mikroskop ein umgekehrtes Bild erzeugt, weshalb alle Bewegungsrichtungen umgekehrt erscheinen. Im folgenden werden die Bewegungen so beschrieben, wie man sie im Mikroskop beobachtet.
Für die Messung sind kleine Tröpfchen geeigneter als große. Bei großen Tröpfchen ist nämlich die Ladung, die notwendig ist, damit das Tröpfchen im elektrischen Feld „fällt", entsprechend groß. Dadurch fällt aber der Nachweis der Quantisierung schwerer. Nach dem Zerstäuben des Öls sucht man sich deshalb zunächst ein Tröpfchen aus, das bei $U = 0$ mit einer Geschwindigkeit von etwa 0,5 bis 1 mm/s „steigt".
Das weitere Vorgehen hängt davon ab, nach welcher Methode gemessen werden soll. Bei der

dynamischen Methode, die aus oben genanntem Grund vorzuziehen ist, sind zwei Uhren nötig, bei der Gleichgewichtsmethode genügt eine Uhr. Hier sollen beide Methoden beschrieben werden.

Bei der Gleichgewichtsmethode bringt man das ausgesuchte Tröpfchen durch Verändern von $U$ im unteren Drittel des Gesichtsfeldes zum Schweben und liest die Spannung ab. Dann wird die Spannung ausgeschaltet und gleichzeitig die Uhr eingeschaltet. Wenn das Tröpfchen die $x$ Skalenteile lange Meßstrecke zurückgelegt hat, wird die Uhr gestoppt.

Bei der dynamischen Methode stellt man die Spannung am Kondensator so ein, daß die Tröpfchen langsam „sinken". Man sucht sich im oberen Drittel des Gesichtsfeldes ein Tröpfchen aus. Wenn dieses den Anfangspunkt der Meßstrecke passiert, wird die Uhr 2 eingeschaltet. Wenn es am unteren Ende der Meßstrecke angelangt ist, werden gleichzeitig Uhr 2 und das elektrische Feld ausgeschaltet und Uhr 1 eingeschaltet. Wenn das Tröpfchen den Anfangspunkt wieder erreicht hat, wird auch Uhr 1 gestoppt. Aus der Länge der Meßstrecke und der Anzeige von Uhr 1 kann die Sinkgeschwindigkeit $v_1$ im feldfreien Raum ermittelt werden. Uhr 2 dient zur Bestimmung der Steiggeschwindigkeit $v_2$ bei angelegtem Feld.

### 3.4. Meßbeispiele

Bei der Kalibrierung des Okularmikrometers wurden 18,75 Skalenteile für $s = 1$ mm beobachtet. Für die Umrechnung zwischen der wahren Strecke $s$ und der Anzahl $x$ der Skalenteile gilt also die Formel

$$(10) \quad s = (x/1{,}875) \cdot 10^{-4} \text{ m/Skt.}$$

Weitere Größen, die zur Auswertung benötigt werden, können durch getrennte Messungen einfach ermittelt werden. Beim beschriebenen Meßbeispiel sind:

$$d = 6{,}0 \text{ mm}$$
$$\varrho_{\text{Öl}} = 8{,}753 \text{ g/cm}^3$$
$$\varrho_{\text{L}} = 1{,}3 \cdot 10^{-3} \text{ g/cm}^3$$
$$\eta = 1{,}81 \cdot 10^{-5} \text{ N s/m}^2.$$

Bei der Bestimmung der Ladung eines Tröpfchens nach der dynamischen Methode ergaben sich folgende Meßwerte:

$$U = 500 \text{ V} \qquad x = 20 \text{ Skt.}$$
$$t_1 = 20{,}5 \text{ s} \qquad t_2 = 6{,}0 \text{ s}$$

Unter Beachtung von (10) folgt für die Geschwindigkeiten

$$v_1 = 0{,}52 \cdot 10^{-4} \text{ m/s}$$
$$v_2 = 1{,}78 \cdot 10^{-4} \text{ m/s}.$$

Den Radius des Tröpfchens erhält man aus (4):

$$r = 4{,}12 \cdot 10^{-7} \text{ m}.$$

Dabei genügt es, den unkorrigierten Wert von $\eta$ zu verwenden.

Aus (8) ergibt sich mit dem nach (9) korrigierten Wert der Viskosität für die Ladung des Tröpfchens $q = 6{,}62 \cdot 10^{-19}$ C.

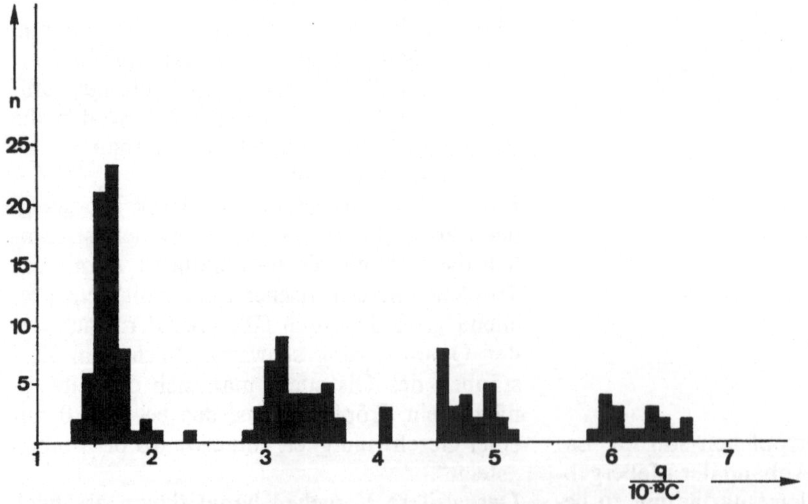


*Abb. V29–2. Histogramm der Meßwerte von 192 Öltröpfchen; n: absolute Häufigkeit*

Zum Nachweis der Quantisierung der Ladung muß das beschriebene Verfahren an möglichst vielen Öltröpfchen wiederholt werden. Die Meßergebnisse werden in ein Histogramm mit $10^{-20}$ C Intervallbreite eingetragen.

Im Rahmen der Meßunsicherheit erkennt man, daß die Ladungen $q$ der Tröpfchen immer ein ganzzahliges Vielfaches einer Ladung $e$ ist und somit die Quantisierung der elektrischen Ladung bestätigt werden kann: $q = N \cdot e$. Die Zahl $N$ kann für jedes Tröpfchen aus dem Histogramm abgelesen werden. Im beschriebenen Meßbeispiel ist $N = 4$.

Den Wert für $e$ erhält man, indem man den Mittelwert aller Quotienten $q/N$ berechnet. Bei der dem Histogramm zugrunde liegenden Meßreihe ergibt sich $e = 1{,}64 \cdot 10^{-19}$ C.

Die einfache Standardabweichung $s_e$ der Werte für $q/N$ beträgt $s_e = 0{,}14 \cdot 10^{-19}$ C.

Das Meßergebnis geben wir mit der dreifachen Standardabweichung als Fehler an: $e = (1{,}64 \pm 0{,}42) \cdot 10^{-19}$ C.

Der relative Fehler unserer Messung liegt bei $25\%$. Der Literaturwert ist $e = 1{,}6022 \cdot 10^{-19}$ C.

## 4. Ergänzungen

### 4.1. Vertiefende Fragen

Eine gängige Variante der dynamischen Methode besteht darin, das Feld nicht auszuschalten, sondern die Kondensatorspannung umzupolen. Was beobachtet man dann? Man zeige, daß sich die Tröpfchenladung dann aus

$$(12) \quad q = \frac{9}{2}\pi \cdot \frac{d}{U} \cdot (v_1 + v_2)\sqrt{\frac{(v_1 - v_2) \cdot \eta^3}{\Delta\varrho \cdot g}}$$

berechnen läßt.

### 4.2. Ergänzende Bemerkungen

Die oben durchgeführten Herleitungen setzen voraus, daß der Radius und damit das Volumen des Tröpfchens während seiner Beobachtungsdauer konstant bleibt. Dies ist wegen der Verdunstung bei kleinen Tröpfchen nicht selbstverständlich. Bei Verwendung von Hochvakuumöl, das einen sehr niedrigen Dampfdruck besitzt, ist die zeitliche Konstanz von $r$ jedoch gegeben.

# Versuch 30
# Der Fotoeffekt

## 1. Ziel des Versuches

In diesem Versuch wird die Energie von Elektronen untersucht, die von Licht aus Metallen ausgelöst werden. Die Beobachtungen führen zum Photonenmodell für Licht. Weiterhin wird die Plancksche Konstante aus den Meßergebnissen bestimmt.

## 2. Grundlagen

### 2.1. Der Fotoeffekt als Widerspruch zur klassischen Physik

Im Jahr 1888 wurde von W. Hallwachs beobachtet, daß bei der Bestrahlung von Metalloberflächen mit Licht eine Elektronenemission auftritt, wenn die Frequenz des Lichts eine bestimmte Grenzfrequenz überschreitet. Dieser Prozeß wird als Fotoeffekt bezeichnet, die ausgelösten Elektronen als Fotoelektronen. Unterhalb der materialspezifischen Grenzfrequenz $f_{\text{Grenz}}$ werden auch bei noch so hoher Lichtintensität keine Fotoelektronen mehr beobachtet.

Nach der klassischen Wellentheorie des Lichtes werden die freien Elektronen im Metall durch das elektrische Feld der Lichtwelle beschleunigt. Die Energie des Elektrons sollte mit der Feldstärke und damit mit der Intensität der Lichtwelle wachsen. Bei genügend hoher Lichtintensität sollte es folglich möglich sein, unabhängig von der Lichtfrequenz aus jedem Metall Elektronen auszulösen. Die Existenz einer Grenzfrequenz ist mit dem klassischen Wellenmodell des Lichts also nicht zu erklären.

Erst im Jahre 1905 wurde der Fotoeffekt durch Einstein mit der Annahme von Lichtquanten (Photonen) der Energie

$$(1) \quad W = h \cdot f$$

$$h\text{: Plancksche Konstante}$$

erklärt. Jedes ausgelöste Elektron hat die Energie eines Photons aufgenommen. Den die Austrittsarbeit aus dem Metall übersteigenden Energiebetrag behält das Elektron als kinetische Energie. Unterhalb der Grenzfrequenz reicht die Energie der Photonen nicht aus, um die Austrittsarbeit aufzubringen.

Für ein tieferes Verständnis der Vorgänge beim Fotoeffekt muß man zunächst die Energieverteilung der Elektronen in einem Metall betrachten.

## 2.2. Elektronen in Metallen

Bereits bei Versuch 19 spielte das Bändermodell eines Festkörpers eine wesentliche Rolle zur Erklärung der Vorgänge in Halbleitern. Während bei Halbleitern das Leitungsband nur durch wenige Elektronen thermisch besetzt ist, hat man bei Leitern auch bei Temperaturen $T \approx 0\,\text{K}$ eine Besetzung des Leitungsbandes. Das oberste Energieniveau des Leitungsbandes, das im Grundzustand ($T = 0$) besetzt ist, heißt Fermi-Niveau.

Die Vorgänge beim Fotoeffekt betreffen nur Elektronen aus dem Leitungsband $L$. Da sie im Kristall frei beweglich sind, kann man das Metall vereinfachend durch einen rechteckigen Potentialtopf beschreiben, der bis zum Fermi-Niveau mit Elektronen gefüllt ist.

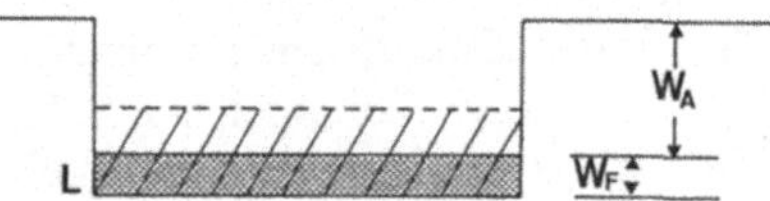


*Abb. V30–1. Leitungselektronen im Potentialtopf*

Zur Entfernung eines Elektrons aus dem Potentialtopf muß mindestens die Austrittsarbeit $W_A$ aufgebracht werden.

Monochromatisches Licht, das auf die Metalloberfläche trifft, kann aus allen Niveaus des Leitungsband Elektronen auslösen, sofern die Photonen genügend Energie besitzen. Die Fotoelektronen besitzen folglich eine Energieverteilung, die außer von der Frequenz des Lichts auch von der Dichte der Energiezustände im Band und der Besetzungswahrscheinlichkeit der Zustände abhängt.

Die maximale kinetische Energie besitzen Elektronen, die vom obersten besetzten Niveau ausgelöst werden. Bei der Temperatur $T = 0$ ist dies das Fermi-Niveau $W_F$. Für Temperaturen $T > 0$ besetzen einige wenige Elektronen auch Energieniveaus mit $W > W_F$. Dabei gilt

(2)　　$W - W_F \lessapprox k \cdot T$.

k: Boltzmann-Konstante

Bei Zimmertemperatur ist $kT \approx 25\,\text{meV}$ und damit in der Regel gegen die Austrittsarbeit vernachlässigbar.

Tabelle 1: Austrittsarbeiten verschiedener Metalle

| Metall | Cs | Ka | Na | Si | Al | Zn | Cu | Ag |
|---|---|---|---|---|---|---|---|---|
| $W_A/\text{eV}$ | 1,94 | 2,25 | 2,28 | 3,59 | 4,20 | 4,27 | 4,48 | 4,70 |

## 2.3. Die Meßmethode

Für die kinetische Energie der Elektronen, die aus dem Fermi-Niveau ausgelöst werden, gilt:

(3)　　$W_{\text{kin}} = h \cdot f - W_A$.

Wenn man die kinetische Energie $W_{\text{kin}}$ der Fotoelektronen aus dem Fermi-Niveau in Abhängigkeit von der Lichtfrequenz $f$ mißt, so erhält man nach (3) bei der grafischen Darstellung eine Gerade mit der Steigung $h$.

Zur Messung von $W_{\text{kin}}$ dient der in Abbildung 2 dargestellte Versuchsaufbau. In einer Vakuum-Fotozelle trifft monochromatisches Licht auf die Fotokatode K. Es löst dort aus der Metalloberfläche Elektronen aus, die in alle Richtungen von der Katode weg fliegen. Ein Teil dieser Fotoelektronen trifft auf eine Anode A und kann dann als Fotostrom $I_F$ nachgewiesen werden.

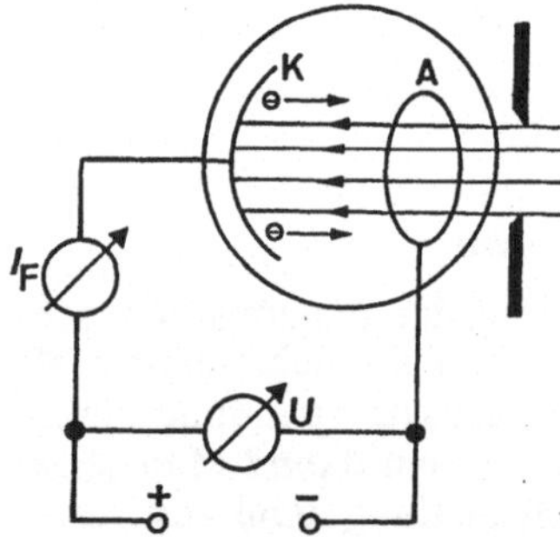


*Abb. V30–2. Prinzipaufbau des Versuches*

Da die ausgelösten Elektronen aus verschiedenen Energieniveaus des Leitungsbandes stammen, haben sie unterschiedliche kinetische Energie. Wird nun eine „Bremsspannung" $U$ zwischen Anode und Katode gelegt (Anode negativ gegenüber der Katode), so erreichen nur noch solche Fotoelektronen die Anode, deren kinetische Energie anfangs mindestens $e \cdot U$ beträgt. Alle anderen Elektronen kehren schon vor der Anode um.

Bei Vergrößerung von $U$ erreichen immer weniger Elektronen die Anode, und der Fotostrom sinkt. Wird die Spannung bis zu dem Wert $U_0$

erhöht, bei dem der Fotostrom gerade verschwindet, so kehren auch die Elektronen aus dem Fermi-Niveau unmittelbar an der Anode um. Die anfängliche kinetische Energie dieser Elektronen ist dann

(4)  $W_{kin} = e U_0$.

Bei dem beschriebenen Versuchsaufbau muß vermieden werden, daß auch aus der Anode Elektronen ausgelöst werden. Deshalb ist die Anode ringförmig ausgebildet. Weiterhin verwendet man als Anodenmaterial ein Metall mit möglichst hoher Austrittsarbeit, während die Katode aus einem Material mit möglichst niedriger Austrittsarbeit hergestellt ist (z.B. Kalium).

## 2.4. Zur Messung der Austrittsarbeit

Wird die kinetische Energie $e \cdot U_0$ über der Frequenz des eingestrahlen Lichts abgetragen, so kann nach (3) aus dem Ordinatenabschnitt die Austrittsarbeit $W_A$ bestimmt werden. Es handelt

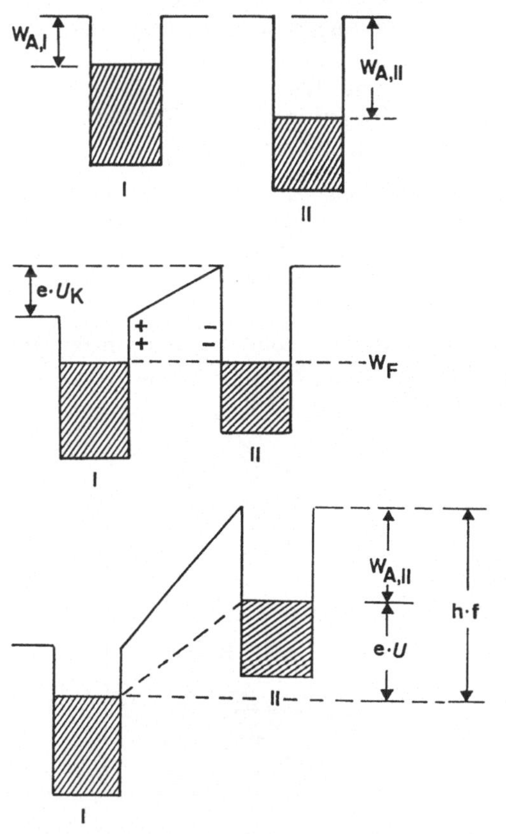

Abb. V30–3. Energieverhältnisse bei zwei Metallen mit verschiedener Austrittsarbeit

sich jedoch dabei nicht, wie man zunächst vielleicht vermutet, um die Austrittsarbeit aus der Katode.

Werden zwei Metalle mit unterschiedlicher Austrittsarbeit (Abbildung 3a) elektrisch leitend miteinander verbunden, so fließen solange Elektronen von dem Metall mit geringerer Austrittsarbeit zu dem anderen Metall, bis die höchsten besetzten Energieniveaus auf gleicher Höhe liegen (Abbildung 3b). Das erste Metall wird dadurch positiv, das zweite negativ geladen und zwischen beiden entsteht eine Potentialdifferenz (Kontaktspannung $U_K$).

Im beschriebenen Experiment ist $I$ die Katode, $II$ die Anode. Beim Anlegen der Bremsspannung zwischen Anode und Katode werden die Energien der Elektronen in der Anode relativ zur Katode um $e \cdot U$ nach oben verschoben (Abbildung 3c).

Um nun Elektronen von der Katode zur Anode zu bringen, muß zunächst ein Potentialberg der Höhe $e \cdot U + W_{A,II}$ überwunden werden. Wird die notwendige Energie von je einem Photon aufgebracht, so verschwindet der Fotostrom, wenn gerade gilt

(5)  $e \cdot U_0 = h \cdot f - W_{A,II}$

Dabei ist $W_{A,II}$ die Austrittsarbeit aus der Anode. Man erhält also eine Gerade mit der Steigung $h/e$, wenn man die gemessene Spannung $U_0$ über der Frequenz $f$ des verwendeten Lichts aufträgt. Ist $e$ aus anderen Versuchen (z.B. Millikan-Experiment) bekannt, so kann aus der Geradensteigung $h$ bestimmt werden.

Die Austrittsarbeit aus einer Metalloberfläche hängt sehr stark von der Kristallorientierung und von Verunreinigungen der Oberfläche (z.B. durch Restgasatome und Oxidation) ab. Deshalb ist der Fotoeffekt wenig geeignet zur Bestimmung von Austrittsarbeiten.

## 3. Versuch

### 3.1. Verwendete Geräte

- Quecksilber-Hochdrucklampe
- Geradsichtprisma
- Spaltblende
- Linsen
- Fotozelle
- Spannungsquelle
- Meßverstärker
- Vielfachmeßgeräte

## 3.2. Aufgabenstellung

1. Aufgabe
Man messe für eine feste Lichtfrequenz und für verschiedene Lichtintensitäten die Abhängigkeit des Fotostromes von der angelegten Gegenspannung.

2. Aufgabe
Die Abhängigkeit der Elektronenenergie von der Frequenz des eingestrahlten Lichts soll gemessen und die Plancksche Konstante $h$ bestimmt werden.

## 3.3. Hinweise zur Versuchsdurchführung

Die im folgenden zugrunde gelegte Versuchsanordnung ist in Abbildung 4 dargestellt. Das Licht einer Hg-Hochdrucklampe wird mit einem Geradsichtprisma in seine spektralen Komponenten zerlegt. Die Vakuum-Fotozelle ist auf einem Schwenkarm angebracht, auf dem sie durch das Linienspektrum des Hg-Lichtes gefahren werden kann.
Zur optischen Justierung werden zunächst das Geradsichtprisma (6), die Sammellinse mit Spaltöffnung (10) und die Fotozelle (11) aus dem Strahlengang entfernt. Die Hg-Lampe (1) wird unmittelbar vor dem Gehäuse aufgestellt, so daß der Schieber (2) zur Veränderung der Lichtintensität frei beweglich bleibt.
Mit Linse (3) wird der Lichtbogen der Hg-Lampe auf den Spalt (4) abgebildet. Durch

Verschieben der Abbildungslinse (5) wird ein reelles Spaltbild auf dem mit weißem Papier belegten Austrittfenster (12) erzeugt. Falls notwendig, kann die Lage des Bildes mit dem Spiegel (7) verändert werden.

Nachdem die Fotozelle und das Geradsichtprisma eingesetzt sind, wird die Linse mit Spaltblende (10) so in den Strahlengang gebracht, daß auf der Fotokatode eine Spektrallinie scharf abgebildet wird. Gegebenenfalls kann an Linse (5) und am Spiegel nachjustiert werden.

Zur Versuchsdurchführung wird der Raum abgedunkelt. Während der Messung muß auch das Austrittfenster (12) geschlossen werden, um Streulicht zu vermeiden.

Eine mögliche Fehlerquelle bei dem Experiment ist ein Belag der Anode mit Kalium oder Restgasatomen. Dadurch wird die Austrittarbeit aus der Anode herabgesetzt und es kommt zu einem Fotostrom in die entgegengesetzte Richtung, der das Meßergebnis verfälscht. Dieser Effekt kann durch ein kurzes Ausheizen der Anode verringert werden. Dazu wird der Anodenring an einen Stelltransformator angeschlossen und für etwa 15 Sekunden zu schwacher Rotglut gebracht (Transformatorspannung vorsichtig einstellen!).

Eine weitere Fehlerquelle sind Kriechströme an der Außenwand der Fotozelle, die durch Verschmutzungen verursacht werden können. Hiergegen hilft das Säubern der Fotozelle mit Ethanol.

Auch die optischen Komponenten müssen frei von Staub und Fingerabdrücken sein, da sonst störendes Streulicht entsteht.

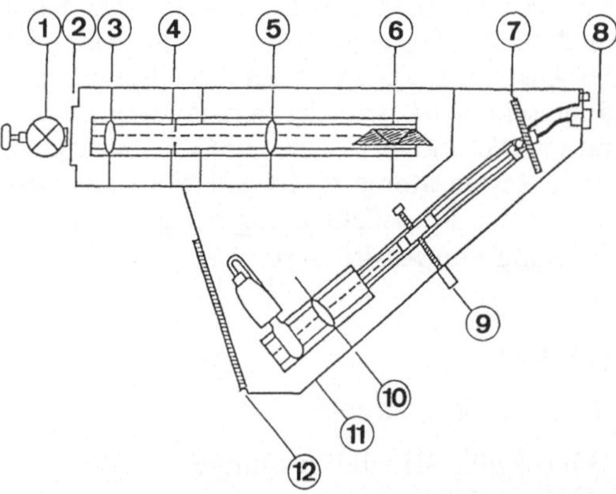


*Abb. V30–4. Versuchsaufbau zur h-Bestimmung: 1) Hg-Hochdrucklampe, 2) Schieber, 3) Kondensorlinse, 4) Spalt, 5) Abbildungslinse, 6) Geradsichtprisma, 7) Spiegel, 8) Anschluß für Meßleitungen, 9) Gewindeführung des schwenkbaren Arms, 10) Sammellinse mit Spaltblende, 11) Fotozelle, 12) Fenster mit Abblendschieber*

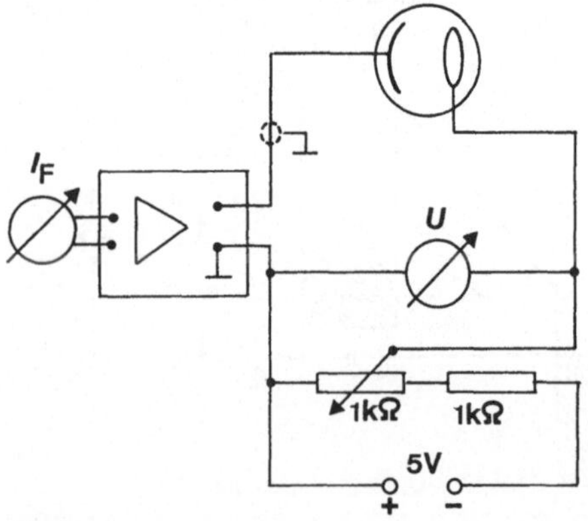


*Abb. V30–5. Elektrische Schaltung des Versuchsaufbaues*

Die für die Versuchsdurchführung notwendige elektrische Beschaltung ist in Abbildung 5 dargestellt.

## 3.4. Meßbeispiele

Die Abbildung 6 zeigt die $I_{\text{Foto}}$, $U$-Kennlinien der Fotozelle bei fester Lichtfrequenz für verschiedene Lichtintensitäten. Im Widerspruch zur klassischen Wellentheorie des Lichts erkennt man, daß die Spannung $U_0$ und damit die Energie der Fotoelektronen unabhängig von der Intensität ist. Lediglich der Fotostrom und damit die Anzahl der ausgelösten Elektronen verändert sich mit der Intensität.

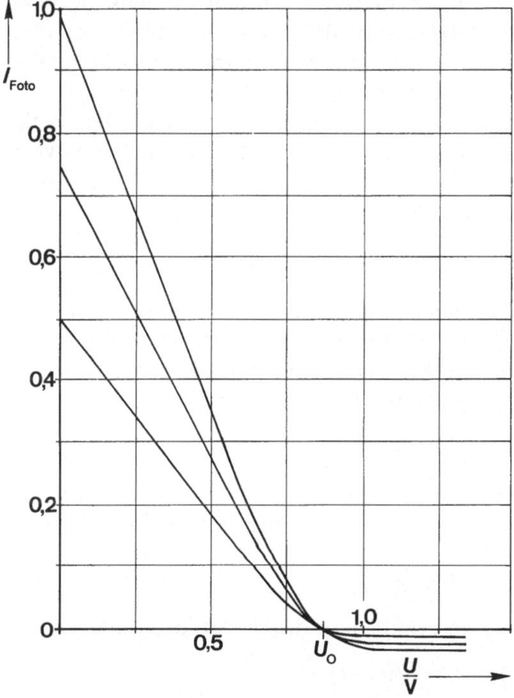

Abb. V30–6. $I_{\text{Foto}}$, U-Kennlinien in willkürlicher Einheit bei konstanter Freuqenz und verschiedenen Intensitäten

Bei genügend großer Gegenspannung zeigt sich ein geringer Fotostrom in die entgegengesetzte Richtung. Dieser wird verursacht durch Elektronen, die durch Streulicht aus der Anode ausgelöst und dann auf die Katode beschleunigt werden.
Zur Ermittlung der Frequenzen der bei Aufgabe 2 verwendeten Spektrallinien können die Tabellenwerte (vgl. Versuch 27) herangezogen werden.

Tabelle 2: Wellenlängen und Frequenzen der Hg-Spektrallinien (vgl. Versuch 27)

| Farbe | gelb | grün | blaugrün | blau | violett |
|---|---|---|---|---|---|
| $\lambda$/nm | 578 | 546 | 492 | 436 | 405 |
| $f/10^{14}\,\text{s}^{-1}$ | 5,19 | 5,49 | 6,08 | 6,88 | 7,41 |

Das Ergebnis der Meßreihe zu Aufgabe 2 ist in Abbildung 7 gezeigt. Erwartungsgemäß liegen die Meßpunkte auf einer Geraden, die nicht durch den Ursprung verläuft.

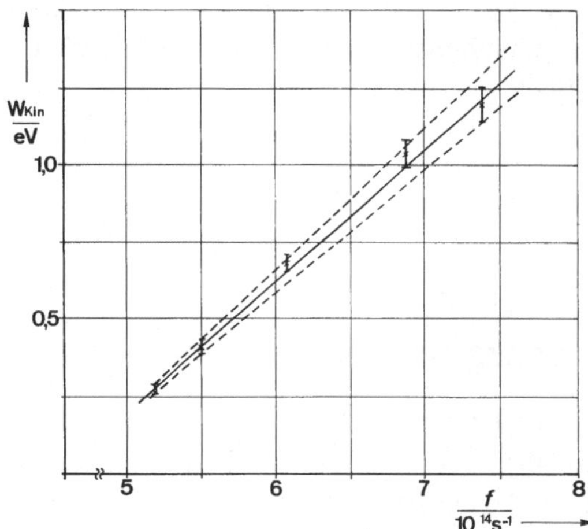

Abb. V30–7. Maximale kinetische Energie der Fotoelektronen in Abhängigkeit von der Freuqenz des eingestrahlten Lichts

Geometrisch ermittelt man für die Steigung der Ausgleichsgeraden $h = 4{,}25 \cdot 10^{-15}$ eVs.
Aus den Steigungen der Fehlergeraden erhält man den Fehler in $h$. Das Meßergebnis ist $h = (4{,}25 \pm 0{,}25) \cdot 10^{-15}$ eVs bzw. $h = (6{,}8 \pm 0{,}4) \cdot 10^{-34}$ J s.
Der relative Fehler des Meßergebnisses beträgt 6 %, die Abweichung zum Tabellenwert $h = 6{,}625 \cdot 10^{-34}$ J s ist 2,5 %.

## 4. Ergänzungen

### 4.1. Vertiefende Fragen

Was versteht man unter dem Dualismus-Charakter von Licht?

Was versteht man unter innerem Fotoeffekt?

Welche Anwendungen besitzt der Fotoeffekt?

Welchen Einfluß auf das Meßergebnis haben die Temperatur der Katode und der endliche Innenwiderstand des Meßverstärkers?

### 4.2. Ergänzende Bemerkungen

Die Quantisierung von Energie wurde vor Einstein schon von Planck vorgeschlagen. Er nahm an, daß sich Atome wie harmonische Oszillatoren verhalten. Ein atomarer Oszillator soll jedoch nur solche Energiebeträge absorbieren oder emittieren können, die proportional zu seiner Eigenfrequenz $f$ sind. Mit dieser Annahme konnte erstmals die experimentell beobachtete spektrale Intensitätsverteilung der Hohlraumstrahlung quantitativ erklärt werden.

# Versuch 31
# Beugung von Materiewellen

## 1. Ziel des Versuches

Die Welleneigenschaften von Elektronen sollen durch die quantitative Untersuchung der Beugung eines Elektronenstrahls an einem Kristall nachgewiesen werden.

## 2. Grundlagen

### 2.1. Die De-Broglie-Wellenlänge

Schickt man schnelle Elektronen auf einen Kristall, so kann man hinter dem Kristall, ganz ähnlich wie bei der Beugung von Licht an einem optischen Gitter, scharf ausgeprägte Intensitätsmaxima feststellen, deren Lage vom Impuls der einfallenden Teilchen abhängt (Experimente von Davisson und Germer, 1923). Diese Beobachtung kann nur als Interferenzerscheinung gedeutet werden. Sie verlangt zwingend die Beschreibung des Elektrons als Welle und steht somit in scheinbarem Widerspruch zu einer großen Zahl von Experimenten, die durch ein Teilchenmodell für Elektronen erklärt werden konnten.
Elektronen bilden hierbei keine Ausnahme: auch Licht zeigt einerseits an beugenden Öffnungen Wellennatur und andererseits, z. B. beim Fotoeffekt, Teilcheneigenschaften. Gleiches gilt für Mikroobjekte jeder Art: je nach Meßmethode zeigen sie entweder Wellen- oder Teilcheneigenschaften.

Die Lösung dieses scheinbaren Widerspruches ist relativ einfach, wenn man einsieht, daß die aus der Makrophysik vertrauten Vorstellungen über Wellen oder Teilchen nicht uneingeschränkt auf Mikroobjekte übertragen werden dürfen. Weder Elektronen noch Photonen oder andere Mikroobjekte können durch die klassischen Modelle „Welle" oder „Teilchen" vollständig und widerspruchsfrei beschrieben werden. Sie entziehen sich damit jeder vollständigen anschaulichen Beschreibung.

Das mathematische Modell für Mikroobjekte beschreibt diese durch eine komplexe, im allgemeinen orts- und zeitabhängige Größe $\psi(\vec{r}, t)$, die als „Wellenfunktion" oder besser als „Materiewellenfeld" bezeichnet wird. Die Wahrscheinlichkeit $w(\vec{r})$, das Objekt in einem Volumenelement $\mathrm{d}V$ um den Ort $\vec{r}$ zu lokalisieren, ist

$$(1) \quad w(\vec{r}) = |\psi(\vec{r}, t)|^2 \cdot \mathrm{d}V.$$

Die Wellenlänge, die das Materiewellenfeld eines Mikroobjektes besitzt, wurde von De-Broglie in Analogie zum Photon angegeben. Die Energie eines Photons ist nach (Gl. 30.1)

$$(2) \quad W = h \cdot c/\lambda.$$

Betrachtet man das Photon als Teilchen und setzt die relativistische Masse-Energie-Beziehung

$$(3) \quad W = m \cdot c^2$$

ein, so erhält man durch Auflösen nach $\lambda$

$$(4) \quad \lambda = h/(m \cdot c).$$

De-Broglie übertrug dieses Ergebnis für Photonen auf Materie und wies einem Teilchen der Masse $m$, das sich mit der Geschwindigkeit $v$ bewegt, die Wellenlänge

$$(5) \quad \lambda = h/p$$

zu, wobei $p = m \cdot v$ der Impuls des Teilchens ist.

Die oben genannten Experimente von Davisson und Germer bestätigen auch quantitativ die Beziehung (5). Im vorliegenden Experiment wird die Geschwindigkeit und damit die Wellenlänge der Elektronen durch die Beschleunigungsspannung $U$ bestimmt. Die kinetische Energie ist

(6) $\quad W = \frac{1}{2} m_e \cdot v^2 = e \cdot U$

und der Impuls

(7) $\quad p = m_e \cdot v = \sqrt{2e \cdot m_e \cdot U}.$

Nach (5) gilt für die Wellenlänge

(8) $\quad \lambda = \dfrac{h}{\sqrt{2e\,m_e \cdot U}}.$

## 2.2. Die Bragg-Bedingung

Bei einer Beschleunigungsspannung $U = 150\ \mathrm{V}$ ist die Wellenlänge der Elektronen $\lambda \approx 10^{-10}\ \mathrm{m}$, d.h. rund 5000 mal kleiner als die Wellenlänge von sichtbarem Licht.

Damit Beugungserscheinungen auftreten, muß die beugende Öffnung etwa die Größenordnung der Wellenlänge haben. Optische Gitter sind deshalb für Beugungsexperimente mit Elektronen ungeeignet. Man verwendet stattdessen Kristalle als beugende Objekte.

Ein Kristall setzt sich zusammen aus Atomen, die räumlich periodisch als Gitter angeordnet sind. Der Abstand zwischen den Gitterpunkten liegt in der Größenordnung $10^{-10}\ \mathrm{m}$. Durch die Gitterpunkte lassen sich in verschiedenen Richtungen untereinander parallele Ebenenscharen legen. Diese werden als Netzebenen des Kristalls bezeichnet.

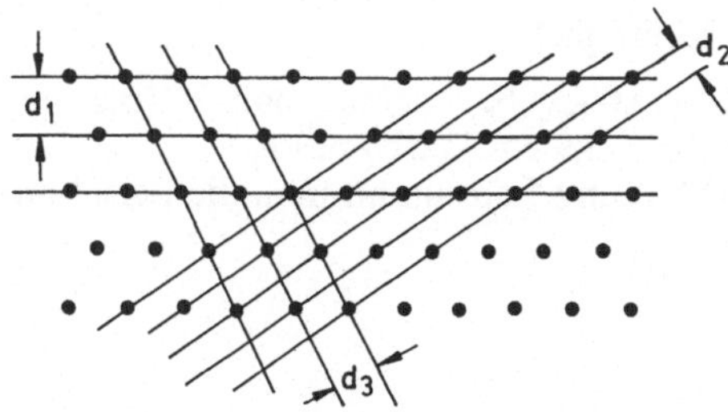

Abb. V31-1. Netzebenen in einem Kristallgitter

Trifft eine Welle auf einen Kristall, so wirkt jeder Gitterpunkt nach dem Huygensschen Prinzip als Erregungszentrum einer neuen Elementarwelle. Durch Konstruktion der Elementarwellen zeigt man, daß jede einzelne Netzebene als teildurchlässiger „Spiegel" betrachtet werden kann. Für die Richtungen der ein- und auslaufenden Welle gilt das aus der Optik bekannte Reflexionsgesetz.

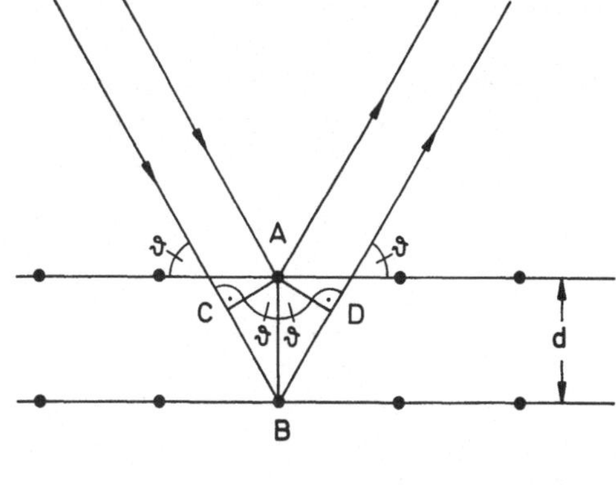

Abb. V31-2. Zur Bragg-Bedingung

Bei der Betrachtung der insgesamt in eine bestimmte Richtung reflektierten Intensität muß nun die Interferenz der an verschieden „tiefen" Ebenen reflektierten Teilwellen berücksichtigt werden. Sie interferieren konstruktiv, falls der Gangunterschied zweier benachbarter Strahlen ein ganzzahliges Vielfaches der Wellenlänge ist:

(9) $\quad \overline{CB} + \overline{BD} = n \cdot \lambda$

und damit

(10) $\quad 2d \cdot \sin \vartheta = n \cdot \lambda.$

Nur für Winkel, für die die Bragg-Bedingung (10) erfüllt ist, tritt Reflexion auf. Diese Winkel heißen Glanzwinkel.

## 2.3. Das Debye-Scherrer-Verfahren

Verwendet man einen Einkristall als Beugungsobjekt für eine monochromatische Welle bzw. für monoenergetische Elektronen, so erhält man bei einer festen Einfallsrichtung nur dann Reflexion, wenn zufällig eine Netzebenenschar in einem Winkel getroffen wird, der die Bragg-Bedingung erfüllt.

Das Debye-Scherrer-Verfahren verwendet deshalb polykristallines Material, d.h. sehr viele kleine Kristallite, die unregelmäßig angeordnet sind. Dadurch gibt es bei vorgegebener Einfallsrichtung und Wellenlänge immer einige Kristallite, bei denen die Bragg-Bedingung erfüllt ist. Die von diesen Kristalliten ausgehenden Reflexe liegen auf Kegelmänteln, deren gemeinsame Achse durch die Einfallsrichtung gegeben ist. Auf einem Schirm, der senkrecht auf dieser

Achse steht, treten also konzentrische Kreise auf.

Die Netzebenen, die für die Elektronenbeugung in Graphit die wesentliche Rolle spielen, haben die Abstände $d_1 = 1,23 \cdot 10^{-10}$ m und $d_2 = 2,13 \cdot 10^{-10}$ m.

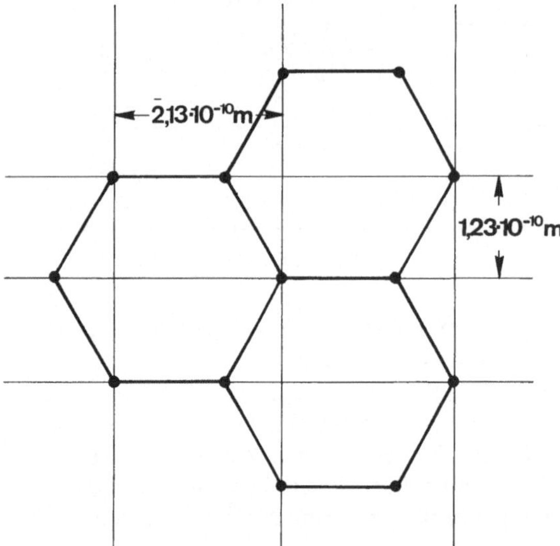


*Abb. V31–3. Netzebenenabstände bei Graphit*

## 3. Versuch

### 3.1. Verwendete Geräte

- Elektronenbeugungsröhre mit Netzgerät
- Hochspannungsmeßgerät
- Vielfachmeßgerät
- Maßstab

### 3.2. Aufgabenstellung

Für mehrere Beschleunigungsspannungen sollen die Durchmesser der Beugungsringe gemessen werden. Daraus soll die Wellenlänge der Elektronen in Abhängigkeit von der Beschleunigungsspannung ermittelt und die De-Broglie-Beziehung (5) bzw. (8) verifiziert werden.

### 3.3. Hinweise zur Versuchsdurchführung

Die Elektronenbeugungsröhre besteht aus einem evakuierten Glaskolben mit einem Elektrodensystem aus 4 hintereinander angeordneten Metallzylindern.

$K_1$ ist die indirekt beheizte Katode, $K_2$, $A_1$ und $A_2$ bilden eine elektrostatisch fokussierende Linse. An der Anode $A_2$ ist auf einem feinen Trägernetz eine dünne polykristalline Graphitfolie angebracht.

Die durch die Folie hindurchtretenden Elektronen gelangen auf die im Inneren der Glasröhre aufgebrachte Fluoreszenzschicht S, geben dort ihre Energie ab und bewirken grüne Leuchterscheinungen.

Sind im Beugungsbild nicht mindestens 2 Beugungsringe einwandfrei zu sehen, so kann das daran liegen, daß die Graphitfolie nicht ohne Risse auf dem Trägernetz liegt und der Elektronenstrahl gerade auf einen solchen Riß trifft. Es kann dann mit Hilfe eines Justiermagneten, der um den Röhrenhals gelegt wird, die Richtung des Elektronenstrahls geringfügig beeinflußt werden, so daß er auf eine vollständig mit Graphit bedeckte Stelle trifft.

### 3.4. Meßbeispiel

Für $U = 5,0$ kV beobachtet man 2 Ringe mit 2,2 cm bzw. 3,9 cm Durchmesser.

Aus Abbildung 5 entnimmt man die Beziehung

$$(11) \quad \tan 2\vartheta = R/L.$$

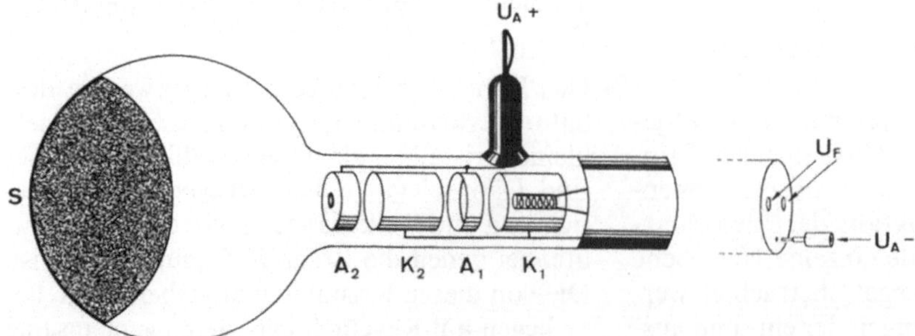


*Abb. V31–4. Elektronen-Beugungsröhre*

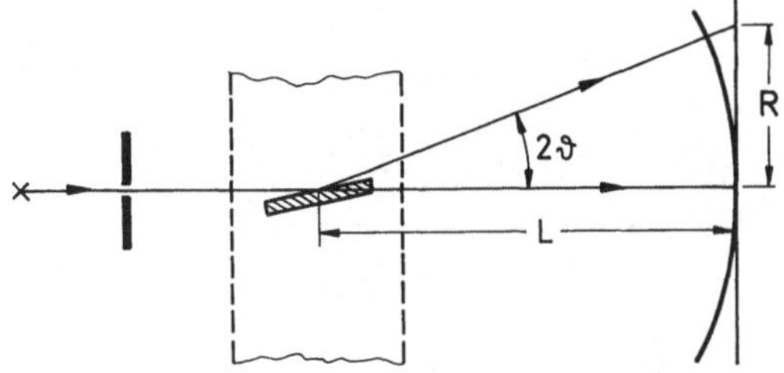

*Abb. V31–5. Zur Bestimmung des Ablenkwinkels*

Nähert man für kleine Winkel $\tan 2\vartheta \approx \sin 2\vartheta \approx 2 \cdot \sin \vartheta$, so ergibt sich

(12)  $2 \cdot \sin \vartheta = R/L$.

Setzt man noch (10) in (12) ein, so erhält man für die erste Beugungsordnung ($n = 1$)

(13)  $\lambda = \dfrac{d \cdot R}{L}$.

Mit $L = 13{,}5$ cm (Herstellerangabe) berechnet man aus dem Radius $R$ des äußeren Rings $\lambda_1 = 0{,}178 \cdot 10^{-10}$ m, für den inneren Ring erhält man $\lambda_2 = 0{,}174 \cdot 10^{-10}$ m.

Der dominierende Fehler bei der Messung liegt in der Ermittlung der Ringdurchmesser. Bei einer Ableseungenauigkeit von rund 2 mm ist der Fehler $\Delta R/R$ beim äußeren Ring etwa 5 %, beim inneren etwa 9 %.

Daraus erhält man für die Wellenlängen

$$\lambda_1 = (0{,}178 \pm 0{,}009) \cdot 10^{-10} \text{ m},$$
$$\lambda_2 = (0{,}174 \pm 0{,}016) \cdot 10^{-10} \text{ m}.$$

Die Fehlergrenzen beider Meßergebnisse überlappen sich. Im Rahmen der Meßgenauigkeit ist damit nachgewiesen, daß die beiden Ringe von Elektronen ein und derselben Wellenlänge verursacht werden. Da beide Ergebnisse mit unterschiedlichem Fehler behaftet sind, ist es sinnvoll, zur Berechnung der Wellenlänge das gewichtete Mittel (Gl. 0.2.11) zu verwenden.

Damit erhält man als experimentellen Wert $\lambda = 0{,}177 \cdot 10^{-10}$ m. Nach (8) berechnet man für Elektronen der Energie 5 keV die Wellenlänge $\lambda = 0{,}173 \cdot 10^{-10}$ m.

Das experimentelle Ergebnis kann somit als Bestätigung der De-Broglie-Beziehung (5) angesehen werden.

## 4. Ergänzungen

### 4.1. Vertiefende Fragen

Welcher Einfluß auf das Meßergebnis ergibt sich, wenn man den Radius der Beugungsringe direkt am Glaskolben und nicht wie in Abbildung 5 angegeben mißt?

Man berechne die Radien der Beugungsringe höherer Ordnung.

### 4.2. Ergänzende Bemerkungen

Statt der Wellenlänge $\lambda$ wird oft der Wellenvektor $\vec{k}$ einer Welle angegeben. Sein Betrag ist

(15)  $k = 2\pi/\lambda$,

seine Richtung ist festgelegt durch die Ausbreitungsrichtung der Welle. Mit der Abkürzung

(16)  $\hbar = h/2\pi$

und unter Verwendung der Kreisfrequenz $\omega$ der Welle schreiben sich (Gl. 30.1) und (Gl. 31.5) in der Form

(17)  $W = \hbar \cdot \omega$,

$\vec{p} = \hbar \cdot \vec{k}$.

Den im Teilchenmodell relevanten Größen Energie und Impuls entsprechen im Wellenmodell die Kreisfrequenz bzw. der Wellenvektor, der Skalierungsfaktor ist jeweils $\hbar$.

Die Beugung von Neutronen und Röntgenlicht an Kristallen dient in der Praxis u.a. zur Strukturanalyse von Kristallen. Neben dem Debye-Scherrer-Verfahren, bei dem polykristallines Material verwendet wird, benutzt man das Laue-Verfahren und das Drehkristall-Verfahren. Bei beiden wird ein Einkristall verwendet. Um die Bragg-Bedingung zu erfüllen, werden beim ersten Verfahren Röntgenphotonen bzw. Neutronen mit fester Einfallsrichtung, jedoch mit kontinuierlicher Energieverteilung verwendet. Zu jeder Netzebene gibt es dann eine Wellenlänge, bei der die Bragg-Bedingung erfüllt ist, so daß in der Beobachtungsebene monochromatische punktförmige Reflexe entstehen. Beim zweiten Verfahren wird monochromatisches Röntgenlicht verwendet und der Kristall wird gedreht, so daß sich der Einfallswinkel kontinuierlich ändert. Man registriert, bei welchen Winkeln es zur Bragg-Reflexion kommt. Aus den bei den verschiedenen Verfahren entstehenden Beugungsbildern kann neben den Netzebenenabständen auch die Struktur des verwendeten Kristalls ermitteln werden.

Eine weitere wichtige Anwendung ist die Verwendung von Kristallen als Monochromator für Röntgen- und Neutronenstrahlen (Versuch 35).

# Versuch 32
# Franck-Hertz-Versuch

## 1. Ziel des Versuches

Durch ein Elektronenstoß-Experiment nach Franck und Hertz soll die Existenz diskreter Energieniveaus im Quecksilber-Atom nachgewiesen werden. Aus der Strom-Spannungscharakteristik der Franck-Hertz-Röhre wird die Energie des angeregten Überganges bestimmt.

## 2. Grundlagen

### 2.1. Prinzipaufbau des Versuches

In der Atomphysik kennt man im wesentlichen zwei Gruppen von Experimenten, die Rückschlüsse auf die Elektronenhülle bei Atomen erlauben: spektroskopische Experimente, bei denen die Photonenenergie des absorbierten oder emittierten Lichts gemessen wird, und Elektronenstoß-Experimente, bei denen die Atome mit Elektronen „beschossen" werden. Aus der Energie- und Winkelverteilung der gestreuten Elektronen können Rückschlüsse sowohl über die räumliche Struktur der Elektronenhülle als auch über die Lage der Energieniveaus gezogen werden. Nachdem bereits in Versuch 27 das Linienspektrum angeregter Hg-Atome die Existenz diskreter Energieniveaus aufgezeigt hat, soll jetzt durch ein Elektronenstoß-Experiment ein zweiter, unabhängiger Nachweis erbracht werden.

In einer evakuierten Glasröhre, die einen Tropfen Quecksilber enthält, werden Elektronen durch eine variable Spannung $U_B$ von der Glühkatode zu einem Gitter hin beschleunigt. Nach Durchfliegen des Gitters werden sie durch eine kleine Gegenspannung $U_G$, die zwischen dem Gitter und der Anode liegt, wieder abgebremst.

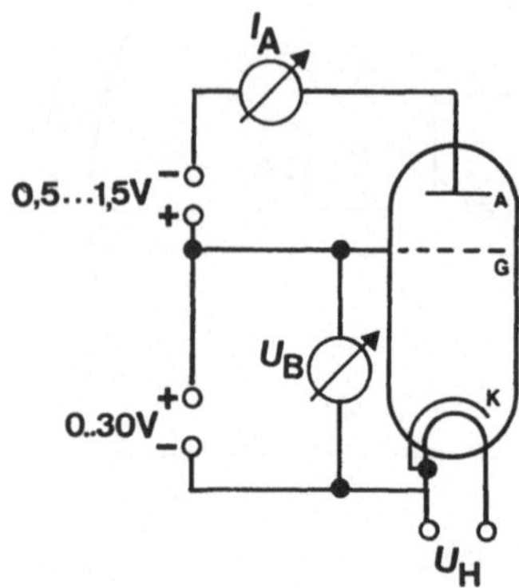



Abb. V32–1. *Prinzipaufbau des Versuches:* A: *Anode,* G: *Gitter,* K: *indirekt beheizte Kathode*

Nur solche Elektronen, deren kinetische Energie am Gitter größer als $e \cdot U_G$ ist, treffen auf die Anode und können dann als Anodenstrom $I_A$ nachgewiesen werden.

Die Elektroden sind in der Röhre gewöhnlich als konzentrische Zylinder angeordnet.

### 2.2. Vorgänge in der Franck-Hertz-Röhre

Bei kalter Röhre ist das Quecksilber praktisch vollständig kondensiert, und die Röhre verhält sich wie eine Vakuum-Triode. Bei der vorgegebenen Polung der Spannungsquellen fließt ein Anodenstrom, sobald $U_B > U_G$ wird. Mit wachsender Beschleunigungsspannung erreichen immer mehr der von der Katode emittierten Elektronen das Gitter und die Anode. Der Anodenstrom wächst kontinuierlich an, bis $U_B$ einen Sättigungswert erreicht, bei dem schließlich alle Elektronen zur Anode hin abgesaugt werden.

Wird die Röhre auf etwa 180 °C geheizt, so bildet sich Hg-Dampf mit einem Dampfdruck von etwa 20 mbar. Die mittlere freie Weglänge der Elektronen ist dann klein gegen den Abstand zwischen Katode und Gitter. Bei elastischen Stößen von Elektronen auf Hg-Atome wird praktisch keine Energie übertragen, da die Masse der Atome sehr viel größer als die Elektronenmasse ist. Nach (Gl. 2.15) gilt für den maximal möglichen Energieübertrag

$$(1) \quad \Delta W/W = 4\,m_e/m_{Hg} = 0{,}001\,\%.$$

Haben die Elektronen jedoch eine bestimmte Mindestenergie erreicht, so können sie bei einem Stoß das Hg-Atom anregen. Die kinetische Energie der Elektronen wird also in innere Energie des Hg-Atoms umgewandelt, der Stoß ist dann inelastisch. Ein angeregtes Atom gibt die aufgenommene Energie kurze Zeit später in Form eines Photons wieder ab.

Bei kontinuierlicher Erhöhung der Beschleunigungsspannung treten inelastische Stöße erstmals unmittelbar vor dem Gitter auf, da die Elektronen dort ihre maximale kinetische Energie besitzen. Nach dem Stoß reicht die Energie der Elektronen nicht mehr, um gegen die Gegenspannung $U_G$ anzulaufen, und der Anodenstrom sinkt stark ab. Bei weiterer Erhöhung von $U_B$ wandert die Anregungszone auf die Katode zu, die Elektronen können auf dem Weg zum Gitter wieder kinetische Energie aufnehmen und der Anodenstrom steigt wieder an. Schließlich können die Elektronen kurz vor dem Gitter zum zweiten Mal Hg-Atome anregen, der Anodenstrom sinkt wieder, und so fort. Die $I_A(U_B)$-Kennlinie der Röhre zeigt also periodische Schwankungen. Der Abstand der Minima entspricht der Anregungsenergie der Hg-Atome.

## 3. Versuch

### 3.1. Verwendete Geräte

- Franck-Hertz-Röhre
- Ofen mit Stelltransformator
- Vielfach-Netzgerät
- Vielfach-Meßgeräte
- evtl. Oszilloskop und/oder Schreiber

### 3.2. Aufgabenstellung

Die Strom-Spannungs-Kennlinie der mit Hg-Dampf gefüllten Franck-Hertz-Röhre soll aufgenommen und die Energie des angeregten Überganges bestimmt werden.

### 3.3. Hinweise zur Versuchsdurchführung

Die Franck-Hertz-Röhre ist in einen elektrisch beheizten Ofen eingebaut, dessen Heizstrom einem Stelltransformator entnommen wird. Zusätzlich ist die Heizspirale über einen Thermostat geschaltet. Vor der Versuchsdurchführung wird die Röhre auf etwa 180 °C aufgeheizt und der Stelltransformator so einreguliert, daß der Thermostat möglichst nicht mehr schaltet. Die Anzahl und die Tiefe der zu beobachtenden Minima hängt empfindlich von mehreren Versuchsparametern ab: von der Gegenspannung, von der Elektronen-Emission an der Katode und von der Temperatur der Röhre.

Bei zu niedriger Temperatur und damit zu geringem Hg-Dampfdruck ist die mittlere freie Weglänge der Elektronen so groß, daß viele Elektronen vor dem ersten Stoß schon eine Energie von 10,4 eV erreichen und damit das Hg-Atom ionisieren können. Das führt zu einer Gasentladung in der Röhre. Bei zu hohem Dampfdruck treten aufgrund der kleinen mittleren freien Weglänge soviele elastische Stöße auf, daß nur ein geringer Anodenstrom entsteht, bei dem die Maxima und Minima schlecht auszumachen sind.

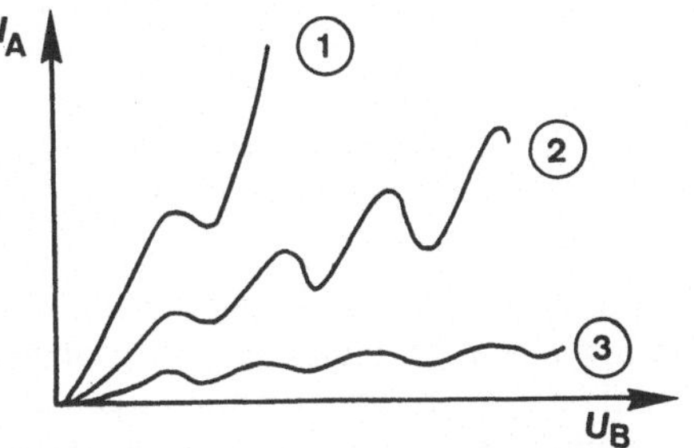

Abb. V32-2. Kennlinien bei verschiedenen Röhrentemperaturen: 1) Röhre zu kalt, 2) Röhre richtig temperiert, 3) Röhre zu heiß

Die Elektronen-Emission der Katode kann prinzipiell gesteuert werden durch den Katodenheizstrom. Genauer ist dies jedoch möglich bei Verwendung einer Röhre mit einem zusätzlichen Raumladungsgitter vor der Katode. Durch eine Steuerspannung $U_S$, mit der das Raumladungsgitter auf positives Potential gegenüber der Katode gebracht wird, kann der Emissionsstrom reguliert werden.

Abbildung 3 zeigt den vollständigen Versuchsaufbau zur punktweisen Aufnahme der Kennlinie. Der Anodenstrom, der in der Größenordnung $10^{-9}$ A liegt, wird über einem empfindlichen Meßverstärker nachgewiesen.

Kommt es bei der langsamen Erhöhung von $U_B$ zu einem sprunghaften Anstieg des Anodenstromes, so findet eine Gasentladung statt. In diesem Fall muß die Beschleunigungsspannung sofort reduziert werden, um eine Beschädigung der Röhre zu vermeiden.

Durch geringfügiges Verändern der Versuchsparameter (Katodenheizstrom bzw. Steuerspannung, Ofentemperatur, Gegenspannung) kann die Kurve so optimiert werden, daß mindestens 5 ausgeprägte Maxima zu sehen sind.

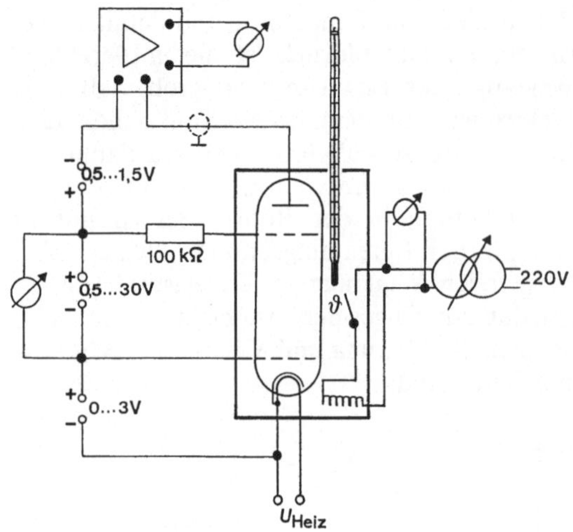

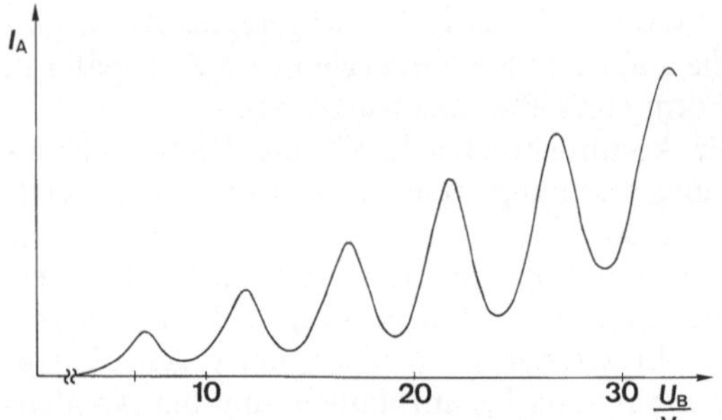

*Abb. V32–4. Optimierte* $I_A$, $U_B$*-Kennlinie*

*Abb. V32–3. Vollständiger Versuchsaufbau*

Bei der Optimierung ist die Registrierung der Kennlinie mit einem Oszilloskop von großem Vorteil, da die Auswirkung der Änderungen auf die Kurve unmittelbar beobachtet werden können. Man benutzt hierzu in Abbildung 3 statt der Gleichsspannungsquelle für $U_B$ eine ungeglättete gleichgerichtete Wechselspannung (pulsierende Gleichspannung). Auf den $x$-Eingang des Oszilloskops wird die pulsierende Gleichspannung, auf den $y$-Eingang die Ausgangsspannung des Strommeßverstärkers gegeben.

Um die wünschenswerte Genauigkeit für die quantitative Auswertung der Kennlinie zu erreichen, muß zumindest die Lage der Maxima und Minima mit einem Spannungsmeßgerät separat ermittelt werden.

## 3.4. Meßbeispiele

Abbildung 4 zeigt eine optimierte $I_A(U_B)$-Kennlinie, die mit einem xy-Schreiber aufgenommen wurde.

Zunächst fällt auf, daß die Maxima zwar gleichbleibenden Abstand von etwa 5 V haben, das erste Minimum aber etwas zu höheren Spannungen hin verschoben auftritt. Diese Verschiebung wird hervorgerufen durch die Kontaktspannung zwischen den unterschiedlichen Metallen (Quecksilberdampf, Elektrodenmaterial).

Weiterhin ist erwähnenswert, daß der Anodenstrom in den Minima nicht auf 0 zurückgeht. Ursache hierfür ist, daß nicht alle Elektronen,

die genügend Energie besitzen, tatsächlich auf ein Hg-Atom stoßen und ihre Energie abgeben.

Zur quantitativen Auswertung werden die Spannungen der Maxima über den Ordnungszahlen der Maxima aufgetragen. Aus der Steigung der erhaltenen Geraden ergibt sich die Anregungsenergie der Hg-Atome.

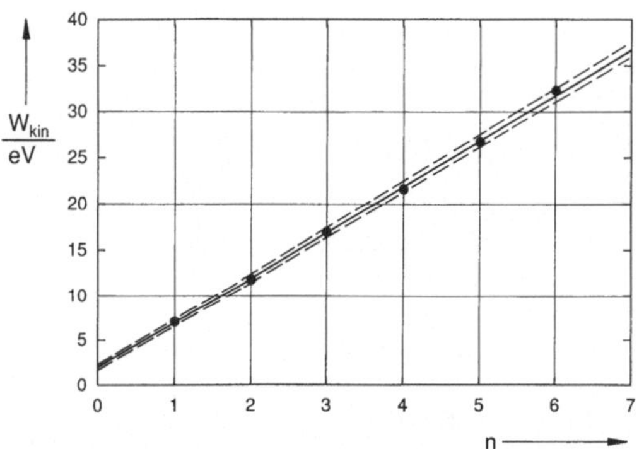

*Abb. V32–5. Auswertung der* $I_A$, $U_B$*-Kennlinie*

Die Lage der Maxima kann auf etwa $\pm$ 0,3 V genau bestimmt werden. Der Fehler in der Steigung liegt dann bei $\pm$ 0,1 eV. Damit ergibt sich für die Energie des angeregten Übergangs $\Delta W = 4{,}98 \pm 0{,}1$ eV. Der Tabellenwert ist 4,89 eV.

## 4. Ergänzungen

### 4.1. Vertiefende Fragen

Was würde man bei dem Versuch beobachten, wenn man die Gegenspannung wegläßt?

Bewirken neben der Kontaktspannung auch die Gegenspannung und die Steuerspannung eine Verschiebung der Kennlinie zu höheren Spannungen?

Welchem Übergang im Hg-Atom entspricht die gemessene Energiedifferenz (siehe Abbildung V27–8)?

Warum fällt die Strom-Spannungskennlinie beim Erreichen der Anregungsenergie nicht plötzlich, sondern kontinuierlich ab?

### 4.2. Ergänzende Bemerkungen

Beleuchtet man z. B. Quecksilber- oder Natrium-Dampf mit Licht, so findet eine Anregung der Atome nur dann statt, wenn die Photonenenergie genau der Energiedifferenz eines optisch erlaubten Überganges entspricht. Bei Elektronenstoß-Experimenten ist das anders: da die kinetische Energie der Elektronen nicht quantisiert ist, kann eine Anregung auch dann stattfinden, wenn die Elektronenenergie größer als die erforderliche Anregungsenergie ist.

# Versuch 33
# Ionisierende Strahlung

## 1.  Ziel des Versuches

Röntgenstrahlung und radioaktive Strahlung haben als gemeinsame Eigenschaft ihre ionisierende Wirkung. In diesem Versuch steht die Untersuchung der Ionisationskammer und des Zählrohres als wichtige Nachweisgeräte für ionisierende Strahlung im Vordergrund. Spätere Versuche befassen sich dann mit der Strahlung selbst.

## 2.  Grundlagen

### 2.1.  Röntgenstrahlung

Röntgenstrahlung entsteht beim Beschuß fester Materie mit schnellen Elektronen. Diese geben durch Wechselwirkung mit den Atomkernen und mit Elektronen kernnaher Schalen ihre kinetische Energie ganz oder teilweise ab. Nach der klassischen Elektrodynamik strahlen die Elektronen dabei eine elektromagnetische Welle mit kontinuierlichem Spektrum ab. Dieser Anteil der Röntgenstrahlung wird als Bremsstrahlung bezeichnet.

Ein Röntgenquant maximaler Frequenz entsteht, wenn ein Elektron bei einem einzigen Stoß seine gesamte kinetische Energie verliert. Die Bremsstrahlung besitzt folglich eine obere Grenzfrequenz $f_G$, die gegeben ist durch die Spannung $U_A$, mit der die Elektronen beschleunigt wurden:

(1)   $e \cdot U_A = h \cdot f_G$ (Duane-Huntsches Gesetz).

Einige der schnellen Elektronen lösen in der abbremsenden Materie aus inneren Schalen der Atomhüllen Elektronen aus. Die dabei entstehenden „Löcher" werden von Elektronen aus äußeren Schalen unter Emission von Photonen wieder aufgefüllt. Wegen der diskreten Energien, die bei diesem Prozeß auftreten, ist dem Bremsspektrum ein Linienspektrum überlagert. Da die Wellenlängen der Linien charakteristisch für das abbremsende Material sind, wird dieser Anteil der Röntgenstrahlung als charakteristische Strahlung bezeichnet.

Weitere Einzelheiten zum Spektrum von Röntgenstrahlung sind Gegenstand des Versuchs 35. Technisch wird Röntgenstrahlung mit Hochvakuum-Röntgenröhren erzeugt. Von einer Glühkatode treten Elektronen aus, die durch eine Hochspannung $U_A$ auf eine massive Anode beschleunigt werden.

Die Intensität der Strahlung einer Röntgenröhre kann durch den Heizstrom der Glühkatode reguliert werden, da eine Erhöhung des Heizstromes zu einem größeren Elektronen-Emissionsstrom an der Katode führt. Die Energie der auf die Anode treffenden Elektronen und damit das Spektrum der emittierten Röntgenstrahlung bleibt dabei praktisch unverändert, denn die thermische Energie ist um viele Größenordnungen kleiner als $e \cdot U_A$.

### 2.2.  Radioaktive Strahlung

Neben stabilen Atomkernen treten in der Natur auch Atomkerne auf, die ohne äußeren Einfluß unter Emission radioaktiver Strahlung spontan zerfallen. Die am häufigsten auftretenden Strahlungsarten sind $\alpha$-, $\beta$- und $\gamma$-Strahlung. Bei der $\alpha$-Strahlung emittiert der Atomkern $X$ einen He-Kern ($\alpha$-Teilchen) und wandelt sich damit in den Tochterkern $Y$ um:

(2)   $^4_Z X \rightarrow \, ^{4-4}_{Z-2} Y + \, ^4_2 He$.

Da Mutter- und Tochterkerne nur diskrete Energien annehmen können, haben auch die $\alpha$-Teilchen nur diskrete kinetische Energien, die typisch zwischen 2 und 10 MeV liegen.

Beta-Strahlung besteht aus schnellen Elektronen, die beim Zerfall eines Neutrons des Atomkerns entstehen. Bei jedem Zerfall entsteht neben einem Elektron und einem Proton noch ein Antineutrino:

$$(3) \quad {}^{A}_{Z}X \rightarrow {}^{A}_{Z+1}Y + e^- + \bar{v}.$$

Die frei werdende kinetische Energie kann sich auf das Elektron und auf das Antineutrino $\bar{v}$ verteilen. Demzufolge besitzt die $\beta$-Strahlung ein kontinuierliches Energiespektrum mit einer bestimmten Maximalenergie, die in der gleichen Größenordnung wie die Energie der $\alpha$-Strahlung liegt.

Oft bleibt der Tochterkern nach einem $\alpha$- oder $\beta$-Zerfall zunächst in einem angeregten Zustand zurück und gibt seine Energie mehr oder weniger verzögert als energiereiches Photon (Gammaquant) ab:

$$(4) \quad {}^{A}_{Z'}Y^* \rightarrow {}^{A}_{Z'}Y + h \cdot f.$$

Wie bei der Röntgenstrahlung handelt es sich auch bei der Gammastrahlung um elektromagnetische Strahlung. Die Unterscheidung zwischen beiden Strahlungsarten beruht lediglich auf der unterschiedlichen Herkunft der beiden Strahlungsarten. Röntgenstrahlung entsteht in den inneren Schalen der Atomhülle, Gammastrahlung hingegen im Atomkern. Auch im elektromagnetischen Spektrum können sie nicht scharf gegeneinander abgegrenzt werden. Bei Röntgenstrahlung liegen die Photonenenergien etwa zwischen 1 keV und 0,5 MeV. Gammastrahlung besitzt Photonenenergien von typisch etwa 0,1 MeV bis 5 MeV.

Die Durchdringungsfähigkeit in Materie ist für die drei radioaktiven Strahlungsarten sehr stark verschieden und hängt jeweils von der Energie der Strahlung ab. Alpha-Strahlung wird schon durch ein Blatt Papier nahezu vollständig absorbiert und hat in Luft bei Normalbedingungen eine Reichweite von nur einigen Zentimetern. Für $\beta$-Strahlung mißt man in Luft Reichweiten von bis zu einem Meter.

Gamma-Strahlung unterliegt beim Durchgang durch Materie einer exponentiellen Schwächung. Durch Luft wird Gammastrahlung nicht nennenswert geschwächt, in Metallen liegt die Halbwertsdicke in der Größenordnung von einigen Millimetern.

## 2.3. Dosimetrische Größen

Beim Durchgang durch Materie erzeugen Röntgenstrahlung und radioaktive Strahlung Ionen. Der auf die Masse $m$ bezogene Anteil der hierbei in der Materie absorbierten Energie $\Delta W$

$$(5) \quad K = \Delta W/m$$

wird als Energiedosis bezeichnet. Die Einheit der Energiedosis ist 1 Gray (1 Gy), wobei

$$(6) \quad 1\,\text{Gy} = 1\,\text{J/kg}.$$

Eine frühere Einheit der Energiedosis ist 1 rem $= 10^{-2}$ Gy.

Die direkte experimentelle Bestimmung der Energiedosis ist aufwendig. Einfacher ist es, statt der absorbierten Energie $\Delta W$ die von der Strahlung erzeugte Ladungsmenge $\Delta Q$ eines Vorzeichens zu bestimmen. Der Quotient

$$(7) \quad J = \Delta Q/m$$

heißt Ionendosis.

In Luft wird im Mittel 34 eV für die Erzeugung eines Ions benötigt. Damit kann aus der Ionendosis auf die Energiedosis zurückgeschlossen werden.

Die Schädigung von biologischen Organismen durch Röntgenstrahlung oder radioaktive Strahlung beruht ebenfalls auf der ionisierenden Wirkung der Strahlung. Ionenbildung in einer Zelle kann zum Absterben der Zelle oder zu Veränderungen der die Erbinformation tragenden DNA führen. Im zweiten Fall können die Veränderungungen an Tochterzellen weitergegeben werden und zu Mutationen führen. Prinzipiell sind durch Strahlung verursachte Schäden kumulativ. Zellen besitzen allerdings eine gewisse Regenarationsfähigkeit. Deshalb ist neben der absorbierten Ionen- bzw. Energiedosis selbst auch die Zeitdauer $\Delta t$ der Bestrahlung und damit die Dosisleistung von Interesse. Die Ionendosisleistung ist

$$(8) \quad j = J/\Delta t,$$

entsprechend gilt für die Energiedosisleistung

$$(9) \quad k = K/\Delta t.$$

## 2.4. Nachweis ionisierender Strahlung

Der Nachweis ionisierender Strahlung beruht grundsätzlich auf der Registrierung der von ihr in Materie verursachten Ionen. In einer Ionisationskammer, die im einfachsten Fall aus einem luftgefüllten Plattenkondensator besteht, wird die Luft durch die Strahlung ionisiert. Durch eine Spannung $U_K$ zwischen den Platten werden die Ionen abgesaugt und als Ionisationsstrom $I_K$ nachgewiesen. Bei genügend hoher Spannung $U_K$ werden alle Ionen abgesaugt, bevor sie rekombinieren können, und der Ionisationsstrom wird maximal. In diesem Sättigungsbereich gilt

$$(10) \quad \Delta Q = I_K \cdot \Delta t.$$

Die Ionendosisleistung in der durchstrahlten Luft ist mit (7) und (8)

$$(11) \quad j = I_K/m = \frac{I_K}{\varrho \cdot V}.$$

$\varrho$: Dichte der Luft
$V$: durchstrahltes Volumen.

Wesentlich empfindlicher als eine Ionisationskammer ist das Geiger-Müller-Zählrohr. Mit ihm ist der Nachweis einzelner ionisierender Teilchen möglich. Es besteht aus einem Metallzylinder, in dem isoliert ein dünner Draht gespannt ist. Zwischen den Draht und das Gehäuse wird eine Spannung von einigen hundert bis tausend Volt gelegt, so daß der Draht positiv gegenüber dem Gehäuse ist. Das Zählrohr ist mit einem Gas (z. B. Argon) von etwa 100 mbar Druck gefüllt. Am einen Ende des Rohres befindet sich ein sehr dünnes Fenster, durch das die Strahlung eintreten kann.

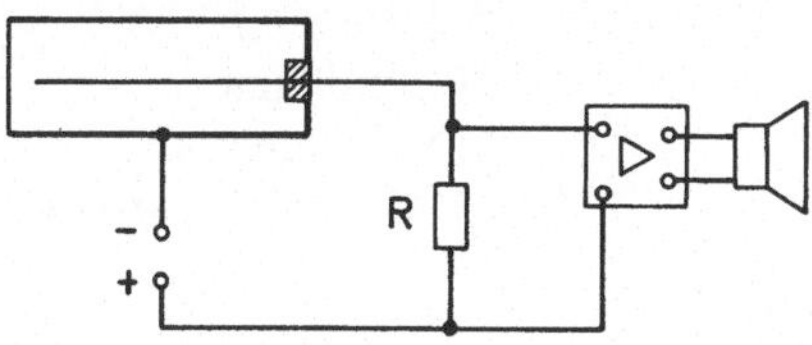

Abb. V33−1. Schaltung des Geiger-Müller-Zählrohres

Durch eindringende Strahlung werden wie bei der Ionisationskammer einige Gasatome ionisiert. Wegen der großen Feldstärke in Drahtnähe tritt jedoch zusätzlich Stoßionisation auf. Dadurch wird eine ganze Lawine neuer Ionen gebildet, die sich längs des Drahtes ausbreitet.

Durch diese Verstärkung, die je nach Zählrohrspannung einige Zehnerpotenzen beträgt, entsteht ein Stromstoß durch den hochohmigen Widerstand $R$. Der Spannungsabfall an $R$ kann über eine geeignete Elektronik (Verstärker, Zähler, Lautsprecher) registriert werden. Wegen der gleichzeitigen Verminderung der Zählrohrspannung reicht die Feldstärke in Drahtnähe für weitere Stoßionisationen nicht mehr aus, und die gezündete Gasentladung verlöscht wieder.

Während der Entladung spricht das Zählrohr auf weitere ionisierende Teilchen nicht an. Diese Totzeit des Zählrohres kann verringert werden, indem man dem Füllgas eine geringe Menge Dampf mehratomiger Moleküle (z. B. Alkohol) zugibt.

Wegen der geringen Ionenproduktion im Gas ist für $\gamma$-Strahlung die Ansprechwahrscheinlichkeit eines Zählrohres sehr gering. Eine erhebliche Verbesserung der Empfindlichkeit wird erreicht, wenn man das Rohr mit einer dicken Bleiwandung versieht. Die $\gamma$-Quanten erzeugen darin Sekundärelektronen, die mit dem Zählrohr nachgewiesen werden.

Bei gegebener Intensität der ionisierenden Strahlung hängt die mit dem Zählrohr gemessene Zählrate von der Betriebsspannung ab. Abbildung 2 zeigt den charakteristischen Verlauf dieser Kennlinie eines Zählrohres.

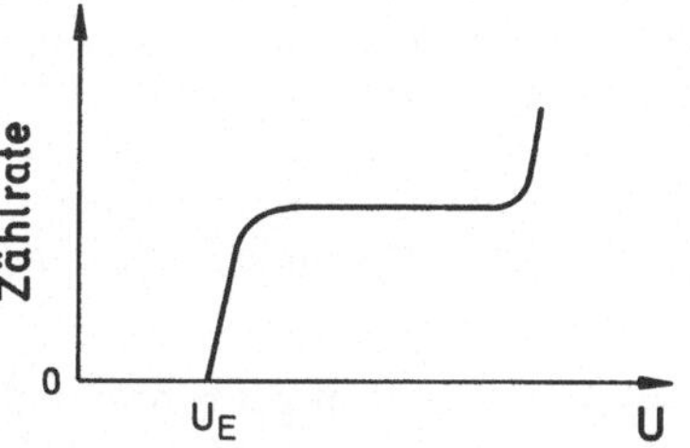


Abb. V33−2. Kennlinie eines Zählrohres

Unterhalb der Einsatzspannung $U_E$ kann keine Entladung ausgelöst werden. Sobald die Betriebsspannung $U_E$ übersteigt, wächst die Zählrate annähernd linear zur Spannung an. Im sich anschließenden Plateaubereich ist die Zählrate unabhängig von der Spannung, da jedes einfallende Teilchen eine Ionenlawine auslöst. In diesem Bereich wird das Zählrohr üblicherweise betrieben. Bei weiterer Erhöhung der Spannung zündet eine selbständige Gasentladung, die das Zählrohr zerstört.

## 3. Versuch

### 3.1. Verwendete Geräte

- Röntgengerät mit Ionisationskammer
- Strommeßverstärker
- Zählrohr mit Betriebsgerät
- radioaktives Präparat

### 3.2. Aufgabenstellung

1. Aufgabe

Die Strahlung einer Röntgenröhre soll mit einer Ionisationskammer nachgewiesen werden. Man messe die Abhängigkeit des Ionisationsstromes $I_K$ von

a) der Betriebsspannung $U_K$ der Ionisationskammer
b) dem Emmisionsstrom $I_{em}$ der Röntgenröhre
c) der Anodenspannung $U_A$ an der Röntgenröhre.

2. Aufgabe

Man bestimme die Ionen- und die Energiedosisleistung in der durchstrahlten Luft zwischen den Platten der Ionisationskammer.

3. Aufgabe

Die Kennlinie eines Geiger-Müller-Zählrohres soll aufgenommen werden.

### 3.3. Hinweise zur Versuchsdurchführung

Der Prinzipaufbau des Versuchsaufbaues zur Röntgenstrahlung ist in Abbildung 3 gezeigt. Bei der hier verwendeten Röntgenröhre wird als Anodenspannung eine einweg-gleichgerichtete Wechselspannung mit maximal 42 kV Spitzenspannung verwendet. Der maximale Emissionsstrom beträgt 1 mA.

Die Blende zwischen der Röntgenröhre und dem als Ionisationskammer verwendeten Plattenkondensator verhindert, daß Röntgenphotonen auf die Metallplatten treffen und dort

Fotoelektronen auslösen, was zu einer Verfälschung des Messungen führen würde.

Aus dem gleichen Grund beachte man auch, daß im durchstrahlten Bereich keine elektrischen Zuleitungen verlaufen.

Vor Durchführungen der eigentlichen Messungen sollte ohne ionisierende Strahlung die Isolation der beiden Kondensatorplatten überprüft werden. Bei maximaler Spannung darf dabei die Stromstärke $I_K = 10^{-10}$ A nicht übersteigen. Das Meßkabel zum Strommeßverstärker darf dabei nicht bewegt werden, um Ladungsverschiebungen zu vermeiden, die die Anzeige in dem empfindlichen Meßbereich stören würden. Sollte der Strom zu groß sein, muß der Kondensator mit Ethanol sorgfältig gereinigt werden.

Weiterhin sollte man sich mit einem Dosimeter davon überzeugen, daß bei eingeschalteter Röntgenröhre die Strahlenbelastung außerhalb der Abschirmung die zulässigen Höchstwerte nicht überschreitet. Die Strahlenschutzverordnung der Bundesrepublik Deutschland fordert, daß die Dosisleistung in 10 cm Abstand von der berührbaren Oberfläche des Röntgengerätes kleiner als $10^{-5}$ Gy/h ist.

Bei Aufgabe 1a soll die Sättigungsspannung der Ionisationskammer bestimmt werden, oberhalb der alle erzeugten Ionen zu den Platten abgesaugt werden. Dazu verwende man maximale Anodenspannung und maximalen Emissionsstrom der Röntgenröhre. Für alle weiteren Aufgaben wird die Ionisationskammer etwas oberhalb der Sättigungsspannung betrieben.

Für Aufgabe 2 muß das Volumen der durchstrahlten Luft ermittelt werden. Da es sich dabei um einem Pyramidenstumpf handelt, gilt

$$(12) \quad V = \tfrac{1}{3} h \cdot (G_0 + G_1 + \sqrt{G_0 \cdot G_1}).$$

$G_0$: Grundfläche
$G_1$: Deckfläche
$h$: Höhe des Stumpfes.

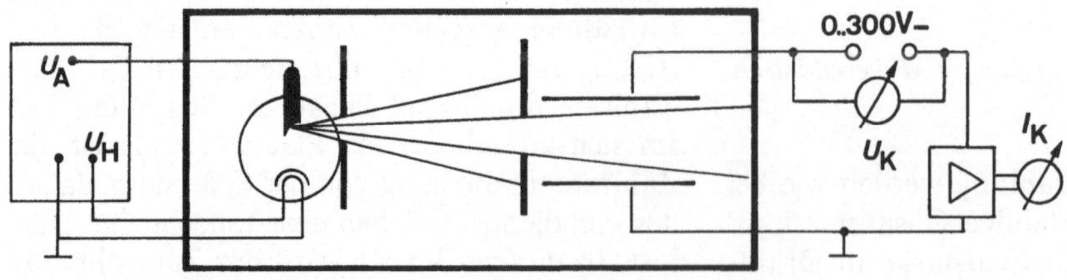



*Abb. V33−3. Versuchsaufbau*
$U_A$: *Anodenspannung*
$U_H$: *Heizspannung*

Die benötigten Größen erhält man aus den Maßen der Blende, ihrem Abstand zur Anode und der Länge der Kondensatorplatten.

Zur Ermittlung der Kennlinie des Zählrohres verwenden wir ein langlebiges radioaktives Präparat. Um die Strahlenbelastung gering zu halten, befinden sich Präparat und Zählrohr hinter einer Bleiabschirmung.

## 3.4. Meßbeispiele

Abbildung 4 zeigt den Ionisationsstrom als Funktion der Spannung zwischen den Kondensatorplatten. Dabei wurden der Emissionsstrom $I_{em}$ und die Anodenspannung $U_A$ der Röhre jeweils auf den Maximalwert eingestellt. Man erkennt, daß ab etwa 100 V alle erzeugten Ionen an die Platten abgesaugt werden.

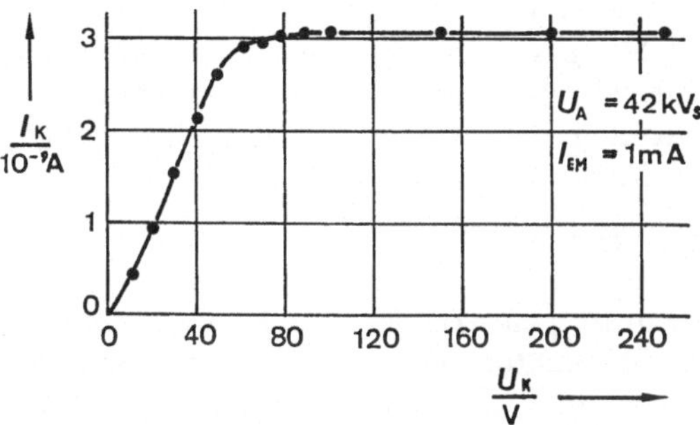

Abb. V33-4. $I_K(U_K)$ bei der Ionisationskammer

Der von der Röntgenstrahlung erzeugte Ionisationsstrom im Plattenkondensator ist erwartungsgemäß direkt proportional zum Emissionsstrom in der Röntgenröhre (Abbil-

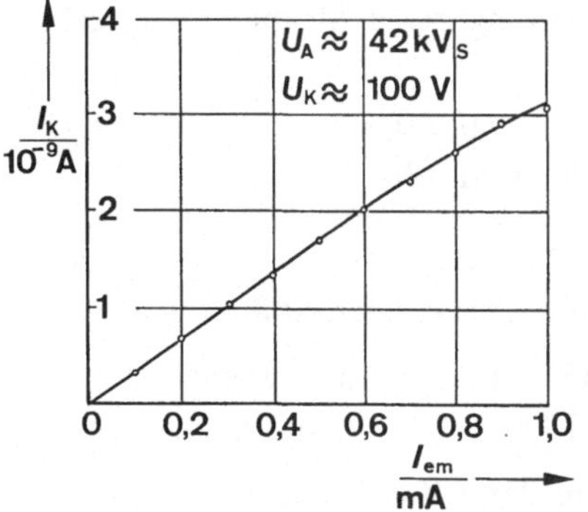

Abb. V33-5. Ionisationsstrom als Funktion des Emissionsstromes

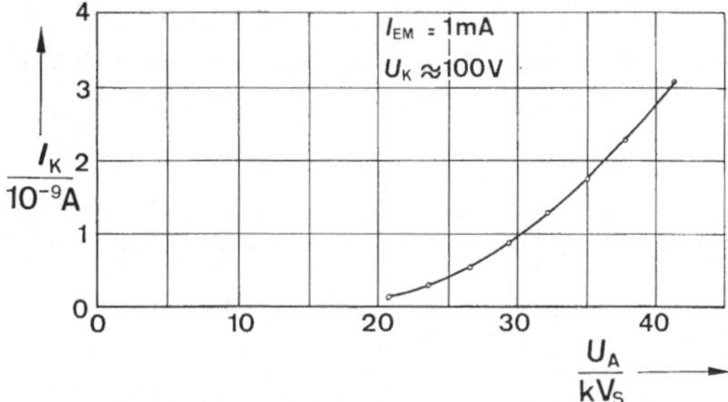

Abb. V33-6. Ionisationsstrom als Funktion der Anodenspannung

dung 5). Hingegen zeigt Abbildung 6, daß der Ionisationsstrom überproportional mit der Anodenspannung steigt.

Zur Bestimmung der Ionendosisleistung muß zunächst das Volumen der durchstrahlten Luft ermittelt werden. Die geometrischen Daten des verwendeten Versuchsaufbaus können aus Abbildung 7 entnommen werden.

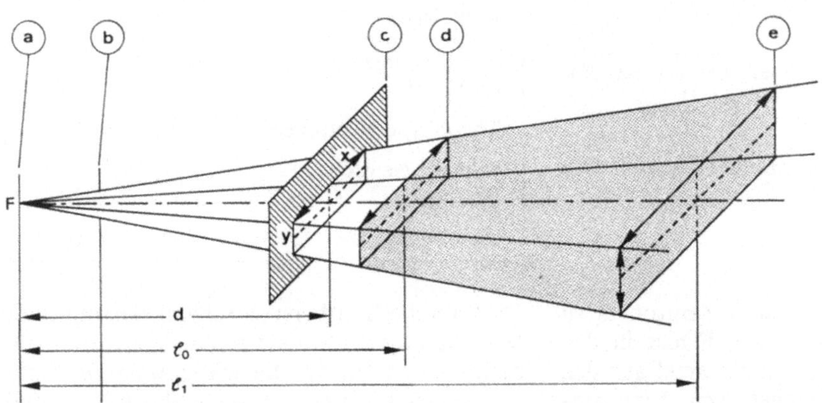

Abb. V33-7. Geometrische Daten des Versuchsaufbaus: a) Brennfleck, b) Strahlaustrittsöffnung, c) Rechteckblende, d) Anfang des Kondensators, e) Ende des Kondensators

Unter Anwendung des 2. Strahlensatzes erhält man

$$G_0 = x \cdot y \cdot (l_0/d)^2$$
$$G_1 = x \cdot y \cdot (l_1/d)^2$$
$$h = l_1 - l_0.$$

Bei dem benutzten Versuchsaufbau war

$$x = 45 \text{ mm} \qquad y = 6 \text{ mm}$$
$$l_0 = 173 \text{ mm} \qquad l_1 = 333 \text{ mm.}$$

Aus (12) folgt dann $V = 122 \text{ cm}^3$.

Bei maximalem Emissionsstrom und maximaler Anodenspannung der Röntgenröhre ist $I_K = 3{,}1 \cdot 10^{-9}$ A. Die Dichte von Luft bei 20 °C und 1013 mbar ist 1,2 kg m$^{-3}$. Aus (7) erhält man für die Ionendosisleistung $j = 2{,}1 \cdot 10^{-5}$ C kg$^{-1}$ s$^{-1}$.

Zur Erzeugung der Ionenladung 1 C sind in Luft im Mittel 34 J nötig. Die Energiedosisleistung im Inneren der Ionisationskammer ist also

$$k = 34 \text{ J C}^{-1} \cdot 2{,}1 \cdot 10^{-5} \text{ C kg}^{-1} \text{ s}^{-1}$$
$$= 0{,}71 \text{ mGy s}^{-1}.$$

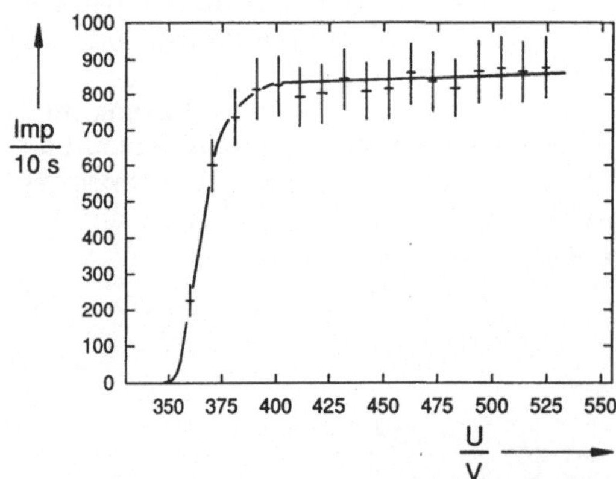


*Abb. V33–8. Experimentell ermittelte Kennlinie eines Zählrohres*

Die gemessene Kennlinie eines Zählrohres ist in Abbildung 8 dargestellt. Als Fehler in den Meßwerten wurde die Quadratwurzel aus den gemessenen Zählraten eingetragen (Eine ausführliche Begründung hierfür erfolgt in Versuch 34).

## 4. Ergänzungen

### 4.1. Vertiefende Fragen

Wieso folgt aus der mittleren Ionisierungsenergie 34 eV, daß zur Erzeugung von 1 C die Energie 34 J notwendig ist?

### 4.2. Ergänzende Bemerkungen

Die Leistung der emittierten Röntgenstrahlung ist sehr viel kleiner als die Leistung $U_A \cdot I_{em}$ des Elektronenstromes. Ein großer Teil der aufgewendeten Energie heizt die Anode sehr stark auf. Das Anodenmaterial muß deshalb eine hohe Wärmeleitfähigkeit und eine hohe Schmelztemperatur besitzen. Üblich ist die Verwendung von Kupfer und Wolfram als Anodenmaterial.

Da die biologische Wirksamkeit verschiedener Strahlungsarten auch bei gleicher Energiedosis unterschiedlich ist, betrachtet man bei der Ermitttlung der Strahlenbelastung die Äquivalentdosis

$$(13) \quad H = q \cdot K.$$

Darin ist $q$ ein von der Strahlenart abhängiger Qualitätsfaktor, der nach Erfahrungen von Strahlenbiologen und -medizinern durch internationale Übereinkunft festgelgt wurde. Die Einheit von $H$ ist 1 Sievert (1 Sv = 1 J/kg). Eine alte Einheit ist 1 rem („radiation equivalent men"; 1 rem = 10 mSv).

Tabelle 1: Qualitätsfaktoren für verschiedene Strahlungsarten

| Strahlenart | $q$ |
|---|---|
| $\beta$-, $\gamma$-, Röntgenstrahlung (100 keV) | 1 |
| Thermische Neutronen | 2–3 |
| Schnelle Neutronen, Protonen | 5–10 |
| $\alpha$-Strahlung | 10–20 |

Die durchschnittliche Strahlenbelastung der Bevölkerung der Bundesrepublik Deutschland beträgt etwa 2 mSv/a. Sie wird etwa je zur Hälfte verursacht durch natürliche (kosmische und terrestrische Strahlung, inkorporierte Radionuklide) und durch zivilisatorische Strahlungsquellen (hauptsächlich Röntgendiagnostik). Kerntechnische Anlagen dürfen die Bevölkerung mit höchstens 0,3 mSv/a belasten. Für beruflich strahlenexponierte Personen gilt 50 mSv/a als gesetzlicher Grenzwert.

# Versuch 34
# Zählstatistik

## 1. Ziel des Versuches

Mit einem Zählrohr soll die Nullrate und die Zählrate bei einem radioaktiven Präparat aufgenommen werden. Die gemessenen Zählstatistiken werden mit der Poisson- und der Normalverteilung verglichen.

## 2. Grundlagen

### 2.1. Zählstatistik seltener Ereignisse

Wenn man mehrmals unter unveränderten Versuchsbedingungen die Anzahl der Zerfallsereignisse während der Zeitdauer $\Delta t$ bei einem langlebigen radioaktiven Präparat bestimmt, so wird man im allgemeinen verschiedene Anzahlen erhalten, die um einen Mittelwert streuen. Es soll nun die Wahrscheinlichkeit angegeben werden, mit der während eines Zeitintervalls $\Delta t$ genau $n$ Zählereignisse registriert werden.

Dazu zerlegen wir zunächst das Zeitintervall $\Delta t$ in $m$ gleich große Teilintervalle d$t$. Die Zahl $m$ soll so groß sein, daß die Wahrscheinlichkeit für zwei oder mehr Zerfallsereignisse während d$t$ vernachlässigbar ist. Es genügt dann, die Wahrscheinlichkeit für einen einzelnen Zerfall während des Zeitintervalls d$t$ zu betrachten. Diese hängt von d$t$ und damit von $m$ ab und wird mit $p_m$ bezeichnet.

Die Bestimmung der Anzahl der Zählereignisse während $\Delta t$ kann unter der genannten Voraussetzung als ein $m$-stufiges Bernoulli-Experiment aufgefaßt werden, bei dem in jeder Stufe entweder ein Zerfall stattfindet oder nicht. Die Wahrscheinlichkeit $p(n)$, bei diesem Experiment genau $n$ Zählereignisse zu registrieren, ist durch die Binomialverteilung

$$(1) \quad p(n) = \binom{m}{n} \cdot p_m^n \cdot (1 - p_m)^{m-n}$$

gegeben.

In (1) tritt noch die von der Feinheit der Unterteilung abhängige Wahrscheinlichkeit $p_m$ auf. Die vorgenommene Unterteilung war jedoch vollkommen willkürlich. Wir betrachten deshalb den Erwartungswert $\bar{n}$ für die Anzahl der Zählereignisse im gesamten Zeitintervall $\Delta t$:

$$(2) \quad \bar{n} = m \cdot p_m.$$

Macht man nun die Unterteilung von $\Delta t$ immer feiner, so wächst $m$ gegen unendlich, während $\bar{n}$ unverändert bleibt. Nach dem Poissonschen Grenzwertsatz folgt dann, daß sich die Binomialverteilung (1) mit wachsendem m der Poissonverteilung

$$(3) \quad p_{\bar{n}}(n) = \frac{\bar{n}^n}{n!} \cdot e^{-\bar{n}}$$

nähert.

Wird also bei gleichbleibenden Zeitintervallen $\Delta t$ mehrfach die Anzahl $n$ der Zählereignisse bestimmt, so sind die gemessenen Werte poissonverteilt.

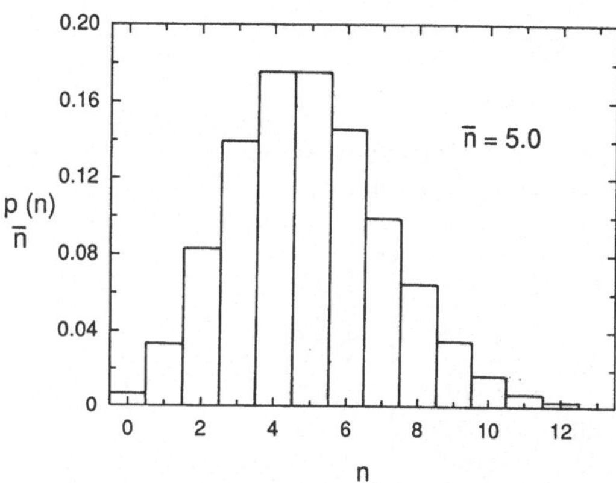


*Abb. V34–1. Poissonverteilung für n = 5,0*

Man beachte, daß die Poissonverteilung nicht symmetrisch zum Erwartungswert $\bar{n}$ ist und daß der wahrscheinlichste Wert im allgemeinen von $\bar{n}$ verschieden ist.

Die Standardabweichung $\sigma$ einer Wahrscheinlichkeitsverteilung ist definiert als die positive Wurzel aus dem Erwartungswert der Abweichungsquadrate:

$$(4) \quad \sigma := \sqrt{\sum_n p(n) \cdot (n - \bar{n})^2}.$$

Für die Standardabweichung der Poissonverteilung ergibt sich

$$(5) \quad \sigma = \sqrt{\bar{n}}.$$

## 2.2. Die Normalverteilung

Ist $\bar{n}$ größer als etwa 50, so kann man nach dem zentralen Grenzwertsatz der Wahrscheinlichkeitstheorie die Poissonverteilung (3) gut durch die Normalverteilung approximieren:

$$(6)\quad F_{\bar{n},\sigma}(n) = \frac{1}{\sqrt{2\pi\cdot\sigma}}\cdot e^{-\frac{(n-\bar{n})^2}{2\sigma^2}}.$$

Die Poissonverteilung besitzt nur einen Parameter, nämlich den Erwartungswert $\bar{n}$. Bei der Normalverteilung hingegen treten zwei unabhängige Parameter auf, der Mittelwert $\bar{n}$ und die Standardabweichung $\sigma$.

Bei der Bestimmung der Anzahl von Zählereignisse muß die Standardabweichung unverändert bleiben, wenn man von der Poissonverteilung zur Normalverteilung übergeht. Die Aussage von (5) gilt deshalb auch, wenn man die Normalverteilung zugrunde legt. Damit wird aus der zweiparametrischen Verteilung (6) die einparametrische Verteilung:

$$(7)\quad F_{\bar{n}}(n) = \frac{1}{\sqrt{2\pi\bar{n}}}\cdot e^{-\frac{(n-\bar{n})^2}{2\bar{n}}}.$$

Tabelle 1: Vergleich zwischen Poisson- und Normalverteilung ($\bar{n}=50$, $\sigma = \sqrt{\bar{n}}$)

| $n$ | $p_{\bar{n}}(n)$ | $F_{\bar{n}}(n)$ |
|---|---|---|
| 25 | 0.0000 | 0,0001 |
| 30 | 0.0007 | 0.0010 |
| 35 | 0.0054 | 0.0059 |
| 40 | 0.0215 | 0.0208 |
| 45 | 0.0458 | 0.0439 |
| 50 | 0.0563 | 0.0564 |
| 55 | 0.0422 | 0.0439 |
| 60 | 0.0201 | 0.0208 |
| 65 | 0.0063 | 0.0059 |
| 70 | 0.0014 | 0.0010 |
| 75 | 0.0002 | 0.0001 |

Bei dem vorliegenden Experiment ist es selbstverständlich nur sinnvoll, in (6) bzw. (7) für $n$ natürliche Zahlen einzusetzen. Die Normalverteilung beschreibt jedoch nicht nur die Zählstatistik bei radioaktiven Prozessen, sondern ist praktisch auf jede Zufallsvariable anwendbar, deren Streuung durch voneinander unabhängige Ereignisse verursacht ist. Im allgemeinen sind (6) bzw. (7) also für den ganzen Bereich der reellen Zahlen definiert.

Kann eine Zufallsvariable beliebige reelle Werte annehmen, so ist die Wahrscheinlichkeit, daß ein ganz bestimmter Wert $x_0 \in \mathbb{R}$ auftritt, gleich null. Es ist dann nur sinnvoll, nach der Wahrscheinlichkeit $p(I)$ zu fragen, mit der ein Versuchsergebnis in einem Intervall $I = [a, b]$ liegt. Bei diskreten Wahrscheinlichkeitsverteilungen müssen zur Beantwortung dieser Frage die Einzelwahrscheinlichkeiten der möglichen Ergebnisse in $I$ aufsummiert werden. Bei der kontinuierlichen Normalverteilung erhält man die gesuchte Wahrscheinlichkeit $p(I)$ durch Integration über $I$:

$$(8)\quad p(I) = \int_I F_{\bar{n}}(x)\,dx.$$

Die Gleichungen (6) und (7) geben also nicht direkt eine Wahrscheinlicheit, sondern vielmehr die Wahrscheinlichkeit pro Einheitsintervall, also eine Wahrscheinlichkeitsdichte an. Genau wie man die Masse eines inhomogenen Körpers durch Integration der Dichtefunktion über das betrachtete Volumen erhält, so erhält man die Wahrscheinlichkeit, daß der Wert einer Zufallsvariablen in einem bestimmten Intervall liegt, durch Integration der Wahrscheinlichkeitsdichte über dieses Intervall.

## 2.3. Fehlerbetrachtungen

Die numerische Berechnung des Integrals (8) liefert die Wahrscheinlichkeit $p$, daß eine Einzelmessung höchstens um $\Delta n$ vom Mittelwert $\bar{n}$ abweicht. Man erhält die schon aus Kapitel 0.2 bekannten Ergebnisse:

| $\Delta n$ | $p$ |
|---|---|
| $1\cdot\sigma$ | 0.68 |
| $2\cdot\sigma$ | 0.95 |
| $3\cdot\sigma$ | 0.99 |

Die Wahrscheinlichkeit, daß in einer Reihe von Zählergebnissen ein Einzelergebnis um mehr als $\sigma$ vom Mittelwert abweicht, liegt demnach bei 32%. Führt man nun nur eine einzige Messung mit dem Ergebnis $n_1$ aus, so kann man umgekehrt schließen, daß ein Mittelwert $\bar{n}$, der sich in einer längeren Meßreihe einstellen würde, mit 68% Wahrscheinlichkeit um nicht mehr als $\sigma$ vom Einzelergebnis abweichen würde. Da $\bar{n}$ nicht bekannt ist, wählt man $\sqrt{n_1}$ als absoluten Fehler bei der Bestimmung von $\bar{n}$. Das Meßergebnis für den durch eine einzige Messung bestimmten Mittelwert ist dann

$$(9) \quad \bar{n} = n_1 \pm \sqrt{n_1}.$$

Der relative Fehler bei (9) nimmt mit wachsender Anzahl der gemessenen Ereignisse ab:

$$(10) \quad \Delta\bar{n}/\bar{n} = 1/\sqrt{\bar{n}}.$$

Werden $k$ Einzelmessung mit den Ergebnissen $n_i$ ($i = 1, \dots, k$) durchgeführt, kann der Mittelwert als Ergebnis angegeben werden:

$$(11) \quad \bar{n} = \frac{1}{k} \sum_{i=1}^{k} n_i.$$

Der relative Fehler dieses Mittelwertes wird nun nicht durch die Standardabweichung der Einzelmessungen bestimmt, sondern ausschließlich von der Gesamtzahl der registrierten Zählereignisse:

$$(11) \quad \Delta\bar{n}/\bar{n} = 1/\sqrt{\sum_{i=1}^{k} n_i} \neq 1/\sqrt{\bar{n}}.$$

Soll beispielsweise ein relativer Fehler von 1 % erreicht werden, so müssen insgesamt 10 000 Ereignisse gezählt werden. Dabei spielt es keine Rolle, ob dies in mehreren Einzelexperimenten oder in einem einzigen Experiment geschieht.

## 3. Versuch

### 3.1. Verwendete Geräte

- radioaktives Präparat
- Zählrohr
- Digitalzähler
- Stoppuhr

### 3.2. Aufgabenstellung

1. Aufgabe
Man messe mit einem Zählrohr mindestens 100 mal die Nullrate in Zeitintervallen von 10 s und untersuche deren statistische Schwankungen.

2. Aufgabe
Man wiederhole Aufgabe 1, wenn vor das Zählrohr ein langlebiges radioaktives Präparat gebracht wird, das etwa 100 Zählereignisse je 10 Sekunden ergibt.

### 3.3. Hinweise zur Versuchsdurchführung

Für das Experiment wird ein Digitalzähler verwendet, der auch die für den Betrieb des Zählrohres notwendige Spannung liefert.

Bei beiden Aufgaben kann man jeweils die Zählergebnisse der Einzelexperimente unmittelbar in ein Histogramm eintragen. Die gewünschte Zählrate bei Aufgabe 2 erreicht man durch passenden Abstand zwischen Präparat und Zählrohr. Während der Versuchsdurchführung darf der Abstand dann nicht mehr geändert werden.

### 3.4. Meßbeispiele

Die Abbildung 2 zeigt die relative Häufigkeit $h(n)$ gemessener Zählergebnisse bei der Bestimmung der Nullrate. Es wurden 100 Einzelmessungen mit je 10 Sekunden Meßdauer durchgeführt.

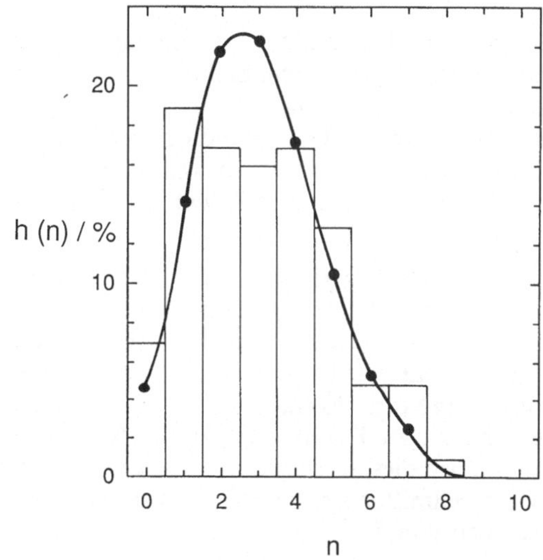


*Abb. V34−2. Meßergebnis zur Bestimmung der Nullrate*

Insgesamt wurden dabei 307 Zählereignisse registriert. Der Mittelwert sämtlicher Einzelmessungen ist also $\bar{n} = 3{,}07$. Die durch eine Kurve verbundenen Punkte in Abbildung 2 geben die Wahrscheinlichkeiten nach der Poissonverteilung mit dem Erwartungswert 3,07 an.

Die gemessene Nullrate beträgt $z_0 = 0{,}307/s$. Der relative Fehler des Mittelwertes $n$ ist $1/\sqrt{307} \approx 5{,}7 \%$. Das ist auch der relative Fehler bei der Nullrate: $z_0 = (0{,}307 \pm 0{,}018)/s$.

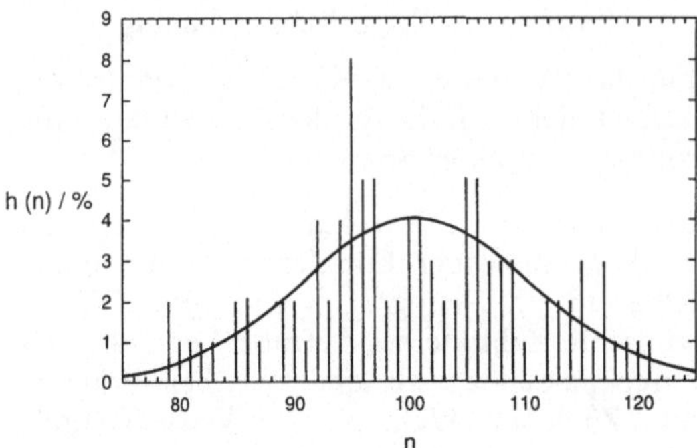

*Abb. V34–3. Meßergebnis mit Präparat*

Bei der Messung mit Präparat erhielt man das in Abbildung 3 dargestellte Ergebnis. Hier wurden wieder bei 100 Einzelmessungen je 10 Sekunden insgesamt 10 061 Ereignisse gezählt. Der Mittelwert der Einzelmessungen $\bar{n} = 100{,}61$ ist mit dem relativen Fehler $1/\sqrt{10061} = 1\,\%$ behaftet. Als Meßergebnis für diesen Mittelwert hat man also $\bar{n} = (100{,}6 \pm 1{,}0)$.

Man beachte, daß es nicht im Widerspruch zu dieser relativ hohen Genauigkeit steht, wenn man eine Einzelmessung mit z. B. nur 85 Zählereignissen erhält. Die Standardabweichung der Einzelmessungen, die nicht mit dem Fehler des Mittelwertes verwechselt werden darf, beträgt nämlich $\sigma = \sqrt{\bar{n}} = 10$.

Wegen der relativ geringen Anzahl von Einzelexperimenten mit einem ganz bestimmten $n$ erkennt man nur schwer, daß die gemessenen Werte normalverteilt sind. Eine geringfügige Verbesserung erreicht man, wenn man die Einzelergebnisse zu Klassen der Breite 5 zusammenfaßt, wie dies in Abbildung 4 geschehen ist. Die Klassenmitten sind jeweils die ganzzahligen Vielfachen von 5.

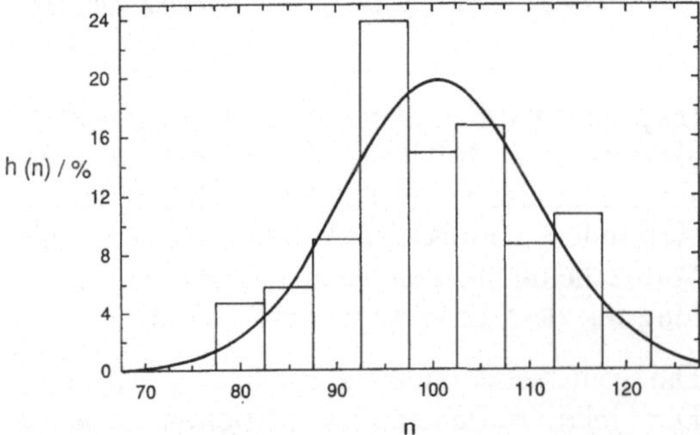

*Abb. V34–4. Darstellung der Meßergebnisse mit Klassenbreite 5*

Um eine noch bessere Anpassung der gemessenen Verteilung an die Normalverteilung zu erhalten, müßte die Anzahl der Elemente in den Klassen weiter vergrößert werden. Da bei einer Verbreiterung der Klassen das Bild zu grob würde, käme nur eine Erhöhung der Anzahl der Einzelexperimente in Frage.

## 4. Ergänzungen

### 4.1. Vertiefende Fragen

Aus der Poissonverteilung (3) leite man unter der Annahme großer $\bar{n}$ die Normalverteilung (7) her.

(Anleitung: Man setze für die Fakultät in (3) die Stirlingsche Näherungsformel ein. Der daraufhin auftretende Logarithmus wird in eine Taylorreihe bis zum zweiten Glied entwickelt.)

### 4.2. Ergänzende Bemerkungen

Aufgrund der großen Datenmenge, die insbesondere bei angestrebter größerer Genauigkeit erforderlich ist, kann es sinnvoll sein, statt des Digitalzählers im Versuchsaufbau einen Computer einzusetzen. Ein entsprechendes Programm registriert die anfallenden Zählergebnisse und trägt sie in ein Histogramm ein, das während der Messung „wächst". Nach Abschluß der Messung kann eine statistische Auswertung und ein Vergleich der Meßergebnisse mit der theoretischen Wahrscheinlichkeitsverteilung erfolgen.

# Versuch 35
# Röntgenspektren

## 1. Ziel des Versuches

Mit einem einfachen Röntgenspektrometer wird in Abhängigkeit von der Anodenspannung das Emissionspektrums einer Röntgenröhre aufgenommen. Das Meßergebnis erlaubt die Bestimmung der Planckschen Konstante. Weiterhin wird der Einfluß der Dicke und des Materials eines Bleches auf die Absorption von Röntgenstrahlung untersucht.

# 2. Grundlagen

## 2.1. Bremsstrahlung und charakteristische Strahlung

Die Entstehung der Bremsstrahlung und der charakteristischen Strahlung in einer Röntgenröhre wurde bereits bei Versuch 33 beschrieben. In diesem Abschnitt sollen noch einige Eigenschaften der Röntgenstrahlung nachgetragen werden.

Abbildung 1 zeigt schematisch die Energieniveaus der inneren Elektronen eines schweren Atoms, die möglichen Röntgenübergänge des charakteristischen Spektrums sowie die Bezeichnung der auftretenden Linien.

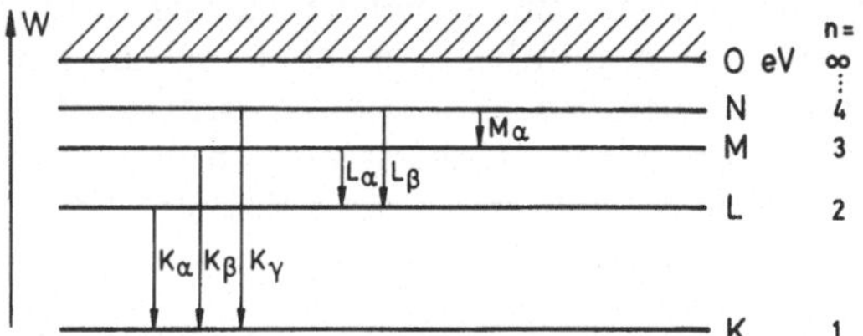

*Abb. V35–1. Schematische Darstellung und Bezeichnung der Röntgenübergänge in einem Atom*

Tatsächlich sind die Verhältnisse etwas komplizierter als in der Abbildung dargestellt. Da nach dem Entfernen eines Elektrons aus einer inneren Schale die restlichen Elektronen der Schale in verschiedenen Energiezuständen zurückbleiben können, zeigen die eingezeichneten Energieniveaus noch eine Feinstruktur. Eine Ausnahme bildet lediglich die $K$-Schale, in der nur ein Elektron zurückbleibt. Entsprechend weisen auch die Röntgenlinien eine Feinstruktur auf, die mit dem hier benutzten experimentellen Aufbau allerdings nicht aufgelöst werden kann.

Beim charakteristischen Spektrum sind die Wellenlängen der Röntgenlinien unabhängig von der Beschleunigungsspannung der Elektronen. Anderes gilt beim Bremsspektrum: mit wachsender Anodenspannung $U_A$ verschiebt sich sowohl die kurzwellige Grenze als auch das Strahlungsmaximum des Bremsspektrums zu kürzeren Wellenlängen. Gleichzeitig nimmt die Intensität des Bremsspektrums zu.

Nach (Gl. 33.1) ist die kürzeste Wellenlänge des Bremsspektrums

$$(1) \quad \lambda_g = \frac{h \cdot c}{e \cdot U_A}.$$

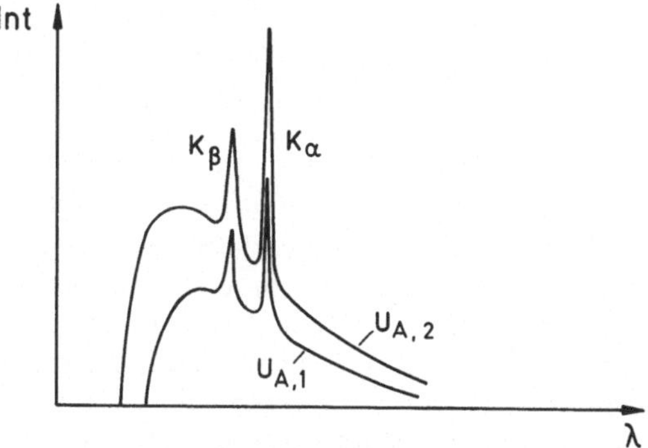

*Abb. V35–2. Schematische Darstellung des Emissionsspektrums einer Röntgenröhre für verschiedene Anodenspannungen ($U_{A,2} > U_{A,1}$)*

Aus dem Bremsspektrum kann bei bekannter Anodenspannung also (wie schon beim Fotoeffekt, Versuch 30) der Quotient $h/e$ bestimmt werden.

## 2.2. Absorption von Röntgenstrahlung

Die Abnahme der Intensität $I$ monochromatischer Röntgenstrahlung beim Durchdringen von Materie der geringen Schichtdicke $dx$ ist proportional zur einfallenden Intensität und zu $dx$:

$$(2) \quad dI = - \mu \cdot I \cdot dx.$$

$\mu$: Absorptionskoeffizient

Durch Integration erhält man für beliebige Schichtdicken $x$ das Absorptionsgesetz

$$(3) \quad I(x) = I_0\, e^{-\mu x}.$$

Der Absorptionskoeffizient $\mu$ hängt vom durchstrahlten Material und sehr stark von der Wellenlänge der Strahlung ab. Er ist für Röntgenstrahlung im allgemeinen umso kleiner, je größer die Energie der Strahlung ist, d. h. kurzwellige Röntgenstrahlung wird bei gleichem Material und gleicher Schichtdicke schlechter

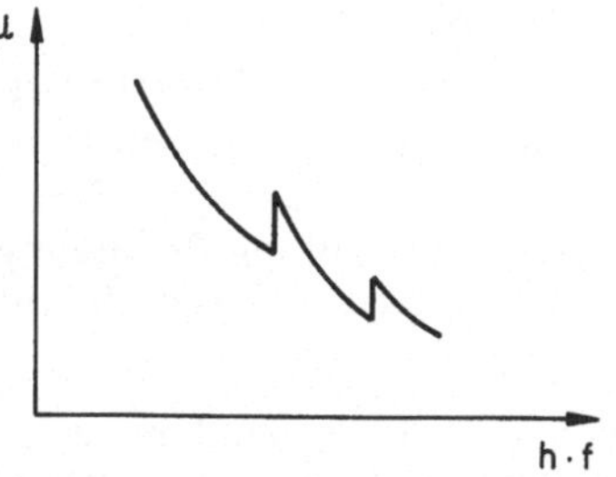

*Abb. V35–3. Absorptionskoeffizient als Funktion der Photonenenergie*

abgeschirmt als langwellige. Die energiereichere kurzwellige Strahlung wird oft auch als harte, die langwellige als weiche Röntgenstrahlung bezeichnet.

Für die Absorption von Röntgenstrahlung beim Durchgang durch Materie ist bei Photonenenergien, wie sie im vorliegenden Versuch auftreten (max. 42 keV) in erster Linie der Fotoeffekt verantwortlich. Da die kinetische Energie der hierbei freigesetzten Elektronen nicht quantisiert ist, erhält man ein kontinuierliches Röntgen-Absorptionsspektrum. Man beobachtet darin jedoch scharf ausgeprägte Absorptionskanten (Abbildung 3). Die Entstehung dieser Kanten wird klar, wenn man Abbildung 1 betrachtet. Danach müssen Röntgenphotonen eine bestimmte Mindestenergie besitzen, um z. B. ein Elektron aus der M-Schale zu ionisieren. Mit wachsender Photonenenergie nimmt der Absorptionskoeffizient zunächst ab, wächst dann aber sprunghaft an, sobald die Energie ausreicht, neben den Elektronen aus der M-Schale auch solche aus der L-Schale zu ionisieren. Das gleiche wiederholt sich bei weiter wachsender Photonenenergie für die K-Schale.

Tabelle 1: K-Absorptionskanten, $K_\alpha$- und $K_\beta$-Linien der im Versuch verwendeten Elemente

| Element | Ordnungszahl $Z$ | Bindungsenergie $\dfrac{W_k}{keV}$ | $K_\alpha$-Linie $\lambda_{K_\alpha}$ pm | $K_\beta$-Linie $\lambda_{K_\beta}$ pm | K-Absorptionskante $\lambda_K$ pm |
|---|---|---|---|---|---|
| Co | 27 | 7,7 | 179 | 162 | 161 |
| Ni | 28 | 8,3 | 166 | 150 | 149 |
| Cu | 29 | 9,0 | 155 | 139 | 138 |
| Zn | 30 | 9,7 | 145 | 129 | 128 |

### 2.3. Röntgenspektrometer

Röntgenspektrometer beruhen auf der Bragg-Reflexion (siehe Versuch 31) der Röntgenstrahlung an einem Kristall mit bekanntem Netzebenenabstand. Aus der Bragg-Bedingung (Gl. 31.10) kann dann die Wellenlänge bestimmt werden.

Abbildung 4 zeigt den Prinzipaufbau eines Röntgenspektrometers. Bei feststehender Röntgenquelle wird ein Einkristall um den Winkel $\vartheta$

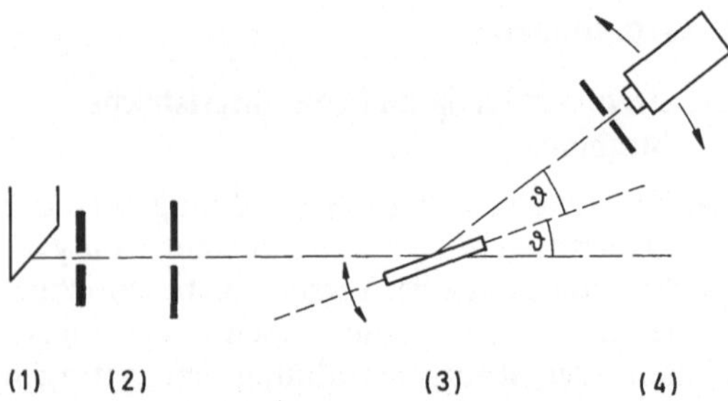


Abb. V35–4. Prinzip eines Röntgenspektrometers: 1) Anode der Röntgenröhre, 2) Kollimator, 3) Einkristall, 4) Zählrohr mit Spaltblende

um seine Achse gedreht. Ein Zählrohr als Detektor bewegt sich auf einem Kreis um diesen Kristall. Durch eine geeignete Mechanik wird sichergestellt, daß bei einer Drehung des Kristalls um den Winkel $\vartheta$ sich der Arm, an dem das Zählrohr angebracht ist, um den Winkel $2\vartheta$ bewegt und somit immer der reflektierte Strahl detektiert wird.

## 3. Versuch

### 3.1. Verwendete Geräte

– Röntgengerät
– Spektrometerzusatz
– Zählrohr
– verschiedene Absorptionsbleche

### 3.2. Aufgabenstellung

1. Aufgabe
Das Emissionsspektrum der Strahlung einer Röntgenröhre soll für unterschiedliche Anodenspannungen aufgezeichnet werden. Aus den Grenzwellenlängen bestimme man die Plancksche Konstante.

2. Aufgabe
Die Existenz von Absorptionskanten soll nachgewiesen werden, indem man den Einfluß verschiedener Absorbermaterialien auf das Spektrum der Röntgenstrahlung untersucht.

3. Aufgabe
Die aus der Röntgenröhre austretende Strahlung soll durch Metallbleche verschiedener Dicke teilweise absorbiert werden. Der Strom in einer Ionisationskammer ist in Abhängigkeit von der Blechdicke zu messen.

### 3.3. Hinweise zur Versuchsdurchführung

Vor Aufnahme der Spektren ist eine sorgfältige Justierung der Versuchsanordnung notwendig. Bei Nullstellung des Detektorarmes müssen Detektorspalt, Kristalloberfläche, Kollimatorspalte und Brennfleck der Röntgenröhre genau in einer Ebene liegen. Dies kontrolliert man am einfachsten mit einem Laserstrahl, der bei entferntem Zählrohr durch die Spalte geschickt wird und dabei streifend am Kristall vorbeigeht.

Bei allen Aufgaben wird die Röntgenröhre mit konstantem, maximalem Emissionsstrom betrieben. Die Stromstärke muß mit einem Meßgerät ständig kontrolliert und gegebenenfalls nachgeregelt werden.

### 3.4. Meßbeispiele

Für Aufgabe 1 wurde ein NaCl-Kristall (Abstand der reflektierenden Netzebene: $d = 282$ pm) verwendet. Der Detektor wurde in $1°$-Schritten von $2\vartheta = 5°$ bis $13°$ bewegt. Jeweils für 100 Sekunden wurden die Impulse am Zählrohr registriert.

Die Abbildung 5 zeigt für verschiedene Anodenspannungen den kurzwelligen Teil der gemessenen Spektren.

Der scheinbare Intensitätsanstieg am kurzwelligen Ende des Spektrums ist apparativ bedingt, da für kleine Winkel Photonen aus dem Primärstrahl auf den Detektor treffen. Zur Ermittlung der Grenzwellenlänge wird deshalb die abfallende Flanke des Spektrums extrapoliert. Tabelle 2 gibt einen Überblick über die Meßergebnisse.

Tabelle 2: Experimentell bestimmte Grenzwellenlängen und -frequenzen

| $U_A/kV$ | 41,72 | 36,77 | 34,65 | 31,80 | 28,85 | 26,30 | 23,33 |
|---|---|---|---|---|---|---|---|
| $\vartheta_{min}/°$ | 2,95 | 3,35 | 3,60 | 3,92 | 4,42 | 4,77 | 5,30 |
| $\lambda_{min}/pm$ | 29,0 | 32,9 | 35,4 | 38,6 | 43,5 | 46,9 | 52,7 |
| $f_g/10^{18}$ Hz | 10,34 | 9,12 | 8,47 | 7,77 | 6,90 | 6,40 | 5,69 |

Trägt man $e \cdot U_A$ über der ermittelten Grenzfrequenz auf, so erhält man nach (Gl. 33.1) eine Gerade, deren Steigung die Plancksche Konstante $h$ ist.

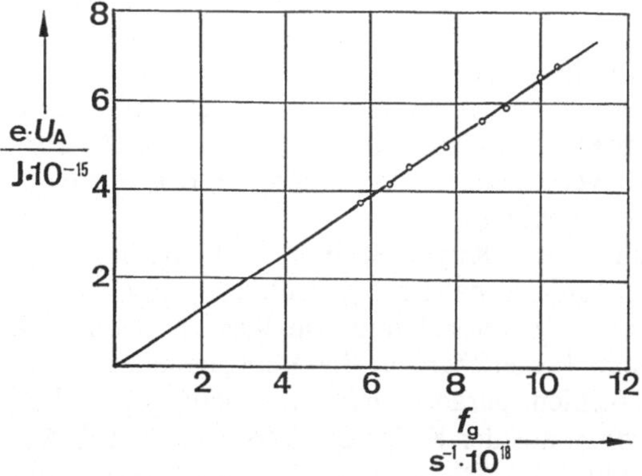

Abb. V35−6. Auswertung zu Abb. V35−5

Aus dem Steigungsdreieck ergibt sich $h = (6,5 \pm 0,1) \cdot 10^{-34}$ Js (Literaturwert: $6,63 \cdot 10^{-34}$ Js).

Die Abbildung 7 zeigt das gesamte Spektrum einer Röntgenröhre mit Cu-Anode. Es wurde aufgenommen, indem man den Detektorarm über eine dünne Schnur mit dem Papiervorschub eines $yt$-Schreibers koppelte und damit gleichförmig bewegte. Ein Ratemeter lieferte eine zur Zählrate $N$ proportionale Spannung, die mit dem Schreiber aufgezeichnet wurde.

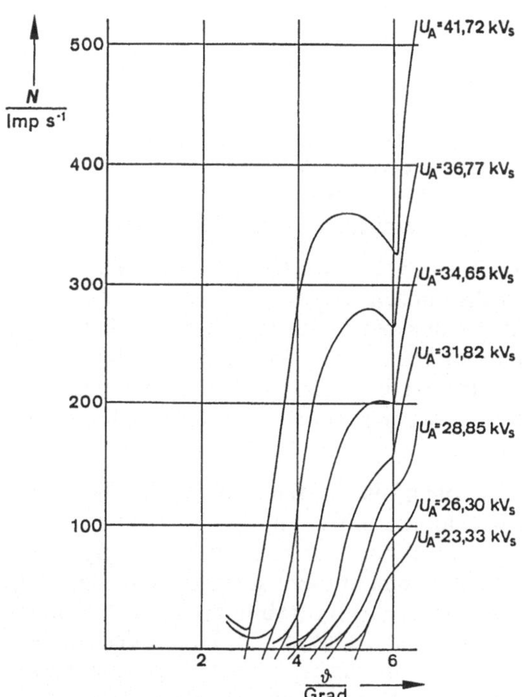


Abb. V35−5. Bremsspektrum für verschiedene Anodenspannungen $U_A$

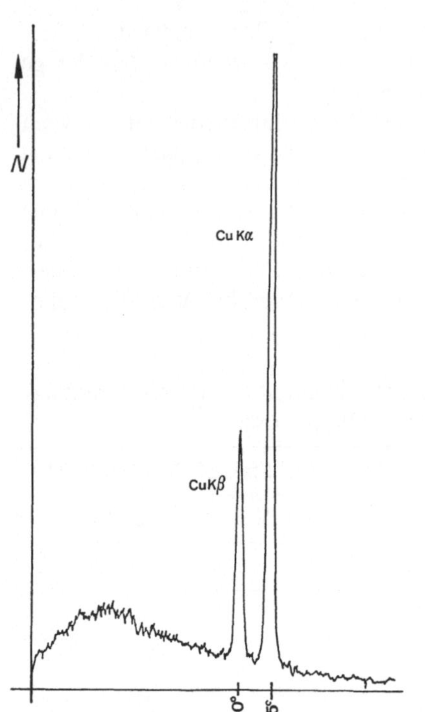



*Abb. V35–7. Emissionsspektrum einer Röntgenröhre mit Cu-Anode*

Für die in Abbildung 8a)–d) gezeigten Spektren wurden unter sonst unveränderten Bedingungen Absorptionsbleche gleicher Dicke, aber aus verschiedenen Materialien in den Strahlengang gebracht.

Durch ein Kupferblech werden die $K_\alpha$- und $K_\beta$-Linie annähernd gleichmäßig geschwächt. Die Absorptionskante von Kupfer macht sich nicht bemerkbar, da die Photonenenergie der K-Linien gerade nicht ausreicht, um Elektronen aus der K-Schale zu ionisieren (vgl. Abbildung 1). Die gleiche Beobachtung macht man für Zink, dessen Absorptionskante bei noch höherer Energie liegt (vgl. Tabelle 1).

Die Absorptionskante von Nickel liegt genau zwischen den beiden K-Linien von Kupfer. Deshalb wird nur die kurzwelligere Linie erheblich geschwächt. In einem Kobalt-Filter werden beide Linien stark absorbiert, da die Aborptionskante von Kobalt etwas langwelliger ist als beide K-Linien von Kupfer.

Abbildung 9 zeigt das Meßergebnis zu Aufgabe 3 in halblogarithmischer Darstellung. Es ergibt sich keine Gerade, sondern eine Kurve mit zunehmend flacherem Verlauf. Der Grund

hierfür ist, daß die verwendete Röntgenstrahlung nicht monochromatisch ist. Der Schwächungskoeffizient in (2) ist, wenn man von Absorptionskanten absieht, für weiche Röntgenstrahlung größer als für harte Strahlung. Beim Durchdringen des Bleches wird die weiche Strahlung also bereits in geringen Blechtiefen nahezu vollständig absorbiert, während die harte Strahlung sehr viel tiefer in das Blech eindringt, bis sie die gleiche Abschwächung erfährt.

## 4. Ergänzungen

### 4.1. Vertiefende Fragen

Unter welchen Winkeln sind bei Aufgabe 1 die höheren Beugungsordnungen der K-Linien zu erwarten?

Welche Ursachen kommen für die Breite der Emissionslinien in Abbildung 7 und Abbildung 8 in Frage?

### 4.2. Ergänzende Bemerkungen

Die Frequenzen $f_{K,n}$ der K-Linien im Röntgenspektrum werden sehr gut durch das Moseley-Gesetz

$$f_{K,n} = (Z - a)^2 \cdot f_R \cdot \left(1 - \frac{1}{n^2}\right)$$

$Z$: Kernladungszahl
$a$: Abschirmkonstante
$f_R$: Rydbergfrequenz
$n$: Hauptquantenzahl der oberen Schale

beschrieben. Das ist die gleiche Beziehung, die für die optischen Spektren wasserstoffähnlicher Atome aus dem Bohrschen Atommodell hergeleitet werden kann, wobei durch die inneren Elektronen die „effektive Kernladungszahl" auf $Z - a$ vermindert ist. Für die $K_\alpha$-Linien ist $a = 1$.

Elektronen, die in Teilchenbeschleunigern auf Kreisbahnen umlaufen, senden elektromagnetische Strahlung mit kontinuierlicher Spektralverteilung und mit sehr geringer Winkelapertur aus (Synchrotron-Strahlung). Die Photonenenergien reichen bis in den Bereich der weichen Röntgenstrahlung (ca. 10 keV). Solche Strahlungsquellen werden als intensive Lichtquellen zu spektroskopischen Experimenten im nahen und fernen UV-Bereich genutzt.

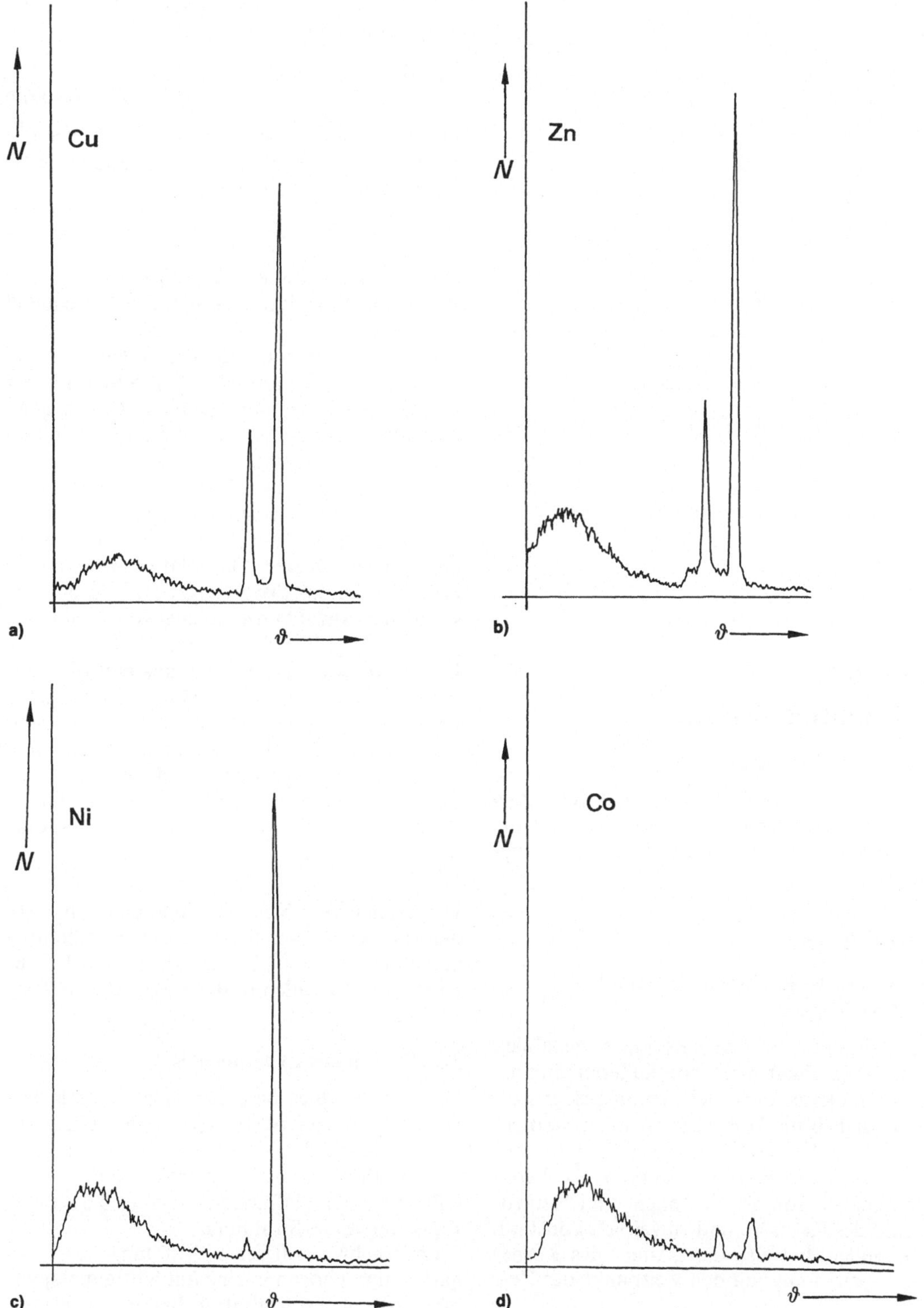



*Abb. V35–8. Röntgenspektrum einer Cu-Anode hinter verschiedenen Metallfiltern: a) Cu-Filter, b) Zn-Filter, c) Ni-Filter, d) Co-Filter*

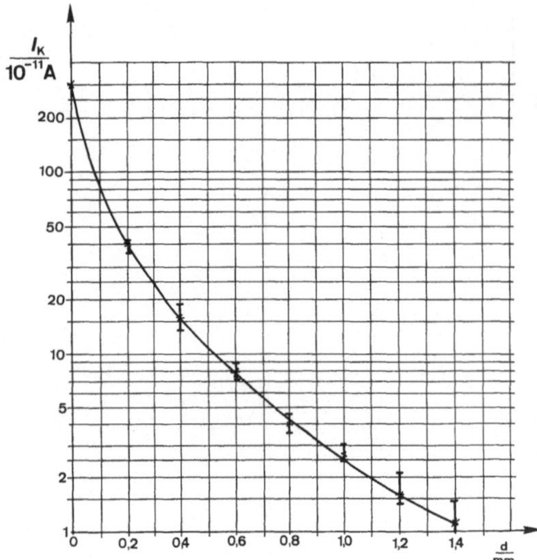

*Abb. V35–9. Schwächung polychromatischer Röntgenstrahlung durch ein Bronzeblech der Dicke d*

# Versuch 36
# Radioaktiver Zerfall

## 1. Ziel des Versuches

Das Exponentialgesetz des radioaktiven Zerfalls soll experimentell nachgewiesen und die Halbwertszeit von Thoron soll bestimmt werden.

## 2. Grundlagen

### 2.1. Natürliche Radioaktivität und das Zerfallsgesetz

Der Zeitpunkt des Zerfalls eines instabilen Atomkernes hängt nicht von äußeren Einflüssen ab und kann auch nicht vorausgesagt werden. Lediglich die Wahrscheinlichkeit, daß ein unzerfallener Kern während eines Zeitintervalls $\Delta t$ zerfällt, kann bestimmt werden. Sie hängt ausschließlich von der Protonen- und Neutronenzahl des Kerns ab und ist zeitlich konstant. Insbesondere hat also das „Alter" des Kernes keine Auswirkung auf den Zeitpunkt des Zerfalls.
Von einer gegebenen Anzahl $N$ unzerfallener Kerne wird während des folgenden Zeitinter-

valls $\mathrm{d}t$ die Anzahl $\mathrm{d}N$ zerfallen. Dabei ist $\mathrm{d}N$ proportional zu $N$ und zu $\mathrm{d}t$:

(1)    $\mathrm{d}N = - \lambda \cdot N \cdot \mathrm{d}t.$

$\lambda$: Zerfallskonstante

Da die Anzahl $N$ der unzerfallenen Kerne abnimmt, ist $\mathrm{d}N$ negativ. Die Integration von (1) führt zu dem Zerfallsgesetz

(2)    $N(t) = N_0 \cdot e^{-\lambda t}.$

Der Quotient $\mathrm{d}N/\mathrm{d}t$ heißt Aktivität $A$ der Probe. Die Einheit der Aktivität ist 1 Becquerel (1 Bq = 1/s).
Die Anzahl der noch nicht zerfallenen Atomkerne muß eine natürliche Zahl sein, (2) liefert jedoch auch nichtnatürliche reelle Zahlen. Man darf also sicher nicht annehmen, daß dieses Gesetz einen beliebigen Zerfallsprozeß exakt beschreibt. Vielmehr handelt es sich bereits bei (1) um eine Wahrscheinlichkeitsaussage. In (2) ist $N(t)$ der Erwartungswert für die Anzahl der unzerfallenen Kerne. Die relative Abweichung zwischen diesem Erwartungswert und der tatsächlichen Anzahl unzerfallener Kerne ist umso geringer, je größer die Anzahl $N$ ist.
Die Halbwertszeit eines Nuklids gibt die Zeitdauer an, während der die Hälfte einer gegebenen Anzahl von Kernen zerfallen ist. Den Zusammenhang zwischen der Zerfallskonstanten $\lambda$ und der Halbwertszeit $T_{1/2}$ des radioaktiven Zerfalls erhält man, wenn man auf der linken Seite von (2) $N(T_{1/2}) = \frac{1}{2} \cdot N_0$ einsetzt. Es folgt

(3)    $T_{1/2} = \ln 2/\lambda.$

Die bei den verschiedenen Nukliden auftretenden Halbwertszeiten liegen zwischen Milliarden von Jahren (z. B. $^{238}$U: $4{,}5 \cdot 10^9$ a) und Bruchteilen von Sekunden (z. B. $^{214}$Po: $1{,}6 \cdot 10^{-4}$ s).

### 2.2. Prinzip des Experimentes

Das für den hier beschriebenen Versuch verwendete Thoron ist ein Isotop des Edelgases Radon (Rn-220). Es tritt als Folgeprodukt in der Zerfallsreihe von Thorium-232 auf und zerfällt mit einer Halbwertszeit von 55,6 s unter Emission von $\alpha$-Strahlung.
Zum Nachweis dieser $\alpha$-Strahlung wird das gasförmige Thoron in eine mit Sättigungsspannung betriebene Ionisationskammer geblasen. Der Ionisationsstrom $I(t)$ ist proportional zur Aktivität $A(t)$ der Probe. Wegen (1) ist $I(t)$ dann

auch proportional zur Anzahl $N(t)$ der unzerfallenen Kerne, d.h. das $I,t$-Diagramm kann unmittelbar als $N,t$-Diagramm interpretiert werden.

## 3. Versuch

### 3.1. Verwendete Geräte

- Vorratsgefäß mit Thoriumsalz
- Ionisationskammer
- Spannungsquelle
- Strommeßverstärker
- $ty$-Schreiber

### 3.2. Aufgabenstellung

Man messe die Zeitabhängigkeit des Ionisationsstrom, den eine Probe von Radon-220 (Thoron) in einer Ionisationskammer erzeugt. Anhand des Meßergebnisses verifiziere man das Exponentialgesetz und bestimme die Zerfallskonstante und die Halbwertszeit.

### 3.3. Hinweise zur Versuchsdurchführung

Da der Ionisationsstrom der Ionisationskammer nur einige pA beträgt, ist zu seinem Nachweis ein Meßverstärker notwendig. Der zeitliche Verlauf des Ionisationsstromes wird mit einem an den Verstärker angeschlossenen $ty$-Schreiber registriert. Der Papiervorschub des Schreibers sollte etwa 1 mm/s betragen. Das Vorratsgefäß enthält ein Thoriumsalz. Durch radioaktive Zerfälle entsteht nach einiger Zeit in dem Vorratsgefäß Thoron-Gas.

Zunächst stellt man ohne einen radioaktiven Stoff in der Ionisationskammer den Nullpunkt des Schreibstiftes am unteren Papierrand ein. Anschließend wird durch mehrmaliges Zusammendrücken des Vorratsbehälters soviel Thoron-Luft-Gemisch aus dem Vorratsgefäß in die Ionisationskammer geblasen, daß der Schreiberstift einen möglichst großen Ausschlag zeigt. Die Zerfallskurve wird einige Minuten lang aufgezeichnet.

Einzelne schmale Peaks, die bei der Schreiberkurve auftreten können, deuten auf Selbstentladungen in der Ionisationskammer hin. In diesem Fall muß die Ionisationskammer auseinander genommen und mit Alkohol gereinigt werden.

### 3.4. Meßbeispiel

Die Abbildung 2 zeigt eine gemessene Zerfallskurve. Der anfangs steil ansteigende Teil der Kurve entstand während des Einblasens des Thoron-Luft-Gemischs.

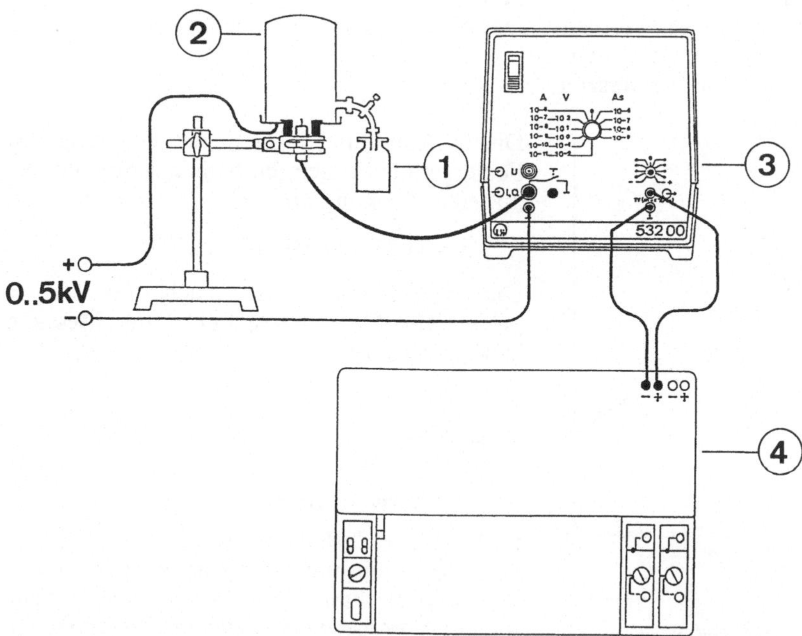


*Abb. V36−1. Versuchsaufbau: 1) Vorratsgefäß mit Thoriumsalz, 2) Ionisationskammer, 3) Strommeßverstärker, 4) ty-Schreiber*

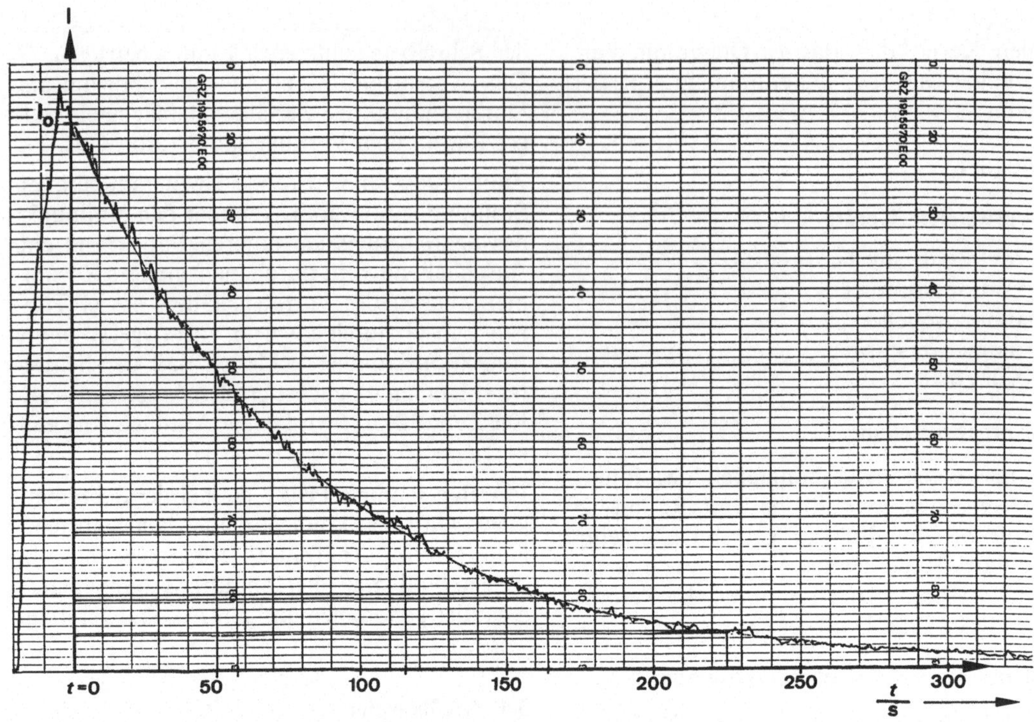

*Abb. V36−2. Ionisationsstrom I in Abhängigkeit von der Zeit*

Der Nullpunkt der Zeitskala wird dort festgelegt, wo das Einblasen beendet ist und der Ionisationsstrom gerade beginnt abzusinken. Um nachzuweisen, daß es sich bei der gemessenen Zerfallskurve tatsächlich um einen exponentiellen Zerfall handelt, trägt man die gemessene Abhängigkeit halblogarithmisch über der Zeit auf. Gemäß 2.2 wird $I(t)$ dabei als $N(t)$ interpretiert.

Das eingetragene Steigungsdreieck ergibt

$$\lambda = \frac{\ln 9 - \ln 0{,}8}{200 \text{ s}} = 1{,}21 \cdot 10^{-2} \text{ s}^{-1}.$$

Die in Abbildung 3 gestrichelt eingetragenen Fehlergeraden geben die Fehlergrenzen der ermittelten Steigung an:

$$\lambda = (1{,}21 \pm 0{,}08) \cdot 10^{-2} \text{ s}^{-1}.$$

Die Halbwertszeit ist nach (3) $T_{1/2} = (57{,}3 \pm 4)$ s. Der relative Fehler der Messung beträgt etwa 7 %.

## 4. Ergänzungen

### 4.1. Vertiefende Fragen

Radioaktive Zerfallsprozesse können einfach mit dem Computer simuliert werden, indem man mit Gleichung (1) in einer Schleife die neue Anzahl $N$ immer nach gleich großen endlichen Zeitintervallen aus dem alten Wert von $N$ berechnet.

*Abb. V36−3. Anzahl der unzerfallenen Kerne in Abhängigkeit von der Zeit (logarithmische Darstellung in willkürlichen Einheiten)*

Welche Zeitabhängigkeit der Aktivität würde man bei einer radioaktiven Probe messen, wenn die Kerne „altern" würden, die Zerfallskonstante also mit der Zeit größer würde?

Welche natürlichen Zerfallsreihen gibt es?

Was versteht man unter radioaktivem Gleichgewicht und unter welchen Voraussetzungen entsteht es? Man simuliere z. B. den radioaktiven Zerfall einer instabilen Kernart (Zerfallskonstante $\lambda_1$) über einen instabilen Zwischenkern (Zerfallskonstante $\lambda_2$) zu einem stabilen Endkern.

### 4.2. Ergänzende Bemerkungen

Die C-14-Methode nutzt den radioaktiven Zerfall zur Altersbestimmung organischer Substanzen. Zu Lebzeiten der organischen Probe enthält diese die natürlichen Isotope C-12 und C-14 mit einem konstanten Mengenverhältnis (ca. $1 : 1{,}5 \cdot 10^{-12}$). Nach Absterben der organischen Probe findet kein Kohlenstoff-Austausch mit der Umgebung mehr statt, und das C-14 zerfällt. Aus der Aktivität des C-14-Gehaltes der Probe kann demnach das Alter bestimmt werden. Mit der C-14 Methode können Gegenstände datiert werden, deren Alter etwa zwischen 1 000 und 30 000 Jahren liegt. Die erreichbare Genauigkeit liegt bei etwa 5 %.

Zur Altersbestimmung von Gesteinen und Erzen werden ähnliche Methoden angewandt (z. B. Uran-Blei-Methode, Kalium-Argon-Methode). Wegen der gegenüber C-14 wesentlich größeren Halbwertszeit der betrachteten Isotope sind Datierungen bis zu einigen Milliarden Jahren möglich (Erdalter: 4,7 Milliarden Jahre).

**Bestwerte der physikalischen Konstanten** [1]) (Stand 1986)
Die Werte von Konstanten ohne Fehlerangaben sind definiert

| Konstante | Formelzeichen | Wert | Einheit |
|---|---|---|---|
| Vakuum-Lichtgeschwidigkeit | $c_0$ | 29972458,00 | $\mathrm{ms}^{-1}$ |
| magnetische Feldkonstante | $\mu_0$ | 1,2566370… | $10^{-6}\,\mathrm{NA}^{-2}$ |
| elektrische Feldkonstante | $\varepsilon_0$ | 8,8541878… | $10^{-12}\,\mathrm{Fm}^{-1}$ |
| Gravitationskonstante | $f$ | 6,67259 (85) | $10^{-11}\,\mathrm{m}^3\,\mathrm{kg}^{-1}\,\mathrm{s}^{-2}$ |
| Plancksches Wirkungsquantum | $h$ | 6,6260755 (40) | $10^{-35}\,\mathrm{Js}$ |
| Elementarladung | $e$ | 1,60217733 (49) | $10^{-19}\,\mathrm{C}$ |
| Elektronenmasse | $m_e$ | 9,1093897 (54) | $10^{-31}\,\mathrm{kg}$ |
| Protonenmasse | $m_p$ | 1,6726231 (10) | $10^{-27}\,\mathrm{kg}$ |
| Avogadro-Konstante | $N_A$ | 6,0221367 (36) | $10^{23}\,\mathrm{mol}^{-1}$ |
| Faraday-Konstante | $F$ | 96485,309 (29) | $\mathrm{Cmol}^{-1}$ |
| allgemeine Gaskonstante | $R$ | 8,314510 (70) | $\mathrm{Jmol}^{-1}\,\mathrm{K}^{-1}$ |
| Boltzmann-Konstante | $k$ | 1,380658 (12) | $10^{-8}\,\mathrm{JK}^{-1}$ |

[1]) nach H. E. Bates, Am. Journ. Phys. 56,8 (1988) p. 683

# PHYSIK FÜR INGENIEURE

Hering/Martin/Stohrer
3., verbesserte Aufl. 1989. XXI, 732 S., 770 Abb.,
120 Tab., 2 Falttafeln., 135 Beispiele,
229 Übungsaufgaben.
24 × 16,8 cm. Gb. DM 78,00
ISBN 3-18-400916-5

Dieses neuartige Wissenskompendium verbindet
in hervorragender Weise die physikalischen
Grundlagen mit den neuesten Anwendungen
(z. B. Röntgencomputertomographie).
Zweifarbige Skizzen und Rechnerausdrucke ver-
anschaulichen komplizierte Zusammenhänge;
zahlreiche Bilder aus der Technik vermitteln einen
aktuellen Praxisbezug.

Besonders eingegangen wird auf die Festkörper-
physik, technische Akustik, Lasertechnik und
Holographie sowie in der Atom- und Kernphysik
auf den quantisierten Hall-Effekt (Von-Klitzing-
Effekt).

„Preisänderungen vorbehalten"

# MATHEMATIK

Lehrbuch für Fachhochschulen. 3 Bände. DM 128,00
Hrsg. v. Fetzer/Fränkel. Bearb. v. Feldmann, Dietrich u. a.
ISBN 3-18-400604-2

Das dreibändige Werk wendet sich insbesondere an Studenten von
Fachhochschulen, Gesamthochschulen und Technischen Universitäten.
Besonderer Wert wurde auf eine weitgehend exakte und doch an-
schauliche Darstellung gelegt. In schwierigen Fällen wurde der Beweis
durch Beispiele, Zusatzbemerkungen und zusätzliche Gegenbeispiele
ersetzt, um die Bedeutung der Voraussetzungen erkennen zu lassen.
Zahlreiche Aufgaben am Ende eines jeden Teilabschnittes ermöglichen eine Vertiefung und Kontrolle der erworbenen Kenntnisse.

**Band 1:** 3. Aufl. 1986. 393 S., 218 Abb., zahlr. Aufgaben mit Lösungen,
24 x 16,8 cm. DM 48,00. ISBN 3-18-400685-9
Inhalt: Mengen, reelle Zahlen — Funktionen — Lineare  Gleichungs-
systeme, Matrizen, Determinanten — Vektoren — Komplexe Zahlen —
Zahlenfolgen und Grenzwerte — Grenzwerte von Funktionen: Stetig-
keit — Logarithmus- und Exponentialfunktion, spezielle Grenzwerte

**Band 2:** 2. Aufl. 1985. 364 S., 203 Abb., zahlr. Aufgaben mit Lösun-
gen, 24 x 16,8 cm. DM 48,00. ISBN 3-18-400683-2
Inhalt: Differentialrechnung — Integralrechnung — Anwendungen der
Differential- und Integralrechnung — Numerische Verfahren

**Band 3:** 2. Aufl. 1985. 411 S., 300 Abb., zahlr. Aufgaben mit Lösungen,
24 x 16,8 cm. DM 48,00. ISBN 3-18-400684-0
Inhalt: Reihen — Funktionen mehrerer Variablen — Komplexwertige
Funktionen — Gewöhnliche Differentialgleichungen

„Preisänderungen vorbehalten"

**VDI** VERLAG